U0489501

模拟电子技术

主　编　章彬宏　吴青萍
副主编　王　琳

北京理工大学出版社
BEIJING INSTITUTE OF TECHNOLOGY PRESS

内 容 简 介

本书根据职业技术教育要求和学生特点编写，以培养学生的技术应用能力为主线，内容覆盖面较宽，但难度较浅；以理论"必需"和"够用"为度，突出基本内容和基础知识，以讲清概念、强化应用为目标，大大削减分立元件电路篇幅，同时突出集成电路的特性及应用，并适当增加新器件、新知识的内容。

本书的主要内容包括：常用半导体器件、基本放大电路、放大电路中的负反馈、集成运算放大电路、功率放大电路、波形产生电路、直流稳压电源、频率变换电路、晶闸管及其应用、模拟电子电路读图及电子虚拟工作台 EWB 的应用等内容。本书每章配有各种类型的练习题，以便学生通过练习从各个角度理解和掌握相关知识，并培养学生利用相关知识解决实际问题的能力。

本教材可作为高等职业教育的电子、信息、电气、自动化及计算机等专业的教材，还可作为自学考试和工程技术人员的学习参考书。

版权专有　侵权必究

图书在版编目（CIP）数据

模拟电子技术/章彬宏，吴青萍主编. —北京：北京理工大学出版社，2008.1（2019.12 重印）
ISBN 978-7-5640-1388-2

Ⅰ. 模… Ⅱ. ①章…②吴… Ⅲ. 模拟电路－电子技术－高等学校－教材 Ⅳ. TN710

中国版本图书馆 CIP 数据核字（2008）第 007046 号

出版发行	/ 北京理工大学出版社
社　　址	/ 北京市海淀区中关村南大街 5 号
邮　　编	/ 100081
电　　话	/（010）68914775（办公室）　68944990（批销中心）　68911084（读者服务部）
网　　址	/ http：// www.bitpress.com.cn
经　　销	/ 全国各地新华书店
印　　刷	/ 涿州市新华印刷有限公司
开　　本	/ 787 毫米×960 毫米　1/16
印　　张	/ 18.75
字　　数	/ 376 千字
版　　次	/ 2008 年 1 月第 1 版　2019 年 12 月第 15 次印刷
定　　价	/ 45.00 元

责任校对 / 张　宏
责任印制 / 边心超

图书出现印装质量问题，本社负责调换

前 言

本书是依据教育部最新制定的《高职高专教育模拟电子技术基础课程教学基本要求》编写而成。

模拟电路是由电子元器件构成的具有一定功能的电路，它是各种电子设备的重要组成部分。因此，认真学习和牢固掌握模拟电子技术与技能，是学习各种电子技术专业知识的基础。

本书按照"保证基础，加强概念，精选内容，压缩篇幅，联系实际，便于自学（教学）"的原则，突出高职高专教育的特点，详细讲解模拟电路基础及应用技术。

（1）保证基础

本书是以模拟电子技术的基础知识为主线，对于模拟电路及组成电路中最常用的半导体器件作了较详细的介绍，这些基本知识的掌握，能为今后的进一步学习与提高打下良好的基础。

（2）加强概念

在介绍模拟电路及组成电路的电子元器件时，对于一些基本概念，书中均作了较简略通俗的介绍，以便让读者一目了然，这对电路原理的理解和读懂较复杂的电路都非常有益。

（3）精选内容

模拟电子技术包括的内容很多，涉及面也广。本书精选了当今模拟电子技术应用面较广而且最实用的内容，尤其是加重了集成电路模拟电子技术的比重。

（4）联系实际

本书设置了实训的内容，其目的就是加强实践能力的培养。在实训内容安排上，注重培养读者的实际动手能力和解决实际问题的能力，使上岗或岗位培训的人员获得模拟电子技术的基本知识和初步的实践训练。

（5）便于自学（教学）

本书在内容叙述上力求深入浅出，尽量避免繁琐的数学推导；在内容编排上力求简洁、形式新颖、目标明确，有利于促进读者的求知欲和提高学习的主动性。

本书由章彬宏、吴青萍任主编，王琳任副主编，钱金法担任主审。其中章彬宏编写了第

4章、第7章；吴青萍编写了第6章、第8章及第2章2.6节；王琳编写了第1章；张慧敏编写了第2章的2.1~2.5节、2.7节及第5章；朱小刚编写了第3章、第10章；刘翠梅编写了第9章和附录。全书由章彬宏负责统稿。

由于编者水平有限，书中难免有不妥甚至错误之处，恳请读者批评指正。

编 者

目 录

第1章 常用半导体器件 ·········· 1
  1.1 半导体基本知识 ·········· 1
  1.2 半导体二极管 ·········· 5
  1.3 半导体三极管 ·········· 10
  1.4 绝缘栅型场效应管 ·········· 17
  1.5 实训 常用半导体器件识别与检测 ·········· 22
  本章小结 ·········· 28
  习题1 ·········· 29

第2章 基本放大电路 ·········· 32
  2.1 共射极放大电路 ·········· 32
  2.2 共集电极电路与共基极电路 ·········· 50
  2.3 场效应管基本放大电路 ·········· 54
  2.4 多级放大电路 ·········· 57
  2.5 放大电路的频率特性 ·········· 60
  2.6 小信号调谐放大器 ·········· 62
  2.7 实训 基本放大电路仿真测试 ·········· 70
  本章小结 ·········· 76
  习题2 ·········· 77

第3章 放大电路中的负反馈 ·········· 81
  3.1 反馈的基本概念 ·········· 81
  3.2 负反馈放大电路的组态和方框图表示法 ·········· 85
  3.3 负反馈对放大电路性能的影响 ·········· 89
  3.4 实训 负反馈放大器的 Multisim 仿真测试 ·········· 94
  本章小结 ·········· 97
  习题3 ·········· 97

第 4 章 集成运算放大电路 100
4.1 直接耦合放大电路及问题 100
4.2 差分放大电路 101
4.3 集成运算放大器简介 107
4.4 集成运算放大器的应用 110
4.5 实训 集成运算放大器应用 Multisim 仿真测试 121
本章小结 126
习题 4 126

第 5 章 功率放大电路 131
5.1 功率放大电路的特点与类型 131
5.2 互补推挽功率放大电路 132
5.3 集成功率放大器 139
5.4 实训 功率放大电路 Multisim 仿真实例 141
本章小结 145
习题 5 145

第 6 章 波形产生电路 147
6.1 正弦波振荡器 147
6.2 非正弦波产生电路 160
6.3 集成函数发生器 8038 简介 163
6.4 实训 正弦波及非正弦波发生电路 Multisim 仿真实例 165
本章小结 168
习题 6 168

第 7 章 直流稳压电路 172
7.1 整流电路 172
7.2 滤波电路 180
7.3 稳压电路 184
7.4 开关型稳压电路 190
7.5 实训 整流滤波电路的 Multisim 仿真测试 194
本章小结 196
习题 7 196

第 8 章　频率变换电路 199
8.1　信息的传输过程 199
8.2　振幅调制与解调电路 202
8.3　角度调制与解调电路 213
8.4　混频电路与锁相环路 222
8.5　实训 50 型 AM/FM 收音机的安装与调试 227
本章小结 231
习题 8 232

第 9 章　晶闸管及其应用 234
9.1　晶闸管 234
9.2　单相可控整流电路 239
9.3　单结晶体管触发电路 243
9.4　晶闸管应用举例 248
9.5　实训 晶闸管应用电路测试 250
本章小结 253
习题 9 254

第 10 章　模拟电子电路读图 255
10.1　读图的一般方法 255
10.2　读图举例 256
本章小结 260
习题 10 260

附录　Multisim 2001 使用指南 262
部分习题参考答案 286
参考文献 289

第1章 常用半导体器件

半导体器件是近代电子学中的重要组成部分。由于半导体器件具有体积小、重量轻、使用寿命长、反应迅速、灵敏度高、工作可靠等优点而得到广泛的应用。本章主要介绍二极管、三极管及场效应管的基本结构、工作原理、特征曲线和主要参数等。

1.1 半导体基本知识

导电能力介于导体和绝缘体之间的物质称为半导体。在自然界中属于半导体的物质很多，如锗、硅、砷化镓和一些硫化物、氧化物等，其中硅用得最广泛。

1.1.1 本征半导体

完全纯净而且具有晶体结构的半导体称为本征半导体。比较典型的本征半导体有硅和锗晶体，它们都是四价元素，最外层原子轨道上具有4个电子，称为价电子，如图1-1所示。每个原子的4个价电子不仅受自身原子核的束缚，而且还与周围相邻的4个原子发生联系，这些价电子一方面围绕自身的原子核运动，另一方面也时常出现在相邻原子所属的轨道上。这样，相邻的原子就被共有的价电子联系在一起，称为共价键结构。如图1-2所示。

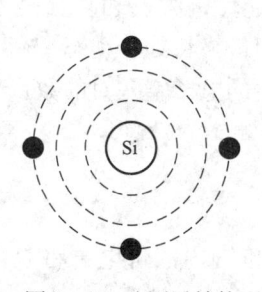

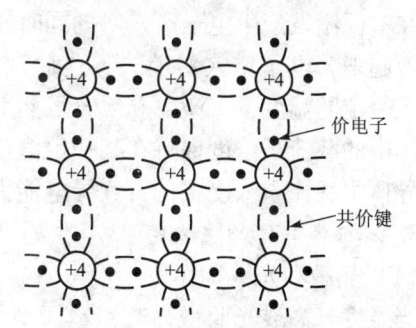

图1-1 硅原子结构　　　　图1-2 单晶体共价键结构

1. 本征激发

晶体原子间的共价键具有很强的结合力，在绝对温度为零度时，价电子不能挣脱共价键的束缚，也就不能自由移动，所以共价键内的价电子又称为束缚电子。这样，本征半导体中虽有大量的价电子，但没有自由电子，此时半导体是不导电的。当温度升高或受光照射时，价电子不断从外界获得一定的能量，少数价电子因获得的能量较大而挣脱共价键的束缚，成为自由电子，同时在原来的共价键的相应位置留下一个空位，这个空位称为"空穴"，如图1-3所示，其中A处为空穴，B处为自由电子。显然，自由电子和空穴是成对出现的，所以称它们为电子空穴对。我们把在热或光的作用下，本征半导体中产生电子空穴对的现象，称为本征激发。

2. 两种载流子

本征激发产生自由电子和空穴。当共价键中失去一个价电子出现一个空穴时，如图1-3中A处，与其相邻处于热运动状态的价电子很容易填补到这个空穴中来，使该价电子原来所在的共价键中出现一个空穴，如图1-3中C处，这样空穴便从A处移至C处；同样，邻近的价电子（图中D处）又可填补C处的空穴，空穴又从C处移到D处。因此，空穴可以在半导体中自由移动，实质上是价电子填补空穴的运动（二者运动方向相反）。在电场作用下，大量的价电子依次填补空穴的定向运动也形成电流。为了区别于自由电子的运动，我们把这种价电子的填补运动称为空穴运动，认为空穴是一种带正电荷的载流子，它所带电量与电子相等，符号相反。

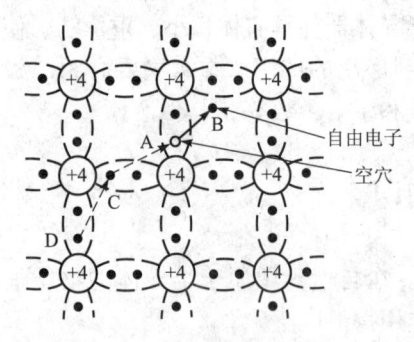

图1-3 本征激发产生电子和空穴及空穴的移动

可见，在本征半导体中存在两种载流子：带负电荷的电子载流子和带正电荷的空穴载流子。

在本征激发产生电子空穴对的同时，自由电子在运动中有可能和空穴相遇，重新被共价键束缚起来，电子空穴对消失，这种现象称为"复合"。显然，激发和复合是矛盾着的双方。在一定的温度下，激发和复合虽然都在不停地进行，但最终将处于动态平衡状态，这时半导体中的载流子浓度保持在某一定值。由于本征激发产生的电子空穴对的数目很少，则本征半导体中载流子浓度很低，其导电能力很弱。

3. 本征半导体的主要特性

（1）**热敏和光敏特性**

当温度升高或光照增强时，本征半导体内被束缚在共价键内的价电子将获得更多的动能，因此本征激发产生电子空穴对数目显著增加，其导电能力大大增强。可见，本征半导体的导电性能对温度和光照很敏感，这就是它的热敏和光敏特性。利用半导体的热敏和光敏特性可制成热敏元件（例如热敏电阻）和光敏元件（例如光敏电阻、光电管）。

（2）**掺杂特性**

在本征半导体中掺入微量的其他元素，称为掺杂，这些微量元素称为杂质，掺入杂质的半导体称为杂质半导体。虽然本征半导体的导电能力很弱，但掺杂后半导体的导电能力将大大增强，掺入的杂质越多，半导体的导电能力就越强，这就是它的掺杂特性。利用半导体的掺杂特性，可制造出各种类型的半导体器件。当然，掺入杂质的种类和数量是要严格控制的，否则得到的杂质半导体将不是我们所需要的。

1.1.2 杂质半导体

根据掺入杂质的不同，杂质半导体有 N 型和 P 型两种。

1. N 型半导体

在纯净的硅（或锗）晶体中，掺入少量五价元素，如磷、砷等。由于掺入的元素数量较少，因此整个晶体结构基本上保持不变，只是某些位置上的硅原子被磷原子替代。磷原子五个价电子中的四个与硅原子形成共价结构，而多余的一个价电子处于共价键之外，很容易挣脱磷原子核的束缚成为自由电子。于是半导体中自由电子的数目明显增加，这样就大大地提高了半导体的导电性能。由于磷原子可以提供电子，故称施主杂质。在掺有施主杂质的半导体中，由于空穴数量远少于自由电子数量，故自由电子被称为多数载流子（简称多子），空穴被称为少数载流子（简称少子）。这种杂质半导体主要以电子导电为主，称为电子半导体，也称为 N 型半导体。如图 1-4 所示。

2. P 型半导体

在纯净的硅（或锗）晶体中，掺入少量三价元素，如硼、铝等。硼原子与周围的硅原子形成共价键时，会因缺少一个价电子而在共价键中出现一个空位，这个空位很容易被相邻的价电子填补，而使失去价电子的共价键出现一个空穴。这样在杂质半导体中出现大量空穴。由于硼原子在硅晶体中接受电子，故称为受主杂质。在掺有受主杂质的半导体中，空穴被称为多数载流子，自由电子被称为少数载流子。这种杂质半导体主要靠空穴导电，称为空穴半导体，也称为 P 型半导体。如图 1-4 所示。

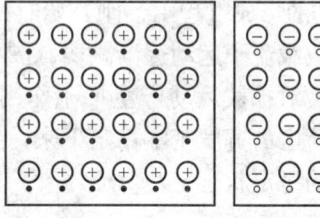

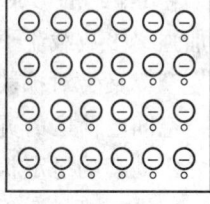

图 1-4　N、P 型半导体结构示意图

由此可见，在本征半导体中掺入杂质形成杂质半导体后，其导电性能显著增强。由于杂质原子在常温下全部处于电离（失去或得到电子而成为正、负离子）状态，所以多子浓度基本上等于杂质原子浓度，与温度无关。少子由本征激发产生，虽然浓度很低，但它对温度非常敏感，直接影响半导体器件的性能。

必须指出的是，不论是 N 型还是 P 型半导体，虽然都是一种载流子占多数，但整个晶体中正负电荷数量相等，呈现电中性。

1.1.3 PN 结

在一块完整的硅片上,用某种特定的掺杂工艺使其一边形成 N 型半导体,另一边形成 P 型半导体,那么在两种半导体的交界面附近就形成 PN 结。PN 结是构成各种半导体器件的基础。

1. PN 结的形成

P 型半导体和 N 型半导体结合在一起时,由于该两种半导体多子不同,其交界面两侧的电子和空穴存在浓度差,会出现多数载流子电子和空穴的扩散运动。N 区内自由电子多、空穴少,而 P 区内空穴多、自由电子少,这样,自由电子和空穴都要从浓度高的区域向浓度低的区域扩散,如图 1-5 所示。扩散的结果是在 N 区留下带正电的离子(图中用 ⊕ 表示),而 P 区留下带负电的离子(图中用 ⊖ 表示),它们集中在交界面两侧形成一个很薄的空间电荷区,这就是 PN 结。在这个区域内自由电子和空穴成对消失而复合,或者说它们相互耗尽了,没有载流子,所以空间电荷区又可称为耗尽层。

在空间电荷区内,靠 N 区一侧带正电,靠 P 区一侧带负电,因此产生一个由 N 区指向 P 区的内电场。该电场有两方面的作用:一方面阻挡多数载流子的扩散运动,因此空间电荷区又称为阻挡层;另一方面使 N 区的少数载流子空穴向 P 区漂移,使 P 区的少数载流子自由电子向 N 区漂移。少数载流子在内电场作用下有规则的运动叫做漂移运动。

在 PN 结的形成过程中,刚开始时,以扩散运动为主,随着空间电荷区的加宽和内电场的加强,多数载流子运动逐渐减弱,漂移运动逐渐加强,使空间电荷区变窄。而空间电荷区的变窄,又会对扩散运动产生抑制作用。最终,扩散运动与漂移运动会达到动态平衡。此时,空间电荷区的宽度基本稳定下来,扩散电流等于漂移电流,通过 PN 结的电流为零,PN 结处于动态的稳定状态。

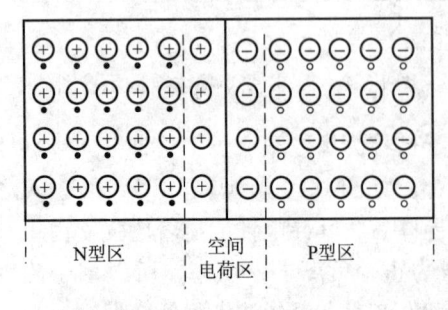

图 1-5 平衡状态下的 PN 结

2. PN 结的单向导电性

(1) PN 结外加正向电压

如图 1-6 所示,电源的正极接 P 区,负极接 N 区。这种接法叫做给 PN 结外加正向电压,又叫正向偏置,简称正偏。这时外加电压在耗尽层中建立的外电场与内电场方向相反,削弱了内电场,使空间电荷区变窄,使多数载流子的扩散运动大于少数载流子漂移的运动。在电源的作用下,多数载流子就能越过空间电荷区形成较大的扩散电流。这个电流从电源的正极流入 P 区,经过 PN 结由 N 区流回电源的负极,称为正向电流。PN 结处于导通(导电)状态,此时 PN 结呈现的电阻称为正向电阻。由于多数载流子浓度较大,当外加电压不太高时就可以形成很大的正向电流,所以 PN 结的正向电阻较小。

(2) PN 结外加反向电压

如图 1-7 所示，电源的正极接 N 区，负极接 P 区。这种接法叫做给 PN 结外加反向电压，又叫反向偏置，简称反偏。这时外加电压在耗尽层中建立的外电场与内电场方向一致，增强了内电场，使空间电荷区加宽，多数载流子的扩散运动难于进行，但有利于少数载流子漂移的运动。在外电场的作用下，N 区的少数载流子空穴越过 PN 结进入 P 区，P 区的少数载流子自由电子越过 PN 结进入 N 区，形成了漂移电流，这个电流由 N 区流向 P 区，故称为反向电流。由于少数载流子浓度很小，即使它们全部漂移，其反向电流还是很小的，PN 结基本上可认为不导电，处于截止状态。此时的电阻称为反向电阻，它的数值很大。

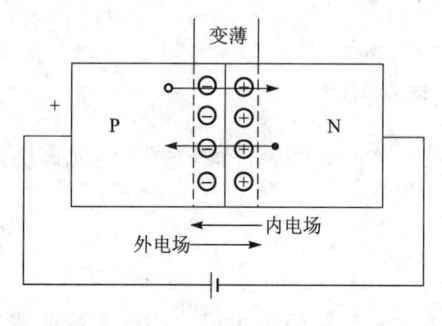

图 1-6　PN 结外加正向电压　　　　图 1-7　PN 结外加反向电压

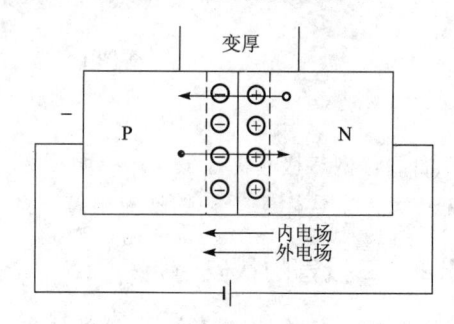

由上述分析可知，PN 结加正向电压时处于导通状态，PN 结加反向电压时处于截止状态，这就是 PN 结的单向导电性。

1.2　半导体二极管

1.2.1　二极管的结构和分类

1. 二极管的结构

用一个 PN 结做管芯，在其 P 区和 N 区各引出一电极，外加管壳封装，便构成一个二极管，如图 1-8（a）所示。和 P 区相连的电极称为二极管的阳极（或正极），用 A 或 + 表示。和 N 区相连的电极称为二极管的阴极（或负极），用 K 或 - 表示。二极管图形符号如图 1-8（b）所示。其中三角箭头的方向表示正向电流的方向。

2. 二极管的分类

半导体二极管按结构可分为点接触型和面接触型两类，按所用材料的不同又可分为硅二极管（如 2CP 型）和锗二极管（如 2AP 型）两种。

点接触型二极管由于其 PN 结面积很小，因而结电容很小，其高频性能好，但不能通过大电流，主要用于高频检波和小电流的整流等。

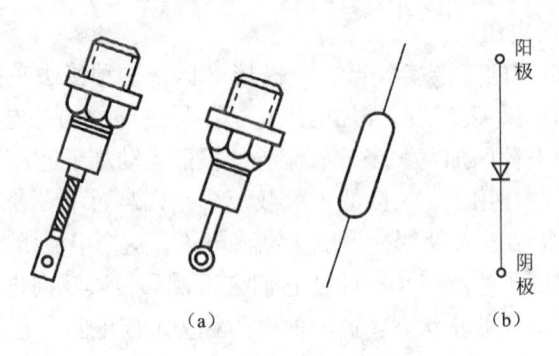

图 1-8　二极管图形及代表符号

(a) 二极管外形；(b) 二极管电路符号

面接触型二极管由于其 PN 结面积大，因而结电容大，其高频性能较差，但允许通过的电流较大，主要用于低频的整流电路。

1.2.2　二极管的伏安特性

二极管的伏安特性是指加到二极管两端的电压和通过二极管的电流之间的关系曲线。一个典型的二极管伏安特性如图 1-9 所示。可以看出，特性曲线可分为两部分：加正向偏置电压时的特性称为正向特性，加反向偏置电压时的特性称为反向特性。二极管的伏安特性是非线性的，正反向导电性能差异很大。

1. 正向特性

正向特性起始部分的电流几乎为零。这是因为外加正向电压较小，外电场还不足以克服内电场对多数载流子扩散运动的阻力，二极管呈现较大的电阻所造成的。当正向电压超过某一值后，正向电流增长得很快，称为正向导通，该电压值称为死区电压，其大小与材料和温度有关。通常，硅管的死区电压约为 0.5 V，锗管约为 0.1 V。正向导通时，硅管的管压降约为 0.6~0.8 V，锗管的管压降约为 0.2~0.3 V。理想二极管管压降可近似认为零。

2. 反向特性

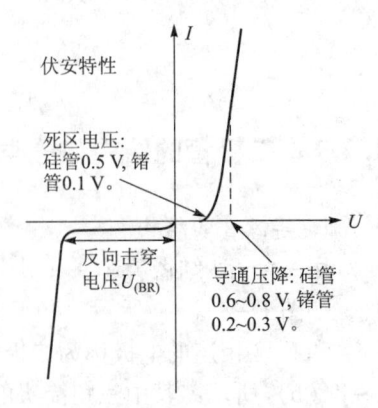

图 1-9　二极管伏安特性曲线

当外加反向电压时，由于少数载流子的漂移运动，形成很小的反向电流。它有两个特点：一是随温度的上升增加很快；二是反向电压在一定的范围内变化，反向电流基本不变。

这是因为少数载流子的数量很少，在一定温度下的一段时间内，只能提供一定数量的载流子,外加反向电压即使再增加也不会使少数载流子的数目增加。因此,反向电流又称反向饱和电流。小功率硅管的反向电流一般小于 0.1 μA,而锗管通常为几十微安。理想二极管可认为反向电阻为无穷大。

当外加反向电压过高时,由于受到外加强电场的作用,载流子的数目会因为共价键中的部分价电子被自由电子碰击或被外加强电场拉出而急剧增加,造成反向电流急剧增加,二极管失去单向导电性,这种现象称为反向击穿。相应的反向电压称为反向击穿电压。

1.2.3 二极管的主要参数

二极管的特性除了用伏安特性来表示外,还可以用参数来说明,二极管的主要参数有:

(1) 最大整流电流 I_F

I_F 是指二极管长期运行时允许通过的最大正向平均电流。它是由 PN 结的结面积和外界散热条件决定的。当电流超过允许值时,容易造成 PN 结过热而烧坏管子。

(2) 最大反向工作电压 U_{RM}

U_{RM} 是指二极管在使用时所允许加的最大反向电压。超过此值时二极管就有可能发生反向击穿。通常取反向击穿电压的一半值作为 U_{RM}。

(3) 最大反向电流 I_R

I_R 是指在给二极管加最大反向工作电压时的反向电流值。I_R 越小说明二极管的单向导电性越好,此值受温度的影响较大。

(4) 最高工作频率 f_M

二极管的工作频率超过 f_M 所规定的值时,其单向导电性将受到影响。此值由 PN 结的结电容决定。

此外还有结电容、工作温度等参数,各参数均可在半导体手册中查得。

二极管的应用主要利用它的单向导电特性,因此它在电路中常用作整流、检波、整形、钳位、开关元件等。

例 1 - 1 如图 1 - 10 (a),设二极管是理想状态的,试分析并画出负载 R_L 两端的电压波形 u_o。

解: 当 u_i 为正半周时,a 点电位高于 b 点电位,二极管外加正向电压而导通,负载电阻 R_L 中有电流通过,R_L 两端电压为 u_o。假设二极管是在理想状态下,此时 $u_o = u_i$。

当 u_i 为负半周时,a 点电位低于 b 点电位,二极管外加反向电压而截止,R_L 中没有电流通过,其两端电压为零,即 $u_o = 0$。如图 1 - 10 (b)。

例 1 - 2 在图 1 - 11 电路中,试分析下列几种情况下二极管的工作状态及输出端 F 的电位 U_F。设二极管正向压降为 0.7 V。

(1) $U_A = U_B = 0$ V;

(2) $U_A = 0$ V,$U_B = 3$ V;

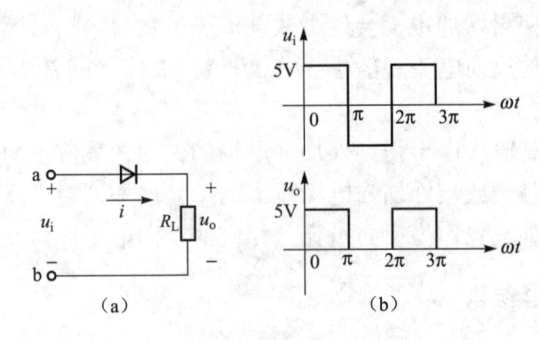

图 1-10 例 1-1 图
(a) 电路；(b) 工作波形

(3) $U_A = 3$ V，$U_B = 0$ V；
(4) $U_A = U_B = 3$ V。

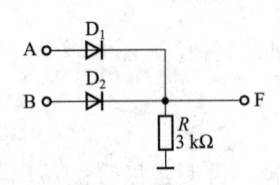

图 1-11 例 1-2 图

解：分析时，可先假设二极管截止，然后判断加在二极管两端的正向电压是否大于导通电压，若大于导通电压，则二极管导通，否则二极管截止。

(1) 当 $U_A = 0$ V 时，假设两二极管截止，则 D_1 的正极 A 端对地电位 U_A 为零，负极 F 端对地电位 U_F 也为零，故 D_1 两端加的正向电压为 $U_F - U_A = 0$，小于导通电压，D_1 截止。同理，当 $U_B = 0$ 时，D_2 也截止。综上所述，当 $U_A = U_B = 0$ V 时，图 1-11 电路中，D_1、D_2 均截止，$U_F = 0$。

(2) 当 $U_A = 0$ V，$U_B = 3$ V 时，D_1 截止，D_2 导通，F 点电位为 B 点电位减去 D_2 导通时两端的管压降，即 $U_F = U_B - 0.7 = 2.3$ V。

(3) 当 $U_A = 3$ V，$U_B = 0$ V 时，D_2 截止，D_1 导通，F 点电位为 A 点电位减去 D_1 导通时两端的管压降，即 $U_F = U_A - 0.7 = 2.3$ V。

(4) 当 $U_A = U_B = 3$ V 时，D_1、D_2 同时导通，$U_F = 2.3$ V。

1.2.4 其他特殊二极管

1. 稳压管

稳压管是一种特殊的面接触型硅二极管。由于它在电路中与适当的电阻串联后，在一定的电流变化范围内，其两端的电压相对稳定，故称为稳压管。其电路符号和伏安特性如图 1-12 所示。

稳压管的伏安特性与普通二极管的相似，不同的是反向特性曲线比较陡。稳压管正是工作在特性曲线的反向击穿区域。从特性曲线可以看出，在击穿状态下，流过管子的电流在一定的范围内变化，而管子两端的电压变化很小，利用这一点可以实现稳压。稳压管的反向击穿特性与一般二极管不一样，它的反向电击穿是可逆的。但是当反向电流超过允许值时，稳

8

压管将会发生热击穿而损坏。

稳压管的主要参数：

(1) 稳定电压 U_Z

U_Z 是指稳压管在正常工作（流过的电流在规定的范围内）时，稳压管两端的电压值。

(2) 稳定电流 I_Z

I_Z 是指稳压管在正常工作时的电流值，其中 I_{Zmin} 为最小稳定电流，低于此值时稳压效果差，甚至失去稳压作用；I_{Zmax} 为最大稳定电流，高于此值时稳压管易击穿而损坏。当稳压管的电流在 I_{Zmin} 与 I_{Zmax} 之间时稳压性能最好。

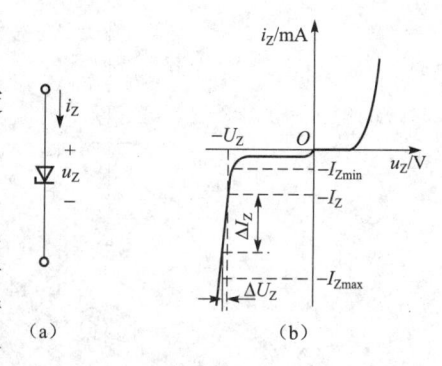

图 1 – 12 稳压管符号及伏安特性曲线
(a) 稳压管符号；(b) 稳压管伏安特性曲线

例 1 – 3 图 1 – 13 中，稳压管的稳定电流是 10 mA，稳压值为 6 V，耗散功率为 200 mW。试问：若电源电压 E 在 18～30 V 范围内变化，输出电压 U_O 是否基本不变？稳压管是否安全？

解：稳压管的稳定电流 $I_Z = 10$ mA。

$$I_{Zmax} = \frac{P_Z}{U_Z} = \frac{200}{6} = 33.3 \text{ mA}$$

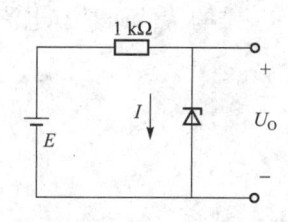

$E = 18$ V 时，$I = \dfrac{E - U_O}{R} = \dfrac{18 - 6}{1\,000} = 12$ mA

$E = 30$ V 时，$I = \dfrac{E - U_O}{R} = \dfrac{30 - 6}{1\,000} = 24$ mA

图 1 – 13 例 1 – 3 图

当电源电压在 18～30 V 范围内变化时，稳压管中的电流在 12～24 mA 范围内变化，即 $I_Z < I < I_{Zmax}$，所以输出电压 U_O 基本不变，稳定工作在 6 V。稳压管安全工作。

2. 发光二极管

发光二极管是一种应用广泛的特殊二极管。发光的材料不是硅晶体或锗晶体，而是化合物如砷化镓、磷化镓等。在电路中，当有正向电流流过时，能发出一定波长范围的光。目前发光管可以发出从红外到可见波段的光。其电特性与普通二极管类似。使用时，通常需串接合适的限流电阻。目前市场上有发红、黄、绿、蓝等单色光的发光二极管和变色二极管。其电路符号见图 1 – 14（a）所示。

3. 光电二极管

光电二极管的结构与普通二极管类似，使用时光电二极管 PN 结工作在反向偏置状态，在光的照射下，反向电流随光照强度的增加而上升（这时的反向电流叫光电流），所以，光电二极管是一种将光信号转为电信号的半导体器件，其电路符号如图 1 – 14（b）所示。另外，光电流还与入射光的波长有关。在无光照射时，光电二极管的伏安特性和普通二极管一样，此时的反向电流叫暗电流，一般是几微安，甚至更小。

(a)　　　　　(b)

图1-14　发光二极管和光电二极管
(a) 发光二极管符号；(b) 光电二极管符号

1.3　半导体三极管

半导体三极管（又称晶体管）是通过一定的工艺，将两个PN结结合在一起的器件。由于两个PN结之间的相互影响，使半导体三极管表现出不同于单个PN结的特性而具有电流放大功能，从而使PN结的应用发生了质的飞跃。

1.3.1　三极管的结构与分类

三极管按其结构可分为NPN型和PNP型两类。

NPN型三极管的结构与电路符号如图1-15（a）所示。从图1-15（a）中可以看出，它是由两层N型的半导体中间夹着一层P型半导体构成的管子，P型半导体与其两侧的N型半导体分别形成PN结，整个三极管是两个背靠背PN结的三层半导体。中间的一层称为基区，两边的区分别称为发射区和集电区，从这三个区引出的电极分别称为基极b、发射极e和集电极c。基区与集电区之间的PN结称为集电结，发射区与基区之间的PN结称为发射结。发射区的作用是向基区发射载流子，基区是传送和控制载流子，而集电区是收集载流子。NPN型三极管电路符号中，发射极箭头方向表示发射结正偏时发射极电流的实际方向。

PNP型三极管的结构与NPN型相似，也是两个背靠背PN结的三层半导体，不过这种管子是两层P型的半导体中间夹着一层N型半导体，如图1-15（b）所示。

应当指出，三极管决不是两个PN结的简单连接，为了保证三极管具有电流放大作用，三极管制造工艺的特点是：发射区是高浓度掺杂区，基区很薄且杂质浓度很低，集电结的结面积大。

三极管的分类有很多种方式。除上述的按结构分为NPN型和PNP型外，按所用半导体材料分为硅管和锗管，按工作频率分为低频管和高频管，按用途分为放大管和开关管，按功率大小分为小功率管、中功率管、大功率管等。

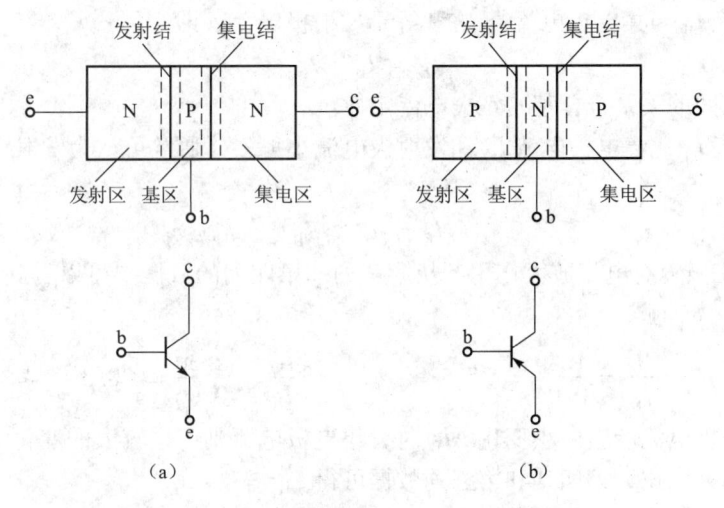

图 1-15 三极管结构示意图和电路符号
(a) NPN 型三极管；(b) PNP 型三极管

1.3.2 三极管的电流分配关系和电流放大作用

为简要说明三极管的电流分配关系和放大作用，忽略一些次要因素，以 NPN 型三极管为例，通过实验来了解三极管的电流分配情况和放大原理，实验电路如图 1-16 所示。

在图 1-16 中，R_B（通常为几百千欧的可调电阻）称为基极偏置电阻，U_{BB} 为基极偏置电源。U_{BB}、R_B、三极管的基极和发射极构成三极管的基极回路，也称基极偏置电路，基极偏置电路使发射结为正偏。U_{CC}、集电极电阻 R_C、集电极和发射极构成集电极回路，集电极回路使集电结为反偏。发射极是两个回路所共用的电极，所以这种接法称为共发射极电路。

改变可变电阻 R_B 的阻值，使基极电流 I_B 为不同的值，测出相应的集电极电流 I_C 和发射极电流 I_E。电流方向如图 1-16 所示。测量结果列于表 1-1 中。

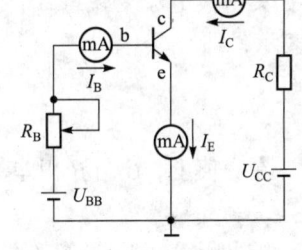

图 1-16 三极管电流放大实验电路

表 1-1 三极管各极电流测量值

I_B/mA	0	0.02	0.04	0.06	0.08	0.10
I_C/mA	0.001	0.70	1.50	2.30	3.10	3.95
I_E/mA	0.001	0.72	1.54	2.36	3.18	4.05

将表中数据进行比较分析，可得出如下结论：

① 基极电流 I_B 与集电极电流 I_C 之和等于发射极电流，即

$$I_E = I_B + I_C$$

三个电流之间的关系符合基尔霍夫电流定律。

② 基极电流 I_B 比集电极电流 I_C 和发射极电流小得多，通常可认为发射极电流约等于集电极电流，即

$$I_E \approx I_C \gg I_B$$

③ 半导体三极管有电流放大作用，从第三列和第四列的数据中可以看到，I_C 与 I_B 的比值分别为

$$\frac{I_C}{I_B} = \frac{1.50}{0.04} = 37.5 \qquad \frac{I_C}{I_B} = \frac{2.30}{0.06} = 38.3$$

特别是在基极电流产生微小变化 ΔI_B 时，集电极电流则产生较大的变化 ΔI_C。例如由表中第三列和第四列数据，第四列和第五列数据可得

$$\frac{\Delta I_C}{\Delta I_B} = \frac{2.30 - 1.50}{0.06 - 0.04} = 40 \qquad \frac{\Delta I_C}{\Delta I_B} = \frac{3.10 - 2.30}{0.08 - 0.06} = 40$$

通常，把集电极电流 I_C 与基极电流 I_B 之比值称为共发射极直流电流放大系数，用 $\bar{\beta}$ 表示，即

$$\bar{\beta} = \frac{I_C}{I_B}$$

集电极电流变化量 ΔI_C 基极电流变化量 ΔI_B 之比值称为共发射极交流电流放大系数，用 β 表示，即

$$\beta = \frac{\Delta I_C}{\Delta I_B}$$

在数值上，β 与 $\bar{\beta}$ 相差甚小，所以

$$\beta \approx \bar{\beta}$$

综上所述，要使三极管能起正常的放大作用，发射结必须加正向偏置，集电结必须加反向偏置。PNP 型三极管所接电源极性正好与 NPN 相反。

例 1-4 测得工作在放大状态的三极管的两个电极电流如图 1-17 (a) 所示。(1) 求另一个电极电流，并在图中标出实际方向；(2) 标出 e、b、c 极，判断该管是 NPN 型还是 PNP 型管；(3) 估算其 β 值。

解：(1) 由于三极管各电极满足基尔霍夫电流定律，即流进管内和流出管外的电流大小相等，而在图 1-17 (a) 中，①脚和②脚的电流均为流进管内，因此③脚电流必然为流出管外，大小为 0.1 + 4 = 4.1 mA。

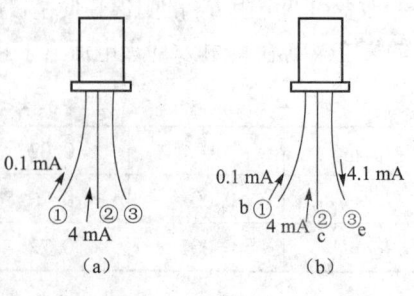

图 1-17 例 1-4 的三极管

③脚电流的大小和方向示于图1-17（b）。

（2）由于③脚电流最大，①脚电流最小，故③脚为e极，①脚为b极，则②脚为c极。该管的发射极电流流出管外，故它是NPN型管。e，b，c极标在图1-17（b）。

（3）由于$I_B = 0.1$ mA，$I_C = 4$ mA，$I_E = 4.1$ mA，故

$$\beta \approx \frac{I_C}{I_B} = \frac{4}{0.1} = 40$$

1.3.3 特性曲线

三极管的特性曲线是各电极电压与电流之间的关系曲线。它反映了三极管的外部性能，是分析放大电路的重要依据。特性曲线主要有输入特性曲线和输出特性曲线。这些特性曲线可用晶体管特性图示仪进行显示或通过实验测绘出来。图1-18是共发射极接法时的输入特性曲线和输出特性曲线的实验电路图。

1. 输入特性曲线

输入特性曲线是指当集射极电压U_{CE}为一定值时，基极电流I_B与基射极电压U_{BE}之间的关系曲线。即

$$I_B = f(U_{BE}) \big|_{U_{CE}=常数}$$

三极管输入特性曲线如图1-19所示。其特点是：

当$U_{CE} = 0$ V时，集电极与发射极短接，相当于两个二极管并联，输入特性类似于二极管的正向伏安特性。

当$0 \leqslant U_{CE} < 1$ V时，集电结处于反向偏置，其吸引电子的能力加强，使得从发射区进入基区的电子更多地流向集电区，因此对应于相同的U_{BE}流向集极的电流I_B比原来$U_{CE} = 0$时减小了，特性曲线右移，如图1-19所示。

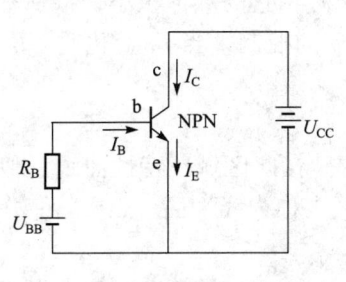

图1-18 三极管电流放大电路

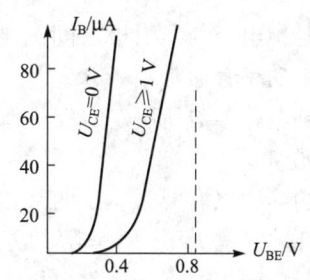

图1-19 输入特性曲线

实际上，对一般的NPN型硅管，当$U_{CE} \geqslant 1$ V时，只要U_{BE}保持不变，则从发射区发射到基区的电子数目一定，而集电结所加的反向电压大到1 V后，已能把这些电子中的绝大部分吸引到集电极，所以即使U_{CE}再增加，I_B也不会有明显的变化，因此$U_{CE} \geqslant 1$ V以后的特

性曲线基本上重合。

从图1-19可见,三极管的输入特性曲线和二极管的伏安特性曲线一样,也有一段死区。只有当发射结的外加电压大于死区电压时,三极管才会有基极电流 I_B。硅管的死区电压约为 0.5 V,锗管约为 0.1~0.2 V。在正常工作情况下,硅管的发射结电压 U_{BE} = 0.6~0.7 V,锗管的发射结电压 U_{BE} = 0.2~0.3 V。

2. 输出特性曲线

输出特性曲线是指基极电流 I_B 为一定值时,集电极电流 I_C 与集射极电压 U_{CE} 之间的关系曲线。即

$$I_C = f(U_{CE}) \mid_{I_B = 常数}$$

当 I_B 为不同值时,可得到不同的特性曲线,所以三极管输出特性曲线是一族曲线,如图1-20所示。

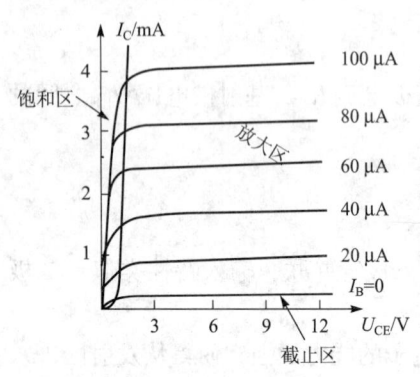

图1-20 输出特性曲线

根据三极管的工作状态不同,输出的特性曲线可分为三个区域:

(1)截止区

$I_B = 0$ 的曲线以下的区域称为截止区。这时集电结为反向偏置,发射结也为反向偏置,故 $I_B \approx 0$,$I_C \approx 0$,此时集电极与发射极之间相当于一个开关的断开状态。

(2)饱和区

输出特性曲线的近似垂直上升部分与 I_C 轴之间的区域称为饱和区。这时 $U_{CE} < U_{BE}$,集电结为正向偏置,发射结也为正向偏置,都呈现低电阻状态。$U_{CE} = U_{BE}$ 称为临界饱和状态,所有临界拐点的连线即为临界饱和线。饱和时集电极与发射极之间的电压 U_{CES} 称为饱和压降,它的数值很小,特别是在深度饱和时,小功率管通常小于 0.3 V。在饱和区 I_C 不受 I_B 的控制,当 I_B 变化时,I_C 基本不变,而由外电路参数所决定,三极管失去电流放大作用。

(3)放大区

拐点的连线以右及 $I_B = 0$ 曲线以上的区域为放大区。在此区域,特性曲线近似于水平线,I_C 几乎与 U_{CE} 无关,I_C 与 I_B 成 β 倍关系,故放大区也称为线性区。三极管工作在放大区时,发射极为正向偏置,集电极为反向偏置。

例1-5 在图1-21电路中,当开关 S 分别接到 A、B、C 三个触点时,判断三极管的工作状态并确定 U_O 值。已知 $\beta = 50$,$U_{CES} = 0.3$ V。

解: 先介绍一种判断放大与饱和的方法。

由输出回路可列出
$$I_C = \frac{U_{CC} - U_{CE}}{R_C}$$

当三极管临界饱和时，$U_{CE} = U_{CES}$，

$I_C = I_{CS} = \dfrac{U_{CC} - U_{CES}}{R_C}$，叫临界饱和集电极电流。对应的临界饱和基极电流 $I_{BS} = \dfrac{I_{CS}}{\beta} = \dfrac{U_{CC} - U_{CES}}{\beta R_C}$，若 $I_B \leq I_{BS}$，三极管处于放大状态，若 $I_B > I_{BS}$，三极管处于饱和状态。

由图 1-21 得：$I_{BS} = \dfrac{6 - 0.3}{50 \times 1.5} \approx 80\ \mu A$

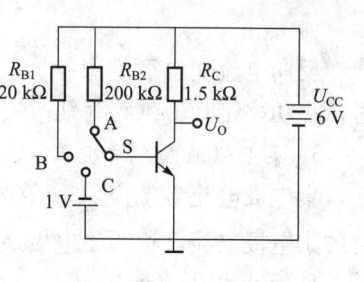

图 1-21 例 1-5 图

当 S 接到 A 时，$I_B = \dfrac{U_{CC} - U_{BE}}{R_{B2}} = \dfrac{6 - 0.6}{200} = 27\ \mu A$，故 $I_B < I_{BS}$。三极管处于放大状态，则由输出回路可求出 $U_O = U_{CC} - I_C R_C = 6 - 50 \times 27 \times 10^{-6} \times 1.5 \times 10^3 \approx 4\ V$。

当 S 接到 B 时，$I_B = \dfrac{U_{CC} - U_{BE}}{R_{B2}} = \dfrac{6 - 0.6}{20} = 270\ \mu A$。所以 $I_B > I_{BS}$，三极管处于饱和状态。$U_O = U_{CES} = 0.3\ V$。

当 S 接到 C 时，$U_{BE} = -1\ V$。三极管截止，则 $U_O = U_{CC} = 6\ V$。

例 1-6 测得工作在放大电路中三极管三个电极电位：$U_1 = 3.5\ V$，$U_2 = 2.8\ V$，$U_3 = 12\ V$，试判断管型、各电极及所用材料。

解：判断的依据是工作在放大区时晶体管各电极电位的特点。

若为硅管，$U_{BE} = 0.6 \sim 0.7\ V$。若为锗管，$U_{BE} = 0.1 \sim 0.3\ V$。NPN 型，则 $V_C > V_B > V_E$。PNP 型，则 $V_C < V_B < V_E$。由此可见：管型为 NPN 型，硅管，脚 1 为基极，脚 2 为发射极，脚 3 为集电极。

1.3.4 主要参数

1. 电流放大系数

电流放大系数是表征三极管放大能力的参数。如前所述，三极管的共射极直流电流放大系数与交流电流放大系数两者数值相近，即 $\beta \approx \bar{\beta}$。

由于制造工艺的分散性，即使同一型号的三极管，β 值也有很大的差别，常用的 β 值在 20～100 之间。在选择三极管时，如果 β 值太小，电流放大能力差；β 值太大，对温度的稳定性又太差。

2. 极间反向电流

（1）集-基极反向饱和电流 I_{CBO}

指发射极开路时，集电极与基极间的反向电流。

（2）集-射极反向饱和电流 I_{CEO}

指基极开路时，集电极与发射极间的反向电流，也称为穿透电流。

$$I_{CEO} = (1+\beta)I_{CBO}$$

反向电流受温度的影响大,对三极管的工作影响很大,要求反向电流愈小愈好。常温时,小功率锗管 I_{CBO} 约为几微安,小功率硅管在 $1~\mu A$ 以下,所以常选用硅管。

3. 集电极最大允许电流

集电极电流 I_C 超过一定值时,三极管的 β 值会下降。当 β 值下降到正常值的三分之一时的集电极电流,称为集电极最大允许电流 I_{CM}。

4. 集电极击穿电压 $U_{(BR)CEO}$

基极开路时,加在集电极与发射极之间的最大允许电压,称为集电极击穿电压 $U_{(BR)CEO}$。当三极管的集射极电压 U_{CE} 大于该值时,I_C 会突然大幅上升,说明三极管已被击穿。

5. 集电极最大允许耗散功率 P_{CM}

当集电极电流流过集电结时要消耗功率而使集电结温度升高,从而会引起三极管参数变化。当三极管因受热而引起的参数变化不超过允许值时,集电结所消耗的最大功率称为集电极最大允许耗散功率 P_{CM}。

$$P_{CM} = I_C U_{CE}$$

根据此式在输出特性曲线上可画出一条曲线,称为集电极功耗曲线,如图 1-22 所示。在曲线的右上方 $I_C U_{CE} > P_{CM}$,这个范围称为过损耗区;在曲线的左下方 $I_C U_{CE} < P_{CM}$,这个范围称为安全工作区。三极管应选在此区域内工作。

P_{CM} 值与环境温度和管子的散热条件有关,因此为了提高 P_{CM} 值,常采用散热装置。

例 1-7 一个三极管的输出特性如图 1-23 所示。试求出下列参数:I_{CEO},β,$U_{(BR)CEO}$ 及 P_{CM}。

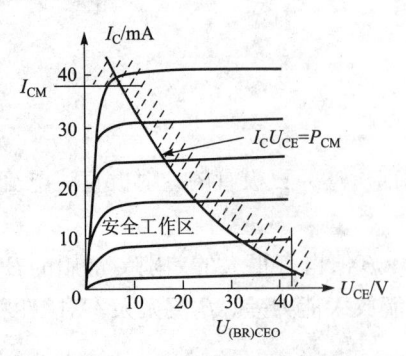

图 1-22 三极管的安全工作区

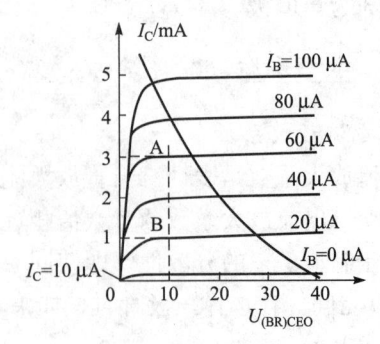

图 1-23 例 1-7 图

解: 由 $I_B = 0$ 时,$I_C = I_{CEO}$,查图得出 $I_{CEO} = 10~\mu A$。通过 $U_{CE} = 10~V$ 作一条垂直线交输出特性曲线于 A、B 点。得 ΔI_C 及对应的 ΔI_B,则 $\beta = \dfrac{\Delta I_C}{\Delta I_B} = \dfrac{(3-1) \times 1~000}{60 - 20} = 50$。

在 $U_{(BR)CEO}$ 对应 $I_B=0$ 曲线上找出 U_{CE} 值，则 $U_{(BR)CEO}=40\ V$。

当 $U_{CE}=10\ V$ 时，由 P_{CM} 功耗线查出 $I_C=4\ mA$，故 $P_{CM}=U_{CE}I_C=40\ mW$。

1.4 绝缘栅型场效应管

三极管是利用输入电流控制输出电流的半导体器件，因而称为电流控制型器件。场效应管是一种利用电场效应来控制其电流大小的半导体器件，称为电压控制型器件。场效应管具有体积小、重量轻、耗电省、寿命长等特点，而且还有输入阻抗高、噪声低、热稳定小、抗辐射能力强和制造工艺简单等优点，因而大大扩展了它的应用范围，特别是大规模和超大规模集成电路中得到了广泛的应用。

场效应管按结构的不同可分为结型场效应管（J-FET）和绝缘栅场效应管（MOS-FET）。由于目前绝缘栅场效应管用得较多，在此主要介绍绝缘栅场效应管。

绝缘栅场效应管又称为 MOS（Metal Oxide Semiconductor）管。它有 N 沟道和 P 沟道两类，且每一类又分为增强型和耗尽型两种。

1.4.1 N 沟道增强型 MOS 管

1. 结构

如图 1-24（a）所示，它是用一块杂质浓度较低的 P 型硅片为衬底，其上扩散两个 N^+ 区分别作为源极（S）和漏极（D），其余部分表面覆盖一层很薄的 SiO_2 作为绝缘层，并在漏源极间的绝缘层上制造一层金属铝作为栅极（G），就形成了 N 沟道 MOS 管。因为栅极和其他电极及硅片之间是绝缘的，所以称为绝缘栅场效应管。通常将源极和衬底连在一起。符号如图 1-24（b）所示。图中箭头方向表示在衬底与沟道之间由 P 区指向 N 区。

2. 工作原理

由图 1-24（a）可见，N^+ 型漏区和 N^+ 型源区间被 P 型衬底隔开，形成两个反向的 PN 结。故 $U_{GS}=0$ 时，不管漏源间所加电压 U_{DS} 的极性如何，总有一个 PN 结反偏，故漏极电流 $I_D\approx 0$。

若栅极间加上一个正向电压 U_{GS}，如图 1-25 所示。在 U_{GS} 作用下，产生垂直于衬底表面的电场，因为 SiO_2 很薄，即使 U_{GS} 很小，也能产生很强的电场。P 型衬底电子受电场吸引到达表层填补空穴，而使硅表面附近产生由负离子形成的耗尽层。若增大 U_{GS} 时，则感应更多的电子到表层来，当 U_{GS} 增大到一定值，除填补空穴外还有剩余的电子形成一层 N 型层称为反型层，它

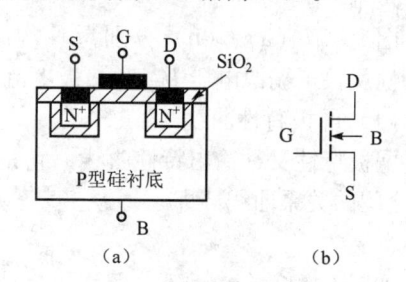

图 1-24 N 沟道增强型 MOS 管结构及符号
(a) 结构；(b) 符号

是沟通漏区和源区的 N⁺ 型导电沟道。U_{GS} 愈正，导电沟道愈宽。在 U_{DS} 作用下就会有电流 I_D 产生，管子导通。由于它是由栅极正电压 U_{GS} 感应产生的，故又称感应沟道，且把在 U_{DS} 作用下管子由不导通到导通的临界栅源电压 U_{GS} 的值叫做开启电压 U_T。U_{GS} 达到 U_T 后再增加，衬底表面感应的电子增多，导电沟道加宽，在同样的 U_{DS} 作用下，I_D 增加。这就是 U_{GS} 对 I_D 的电压控制作用，是 MOS 管的基本工作原理。由于上述反型层是 N 沟道，故又称 NMOS 管。

当管子加上 U_{DS} 时，则在沟道中产生 I_D，由于 I_D 在沟道中产生压降使沟道呈楔状，见图 1-26（a）。

当 U_{DS} 增加到使 $U_{GD} = U_T$ 时，沟道在漏端出现预夹断，见图 1-26（b），之后再增加 U_{DS}，则夹断区加长，而 I_D 近似不变。

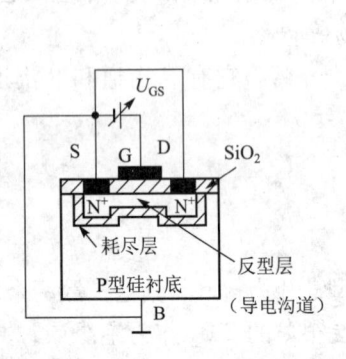

图 1-25 形成导电沟道

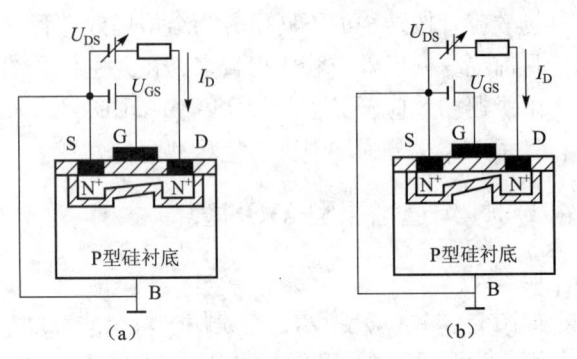

图 1-26 U_{DS} 对导电沟道的影响
(a) $U_{GD} > U_T$；(b) $U_{GD} = U_T$

3. 特性曲线

图 1-27（a）、(b) 分别为 N 沟道增强型 MOS 管的漏极特性曲线和转移特性曲线。转移特性反映了栅源电压 U_{GS} 对漏极电流 I_D 的控制能力，故又称为控制特性。

（1）漏极特性曲线

漏极特性又称输出特性曲线，它是指当栅源电压 U_{GS} 一定时，漏极电流 I_D 与漏极电压 U_{DS} 之间的关系曲线，即

$$I_D = f(U_{DS})|_{U_{GS}=常数}$$

如图 1-27（a）所示，不同的 U_{GS} 对应不同的曲线。由图可知，场效应管工作情况可分分为三个区域：可变电阻区、线性放大区和夹断区。

① 可变电阻区。在这个区域中（预夹断轨迹左边），漏源电压 U_{DS} 较小，漏极电流 I_D 随 U_{DS} 非线性地增大。场效应管的输出电阻 $\left(\dfrac{\Delta U_{DS}}{\Delta I_D}\right)$ 很低，其数值主要由栅源电压 U_{GS} 来决定，U_{GS} 愈负，曲线愈倾斜，因而输出电阻增大，即可用改变 U_{GS} 的大小来改变输出电阻值，

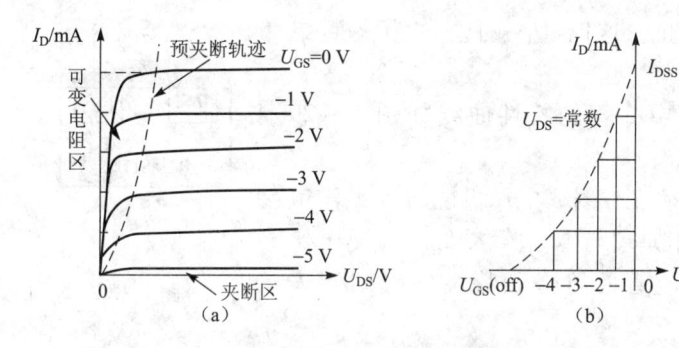

图 1-27 N 沟道增强型 MOS 管的和特性曲线
(a) 漏极特性曲线；(b) 转移特性曲线

所以这个区域称为可变电阻区。

② 线性放大区。在这个区域中（预夹断轨迹右边和夹断区之间），漏极电流 I_D 几乎不随漏源电压 U_{DS} 变化，场效应管的输出电阻 $\left(\dfrac{\Delta U_{DS}}{\Delta I_D}\right)$ 很高，但漏极电流 I_D 随栅源电压 U_{GS} 增加而线性地增长，所以这个区域称为线性放大区。场效应管起放大作用时一般都工作在这个区域。

③ 夹断区。在这个区域中（对应图中靠近横轴部分），当 $U_{GS} < U_{GS(off)}$ 时，场效应管导电沟道被夹断，$I_D = 0$，所以这个区域称为夹断区。

(2) 转移特性曲线

转移特性曲线又称输入特性曲线，它反映漏源电压 U_{DS} 一定时，漏极电流 I_D 与栅源电压 U_{GS} 之间的关系。即

$$I_D = f(U_{GS}) \big|_{U_{DS}=常数}$$

由图 1-27（b）可知，当 $U_{GS} = 0$ 时，$I_D = I_{DSS}$ 最大，故 I_{DSS} 称为饱和漏极电流。U_{GS} 愈负，I_D 愈小，当 $U_{GS} = U_{GS(off)}$ 时，$I_D = 0$。

转移特性曲线与漏极特性曲线有严格的对应关系，可通过漏极特性曲线绘出。

1.4.2 N 沟道耗尽型 MOS 管

如图 1-28（a）所示，它是 N 沟道耗尽型场效应管的结构和电路符号图。这种管子在制造过程中，在 SiO_2 绝缘层中掺入大量的正离子。当 $U_{GS} = 0$ 时，在正离子产生的电场作用之下，衬底表面已经出现反型层，即漏源间存在导电沟道。只要加上 U_{DS}，就有 I_D 产生。如果再加上正的 U_{GS}，则吸引到反型层中的电子增加，沟道加宽，I_D 加大。反之，U_{GS} 为负值时，外电场将抵消氧化膜中正电荷所产生的电场作用，使吸引到反型层中的电子数目减小，沟道变窄，I_D 减小。若 U_{GS} 负到某一值时，可以完全抵消氧化膜中正电荷的影响，则反

型层消失，管子截止，这时 U_{GS} 的值称为夹断电压 $U_{GS(off)}$。

N 沟道耗尽型 MOS 管的特性曲线如图 1-29 所示。

P 型沟道场效应管工作时，电源极性与 N 型沟道场效应管相反，工作原理与 N 型管类似。为便于比较，现将 P 型场效应管的符号和特性曲线列于表 1-2 中。

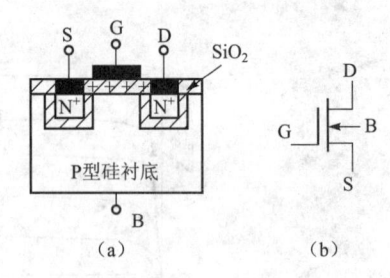

图 1-28 N 沟道耗尽型 MOS 管结构和符号
（a）结构；（b）符号

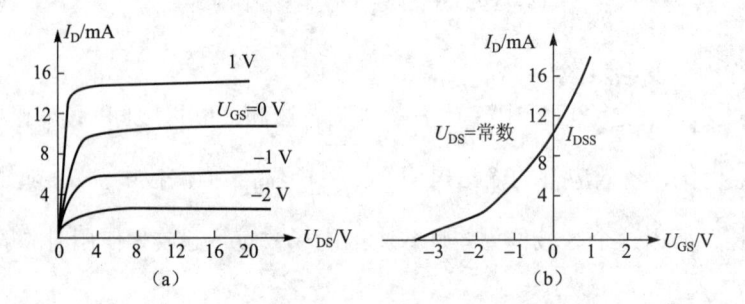

图 1-29 N 沟道耗尽型 MOS 管特性曲线
（a）漏极特性曲线；（b）转移特性曲线

表 1-2 P 型场效应管的符号和特性曲线

	符号	转移特性	漏极特性
P 沟道增强型			
P 沟道耗尽型			

1.4.3　场效应管的主要参数和使用注意事项

1. 主要参数

（1）开启电压和夹断电压

开启电压 U_T　是指在 U_{DS} 为某一固定数值的条件下，产生 I_D 所需要的最小 $|U_{GS}|$ 值。这是增强型绝缘栅场效应管的参数。

夹断电压 $U_{GS(off)}$　是指在 U_{DS} 为某一固定数值的条件下，使 I_D 等于某一微小电流时所对应的 U_{GS} 值。这是耗尽型场效应管的参数。

（2）饱和漏极电流 I_{DSS}

是在 $U_{GS}=0$ 的条件下，管子发生预夹断时的漏极电流。这也是耗尽型场效应管的参数。

（3）直流输入电阻 $R_{GS(DC)}$

是栅源电压和栅极电流的比值。绝缘栅型管一般大于 $10^9\Omega$。

（4）跨导 g_m

是指当漏极与源极之间的电压 U_{DS} 为某一固定值时，栅极输入电压每变化 1 V 引起漏极电流 I_D 的变化量。它是衡量场效应管放大能力的重要参数（相当于三极管的 β 值）。g_m 单位为西门子（S）。在转移特性曲线上，g_m 是曲线在某点的切线斜率。

g_m 的表达式为：$g_m = \dfrac{\Delta I_D}{\Delta U_{GS}}\bigg|_{U_{DS}=常数}$ 或 $g_m = \dfrac{dI_D}{dU_{GS}}\bigg|_{U_{DS}=常数}$

（5）最大耗散功率 P_{DM}

是决定管子温升的参数，$P_{DM}=U_{DS}I_D$。

2. 注意事项

① 在使用场效应管时，要注意漏源电压 U_{DS}、漏源电流 I_D、栅源电压 U_{GS} 及耗散功率等值不能超过最大允许值。

② 场效应管从结构上看漏源两极是对称的，可以互相调用，但有些产品制作时已将衬底和源极在内部连在一起，这时漏源两极不能对换用。

③ 结型场效应管的栅源电压 U_{GS} 不能加正向电压，因为它工作在反偏状态。通常各极在开路状态下保存。

④ 绝缘栅型场效应管的栅源两极绝不允许悬空，因为栅源两极如果有感应电荷，就很难泄放，电荷积累会使电压升高，而使栅极绝缘层击穿，造成管子损坏。因此要在栅源间绝对保持直流通路，保存时务必用金属导线将三个电极短接起来。在焊接时，烙铁外壳必须接电源地端，并在烙铁断开电源后再焊接栅极，以避免交流感应将栅极击穿，并按 S、D、G 极的顺序焊好之后，再去掉各极的金属短接线。

⑤ 注意各极电压的极性不能接错。

1.5 实训 常用半导体器件识别与检测

1.5.1 半导体器件型号命名法

1. 国产半导体器件型号命名法

国产半导体器件型号由五部分组成。第一部分数字表示半导体器件电极数目，2 表示二极管，3 表示三极管；第二部分用字母表示半导体材料和极性；第三部分用拼音字母表示半导体类别；第四部分用数字表示序号；第五部分用字母表示区别代号。半导体器件第一、二、三部分字母意义见表 1-3。

表 1-3 国产半导体分立器件型号命名法

第一部分		第二部分		第三部分				第四部分	第五部分
用数字表示器件电极的数目		用汉语拼音字母表示器件的材料和极性		用汉语拼音字母表示器件的类型					
符号	意义	符号	意义	符号	意义	符号	意义		
2	二极管	A	N 型，锗材料	P	普通管	D	低频大功率管 ($f_\alpha < 3$ MHz, $P_C \geq 1$ W)	用数字表示器件序号	用汉语拼音表示规格的区别代号
		B	P 型，锗材料	V	微波管				
		C	N 型，硅材料	W	稳压管				
		D	P 型，硅材料	C	参量管	A	高频大功率管 ($f_\alpha \geq 3$ MHz, $P_C \geq 1$ W)		
				Z	整流管				
3	三极管	A	PNP 型，锗材料	L	整流堆				
		B	NPN 型，锗材料	S	隧道管	T	半导体闸流管（可控硅整流器）		
		C	PNP 型，硅材料	N	阻尼管				
		D	NPN 型，硅材料	U	光电器件	Y	体效应器件		
		E	化合物材料	K	开关管	B	雪崩管		
				X	低频小功率管 ($f_\alpha < 3$ MHz, $P_C < 1$ W)	J	阶跃恢复管		
						CS	场效应器件		
						BT	半导体特殊器件		
				G	高频小功率管 ($f_\alpha \geq 3$ MHz, $P_C < 1$ W)	FH	复合管		
						PIN	PIN 型管		
						JG	激光器件		

例：

① 锗材料 PNP 型低频大功率三极管：

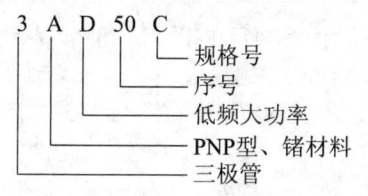

```
3 A D 50 C
      │  │ └─ 规格号
      │  └─ 序号
      │
      └─ 低频大功率
   └─ PNP型、锗材料
 └─ 三极管
```

② 硅材料 NPN 型高频小功率三极管：

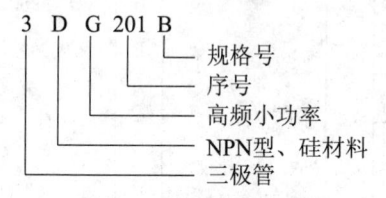

```
3 D G 201 B
       │   └─ 规格号
       └─ 序号
     └─ 高频小功率
   └─ NPN型、硅材料
 └─ 三极管
```

③ N 型硅材料稳压二极管：

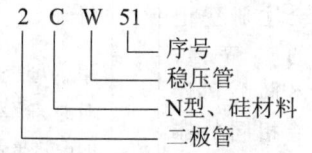

```
2 C W 51
       └─ 序号
     └─ 稳压管
   └─ N型、硅材料
 └─ 二极管
```

④ 单结晶体管：

```
B T 3 3 E
        └─ 规格号
      └─ 耗散功率
    └─ 三个电极
  └─ 特种管
└─ 半导体
```

2. 日产半导体器件型号命名法

日本生产的半导体分立器件，由五至七部分组成。通常只用到前五个部分，其各部分的符号意义如下：第一部分用数字表示器件有效电极数目或类型，0 表示光电（即光敏）二极管、三极管及上述器件的组合管，1 表示二极管，2 表示三极管或具有两个以上 PN 结的其他器件，3 表示具有四个有效电极或具有三个 PN 结的其他器件；第二部分用 S 表示已在日本电子工业协会 JEIA 注册登记的半导体分立器件；第三部分用字母表示器件使用极性和类型；第四部分用数字表示该器件在日本电子工业协会 JEIA 登记的顺序号；第五部分用字母表示同一型号的改进型产品标志。具体符号意义见表 1-4。

表1-4 日本半导体器件型号命名法

第一部分		第二部分		第三部分		第四部分		第五部分	
用数字表示类型或有效电极数		S表示日本电子工业协会（JEIA）的注册产品		用字母表示器件的极性及类型		用数字表示在日本电子工业协会登记的顺序号		用字母表示对原来型号的改进产品	
符号	意义	符号	意义	符号	意义	符号	意义	符号	意义
0	光电（即光敏）二极管、晶体管及其组合管	S	表示已在日本电子工业协会（JEIA）注册登记的半导体分立器件	A	PNP型高频管	四位以上的数字	从11开始，表示在日本电子工业协会注册登记的顺序号，不同公司性能相同的器件可以使用同一顺序号，其数字越大越是近期产品	A B C D E F … …	用字母表示对原来型号的改进产品
				B	PNP型低频管				
				C	NPN型高频管				
				D	NPN型低频管				
1	二极管			F	P控制极可控硅				
2	三极管、具有两个以上PN结的其他晶体管			G	N控制极可控硅				
				H	N基极单结晶体管				
				J	P沟道场效应管				
				K	N沟道场效应管				
				M	双向可控硅				
3	具有四个有效电极或具有三个PN结的晶体管								
n-1	具有n个有效电极或具有n-1个PN结的晶体管								

示例：
① 2SC502A（日本收音机中常用的中频放大管）

2 S C 502 A
           └── 2SC502型的改进产品
       └────── 日本电子工业协会登记顺序号
     └────────── NPN型高频三极管
   └────────────── 日本电子工业协会注册产品
└────────────────── 三极管（两个PN结）

② 2SA495（日本夏普公司 GF—9494 收录机用小功率管）

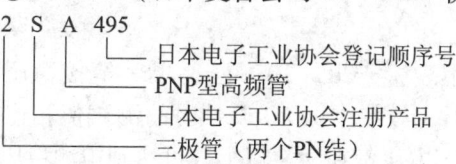

```
2 S A 495
│ │ │ └── 日本电子工业协会登记顺序号
│ │ └──── PNP型高频管
│ └────── 日本电子工业协会注册产品
└──────── 三极管（两个PN结）
```

1.5.2　半导体二极管的识别与检测

1. 普通二极管极性判别及性能检测

普通二极管外壳上均印有型号和标记，标记方法有箭头、色点、色环三种，箭头所指方向或靠近色环的一端为二极管的负极，有色点的一端为正极。若型号和标记脱落时，可用万用表的欧姆挡进行判别。其检测根据是二极管的单向导电性，即二极管的正向电阻小，反向电阻大的特性。具体过程如下：

判别极性　将万用表置于 R×100 或 R×1k 挡，两表笔分别接二极管的两个电极。若测出的电阻值较小（硅管为几百到几千欧，锗管为 100～1 kΩ），说明是正向导通，此时黑表笔接的是二极管的正极，红表笔接的则是负极（万用表置欧姆挡时，黑表笔连接表内电池正极，红表笔连接表内电池负极），如图 1-30（a）所示；若测出的电阻值较大（几十 kΩ～几百 kΩ），为反向截止，此时红表笔接的是二极管的正极，黑表笔为负极，如图 1-30（b）所示。

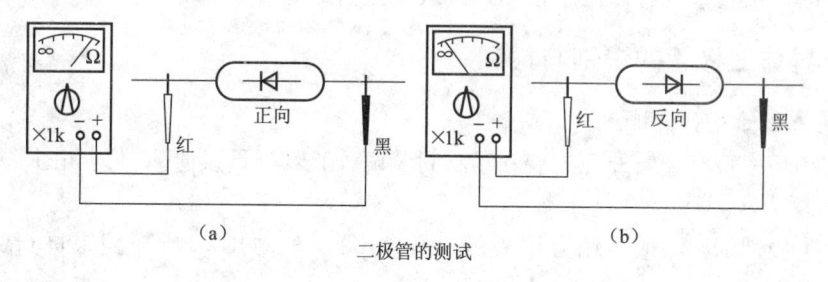

图 1-30　外用表测量二极管示意图
（a）正向特性；（b）反向特性

检查好坏　可通过测量正、反向电阻来判断二极管的好坏。二极管正、反向电阻相差越大越好，阻值相同或相近都视为坏管。一般小功率硅二极管正向电阻为几百 kΩ～几千 kΩ，锗管约为 100 Ω～1 kΩ。

判别硅、锗管　若不知被测的二极管是硅管还是锗管，可根据硅、锗管的导通压降不同的原理来判别。将二极管接在电路中，当其导通时，用万用表测其正向压降，硅管一般为 0.6～0.7 V，锗管为 0.1～0.3 V。

2. 稳压管测试

极性的判别　与普通二极管的判别方法相同。

检查好坏　在已知稳压管的极性后，将万用表置于 R×10 k 挡，黑表笔接稳压管的"−"极，红笔接"+"，若此时的反向电阻很小（与使用 R×1 k 挡时的测试值相比校），说明该稳压管正常。因为万用表 R×10 k 挡的内部电压都在 9 V 以上，可达到被测稳压管的击穿电压，使其阻值大大减小。

3. 发光二极管测试

有些万用表用 R×1 Ω 挡来测量发光二极管正向电阻时，发光二极管会被点亮，利用这一特性既可以判断发光二极管的好坏，也可以判断其极性。点亮时，黑表笔所碰接的引脚为发光二极管正极，若 R×1 k 挡不能使发光二极管点亮，则只能使用 R×10 k 挡正、反向测量其阻值，看其是否具有二极管特性，才能判断其好坏。

4. 光电二极管的测试

当光照射到光电二极管时，其反向电流大大增加，使其反向电阻减小。在测量光电二极管好坏时，首先要用万用表 R×1 k 挡判断出正负极，然后再测其反向电阻。无光照射时，反向电阻一般阻值都大于 200 kΩ。受光照射时，反向电阻阻值会大大减少，若变化不大，则说明被测管已损坏或不是光电二极管。该方法也可用于检测红外线接收管的好坏，照射光改用遥控器的红外线。当按下遥控键时，红外线接收管反向电阻会变小且指针在振动，则说明该管是好的，反过来也可以用于检测红外线遥控器的好坏。

1.5.3　半导体三极管的识别与检测

1. 常见三极管及引脚排列

常用的小功率管有金属外壳封装和塑料封装两种，其外形及管脚排列如图 1−31 所示。

2. 三极管电极判别

三极管电极判别，一般可用万用表的"R×100"和"R×1 k"挡来进行，具体过程如下：

（1）先判别基极 b 和三极管的管型

将万用表欧姆挡置于 R×100 或 R×1 k 挡，先假设三极管的某极为"基极"，并将黑表笔接在假设的基极上，再将红表笔先后接到其余两个电极上，如果两次测得的电阻值都很大（或都很小），而对换表笔后测得两个电阻值都很小（或都很大），则可以确定假设的基极是正确的。如果两次测得的电阻值是一大一小，则可肯定假设的基极是错误的，这时就必须重新假设另一电极为"基极"，再重复上述的测试。

当基极确定以后，将黑表笔接基极，红表笔分别接其他两极，此时，若测得的电阻值都很小，则该三极管为 NPN 型管，反之，则为 PNP 型管。

（2）再判别集电极和发射极 e

第 1 章 常用半导体器件

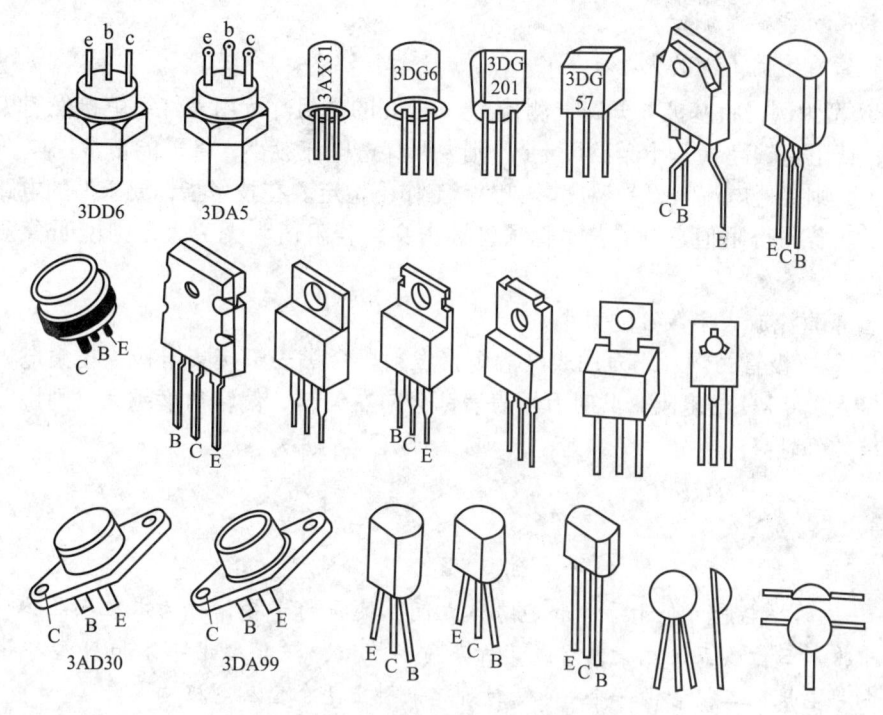

图 1-31 常见三极管及其电路引脚排列

以 NPN 型管为例，把黑表笔接到假设的集电极 c 上，红表笔接到假设的发射极 e 上，并且用手握住 b 和 c 极（b 和 c 极不能直接接触），通过人体，相当于在 b、c 之间接入偏置电阻。读出表所示 c、e 间的电阻值，然后将红、黑两表笔反接重测，若第一次电阻值比第二次小，说明原假设成立，即黑表笔所接的是集电极 c，红表笔接的是发射极 e。因为 c、e 间电阻值小，说明通过万用表的电流大，偏置正确，如图 1-32 所示。

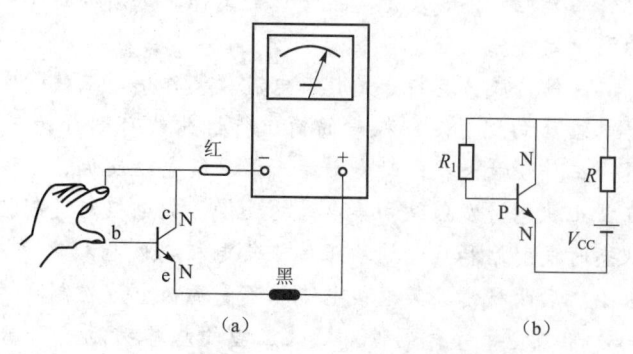

图 1-32 判别三极管 c、e 电极的原理图
(a) 示意图；(b) 等效电路

3. 三极管性能简单测试

（1）检查穿电流 I_{CEO} 的大小

以 NPN 型为例，将基极 b 开路，测量 c、e 极间的电阻。万用表红笔笔接发射极，黑笔接集电极，若阻值较高（几十千欧以上），则说明穿透电流较小，管子能正常工作。若 c、e 极间电阻小，则穿透电流大，受温度影响大，工作不稳定。在技术指标要求高的电路中不能用这种管子。若测得阻值近 0，表明管子已被击穿，若阻值为无穷大，则说明管子内部已断路。

（2）检查直流放大系数 $\bar{\beta}$ 的大小

以 NPN 型三极管为例，用万用表红表笔接发射极，黑表笔接集电极，在集电极 c 与基极 b 之间接入 100 kΩ 的电阻，此时万用表表针会向右偏转，偏转角度越大，则说明三极管电流放大倍数 $\bar{\beta}$ 越高。

本章小结

1. 半导体的导电能力介于导体和绝缘体之间，纯净的半导体称为本征半导体。在纯净的半导体中掺入三价或五价元素，形成两种杂质半导体，即 P 型半导体和 N 型半导体。PN 结具有单向导电性，二极管由一个 PN 结封装起来引出两个金属电极构成。

2. PN 结是构成一切半导体器件的基础。PN 结具有单向导电性，加正向电压时导通，其电阻很小；加反向电压时截止，其反向电阻很大。

3. 二极管和稳压管、光电二极管、发光二极管都是由一个 PN 结构成，它们的正向特性很相似。二极管的应用很广，正常工作时不允许反向击穿，一旦击穿就会造成永久性的损坏。稳压管正常工作时必须处于反向击穿状态，且反向击穿时动态电阻很小，即电流在允许范围内变化时，稳定电压 U_Z 基本不变。光电二极管正常工作时必须加反向电压，有光照射时反向电流增大，可作为光控元件。发光二极管正常工作时必须加正向电压，有电流通过时会发出光来，可作为显示器件。

4. 三极管由两个 PN 结构成，其特点是具有电流放大作用。三极管实现放大作用的条件是：发射结正偏，集电结反向偏置。三极管的输出特性曲线可划分为三个工作区域：放大区、饱和区和截止区。工作在放大状态时发射结正偏、集电结反偏，集电极电流随基极电流成比例变化。工作在截止状态时发射结和集电结均反偏，集电极与发射极之间基本上无电流通过。工作在饱和状态时发射结和集电结均正偏，集电极与发射极之间有较大的电流通过，两极之间的电压降很小。后两种情况集电极电流均不受基极电流控制。

5. 场效应管是一种单极型半导体器件。场效应管的基本功能是用栅、源极间电压控制漏极电流，具有输入电阻高、噪声低、热稳定性好、耗电省等优点。场效应管的源极、漏极和栅极分别相当于双极型晶体管的发射极、集电极和基极。

习 题 1

1.1 选择正确答案填入空内。

(1) 在本征半导体中加入_____元素可形成 N 型半导体,加入_____元素可形成 P 型半导体。

A. 五价 B. 四价 C. 三价

(2) 当温度升高时,二极管的反向饱和电流将_____。

A. 增大 B. 不变 C. 减小

(3) 工作在放大区的某三极管,如果当 I_B 从 12 μA 增大到 22 μA 时,I_C 从 1 mA 变为 2 mA,那么它的 β 值约为_____。

A. 83 B. 91 C. 100

(4) 当场效应管的漏极直流电流 I_D 从 2 mA 变为 4 mA 时,它的低频跨导 g_m 将_____。

A. 增大 B. 不变 C. 减小

(5) 下列符号中表示发光二极管的为( )。

A. ▷⊢ B. ▷⊩ C. ▷⊢⚡ D. ▷⊩⚡

(6) 硅管正偏导通时,其管压降约为( )。

A. 0.1 V B. 0.2 V C. 0.5 V D. 0.7 V

1.2 写出图 1-33 所示各电路的输出电压值,设二极管导通电压 U_D = 0.7 V。

图 1-33 习题 1.2 图

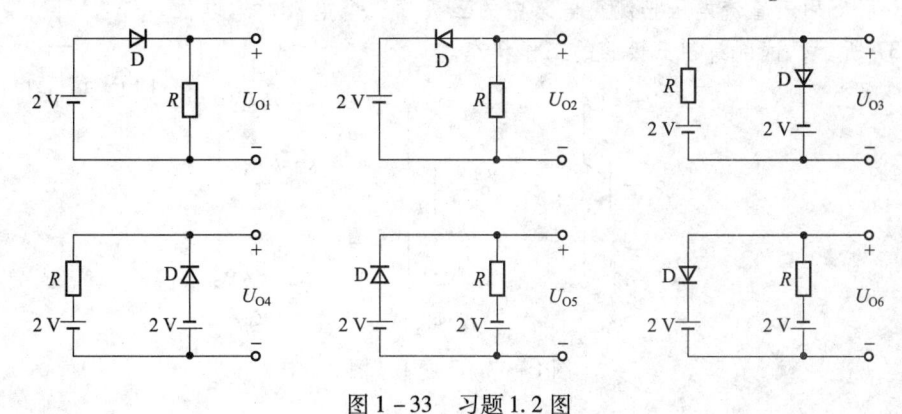

1.3 电路如图 1-34 所示,已知 $u_i = 5\sin \omega t$ (V),二极管导通电压 U_D = 0.7 V。试画出 u_i 与 u_o 的波形,并标出幅值。

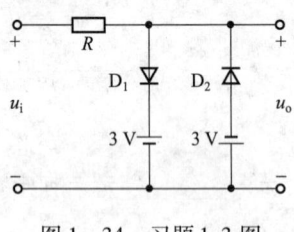

图 1-34 习题 1.3 图

1.4 电路如图 1-35（a）所示，其输入电压 u_{i1} 和 u_{i2} 的波形如图 1-35（b）所示，二极管导通压降 $U_D = 0.7\ \text{V}$。试画出输出电压 u_o 的波形，并标出幅值。

1.5 现有两只稳压管，它们的稳定电压分别为 6 V 和 8 V，正向导通压降为 0.7 V。试问：

（1）若将它们串联相接，则可得到几种稳压值？各为多少？

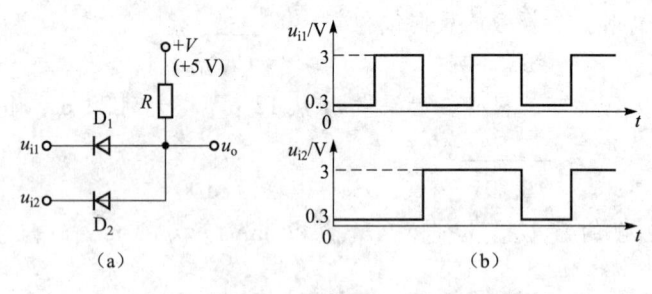

图 1-35 习题 1.4 图

（2）若将它们并联相接，则又可得到几种稳压值？各为多少？

1.6 在图 1-36 所示电路中，发光二极管导通电压 $U_D = 1.5\ \text{V}$，正向电流在 5~15 mA 时才能正常工作。试问：

（1）开关 S 在什么位置时发光二极管才能发光？

（2）R 的取值范围是多少？

1.7 用万用表直流电压挡测得电路中的三极管三个电极对地电位如图 1-37 所示，试判断各三极管的工作状态。

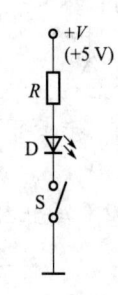

图 1-36 习题 1.6 图

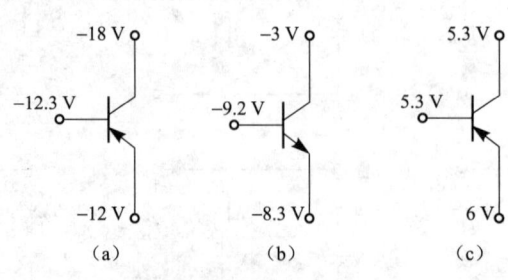

图 1-37 习题 1.7 图

1.8 已知两只三极管的电流放大系数 β 分别为 50 和 100，现测得放大电路中这两只管子两个电极的电流如图 1-38 所示。分别求另一电极的电流，标出其实际方向，并在圆圈中画出管子。

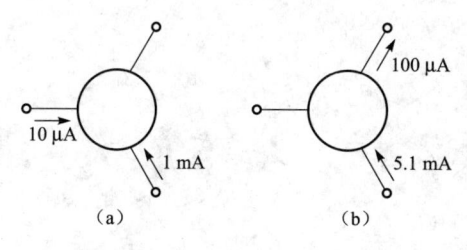

图 1-38 习题 1.8 图

1.9 测得三个硅材料 NPN 型三极管的极间电压 U_{BE} 和 U_{CE} 分别如下，试问：它们各处于什么状态？

（1）$U_{BE} = -6$ V，$U_{CE} = 5$ V；（2）$U_{BE} = 0.7$ V，$U_{CE} = 0.5$ V；（3）$U_{BE} = 0.7$ V，$U_{CE} = 5$ V。

1.10 场效应管的工作原理和三极管有什么不同？为什么场效应管具有很高的电阻？

1.11 试判断下图 1-39 所示的特性曲线，指出它们所代表的管子的类别。

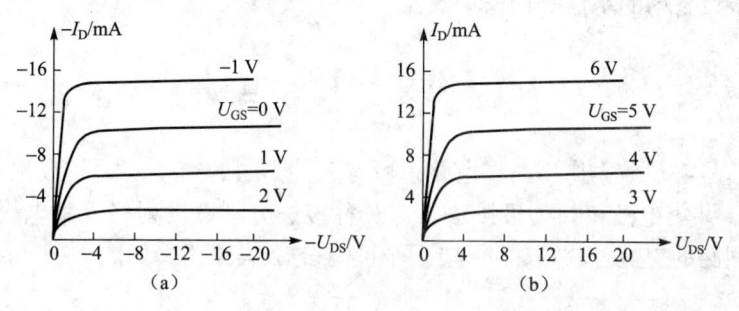

图 1-39 习题 1.11 图

第2章 基本放大电路

放大电路的作用是将微弱的电信号（电压或电流）加以放大，习惯上称为放大器，是构成其他电子电路的基本单元电路，广泛应用于广播、通信、测量和自动控制系统中。

单管放大电路是各种复杂放大电路的基本单元，本章首先从单管共射放大电路入手，讨论放大电路的组成、工作原理及分析方法，然后介绍三极管构成的其他电路形式及场效应管构成的放大电路，并讨论了多级放大电路的有关知识。最后介绍广泛应用于广播、电视、通信、雷达等接收设备中的小信号调谐放大器。

2.1 共射极放大电路

三极管对信号实现放大作用时在电路中可有三种不同的连接方式（或称三种组态），即共（发）射极、共集电极和共基极接法，这三种接法分别以发射极、集电极、基极作为输入回路和输出回路的交流公共端，而构成不同组态的放大电路，如图2-1所示。

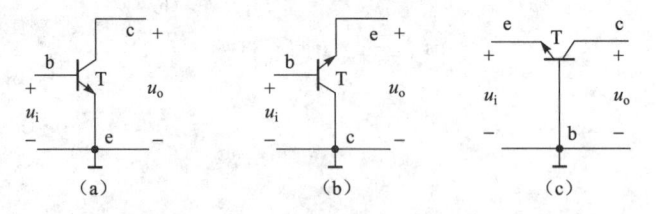

图2-1 放大电路中三极管的三种连接方式
(a) 共发射极电路；(b) 共集电极电路；(c) 共基极电路

由于共发射极接法应用最广，本节以共发射极接法的放大电路为例，讨论放大电路的组成、工作原理及分析方法。

2.1.1 共射极放大电路的组成及放大作用

1. 电路基本组成及各元件作用

共发射极基本放大电路的组成如图2-2所示，本电路采用的是NPN管。为保证放大电路能够不失真地放大交流信号，放大电路的组成应遵循以下原则：

第 2 章 基本放大电路

（1）保证三极管工作在放大区

图 2-2 中，直流电源 V_{BB} 和基极偏置电阻 R_b 为了保证三极管发射结正偏，直流电源 V_{CC} 和集电极电阻 R_c 为了保证三极管集电结反偏，此时 V_{CC} 应大于 V_{BB}。为了简化电路，一般选取 $V_{CC} = V_{BB}$，如图 2-3 所示电路。此时为保证三极管集电结反偏，基极偏置电阻 R_b（一般为几十千欧至几百千欧）应远大于集电极电阻 R_c（一般为几千欧至几十千欧）。

图 2-3 中，直流电源 V_{CC} 除了为三极管正常工作在放大区提供合适的偏置外，另一个作用是提供信号放大所需要的能量。电阻 R_b 决定基极偏置电流 I_B 的大小，称为基极偏置电阻，调整 R_b 可以得到合适的基极偏置电流。集电极电阻 R_c 能够将集电极电流的变化转换为集电极电压的变化。

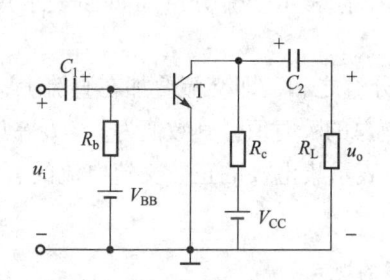

图 2-2 共（发）射极放大电路

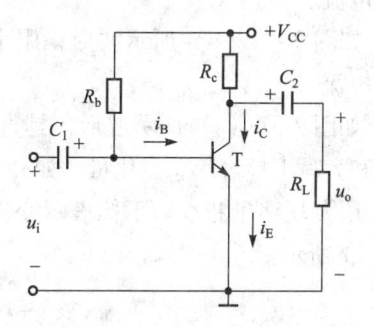

图 2-3 共（发）射极放大电路的简化画法

（2）保证信号有效传输

图 2-3 中，电容 C_1、C_2 为耦合电容，起隔直、通交的作用，即隔断放大电路与信号源、放大电路与负载之间的直流通路，沟通交流信号源、放大电路、负载三者之间的交流通路。耦合电容一般采用有极性的电解电容，使用时注意正负极性。

放大电路由直流电源提供偏置，保证三极管正常工作在放大区，电路中存在一组直流分量。放大电路要放大的是交流信号，电路中存在一组交流分量，即电路中交、直流分量并存。

下面对分析放大电路时涉及的相关分量加以规定。

2. 放大电路中电压、电流的方向及符号规定

（1）电压、电流正方向的规定

为了便于分析，规定：电压的正方向都以输入、输出回路的公共端为负，其他各点均为正；电流方向以三极管各电极电流的实际方向为正方向（如图 2-3 标注）。

（2）电压、电流符号的规定

为了便于讨论，对于图 2-3 所示的放大电路，在交流信号 u_i 的作用下，可以得到图 2-4 所示的三极管集电极电流波形，对其表示的符号作如下规定：

① 如图 2-4（a）所示波形，用大写字母和大写下标表示直流分量。如 I_C 表示集电极

33

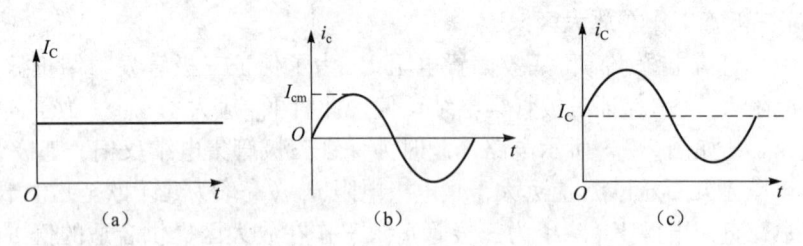

图 2-4 三极管集电极的电流波形
(a) 直流分量;(b) 交流分量;(c) 总变化量

的直流电流。

② 如图 2-4(b)所示波形,用小写字母和小写下标表示交流分量。如 i_c 表示集电极的交流电流。

③ 如图 2-4(c)所示波形,是直流分量和交流分量之和,即交流叠加在直流上,用小写字母和大写下标表示总变化量。如 i_C 表示集电极电流总的瞬时值,其数值为 $i_C = I_C + i_c$。

④ 用大写字母和小写下标表示交流有效值。如 I_c 表示集电极的正弦交流电流的有效值。如表 2-1 所示。

表 2-1 电压、电流符号的规定

类别	符号	下标	示例
直流分量	大写	大写	I_B、I_C、I_E、U_{BE}、U_{CE}
交流分量	小写	小写	i_b、i_c、i_e、u_{be}、u_{ce}
交直流叠加	小写	大写	i_B、i_C、i_E、u_{BE}、u_{CE}
交流有效值	大写	小写	I_b、I_c、I_e、U_{be}、U_{ce}
交流振幅值	大写	小写	I_{bm}、I_{cm}、I_{em}、U_{bem}、U_{cem}

在对一个放大电路进行定量分析时,首先进行静态分析,即分析未加输入信号时的工作状态,此时电路中只存在直流分量,利用直流成分的通路,即直流通路估算放大电路的静态参数。然后进行动态分析,即分析加上交流输入信号后电路的工作状态,估算放大电路的各项动态性能指标。加上交流输入信号后电路增加了交流分量,利用交流成分的通路,即交流通路分析交流分量。由于放大电路中存在着电抗性元件,所以直流成分的通路和交流成分的通路是不同的。

3. 静态分析

(1) 直流通路及静态工作点

所谓直流通路,是指当输入信号 $u_i = 0$ 时,电路在直流电源 V_{CC} 的作用下,直流电流所流过的路径。在画直流通路时,将电路中的电容开路,电感短路。图 2-3 所对应的直流通路如图 2-5(a)所示。

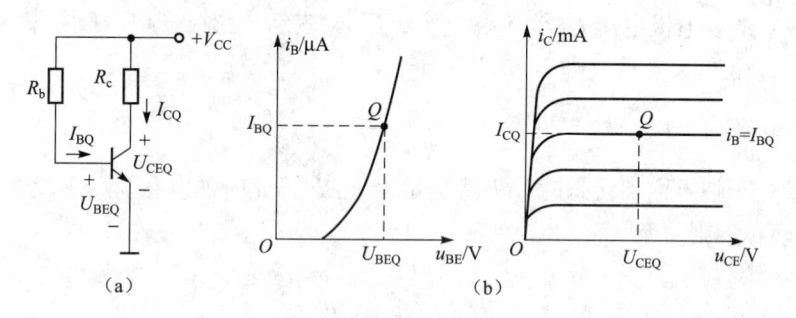

图 2-5 基本共射放大电路的静态情况
(a)直流通路;(b)静态工作点 Q

所谓静态,是指交流输入信号 $u_i = 0$ 时放大电路的工作状态,此时电路中只有直流分量。在直流电源的作用下,三极管的基极回路和集电极回路均存在着直流电流和直流电压,即 I_{BQ}、U_{BEQ}、I_{CQ}、U_{CEQ}。这四个数值分别对应于三极管输入、输出特性曲线上的一个点"Q",即输入特性曲线上的点 $Q(U_{BEQ}, I_{BQ})$,输出特性曲线上的点 $Q(U_{CEQ}, I_{CQ})$,如图 2-5(b)所示,习惯上称这个"Q"点为放大电路的静态工作点。为了使放大电路能够正常工作,三极管必须处于放大状态。因此,要求三极管必须具有合适的静态工作点"Q"。当电路中的 V_{CC}、R_c、R_b 确定以后,I_{BQ}、U_{BEQ}、I_{CQ}、U_{CEQ} 也就随之确定了。为了表明对应于"Q"点的各参数 I_B、U_{BE}、I_C、U_{CE} 是静态参数,习惯上将其分别记作 I_{BQ}、U_{BEQ}、I_{CQ} 和 U_{CEQ}。

(2)放大电路静态工作点的估算

由图 2-5(a)所示的直流通路,直流电源 $+V_{CC}$ 经基极偏置电阻 R_b 为三极管发射结提供正向偏置电压,经集电极电阻 R_c 为三极管集电结提供反向偏置电压。由直流通路得基极静态电流 I_{BQ}

$$I_{BQ} = \frac{V_{CC} - U_{BEQ}}{R_b} \tag{2.1}$$

其中,U_{BEQ} 为发射结正向电压,三极管导通时,U_{BEQ} 的变化很小,可近似认为

硅管 $U_{BEQ} = 0.6 \sim 0.8$ V,取 0.7 V;

锗管 $U_{BEQ} = 0.1 \sim 0.3$ V,取 0.3 V。

当 $V_{CC} \gg U_{BEQ}$ 时,可以 $I_{BQ} \approx V_{CC}/R_b$。

根据三极管的电流放大特性,得集电极静态电流 I_{CQ}

$$I_{CQ} = \beta I_{BQ} \tag{2.2}$$

再根据集电极回路可求出集电极-发射极之间的电压 U_{CEQ}

$$U_{CEQ} = V_{CC} - I_{CQ}R_c \tag{2.3}$$

注意：实际工作中如果 U_{CEQ} 的值小于 1 V，三极管工作在饱和区，式（2.2）就不成立了。此时三极管的集电极电流 I_{CQ} 为饱和电流，用 I_{CS} 表示，三极管集电极-发射极之间的电压为饱和压降，用 U_{CES} 表示，则

$$I_{CS} = \frac{V_{CC} - U_{CES}}{R_c} \approx \frac{V_{CC}}{R_c} \tag{2.4}$$

当三极管处于临界饱和状态时，仍然满足 $I_C = \beta I_B$，此时的基极电流称为基极临界饱和电流，用 I_{BS} 表示，则

$$I_{BS} = \frac{I_{CS}}{\beta} \approx \frac{V_{CC}}{\beta R_c} \tag{2.5}$$

在判断三极管的工作状态时，如果 $I_{BQ} > I_{BS}$，认为三极管处于饱和状态。

图 2-3 所示的基本共射极放大电路具有电路简单的优点，其基极电流 $I_{BQ} = (V_{CC} - U_{BEQ})/R_b$ 是固定的，所以也称此电路为固定偏置式电路。当更换三极管或环境温度变化引起三极管参数变化时，电路的静态工作点会随之变化，甚至可能移到不合适的位置而导致放大电路无法正常工作。

例 2-1 基本共射放大电路如图 2-3 所示，已知 $V_{CC} = 12$ V，$R_b = 300$ kΩ，$R_c = 3$ kΩ，三极管的 $\beta = 60$。试估算放大电路的静态工作点 Q（忽略 U_{BEQ}）。

解： 根据式（2.1）、式（2.2）、式（2.3）可得

$$I_{BQ} = \frac{V_{CC} - U_{BEQ}}{R_b} \approx \frac{V_{CC}}{R_b} = \frac{12 \text{ V}}{300 \text{ k}\Omega} = 0.04 \text{ mA} = 40 \text{ μA}$$

$$I_{CQ} = \beta \cdot I_{BQ} = (60 \times 0.04) \text{ mA} = 2.4 \text{ mA}$$

$$U_{CEQ} = V_{CC} - I_{CQ}R_c = 12 \text{ V} - 2.4 \text{ mA} \times 3 \text{ k}\Omega = 4.8 \text{ V}$$

4. 动态分析

当放大电路中加入正弦交流信号 u_i 时，电路中各极的电压、电流产生一组交流量。在交流输入信号 u_i 的作用下，只有交流电流所流过的路径，称为交流通路。画交流通路时，放大电路中的耦合电容短路。由于直流电源 V_{CC} 的内阻很小（理想电压源内阻近似为零），对交流变化量几乎不起作用，所以直流电源对交流视为短路。图 2-3 所示基本共射放大电路的交流通路如图 2-6 所示。

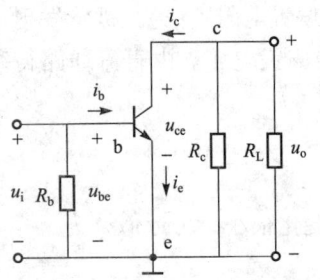

图 2-6 共射放大电路的交流通路

所谓动态，是指放大电路输入信号 u_i 不为零时的工作状态。当放大电路中加入正弦交流信号 u_i 时，电路中各极的电压、电流都是在直流量的基础上发生变化，即瞬时电压和瞬时电流都是由直流量和交流量叠加而成的，其波形如图 2-7 所示。

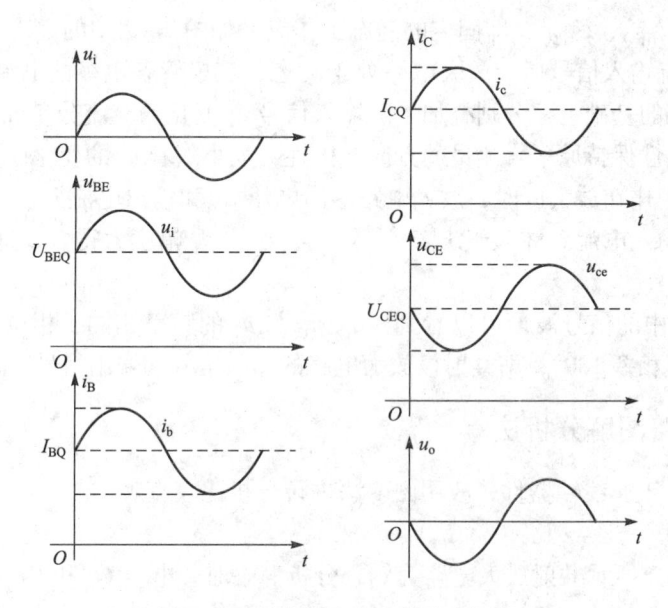

图 2-7　基本放大电路的动态情况

在图 2-3 中，输入信号 u_i 通过耦合电容 C_1 传送到三极管的基极与发射极之间，使得基极与发射极之间的电压为

$$u_{BE} = U_{BEQ} + u_i \tag{2.6}$$

输入信号 u_i 变化时，会引起 u_{BE} 随之变化，相应的基极电流也在原来 I_{BQ} 的基础上叠加了因 u_i 变化产生的变化量 i_b。这时，基极的总电流则为直流和交流的叠加，即

$$i_B = I_{BQ} + i_b \tag{2.7}$$

经三极管放大后得集电极电流

$$i_C = \beta \cdot i_B = \beta I_{BQ} + \beta \cdot i_b = I_{CQ} + i_c \tag{2.8}$$

集电极-发射极之间的电压

$$u_{CE} = V_{CC} - i_C R_c = V_{CC} - (I_{CQ} + i_c)R_c = U_{CEQ} - i_c R_c = U_{CEQ} + u_{ce} \tag{2.9}$$

由式（2.7）可以看出，电压 u_{CE} 由两部分组成，一部分为静态电压 $U_{CEQ} = V_{CC} - I_{CQ} R_c$，另一部分为交流动态电压 $u_{ce} = -i_c R_c$，其中静态电压被耦合电容 C_2 隔断，交流电压经 C_2 耦合到输出端，得

$$u_o = u_{ce} = -i_c R_c$$

式中"-"表示 u_o 与 u_i 反相，即共射放大电路的输出与输入信号的相位相反。共射放大电路也称反相器或倒相器。

通过上述分析及对图 2-7 的观察，可以得到如下几个结论：

① 在没有输入信号时，放大电路处于静态，三极管各电极有着恒定的静态电流值 I_{BQ}、

I_{CQ}和静态电压值U_{BEQ}、U_{CEQ}，即固定的静态工作点，如图2-7中的虚线所示。

② 当加入交流输入信号后，放大电路处于动态，三极管各电极的电流、电压瞬时值是在静态电流和电压的基础上，分别叠加了随输入信号u_i变化的交流分量i_b、i_c及u_{ce}，其总瞬时值的方向或极性保持原来直流量的方向与极性，大小随着u_i的变化而变化。

③ 当三极管工作在放大区时，放大电路输出电压u_o和输出电流$i_o(i_c)$的变化规律和输入信号电压u_i和输入电流i_b的变化规律一致，且u_o比u_i幅度大得多，这就完成了对交流信号的放大。

④ 从图2-7中的信号波形可以看到：i_b、i_c与u_i的频率相同，相位相同，而u_o与u_i的频率相同，相位相差180°，即共射极放大电路的输入信号和输出信号"反相"。

2.1.2 放大电路图解分析法

由于三极管属于非线性器件，故用图解法进行分析比较直观。

1. 静态图解法

以图2-8（a）所示共射放大电路为例，分析静态时，电容C_1和C_2视为开路，这时电路可画成图2-8（b）所示的直流通路。三极管的静态工作点的四个量，在基极回路中有I_{BQ}和U_{BEQ}，在集电极回路中有I_{CQ}和U_{CEQ}，下面分别进行讨论。

（1）基极回路

如图2-8（b）所示的直流通路，由电源V_{CC}、电阻R_b和发射结构成基极回路，V_{CC}和R_b是线性电路部分，而发射结的伏安特性是非线性部分，如图2-8（c）所示。由图2-8（c）的三极管输入特性曲线可解出U_{BEQ}和I_{BQ}。U_{BEQ}为发射结正向电压，三极管导通时，$u_{BE} = U_{BEQ}$变化很小，硅管$U_{BEQ} = 0.6 \sim 0.8$ V，取0.7 V；锗管$U_{BEQ} = 0.1 \sim 0.3$ V，取0.3 V。为了方便，在实用上常用估算法，即忽略U_{BEQ}，解出I_{BQ}的值误差不大。

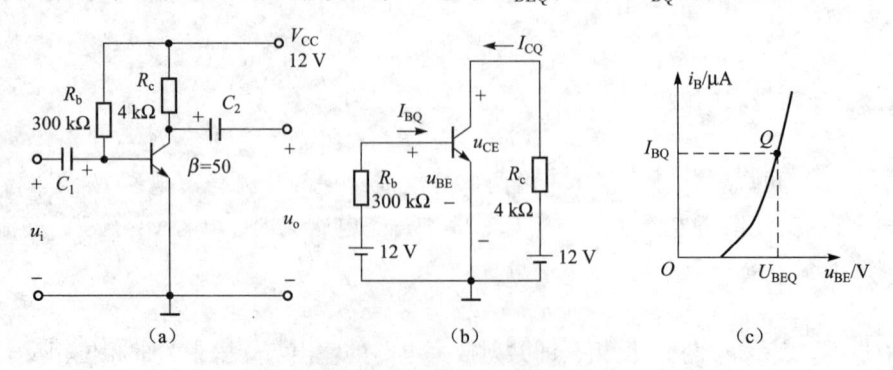

图2-8 图解法分析静态
(a) 基本共射电路；(b) 直流通路；(c) 发射结伏安特性曲线

$$I_{BQ} = \frac{V_{CC} - U_{BEQ}}{R_b} \approx \frac{V_{CC}}{R_b} = \frac{12\ \text{V}}{300\ \text{k}\Omega} = 0.04\ \text{mA} = 40\ \mu\text{A}$$

(2) 集电极回路

对于集电极回路，三极管的管压降 U_{CEQ} 与集电极电流 I_{CQ} 的关系符合三极管自身的输出特性，即 $I_{BQ} = 40\ \mu\text{A}$ 的那条曲线，如图 2-9 所示。电源 V_{CC} 和 R_c 的关系是线性关系，即满足

$$u_{CE} = V_{CC} - R_c i_C \tag{2.10}$$

利用式 (2.10) 在三极管输出特性曲线上作一直线，如图 2-9 所示，它与横轴和纵轴分别相交于 M (12 V, 0 mA) 和 N (0 V, 3 mA) 两点，其斜率为 $-1/R_c$，是由集电极电阻 R_c 决定的。由于所讨论的是静态工作情况，电路中的电压、电流都是直流量，所以直线 MN 称为直流负载线。

放大电路在没有交流信号输入时静态电压和静态电流是固定的，即静态工作点 Q 是固定的。如果有信号输入时，三极管的工作状态是在静态的基础上再叠加一个交流分量，这时电路就工作在动态。

2. 动态图解法

(1) 输入回路的动态图解分析

以图 2-8 (a) 所示基本共射放大电路为例，其输入特性如图 2-10 (a) 所示。

当输入端加入信号 $u_i = 20\sin\omega t$ (mV) 时，由于隔直电容 C_1 的存在，加在三极管发射结上的电压就是静态值 U_{BEQ} 与 u_i 的叠加值，即

$$u_{BE} = U_{BEQ} + u_i \tag{2.11}$$

利用 u_{BE} 值在三极管输入特性曲线上可对应作出 i_B 值，i_B 是静态电流 I_{BQ} 与交流电流 i_b 的叠加值，即

$$i_B = I_{BQ} + i_b \tag{2.12}$$

从图 2-10 (a) 可看出

$$i_B = I_{BQ} + i_b = (40 + 20\sin\omega t)(\mu\text{A}) \tag{2.13}$$

i_B 在 60 μA 和 20 μA 范围内变动。

(2) 输出回路的动态图解分析

随着 i_B 的变动 i_C 也相应的变动，放大电路的工作点以 Q 点为中点，在直流负载线上变动。当输入信号 u_i 为正半周，i_B 由 40 μA 向 60 μA 变动时，放大电路的工作点先由 Q 移动到 Q_1，再回到 Q。当输入信号 u_i 负半周，i_B 由 40 μA 向 20 μA 变动时，放大电路的工作点先由 Q 移动到 Q_2，再回到 Q。即放大电路的工作点随着 i_B 的变动将沿着直流负载线在 Q_1

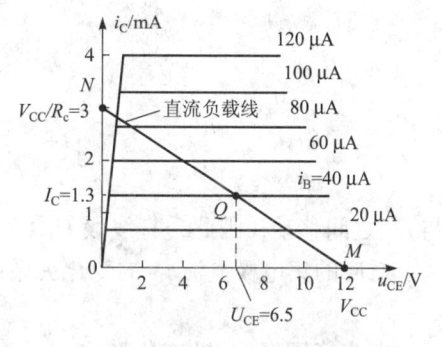

图 2-9 直流负载线

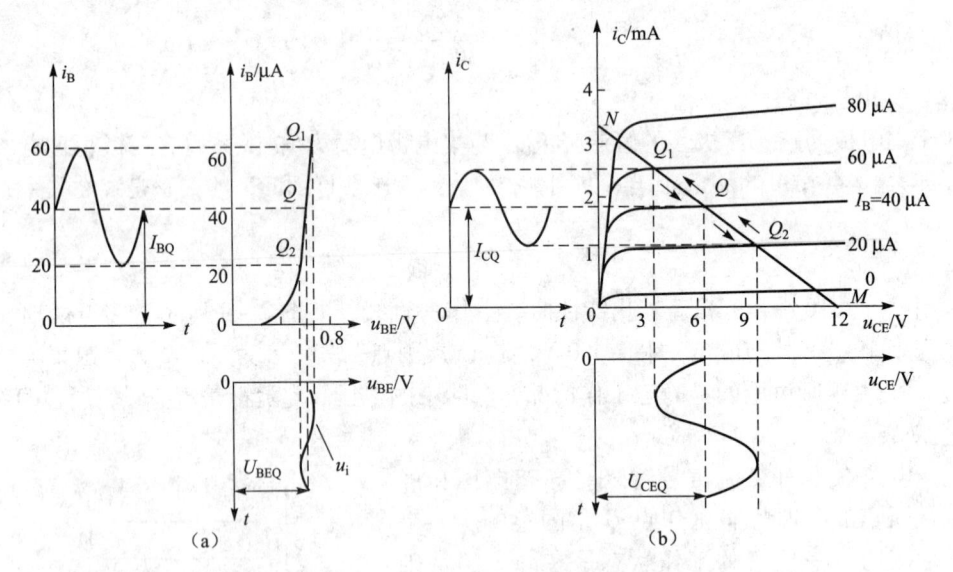

图 2-10　图解法分析动态

(a) 输入回路动态图解；(b) 输出回路动态图解

与 Q_2 之间移动，因此，直线段 Q_1Q_2 是工作点移动的轨迹，通常称为动态工作范围。

对应的集电极电流 i_C 的变化关系如图 2-10 (b) 左部分所示，i_C 为

$$i_C = I_{CQ} + i_c \tag{2.14}$$

对应管压降 u_{CE} 的变化形式如图 2-10 (b) 下部分所示，u_{CE} 为

$$u_{CE} = V_{CC} - i_C R_c = V_{CC} - (I_{CQ} + i_c)R_c = V_{CC} - I_{CQ}R_c - i_c R_c \tag{2.15}$$

即

$$u_{CE} = U_{CEQ} - i_c R_c \tag{2.16}$$

而输出电压 u_o 是经过电容 C_2 隔直后的交流管压降，即隔掉了直流量 U_{CEQ}，这时 u_o 为

$$u_o = u_{ce} = -i_c R_c \tag{2.17}$$

从图中可以看出，输出电压 u_o 和输入电压 u_i 是反相的。

3. 交流负载线

放大电路在工作时，输出端总要接上一定的负载，如图 2-11 (a) 所示电路，负载电阻 $R_L = 4\ \text{k}\Omega$，这时放大电路的工作情况是否会因为 R_L 的接入而受到影响呢？这是下面所要讨论的问题。

在静态时，由于隔直电容 C_2 的作用，R_L 对直流通路无影响，故电路的直流负载线同前面的空载情况一样。对交流来说，电容 C_2 可看作短路，直流电源 V_{CC} 内阻近似为零，也可看作短路，这时输出回路的交流等效电路如图 2-11 (b) 所示。

如果输入信号不变，仍为 $u_i = 20\sin\omega t$ (mV)，则 i_b 也不变，经过三极管的电流放大，

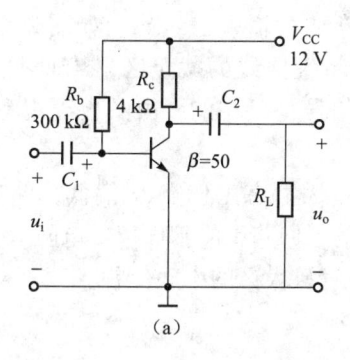

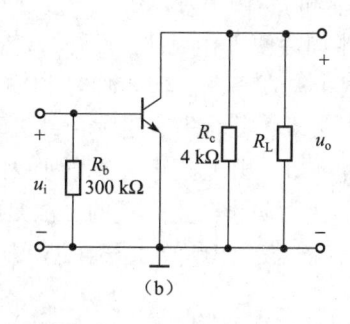

图 2-11 图解法分析放大电路（有载）
(a) 基本共射电路；(b) 交流通路

i_c 和负载开路时相同。这时电流的关系仍然满足 $i_C = I_{CQ} + i_c$。其中直流 I_{CQ} 只流经 R_c 支路，而交流分量 i_c 流经 R_c 和 R_L 的并联支路。这时的管压降满足下式

$$u_{CE} = V_{CC} - I_{CQ}R_c - i_c(R_c /\!/ R_L) = V_{CC} - I_{CQ}R_c - i_c R'_L$$

即

$$u_{CE} = U_{CEQ} - i_c R'_L \quad (2.18)$$

经 C_2 的隔直作用，输出交流电压 u_o 为

$$u_o = -i_c R'_L \quad (2.19)$$

利用式（2.18）在输出特性曲线图上作一直线，如图 2-12 所示，它与横轴和纵轴分别相交于点 A 和 B，其斜率为 $-1/R'_L$，而不是 $-1/R_c$ 了。把由斜率为 $-1/R_c$ 定出的负载线称为直流负载线，它由直流通路决定；而把由斜率为 $-1/R'_L$ 定出的负载线称为交流负载线，它由交流通路决定。显然，对图 2-10（a）的电路来说，交流负载线表示动态时工作点移动的轨迹。读者可以思考一下，当放大电路不带负载 R_L 时，交流负载线是什么呢？

交流负载线和直流负载线必然在 Q 点相交，这是因为在线性工作范围内，输入信号在变化过程中一定是经过零点的，即某一时刻 $u_i = 0$。所以，通过 Q 点作一条斜率为 $-1/R'_L$ 的直线也可得到交流负载线，如图 2-12 所示。

图解分析法便于直观的了解信号的放大过程和各参数对放大质量的影响，对大信号和小信号均适用，下面利用图解法讨论放大电路的失真情况。

4. 图解法分析静态工作点的位置对放大质量的影响

（1）非线性失真

因为三极管是非线性器件，当静态工作点 Q 定得

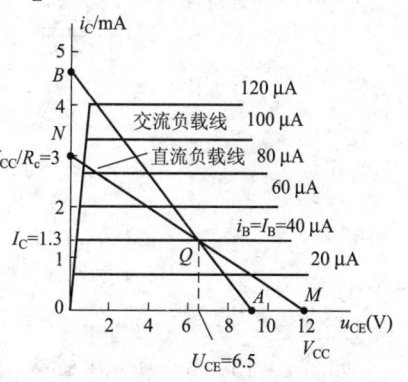

图 2-12 交流负载线

偏低,也就是I_{BQ}和I_{CQ}偏小时,会导致不能正常放大输入信号u_i。如图2-13(a)所示,输入信号u_i负半周会使工作点进入三极管输出特性曲线的截止区,从而不能被正常放大,此种失真称为截止失真。由于输入信号和输出信号是反相的,由图也可观察到,输出信号u_o的正半周产生失真,截止失真也称顶部失真。

由上述分析可知,出现截止失真的原因是:因静态工作点Q偏低,即I_{BQ}偏小,引起I_{CQ}偏小造成的。因而防止截止失真的办法是将输入回路中的基极偏置电阻R_b减小,以增大I_{BQ}、I_{CQ},从而使静态工作点Q上移,进入三极管放大区的中间位置。

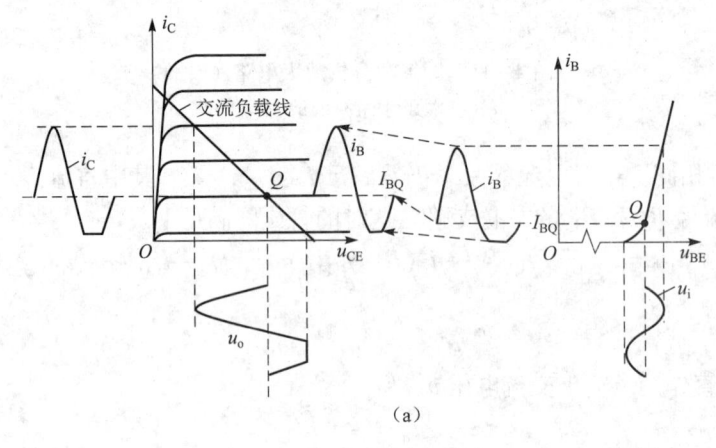

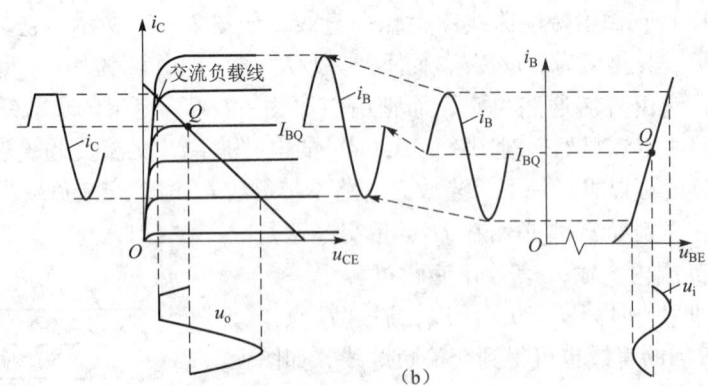

图2-13 静态工作点对波形失真的影响
(a)Q点偏低引起截止失真;(b)Q点偏高引起饱和失真

当静态工作点Q定得偏高,也就是I_{BQ}和I_{CQ}偏大时,也会导致不能正常放大输入信号u_i。如图2-13(b)所示,输入信号u_i正半周会使工作点进入三极管输出特性曲线的饱和区,从而不能被正常放大,此种失真称为饱和失真。由图2-13(b)可以观察到,输出信号u_o的负半周产生失真,饱和失真也称底部失真。

由上述分析可知，出现饱和失真的原因是：静态工作点 Q 偏高，即 I_{BQ} 偏大。因而解决饱和失真的办法是将输入回路中的基极偏置电阻 R_b 增大，即减小 I_{BQ}，从而使静态工作点 Q 下降，以保证在输入信号的整个周期内，三极管工作在线性放大区。

放大电路正常工作时，要求设置合适的静态工作点，尽可能有最大的不失真信号输出，如图 2-14（a）所示。图 2-14（b）和图 2-14（c）为静态工作点不合适而产生的顶部失真和底部失真，可以通过调整电路中的基极偏置电阻 R_b 使 Q 点位置合适，消除失真。需要注意的是，即使有了合适的静态工作点，当输入信号 u_i 的幅值太大时，输出信号也会出现失真，如图 2-14（d）所示，此种失真称为双向失真。

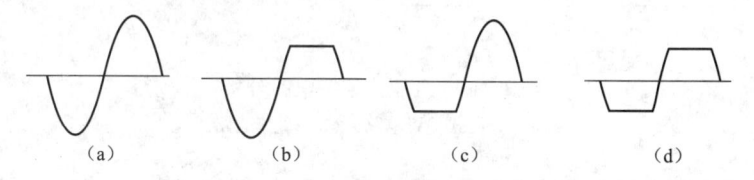

图 2-14 输出波形情况
(a) 不失真信号；(b) 顶部失真；(c) 底部失真；(d) 双向失真

（2）选择静态工作点的原则

① 若使放大电路的输出电压不失真，并且尽可能地大，静态工作点 Q 应设在交流负载线的中点附近。

② 如果输入信号幅值很小，在保证波形不失真的前提下，静态工作点应选低些，可减少电路的功耗。

（3）温度对静态工作点的影响

在实际工作中，由于半导体材料的热敏性，三极管的参数几乎都与温度有关，从而导致放大电路的静态工作点 Q 不稳定，影响放大电路的正常工作。如图 2-8（a）所示的共射放大电路称为固定偏置式放大电路，根据式（2.1）和式（2.2），并考虑三极管的穿透电流 I_{CEO}，有

$$I_{CQ} = \beta I_{BQ} + I_{CEO} = \beta \frac{V_{CC} - U_{CE}}{R_b} + I_{CEO}$$

所以当 V_{CC} 和 R_b 一定时，I_{CQ} 与三极管的参数 β、U_{BE} 及 I_{CEO} 有关。当温度升高时，β 值增大，I_{CEO} 增大，U_{BE} 减小，这都会引起 I_{CQ} 增大，导致静态工作点 Q 不稳定。所以，应采取措施，以限制因温度变化而引起的三极管静态工作点的变化。

5. 静态工作点稳定电路

（1）分压式偏置电路

① 电路结构。分压式偏置电路如图 2-15（a）所示，与固定偏置式电路不同的是：基极直流偏置电位 U_{BQ} 是由基极偏置电阻 R_{b1} 和 R_{b2} 对 V_{CC} 分压来取得的，故称这种电路为分压

式偏置电路；同时，电路中增加了发射极电阻 R_e 用来稳定电路的静态工作点。

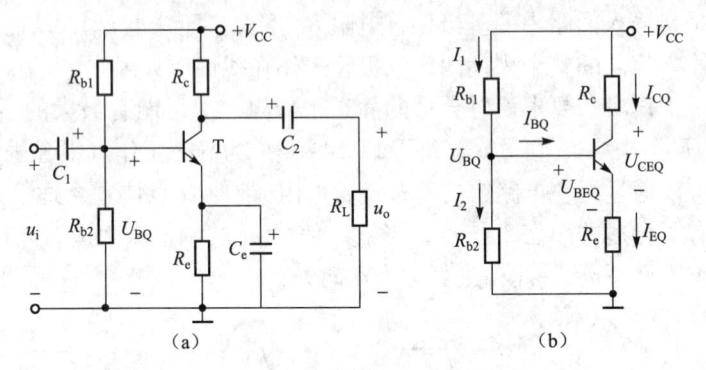

图 2-15 分压式偏置电路分析
(a) 分压式偏置电路；(b) 直流通路

② 静态工作点的估算。分压式偏置放大电路的直流通路如图 2-15（b）所示。当三极管工作在放大区时，I_{BQ} 很小。当满足 $I_1 \gg I_{BQ}$ 时，$I_1 \approx I_2$，则有

$$U_{BQ} \approx \frac{R_{b2}}{R_{b1} + R_{b2}} V_{CC} \tag{2.20}$$

$$I_{EQ} = \frac{U_B - U_{BEQ}}{R_e} \tag{2.21}$$

$$I_{CQ} \approx I_{EQ} \tag{2.22}$$

$$I_{BQ} = \frac{I_{CQ}}{\beta} \tag{2.23}$$

$$U_{CEQ} \approx V_{CC} - I_{CQ}(R_c + R_e) \tag{2.24}$$

③ Q 点的稳定过程。当满足 $I_1 \gg I_{BQ}$ 时，U_{BQ} 固定，假如温度上升，则

$$T \uparrow \to I_{CQ} \uparrow \to I_{EQ} \uparrow \to U_{EQ} \uparrow \to U_{BEQ} \downarrow \to I_{BQ} \downarrow \to I_{CQ} \downarrow$$

由此可见，这种电路是在基极电压固定的条件下，利用发射极电流 I_{EQ} 随温度 T 的变化所引起的 U_{EQ} 变化，进而影响 U_{BE} 和 I_B 的变化，使 I_{CQ} 趋于稳定的。这一稳定过程是通过直流负反馈原理实现的。

（2）带有发射极电阻 R_e 的固定偏置电路

① 电路组成。电路如图 2-16 所示。

② 静态工作点的估算。根据电路有

$$I_{BQ} = \frac{V_{CC} - U_{BEQ}}{R_b + (1 + \beta) R_e} \tag{2.25}$$

$$I_{CQ} = \beta I_{BQ} \tag{2.26}$$

$$U_{CEQ} \approx V_{CC} - I_{CQ}(R_c + R_e) \tag{2.27}$$

该电路与不带 R_e 的固定偏置式电路相比，静态工作点较稳定。其稳定过程请读者自行分析。

2.1.3 微变等效电路法

1. 放大电路的动态性能指标

放大电路放大的对象是变化量，研究放大电路除了要保证放大电路具有合适的静态工作点外，更重要的是研究其放大性能。衡量放大电路性能的主要指标有放大倍数、输入电阻 r_i 和输出电阻 r_o。为了说明各指标的含义，将放大电路用图 2-17 所示有源线性四端网络表示。图中，1-2 端为放大电路的输入端，r_s 为信号源内阻，u_s 为信号源电压，此时放大电路的输入电压和电流分别为 u_i 和 i_i。3-4 端为放大电路的输出端，接实际负载电阻 R_L，u_o、i_o 分别为电路的输出电压和输出电流。

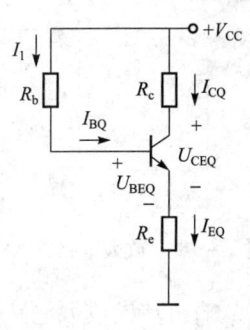

图 2-16 带有发射极电阻 R_e 的固定偏置式直流电路

图 2-17 放大电路四端网络表示

（1）放大倍数

放大倍数是衡量放大电路放大能力的指标。放大倍数是指输出信号与输入信号之比，有电压放大倍数、电流放大倍数和功率放大倍数等表示方法，其中电压放大倍数最常用。

放大电路的输出电压 u_o 和输入电压 u_i 之比，称为电压放大倍数 A_u，即

$$A_u = u_o/u_i \tag{2.28}$$

放大电路的输出电流 i_o 和输入电流 i_i 之比，称为电流放大倍数 A_i，即

$$A_i = i_o/i_i \tag{2.29}$$

放大电路的输出功率 P_o 和输入功率 P_i 之比，称为功率放大倍数 A_p，即

$$A_p = P_o/P_i \tag{2.30}$$

工程上常用分贝（dB）来表示电压放大倍数，称为增益，它们的定义分别为

$$电压增益 A_u(dB) = 20\lg |A_u| \tag{2.31}$$

$$电流增益 A_i(dB) = 20\lg |A_i| \tag{2.32}$$

$$功率增益 A_p(dB) = 20\lg |A_p| \tag{2.33}$$

例如，某放大电路的电压放大倍数 $|A_u|=100$，则电压增益为 40 dB。

（2）输入电阻 r_i

放大电路的输入电阻是从输入端 1-2 向放大电路看进去的等效电阻，它等于放大电路输出端接实际负载电阻 R_L 后，输入电压 u_i 与输入电流 i_i 之比，即

$$r_i = u_i/i_i \tag{2.34}$$

对于信号源来说，r_i 就是它的等效负载，如图 2-18 所示。由图可得

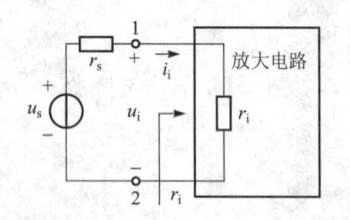

图2-18 放大电路输入等效电路

$$u_i = u_s \frac{r_i}{r_s + r_i} \quad (2.35)$$

由式（2.34）和式（2.35）可见，r_i 是衡量放大电路对信号源影响程度的重要参数。其值越大，放大电路从信号源索取的电流越小，信号源对放大电路的影响越小。

（3）输出电阻 r_o

从输出端向放大电路看入的等效电阻，称为输出电阻 r_o，如图2-19所示。由图可得

$$r_o = \frac{u_o}{i_o} \quad (2.36)$$

等效输出电阻用戴维南定理分析：将输入信号源 u_s 短路（电流源开路），但要保留其信号源内阻 r_s，用电阻串并联方法加以化简，计算放大电路的等效输出电阻。

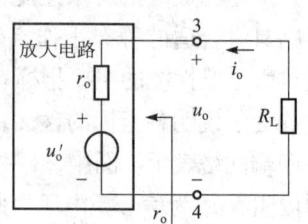

图2-19 放大电路输出等效电路

实验方法计算输出电阻的步骤：

① 将负载 R_L 开路，测放大电路输出端的开路电压，即放大电路3-4端的开路电压，测得有效值为 U'_o。

② 将负载 R_L 接入，测量放大电路3-4端的电压，测得有效值为 U_o。

③ 放大电路的输出电阻为

$$r_o = \frac{U'_o - U_o}{U_o} R_L \quad (2.37)$$

由上式可以看出，r_o 越小，输出电压受负载的影响就越小，放大电路带负载能力越强。因此，r_o 的大小反映了放大电路带负载能力的强弱。

2. 三极管的微变等效模型

由于放大电路中含有三极管，属于非线性元件，直接分析计算比较复杂。但是，当三极管的静态工作点正常，并且输入微小变化的交流信号时，三极管的电压和电流近似为线性关系。因此，在小信号输入时，为计算方便，将三极管等效为一个线性元件，称为三极管的微变等效模型；将放大电路等效为线性电路，通常称为微变等效电路。

（1）三极管基极与发射极间的等效

放大电路正常工作时，发射结导通，即基极与发射极之间相当于一个导通的PN结，如图2-20（a）所示。三极管的输入二端口等效为一个交流电阻 r_{be}，如图2-20（b）所示。它是三极管输入特性曲线上工作点 Q 附近的电压微小变化量与电流微小变化量之比。

根据三极管输入回路结构分析，r_{be} 的数值可以用下列公式计算

$$r_{be} = r'_{bb} + (1+\beta)\frac{26\ \text{mV}}{I_{EQ}(\text{mA})} \quad (2.38)$$

式中，r'_{bb}是基区体电阻，对于低频小功率管，r'_{bb}约为 100~500 Ω，如果无特别说明，一般取 r'_{bb} = 300 Ω；I_{EQ}为发射极静态电流。

（2）三极管集电极与发射极间的等效

当三极管工作在放大区时，i_c 的大小只受 i_b 的控制，$i_c = \beta i_b$，即实现了三极管的受控恒流特性。所以，三极管集电极与发射极间可等效为一个理想受控电流源，大小为 βi_b，如图 2-20（c）所示。将图 2-20（b）和图 2-20（c）组合，即可得到三极管的微变等效模型，如图 2-20（d）所示。

3. 利用微变等效电路分析放大电路的动态性能指标

共射放大电路如图 2-21（a）所示，为了分析动态性能指标，首先画出放大电路的交流通路，如图 2-21（b）所示。然后将电路中的非线性元件——三极管用微变等效模型代换，则得到图 2-21（c）所示的放大电路的微变等效电路。

（1）电压放大倍数（有载）

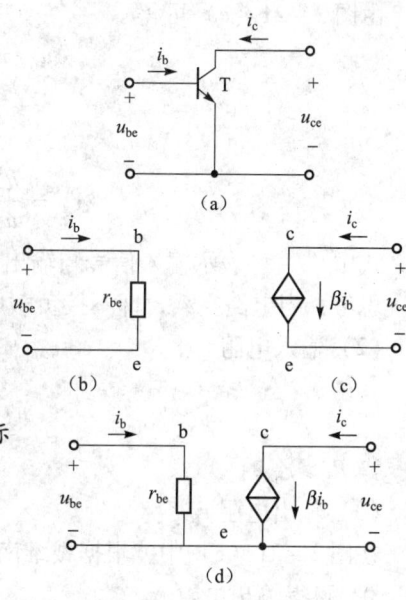

图 2-20 三极管微变等效过程

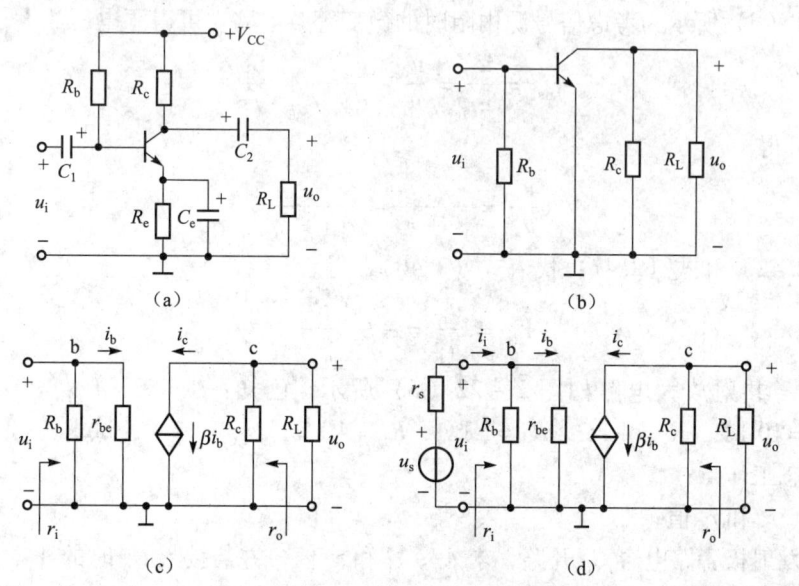

图 2-21 共射放大电路
（a）电路；（b）交流通路；
（c）微变等效电路；（d）考虑信号源内阻时的等效电路

由图 2-21（c）可得

$$u_o = -i_c R'_L = -\beta \cdot i_b R'_L \tag{2.39}$$

$$R'_L = R_c /\!/ R_L \tag{2.40}$$

$$u_i = i_b r_{be} \tag{2.41}$$

得

$$A_u = \frac{u_o}{u_i} = -\frac{\beta \cdot i_b R'_L}{i_b r_{be}} = -\frac{\beta R'_L}{r_{be}} \tag{2.42}$$

式中"-"表示输入信号与输出信号相位相反。

思考：当电路空载，即不接负载电阻 R_L 时，电压放大倍数如何求解？

（2）输入电阻 r_i

$$r_i = \frac{u_i}{i_i} = R_b /\!/ r_{be} \tag{2.43}$$

当 $R_b \gg r_{be}$ 时，

$$r_i \approx r_{be} \tag{2.44}$$

（3）输出电阻 r_o

在图 2-21（c）中，根据戴维南定理等效电阻的计算方法，将信号源 $u_s = 0$，则 $i_b = 0$，$\beta i_b = 0$，可得输出电阻

$$r_o = R_c \tag{2.45}$$

（4）源电压放大倍数

图 2-21（d）所示为考虑信号源内阻时的微变等效电路。可得源电压放大倍数 A_{us} 为

$$A_{us} = \frac{u_o}{u_s} = \frac{u_o}{u_i} \cdot \frac{u_i}{u_s} = A_u \frac{u_i}{u_s} \tag{2.46}$$

又由图可得

$$\frac{u_i}{u_s} = \frac{r_i}{r_i + r_s} \approx \frac{r_{be}}{r_{be} + r_s} \tag{2.47}$$

将式（2.42）和式（2.47）代入式（2.46），得

$$A_{us} = \frac{u_o}{u_s} = -\beta \frac{R'_L}{r_{be} + r_s} \tag{2.48}$$

例 2-2　共射放大电路如图 2-22（a）所示，已知：$\beta = 50$，$U_{BE} = 0.7$ V，$R_{b1} = 50$ kΩ，$R_{b2} = 10$ kΩ，$R_c = 4$ kΩ，$R_e = 1$ kΩ，$R_L = 4$ kΩ，$V_{CC} = 12$ V，试求：

（1）静态工作点；

（2）A_u、r_i 和 r_o 值；

（3）若发射极旁路电容 C_e 开路，求 A_u、r_i 和 r_o 值，并与接入 C_e 时的 A_u、r_i 和 r_o 值进行比较。

解：（1）本题电路为分压式偏置方式，直流通路如图 2-22（b）所示，可得静态参数

图 2-22 例 2-2 图

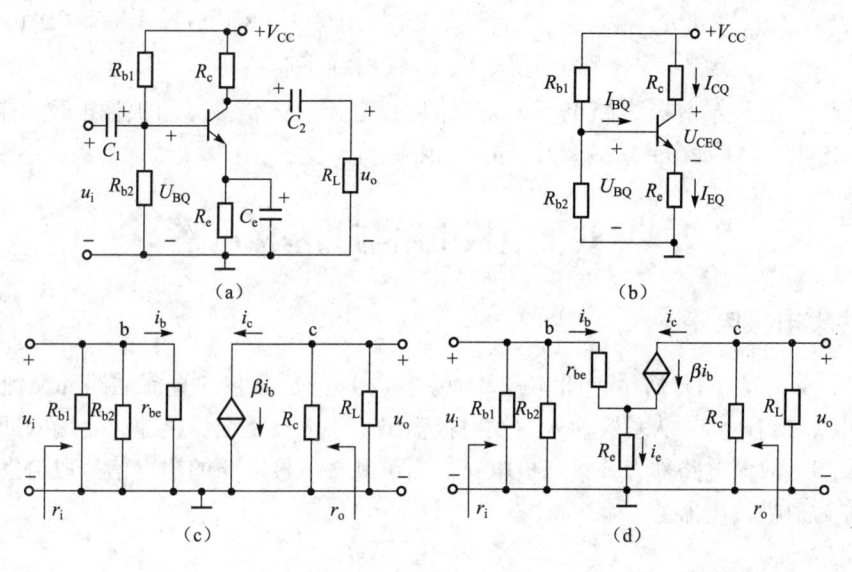

$$U_{BQ} \approx \frac{R_{b2}}{R_{b1}+R_{b2}}V_{CC} = \frac{10}{50+10} \times 12 \text{ V} = \frac{12 \text{ V}}{6} = 2 \text{ V}$$

$$I_{CQ} \approx I_{EQ} = \frac{U_{BQ} - U_{BE}}{R_e} = \frac{(2-0.7)\text{V}}{1 \text{ k}\Omega} = 1.3 \text{ mA}$$

$$I_{BQ} = \frac{I_{CQ}}{\beta} = \frac{1.3 \text{ mA}}{50} = 26 \text{ μA}$$

$$U_{CEQ} \approx V_{CC} - I_{CQ}(R_c + R_e) = 12 \text{ V} - 1.3 \text{ mA} \times (4+1)\text{k}\Omega = 5.5 \text{ V}$$

$$r_{be} = 300 \text{ Ω} + (1+\beta)\frac{26 \text{ mV}}{I_{EQ}} = 300 \text{ Ω} + 51 \times \frac{26 \text{ mV}}{1.3 \text{ mA}} = 1\,320 \text{ Ω} \approx 1.3 \text{ k}\Omega$$

(2) 图 2-22 (a) 所对应的微变等效电路如图 2-22 (c) 所示。根据微变等效电路图可得

$$A_u = -\beta \frac{R'_L}{r_{be}} = -50 \times \frac{4 /\!/ 4}{1.3} \approx -77$$

$$r_i = R_{b1} /\!/ R_{b2} /\!/ r_{be} = 50 /\!/ 10 /\!/ 1.3 \approx 1.1(\text{k}\Omega)$$

$$r_o = R_c = 4(\text{k}\Omega)$$

(3) C_e 开路后，图 2-22 (a) 所对应的微变等效电路如图 2-22 (d) 所示。由图可得

$$A_u = -\beta \frac{R'_L}{r_{be} + (1+\beta)R_e} = -50 \times \frac{4 /\!/ 4}{1.1 + 51 \times 1} \approx -1.9$$

$$r_i = R_{b1} /\!/ R_{b2} /\!/ [r_{be} + (1+\beta)R_e] = 50 /\!/ 10 /\!/ [1.3 + 51 \times 1] \approx 7.2 \text{ (k}\Omega\text{)}$$
$$r_o = R_c = 4(\text{k}\Omega)$$

由此可以看出，发射极旁路电容 C_e 开路后，电压放大倍数 A_u 的值由 77 下降到 1.9，而输入电阻由 1.1 kΩ 提高到 7.2 kΩ，输出电阻保持不变。

2.2 共集电极电路与共基极电路

2.2.1 共集电极电路

电路如图 2-23（a）所示，图 2-23（b）、（c）分别是它的直流通路和交流通路。由交流通路可以看到，信号从基极输入、发射极输出，集电极是交流接地，是输入回路和输出回路的公共端，故该电路称为共集电极电路。由于共集电极电路的输出信号取自发射极，故该电路又称为射极输出器。

1. 静态分析

（1）共集电极放大电路的直流通路

如图 2-23（b）所示。

（2）静态工作点的估算

$$I_{BQ} = \frac{V_{CC} - U_{BE}}{R_b + (1+\beta)R_e} \tag{2.49}$$

$$I_{CQ} = \beta I_{BQ} \tag{2.50}$$

$$U_{CEQ} = V_{CC} - I_{EQ}R_e \approx V_{CC} - I_{CQ}R_e \tag{2.51}$$

2. 动态分析

（1）共集电极放大电路的交流通路

如图 2-23（c）所示，微变等效电路如图 2-23（d）所示。

（2）动态参数的估算

① 电压放大倍数 A_u 的估算

$$u_o = i_e R'_L = (1+\beta)i_b R'_L \quad (\text{其中 } R'_L = R_c /\!/ R_L) \tag{2.52}$$

$$u_i = i_b r_{be} + u_o = i_b r_{be} + (1+\beta)i_b R'_L \tag{2.53}$$

则

$$A_u = \frac{u_o}{u_i} = \frac{(1+\beta)i_b R'_L}{i_b r_{be} + (1+\beta)i_b R'_L} = \frac{(1+\beta)R'_L}{r_{be} + (1+\beta)R'_L} \tag{2.54}$$

由于 $(1+\beta)R'_L \gg r_{be}$，所以 $A_u \approx 1$，但略小于 1。A_u 为正值，所以 u_o 与 u_i 同相。由此说明 $u_o \approx u_i$，即输出信号的变化跟随输入信号的变化，故该电路又称为射极跟随器。

② 输入电阻 r_i 的估算。由图 2-23（d）可得

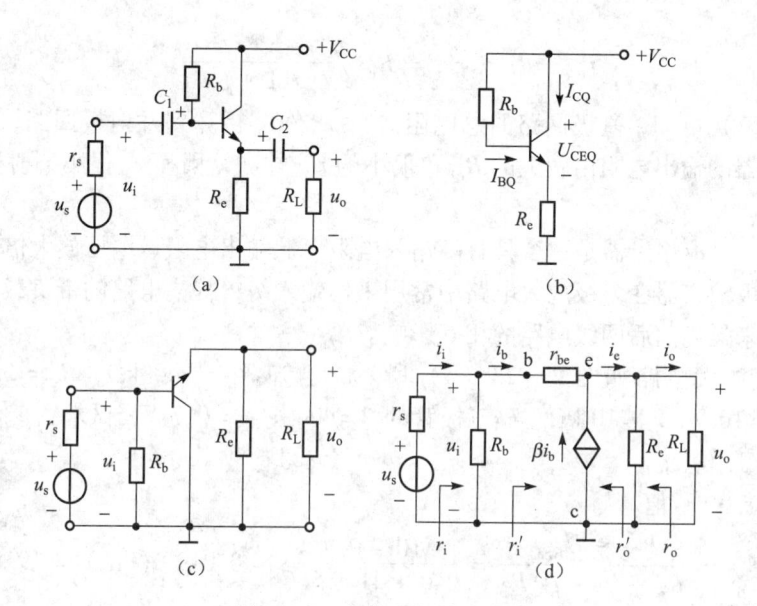

图 2-23 共集电极放大电路

(a) 共集电极放大器;(b) 直流通路;(c) 交流通路;(d) 微变等效电路

$$r_i = R_b // r'_i$$

$$r'_i = \frac{u_i}{i_b} = \frac{i_b r_{be} + (1+\beta) i_b R'_L}{i_b} = r_{be} + (1+\beta) R'_L \tag{2.55}$$

则
$$r_i = R_b // [r_{be} + (1+\beta) R'_L] \tag{2.56}$$

R'_L 上流过的电流是 i_b 的 $(1+\beta)$ 倍,为了保证等效前后的电压不变,故把 R'_L 折算到基极回路时应扩大 $(1+\beta)$ 倍。由式 (2.54) 可见,共集电极电路的输入电阻比共发射极电路大得多,对信号源影响程度小,这是射极输出器的特点之一。

③ 输出电阻 r_o 的估算。根据放大电路输出电阻的定义,在图 2-23(d) 中,令 $u_s = 0$,并去掉负载 R_L,在输出端外加一测试电压 u_P,可得如图 2-24 所示的微变等效电路。

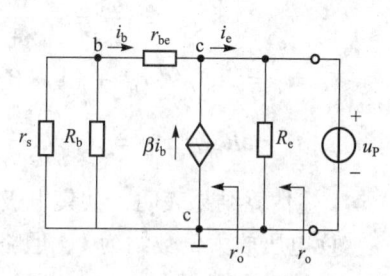

图 2-24 求 r_o 的微变等效电路

由图可得
$$u_p = -i_b (r_{be} + r_s // R_b)$$

$$r'_o = \frac{u_p}{-i_e} = \frac{-i_b (r_{be} + r_s // R_b)}{-(1+\beta) i_b} = \frac{r_{be} + r_s // R_b}{1+\beta}$$

$$r_o = R_e // r'_o = R_e // \frac{r_{be} + r_s // R_b}{1 + \beta} \tag{2.57}$$

由式（2.57）可知，基极回路的总电阻 $r_{be} + r_s // R_b$ 折算到发射极回路，需除以 $(1+\beta)$。射极输出器的输出电阻由较大的 R_e 和很小的 r'_o 并联，因而 r_o 很小，射极输出器带负载能力比较强。

综上所述，射极输出器是一个具有高输入电阻、低输出电阻、电压放大倍数近似为 1 的放大电路。射极输出器在多级放大电路中常用来作输入级，提高电路的带负载能力，也可作为缓冲级，用来隔离前后两级电路的相互影响。

例 2-3 放大电路如图 2-23（a）所示，已知 $R_b = 240\ \text{k}\Omega$，$R_e = 5.6\ \text{k}\Omega$，$R_L = 5.6\ \text{k}\Omega$，$V_{CC} = 10\ \text{V}$，$r_s = 10\ \text{k}\Omega$，硅三极管的 $\beta = 40$，$U_{BE} = 0.7\ \text{V}$，试求：

（1）静态工作点；

（2）A_u、r_i 和 r_o 值。

解：（1）$I_{BQ} = \dfrac{V_{CC} - U_{BEQ}}{R_b + (1+\beta)R_e} = \dfrac{10 - 0.7}{240 + 41 \times 5.6} \approx 0.019\ 8(\text{mA}) = 19.8(\mu\text{A})$

$$I_{CQ} \approx I_{EQ} = \beta I_{BQ} = 40 \times 0.019\ 8(\text{mA}) \approx 0.792(\text{mA})$$

$$U_{CEQ} = V_{CC} - I_{EQ}R_e = 10\ \text{V} - 0.792\ \text{mA} \times 5.6\ \text{k}\Omega \approx 5.56\ \text{V}$$

（2）$r_{be} = r'_{bb} + (1+\beta) \times \dfrac{26\ \text{mV}}{I_{EQ}} = 300 + 41 \times \dfrac{26}{0.792} \approx 1.65(\text{k}\Omega)$

$$R'_L = R_e // R_L = \frac{5.6 \times 5.6}{5.6 + 5.6} = 2.8(\text{k}\Omega)$$

$$A_u = \frac{u_o}{u_i} = \frac{(1+\beta)R'_L}{r_{be} + (1+\beta)R'_L} = \frac{41 \times 2.8}{1.65 + 41 \times 2.8} \approx 0.986$$

$$r_i = R_b // [r_{be} + (1+\beta)R'_L] = 240 // [1.65 + 41 \times 2.8] \approx 78.4(\text{k}\Omega)$$

$$r_o = R_e // r'_o = R_e // \frac{r_{be} + r_s // R_b}{1+\beta} = 5.6 // \frac{1.65 + 10 // 240}{41} \approx 261(\Omega)$$

上述估算结果表明，共集电极放大电路的特点有：

① 电压放大倍数约为 1，但略小于 1；

② 输入电阻很大；

③ 输出电阻很小。

2.2.2 共基极放大电路

共基极放大电路如图 2-25 所示，图 2-26、图 2-27 分别是它的直流通路和微变等效电路。交流信号 u_i 经耦合电容 C_1 从发射极输入，放大后从集电极经耦合电容

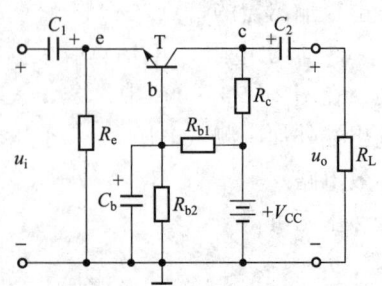

图 2-25 共基极放大电路

C_2 输出，C_b 为基极旁路电容，使基极交流接地，基极是输入回路和输出回路的公共端，因此称为共基极放大电路。

1. 静态工作点的估算

由图 2-26 的直流通路可知，该放大电路的直流偏置方式为分压式偏置电路，静态工作点的估算略。

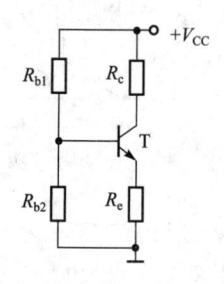

图 2-26 共基极放大电路的直流通路

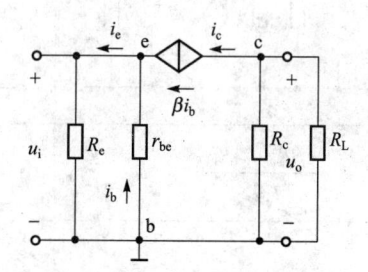

图 2-27 共基极放大电路的微变等效电路

2. 动态性能指标的估算

由图 2-27 的微变等效电路，得

电压放大倍数
$$A_u = \frac{\beta(R_c \mathbin{/\mkern-6mu/} R_L)}{r_{be}} \qquad (2.58)$$

输入电阻
$$r_i = R_e \mathbin{/\mkern-6mu/} \frac{r_{be}}{1+\beta} \qquad (2.59)$$

输出电阻
$$r_o \approx R_c \qquad (2.60)$$

三种基本组态放大电路的性能比较如表 2-2 所示。

表 2-2 三种基本组态放大电路的性能比较

	共发射极放大电路	共集电极放大电路	共基极放大电路
电路形式			

续表

	共发射极放大电路	共集电极放大电路	共基极放大电路
微变等效电路	(电路图)	(电路图)	(电路图)
A_u	$\dfrac{-\beta R_c /\!/ R_L}{r_{be}}$ 大	$\dfrac{(1+\beta)R_e /\!/ R_L}{r_{be}+(1+\beta)R_e /\!/ R_L} \approx 1$	$\dfrac{\beta R_c /\!/ R_L}{r_{be}}$ 大
r_i	$R_{b1} /\!/ R_{b2} /\!/ r_{be}$ 中	$R_b /\!/ [r_{be}+(1+\beta)R_e /\!/ R_L]$ 高	$R_e /\!/ \dfrac{r_{be}}{(1+\beta)}$ 低
r_o	R_c 高	$R_e /\!/ \dfrac{r_{be}}{(1+\beta)}$ 低	R_c 高
相位	180°（u_i与u_o反相）	0°（u_i与u_o同相）	0°（u_i与u_o同相）
高频特性	差	较好	好

2.3 场效应管基本放大电路

由于场效应管也具有放大作用，如不考虑物理本质上的区别，可把场效应管的栅极（G）、源极（S）、漏极（D）分别与晶体三极管的基极（B）、发射极（E）、集电极（C）相对应，所以场效应管也可构成三种基本组态电路，分别称为共源（CS，Common Source）、共漏（CD，Common Drain）和共栅（CG，Common Gate）极放大电路。本节主要介绍共源和共漏两种放大电路。

2.3.1 共源放大电路

1. 直流偏置及静态分析

场效应管放大电路的组成原则和晶体管放大电路一样，为了使输出波形不失真，管子也必须工作在输出特性曲线的放大区域内,即也要设置合适的静态工作点。为此,栅源之间要加上合适的直流电压,通常称为栅极偏置电压。下面介绍固定偏压电路,这是一种常用的偏置电路。

图 2-28(a)是由 N 沟道耗尽型场效应管组成的共源放大电路,C_1、C_2 为耦合电容,R_d 为漏极负载电阻,R_g 为栅极电阻,R_s 为源极电阻,C_s 为源极旁路电容。该电路利用漏极电流 I_{DQ} 在源极电阻 R_s 上产生的压降来获得所需的偏置电压。由于场效应管的栅极不吸取电流,R_g 中无电流通过,因此栅极 g 和源极 s 之间的偏压 $U_{GSQ} = -I_{DQ}R_s$。这种偏置方式称为自给偏压,也称自偏压电路。

必须指出,自给偏压电路只能产生反向偏压,所以它只适用于耗尽型场效应管,而不适于增强型场效应管,因为增强型场效应管的栅源电压只有达到开启电压后才能产生漏极电流。所以增强型场效应管构成的放大电路采用图 2-28(b)所示的分压式偏压电路。图中 R_{g1}、R_{g2} 为分压电阻,将 U_{DD} 分压后,取 R_{g2} 上的压降供给场效应管栅极偏压。由于 R_{g3} 中没有电流,它对静态工作点没有影响,所以,由图得

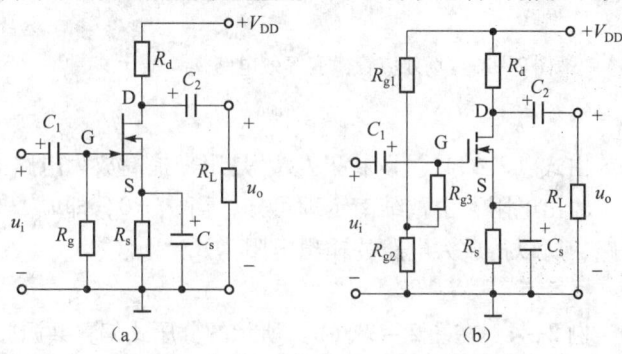

$$U_{GSQ} = V_{DD}R_{g2}/(R_{g1} + R_{g2}) - I_{DQ}R_s \tag{2.61}$$

图 2-28 场效应管共源放大电路
(a)固定偏置电路图;(b)分压式偏置电路图

由式(2.61)可见,U_{GSQ} 可正、可负,所以这种偏置方式也适用于耗尽型场效应管。

2. 动态分析

对场效应管放大电路进行动态分析也可以采用图解法和微变等效电路法。图解法分析过程与晶体管放大电路相同,这里不再介绍。下面主要讨论微变等效电路法。

(1)场效应管的微变等效模型

在小信号作用下,工作在恒流区的场效应管可用一个线性有源二端网络来等效。从输入回路看,由于场效应管输入电阻很高,可看作开路;从输出回路看,由于 $i_d = g_m u_{gs}$,可等效为受控电流源,这样场效应管的等效模型如图 2-29 所示。

(2)共源放大电路的微变等效电路

分压式偏置共源放大电路的微变等效电路如图 2-30 所示。

由图 2-30 的微变等效电路,可得电压放大倍数为

$$A_u = \frac{u_o}{u_i} = -\frac{i_d(R_d /\!/ R_L)}{u_{gs}} = -\frac{g_m u_{gs} R'_L}{u_{gs}} = -g_m R'_L \tag{2.62}$$

输入电阻为

$$r_i = R_{g3} + (R_{g1} // R_{g2}) \tag{2.63}$$

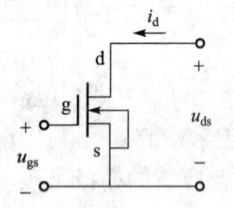

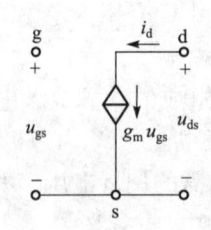

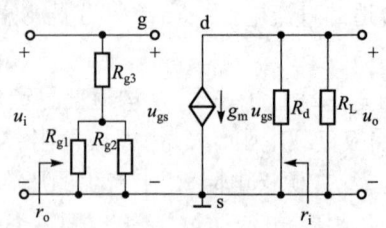

图 2-29 场效应管微变等效电路

图 2-30 分压偏置式共源放大电路的微变等效电路

由式（2.63）可以看出，R_{g3} 是用来提高放大电路的输入电阻的。

输出电阻：由戴维南定理可知，当 $u_i = 0$，即 $u_{gs} = 0$ 时，受控电流源 $g_m u_{gs} = 0$，相当于开路，所以得放大电路的输出电阻为

$$r_o = R_d \tag{2.64}$$

例 2-4 在图 2-28（b）所示的分压式偏置共源放大电路中，已知 $R_{g1} = 200 \text{ k}\Omega$，$R_{g2} = 30 \text{ k}\Omega$，$R_{g3} = 10 \text{ M}\Omega$，$R_L = 5 \text{ k}\Omega$，$R_d = 5 \text{ k}\Omega$，$R_s = 1 \text{ k}\Omega$，$g_m = 4 \text{ mS}$。设电容 C_1、C_2 和 C_s 足够大。试求电压放大倍数和输入、输出电阻。

解：电压放大倍数：

$$A_u = \frac{u_o}{u_i} = -g_m R'_L = -4 \times \frac{5 \times 5}{5 + 5} = -10$$

输入电阻：$r_i = R_{g3} + (R_{g1} // R_{g2}) = \left(10 + \frac{0.2 \times 0.03}{0.2 + 0.03}\right) \text{M}\Omega \approx 10 \text{ M}\Omega$

输出电阻：$r_o = R_d = 5 \text{ k}\Omega$

2.3.2 共漏放大电路

共漏放大电路又称源极输出器，电路如图 2-31（a）所示，该电路的偏置方式和图 2-28（b）相同，因而静态分析方法和分压式偏置共源放大电路相同。下面主要进行动态分析，该电路的微变等效电路如图 2-31（b）所示。

（1）电压放大倍数

由图 2-31（b）得

$$u_o = i_d (R_s // R_L) = g_m u_{gs} R'_L$$
$$u_i = u_{gs} + u_o = (1 + g_m R'_L) u_{gs} \tag{2.65}$$
$$A_u = \frac{u_o}{u_i} = \frac{g_m R'_L}{1 + g_m R'_L} \leq 1$$

即 $u_o \approx u_i$，说明输出电压具有跟随输入电压的作用，所以共漏放大电路又称为源极跟

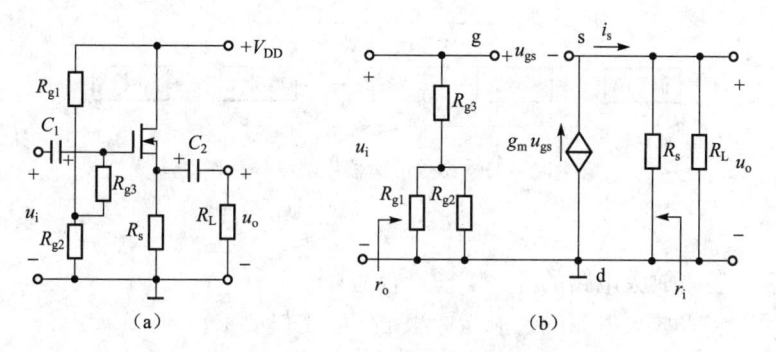

图 2-31 分压偏置式共漏放大电路
(a) 基本电路；(b) 微变等效电路

随器。

（2）输入电阻

由于栅极输入电阻无穷大，故输入电阻由 R_{g1}、R_{g2} 及 R_{g3} 决定，于是有

$$r_i = (R_{g1} /\!/ R_{g2}) + R_{g3} \qquad (2.66)$$

（3）输出电阻

由戴维南定理可得

$$r_o = R_s /\!/ \frac{1}{g_m} \qquad (2.67)$$

显然，共漏极放大电路的输出电阻很小。

场效应管放大电路的主要优点是输入电阻大、噪声低、热稳定性好等，由于场效应管的跨导 g_m 较小，所以场效应管放大电路的电压放大倍数较低，它常用作多级放大器的输入级。

2.4 多级放大电路

一般情况下，单管放大电路的电压放大倍数只能达到几十至几百倍，放大电路的其他技术指标也难以满足实际工作中提出的要求。因此，实际的电子设备中，大多采用各种形式的多级放大电路。

2.4.1 多级放大电路的级间耦合方式

多级放大电路的组成可用图 2-32 所示的框图来表示。其中，输入级和中间级的主要作用是实现电压放大，输出级的主要作用是功率放大，以推动负载工作。

在多级放大电路中，通常把级与级之间的连接方式称为耦合方式。级与级之间耦合时，

图 2-32 多级放大器一般结构框图

需要满足：

① 耦合后，各级放大电路的静态工作点合适；
② 耦合后，多级放大电路的性能指标满足实际工作要求；
③ 前一级的输出信号能够顺利地传输到后一级的输入端。

为了满足上述要求，一般常用的耦合方式有阻容耦合、直接耦合、变压器耦合。

(1) 阻容耦合

放大电路级与级之间通过电容连接的耦合方式称为阻容耦合。电路如图 2-33 所示，电容 C_3 连接第一级放大电路的输出端和第二级放大电路的输入端，即将 T_1 集电极的输出信号耦合到 T_2 的基极。阻容耦合多级放大电路的特点：

① 优点：因电容的"隔直流"作用，前后两级放大电路的静态工作点相互独立，互不影响，所以阻容耦合放大电路的分析、设计和调试方便。此外，阻容耦合电路还有体积小、重量轻等优点。

② 缺点：因耦合电容对交流信号具有一定的容抗，在传输过程中，信号会受到一定的衰减。特别对于变化缓慢的信号，其容抗很大，不便于传输。此外，在集成电路中，制造大容量的电容很困难，所以阻容耦合多级放大电路不便于集成。

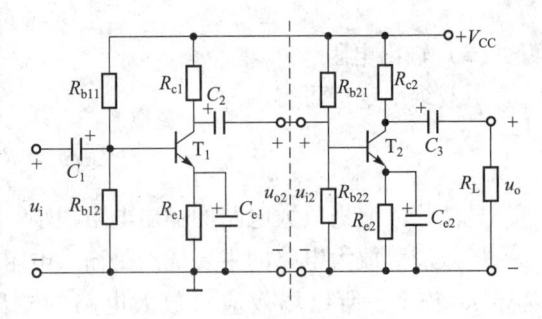

图 2-33 阻容耦合放大电路

(2) 直接耦合

将放大电路级与级之间用导线直接连接，这种连接方式称为直接耦合。电路如图 2-34 所示。

直接耦合多级放大电路的特点：

① 优点：既可以放大交流信号，又可以放大直流和变化缓慢的信号；电路便于集成，所以集成电路中多采用直接耦合方式。

② 缺点：各级静态工作点存在相互牵制和零点漂移问题（零点漂移问题将在本书后续章节中详细讨论）。

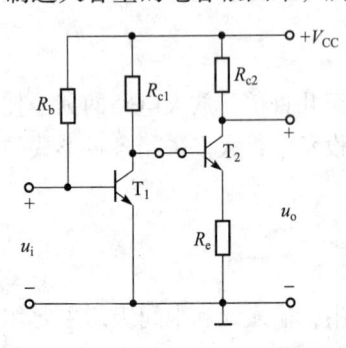

图 2-34 直接耦合放大电路

(3) 变压器耦合

放大电路级与级之间通过变压器连接的耦合方式称为变压器耦合。电路如图 2-35 所示。变压器耦合多级放大电路的特点：

① 优点：因变压器只能传输交流信号和进行阻抗变换，所以各级电路的静态工作点相互独立，互不影响。通过改变变压器的匝数比可以实现阻抗变换，从而获得较大的输出功率。

② 缺点：变压器体积大、重量大，不便于集成。同时，频率特性差，也不能传送直流和变化非常缓慢的信号。

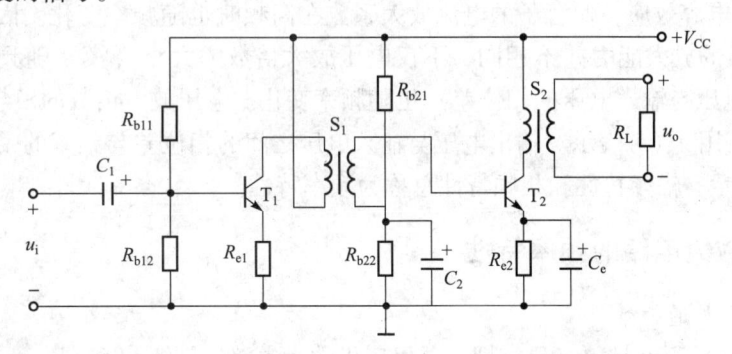

图 2-35 变压器耦合放大电路

2.4.2 多级放大电路的性能指标

1. 多级电压放大倍数

现以图 2-33 所示的两级阻容耦合放大电路为例，说明多级放大电路电压放大倍数的计算方法。

在图 2-33 中，由 $A_{u2} = \dfrac{u_o}{u_{i2}}$，$A_{u1} = \dfrac{u_{o1}}{u_i}$，且 $u_{i2} = u_{o1}$，得两级放大电路电压放大倍数为

$$A_u = \dfrac{u_o}{u_i} = \dfrac{u_o}{u_{i2}} \times \dfrac{u_{o1}}{u_i} = A_{u1} A_{u2} \tag{2.68}$$

推广到 n 级放大电路，其电压放大倍数为

$$A_u = A_{u1} A_{u2} \cdots A_{un} \tag{2.69}$$

即多级放大电路的电压放大倍数为各级电压放大倍数之乘积。

2. 输入电阻与输出电阻

输入电阻：多级放大电路的输入电阻，就是输入级的输入电阻。

输出电阻：多级放大电路的输出电阻，就是输出级的输出电阻。

2.5 放大电路的频率特性

2.5.1 频率特性的基本概念

前面讨论放大电路的性能时，是以单一频率的正弦波信号为放大对象。在实际应用中，信号并非是单一频率，而是一段频率范围。在放大电路中，由于存在耦合电容、旁路电容及三极管的结电容与电路中的杂散电容等，它们的容抗都将随着频率的变化而变化。同时，三极管内 PN 结的电容效应，使管子的电流放大系数在高频时也随频率变化。因此，放大电路对不同频率信号的放大能力并不相同。不仅电压放大倍数的大小（模）随频率变化，而且幅角（即输出电压与输入电压的相位差）也随频率变化。电压放大倍数的模与频率 f 的关系称为幅频特性，用 $A_u(f)$ 表示。输出电压与输入电压之间的相位差与频率的关系称为相频特性，用 $\varphi(f)$ 表示。幅频特性和相频特性总称为频率特性。

2.5.2 单级放大电路的频率特性

1. 截止频率与通频带

图 2-36（a）所示是单级阻容耦合共发射极放大电路，图 2-36（b）是其幅频响应特性，图 2-36（c）是其相频响应特性。从幅频特性可以看出，在中间一段频率范围内，放大倍数几乎不随频率变化，这一段频率范围称为中频段。中频段的电压放大倍数用 A_{um} 来表示。在中频段以外，随着频率的减小或增大，放大倍数都将下降。

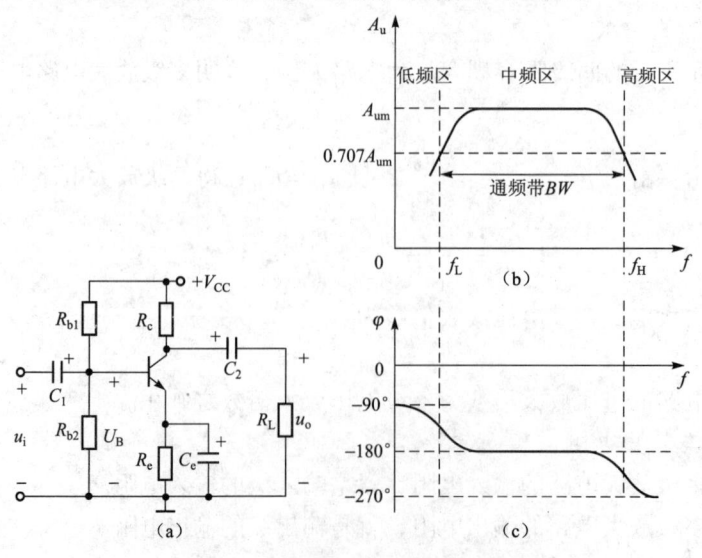

图 2-36 放大电路的频率响应特性

工程上规定，当放大倍数下降到 A_{um} 的 $1/\sqrt{2}$ 倍，即 0.707 倍时所对应的低频频率和高频频率分别称为下限截止频率 f_L 和上限截止频率 f_H。将下限截止频率 f_L 和上限截止频率 f_H 之间的频率范围称为放大电路的通频带（或称为带宽），用 BW 来表示，$BW = f_H - f_L$。通频带是放大电路频率响应的一个重要指标。通频带越宽，表示放大电路工作的频率范围越宽。例如，质量好的音频放大器，其通频带可达 20 Hz ~ 200 kHz。如果放大电路的通频带不够宽，输入信号中不同频率的各次谐波分量就不能被同样地放大，这样输出波形就会失真，这种失真叫做频率失真。为了防止产生频率失真，要求放大电路的通频带能够覆盖输入信号占有的整个频率范围。

2. 幅频特性分析

在中频区，由于耦合电容和射极旁路电容的容量较大，其等效容抗很小，可视为短路。另外，因三极管的结电容以及电路中的杂散电容很小，等效容抗很大，可视为开路。所以在中频区，可认为信号在传输过程中不受电容的影响，从而使电压放大倍数几乎不受频率变化的影响，该区的特性曲线较平坦。

在低频区，A_u 下降的原因主要是耦合电容 C_1 和 C_2 以及发射极旁路电容 C_e 的存在。由于频率降得很低，这些电容的容抗很大，使信号在这些电容上的压降也随之增加，因而减少了输出电压，导致低频段 A_u 的下降。

在高频区，由于三极管的极间电容和电路中的分布电容因频率升高而等效容抗减小，对信号的分流作用增大，降低了集电极电流和输出电压，导致高频段 A_u 的下降。

2.5.3 多级放大电路的频率特性

在多级放大电路中，随着级数的增加，其通频带变窄，且窄于任何一级放大电路的通频带。下面以两级共发射极阻容耦合放大电路为例，分析多级放大电路的通频带变窄的原因。

图 2-37（a）所示为两个单级共射放大电路的幅频特性曲线，设 $A_{um1} = A_{um2}$，$f_{L1} = f_{L2}$，$BW_1 = BW_2$，由它们级联组成的两级放大电路，在中频段时，总的电压放大倍数 $A_u = A_{u1} \times A_{u2}$。

在下限截止频率 $f_{L1} = f_{L2}$ 及上限截止频率 $f_{H1} = f_{H2}$ 处，有 $A_u = A_{u1} \times A_{u2} = 0.707 A_{um1} \times 0.707 A_{um2} =$

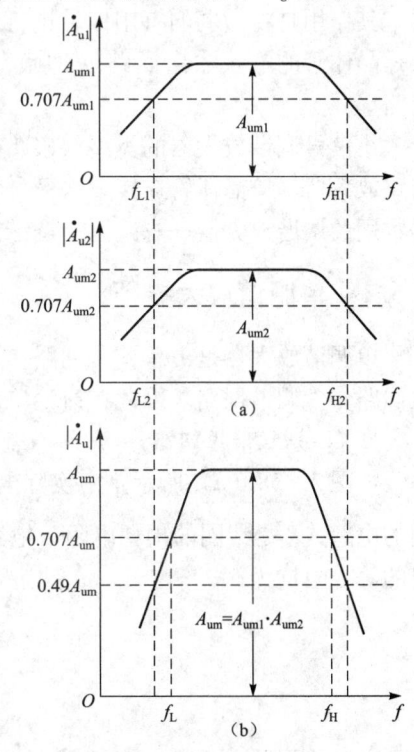

图 2-37 多级放大电路的通频带

0.49 A_{um}^2。根据放大电路通频带的定义，两级放大电路的上限截止频率 f_H 及下限截止频率 f_L 都是对应于 $A_u = 0.707 A_{um}$ 的频率，如图 2 – 37（b）所示。

由图 2 – 37（b）可以看出，两级放大电路的上限截止频率 $f_H < f_{H1}$（f_{H2}），下限截止频率 $f_L > f_{L1}$（f_{L2}），即两级放大电路的通频带变窄了。

从图 2 – 37（b）所示的两级放大电路的通频带可以推知，多级放大电路的通频带一定比它的任何一级都窄，且级数愈多，通频带越窄。也就是说，将放大电路级联后，总电压放大倍数虽然提高了，但通频带变窄了。

为了改善放大电路的频率特性，展宽通频带，除了合理地选择电路参数，适当加大 C_1、C_2 和 C_e 的容量和选用 f_T 高的三极管外，还可以从电路上加以改进，例如采用共基极放大电路、在电路中引入负反馈或在多级放大电路中采用直接耦合方式等。

2.6 小信号调谐放大器

小信号调谐放大器是广播、电视、通信、雷达等接收设备中广泛应用的一种电压放大器。其作用是将微弱的有用信号进行线性放大并滤除不需要的噪声和干扰信号。它的主要特点是晶体管的输入输出回路（即负载）不是纯电阻，而是由 L、C 元件组成的并联谐振回路。

小信号调谐放大器的类型很多，按调谐回路区分有单调谐回路、双调谐回路和参差调谐回路放大器。按晶体管连接方法区分有共基极、共发射极和共集电极放大器。本节仅讨论一种常用的调谐放大器——共射单调谐回路放大器。

2.6.1 单调谐放大器

单调谐放大器是由单调谐回路作为交流负载的放大器。调谐放大器通常采用 LC 并联谐振回路作为调谐回路。因此在讨论单调谐放大器之前，先分析 LC 并联谐振回路的特性。

1. LC 并联谐振回路

如图 2 – 38（a）所示是由实际电感线圈和电容器组成的 LC 并联谐振回路，图中 L 是线圈的电感，R 是线圈的损耗电阻，电容 C 的损耗不考虑。$\dot{I}_s$ 为信号电流源。LC 并联谐振回路的等效阻抗为

$$Z = \frac{(R + j\omega L)\dfrac{1}{j\omega C}}{(R + j\omega L) + \dfrac{1}{j\omega C}}$$

电感线圈的电阻 R 一般都很小，在工作频率范围内远小于感抗，即 $R \ll \omega L$，所以

第 2 章 基本放大电路

$$Z \approx \frac{\dfrac{L}{C}}{R + j\left(\omega L - \dfrac{1}{\omega C}\right)} = \frac{\dfrac{L}{CR}}{1 + jQ\left(\dfrac{\omega}{\omega_0} - \dfrac{\omega_0}{\omega}\right)} \tag{2.70}$$

式中

$$\omega_0 = \frac{1}{\sqrt{LC}} \qquad Q = \sqrt{\frac{L}{C}}\bigg/R$$

根据式（2.70）可得到 LC 并联谐振回路的幅频特性和相频特性分别为

$$|Z| = \frac{\dfrac{L}{CR}}{\sqrt{1 + Q^2\left(\dfrac{\omega}{\omega_0} - \dfrac{\omega_0}{\omega}\right)^2}}$$

$$\varphi = -\arctan Q\left(\frac{\omega}{\omega_0} - \frac{\omega_0}{\omega}\right)$$

作出幅频特性和相频特性曲线如图 2-38（b）、（c）所示。

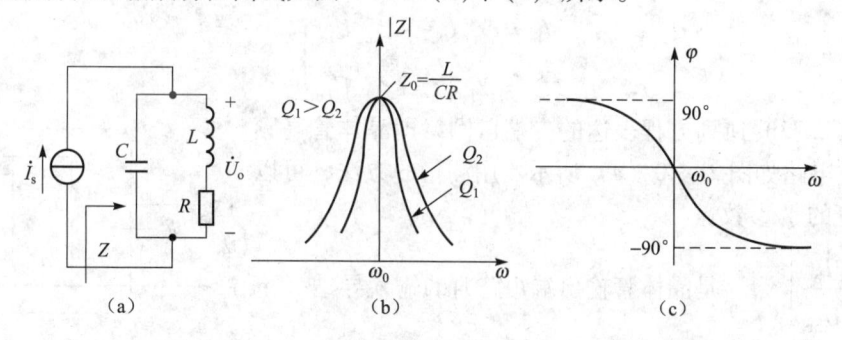

图 2-38 LC 并联谐振回路及幅频、相频特性曲线

由图 2-38 可以看出，当 $\omega = \omega_0 = \dfrac{1}{\sqrt{LC}}$ 时，$\varphi = 0°$，即 $\dot{U}_o$ 与 $\dot{I}_s$ 同相，回路产生谐振。此时回路阻抗 $|Z|$ 最大，其值为 $\dfrac{L}{CR}$。即谐振时 LC 并联谐振回路相当于一个大电阻。

当 $\omega \neq \omega_0$ 时，$|Z| < \dfrac{L}{CR}$，且 $\varphi \neq 0°$。$\omega < \omega_0$ 时，LC 并联谐振回路呈感性；$\omega > \omega_0$ 时，LC 并联谐振回路呈容性。

由以上分析可知：

LC 并联谐振回路的谐振频率

$$f_0 = \frac{1}{2\pi\sqrt{LC}} \tag{2.71}$$

谐振电阻

$$Z_0 = \frac{L}{CR} = Q\omega_0 L = \frac{Q}{\omega_0 C} \tag{2.72}$$

式（2.72）中，Q 为 LC 并联谐振回路的品质因数，Q 值一般可达几十到几百，Q 值越大，说明回路的损耗越小，幅频特性曲线越尖锐，回路的选频性越好。

在信号源电流 I_s 一定的情况下，当回路谐振时，即 $f=f_0$ 时，LC 并联谐振回路两端的电压 U_o 达到最大值 $I_s Z_0$。

经进一步分析可知回路的通频带 $BW_{0.7}$ 为 $\qquad BW_{0.7}=f_0/Q$

可见，Q 越高，谐振曲线越尖锐，选择性越好，但通频带窄了。我们希望谐振回路有一个很好的选择性，同时要有一个较宽的通频带，这是矛盾的。为了保证较宽的通频带，只能牺牲选择性。

2. 晶体管 Y 参数等效电路

由于高频小信号放大器的 LC 调谐回路及下一级负载大都与晶体管并联，因此用 Y 参数分析较为方便。所以在小信号运用时，可用 Y 参数等效电路来代替晶体管进行分析。

一个晶体管可以看成有源二端口（四端）网络，如图 2-39 所示。列出这个二端口网络的 Y 参数方程

$$\left. \begin{array}{l} \dot{I}_b = Y_{ie}\dot{U}_{be} + Y_{re}\dot{U}_{ce} \\ \dot{I}_c = Y_{fe}\dot{U}_{be} + Y_{oe}\dot{U}_{ce} \end{array} \right\} \qquad (2.73)$$

由式（2.73）所列方程表达的二端口网络即晶体管高频 Y 参数等效电路如图 2-40（a）所示。用测量的方法，可以求得晶体管的 Y 参数。

$Y_{ie} = \dfrac{\dot{I}_b}{\dot{U}_{be}}\bigg|_{\dot{U}_{ce}=0}$ 是晶体管输出端短路时的输入导纳（下标"i"表示输入，"e"表示共射组态），反映了晶体管放大器输入电压对输入电流的作用。Y_{ie} 参数是复数，Y_{ie} 可表示为 $Y_{ie}=g_{ie}+j\omega C_{ie}$，其中 g_{ie}、C_{ie} 分别称为晶体管的输入电导和输入电容。

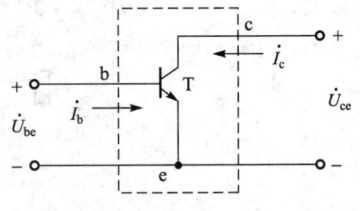

图 2-39 共射晶体管可等效为二端口网络

$Y_{fe} = \dfrac{\dot{I}_c}{\dot{U}_{be}}\bigg|_{\dot{U}_{ce}=0}$ 是晶体管输出端短路时的正向传输导纳（下标"f"表示正向），反映了晶体管输入电压对输出电流的影响，即晶体管的放大能力。

$Y_{re} = \dfrac{\dot{I}_b}{\dot{U}_{ce}}\bigg|_{\dot{U}_{be}=0}$ 是晶体管输入端短路时的反向传输导纳（下标"r"表示反向），反映了晶体管输出电压对输入电流的影响，即晶体管内部的反馈作用。

$Y_{oe} = \dfrac{\dot{I}_c}{\dot{U}_{ce}}\bigg|_{\dot{U}_{be}=0}$ 是晶体管输入端短路时的输出导纳（下标"o"表示输出），反映了晶

体管输出电压对输出电流的作用。Y_{oe} 参数也是复数，Y_{oe} 可表示为 $Y_{oe} = g_{oe} + j\omega C_{oe}$，其中 g_{oe}、C_{oe} 分别称为晶体管的输出电导和输出电容。

实际应用中，将 g_{ie}、C_{ie}、g_{oe}、C_{oe} 都显示在 Y 参数等效电路中，如图 2 – 40（b）所示。

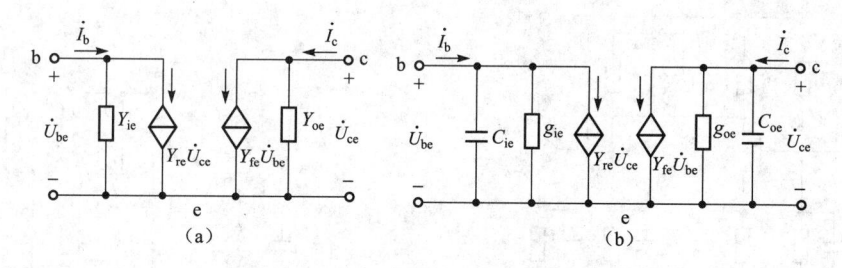

图 2 – 40　晶体管 Y 参数等效电路

3. 单调谐放大器

图 2 – 41 所示为一个共射极单调谐放大器电路图，它是接收机中一种典型的高频放大器电路，主要是对有用的高频小信号或微弱信号进行选频放大并滤除不需要的噪声和干扰信号。其输入电路由电感 L_a 与天线回路耦合，将天线接收进来的高频信号通过它加到晶体管的输入端。输出电路是由 L 与 C 组成的并联谐振回路，通过互感耦合将放大后的信号加到下一级放大器的输入端。

R_1、R_2 为基极偏置电阻，C_1、C_e 为高频旁路电容。R_e 为射极电阻（又是直流负反馈电阻），用来稳定放大器静态工作点。LC 并联谐振回路与晶体管共同起着选频放大作用，LC 并联谐振回路作为晶体管的集电极负载，其谐振频率应调谐在输入有用信号的中心频率上。R_3 用来降低放大器输出端调谐回路的品质因数 Q 值，以展宽放大器的通频带。

LC 调谐回路与本级晶体管的耦合采用自耦变压器耦合方式，这样可减弱晶体管输出导纳对回路的影响。负载（或下级放大器）与调谐回路的耦合采用变压器耦合方式，这样，既可减弱负载（或下级放大器）导纳对调谐回路的影响，又可使前、后级的直流供电电路分开，还比较容易实现前、后级之间的阻抗匹配。也就是说，本电路的晶体管输出端与负载输入端都是部分接入调谐回路，其目的是既要保证达到预定的选择性和通频带的要求，又要保证有一定的增益。设回路线圈 L 的 1 – 2 间的匝数为 N_{1-2}，1 – 3 间的匝数为 N_{1-3}，4 – 5 间的匝数为 N_{4-5}，则

晶体管接入回路的接入系数　　　　　　$p_1 = \dfrac{N_{1-2}}{N_{1-3}}$ 　　　　　　　　　　　(2.74)

负载接入回路的接入系数　　　　　　　$p_2 = \dfrac{N_{4-5}}{N_{1-3}}$ 　　　　　　　　　　　(2.75)

图 2 – 41 的电路包含直流和交流两种通路。研究放大器的增益、通频带和选择性等指

标，只需分析其交流等效电路即可。当直流工作点选定以后，图 2-41 可以简化成图 2-42 所示只包括高频通路的交流等效电路。在此等效电路中暂未考虑 R_3 的作用，并假设图 2-42 中本级与下一级用的是相同的晶体管，即本级负载为下级输入导纳，$Y_L = Y_{ie} = g_{ie} + j\omega C_{ie}$。

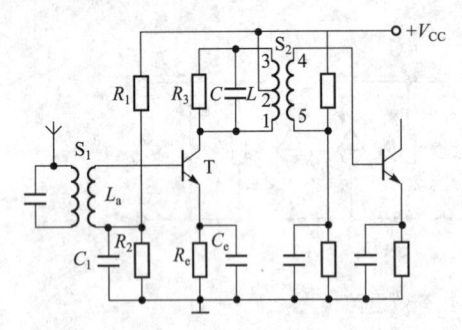

图 2-41 共射单调谐放大器

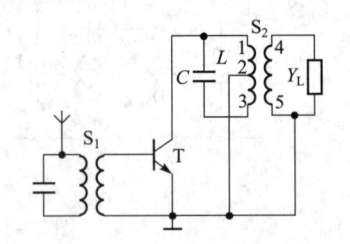

图 2-42 交流等效电路

高频小信号调谐放大器的主要性能指标有谐振频率 f_0，谐振电压放大倍数 $\dot{A}_{uo}$，放大器的通频带 BW 及选择性（通常用矩形系数 $K_{r0.1}$ 来表示）等。在分析上述性能指标时，要用晶体管的 Y 参数等效电路来代替晶体管进行分析（其中，在分析放大器的增益、通频带和选择性等性能指标时，反映晶体管内部反馈的 Y_{re} 影响不大，可以忽略），即得到图 2-43 所示单调谐放大器的 Y 参数等效电路。根据部分接入关系，将 $Y_{fe}\dot{U}_{be}$、g_{oe}、C_{oe}、Y_L（即 g_{ie}、C_{ie}）折合到 LC 并联回路中，并将电导、电容分别合并得图 2-44 所示并项后的等效电路。

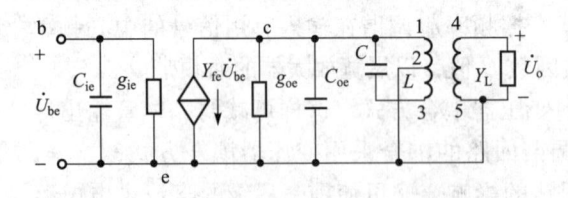

图 2-43 单调谐放大器的 Y 参数等效电路

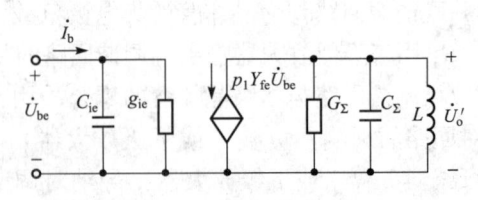

图 2-44 并项后的等效电路

在图 2-44 中，$\dot{U}'_o = \dfrac{\dot{U}_o}{p_2}$ 为折合到 LC 并联回路中的等效输出电压。

$$C_\Sigma = C + p_1^2 C_{oe} + p_2^2 C_{ie} \tag{2.76}$$

式中，C_{oe} 为晶体管的输出电容；C_{ie} 为下级晶体管的输入电容。p_1 为晶体管接入回路的接入系数；p_2 为负载接入回路的接入系数。

$$G_\Sigma = g_0 + p_1^2 g_{oe} + p_2^2 g_{ie} \tag{2.77}$$

g_0 为 LC 并联谐振回路的谐振电导，g_{oe} 为晶体管的输出电导；g_{ie} 为下级晶体管的输入电导。

(1) 谐振频率

放大器的调谐回路谐振时所对应的频率 f_0 称为放大器的谐振频率，对于图 2-44 所示电路，f_0 的表达式为

$$f_0 = \frac{1}{2\pi\sqrt{LC_\Sigma}} \tag{2.78}$$

(2) 电压放大倍数

放大器的谐振回路谐振时，所对应的电压放大倍数 $\dot{A}_{uo}$ 称为调谐放大器的谐振电压放大倍数。$\dot{A}_{uo}$ 的表达式为

$$\dot{A}_{uo} = \frac{\dot{U}_o}{\dot{U}_{be}} = -\frac{p_1 p_2 Y_{fe}}{G_\Sigma} \tag{2.79}$$

式（2.79）的负号表明输出电压和输入电压反相。但由于晶体管正向传输导纳 Y_{fe} 是一个复数，它还将引入一个附加的相移。从式（2.77）和（2.79）可见，调谐放大器的谐振电压放大倍数 A_{uo} 与接入系数 p_1、p_2 有关，适当选择接入系数，可满足阻抗匹配，此时，调谐放大器可获得最大电压增益。但实际工作中，为保证放大器稳定地工作，常使电路处于失配状态，以避免过高的增益所造成的寄生振荡。

(3) 通频带

由于谐振回路的阻抗特性，当工作频率偏离谐振频率时，放大器的电压放大倍数下降，习惯上称电压放大倍数 A_u 下降到谐振电压放大倍数 A_{uo} 的 0.707 倍时所对应的频率为上限截止频率 f_H 和下限截止频率 f_L，如图 2-45 所示，两个截止频率之差称为放大器的通频带 $BW_{0.7}$，其表达式为

$$BW_{0.7} = 2\triangle f_{0.7} = f_0/Q_L \tag{2.80}$$

式（2.80）中，Q_L 为谐振回路的有载品质因数。由式（2.80）可见，单调谐放大器的通频带取决于回路的谐振频率 f_0 和有载品质因数 Q_L。当 f_0 一定，Q_L 越高，通频带越窄，Q_L 越低，通频带越宽。图 2-41 中并联在 LC 调谐回路两端的 R_3 是降低调谐回路的品质因数 Q 值，以展宽放大器的通频带。

分析表明，放大器的谐振电压放大倍数 A_{uo} 与通频带 $BW_{0.7}$ 的关系为

$$A_{uo} \cdot BW_{0.7} = \frac{p_1 p_2 |Y_{fe}|}{2\pi C_\Sigma} \tag{2.81}$$

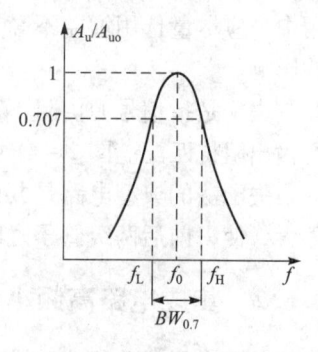

图 2-45 放大器的谐振曲线

上式说明，当晶体管及电路选定，即 Y_{fe} 确定且回路总电容 C_Σ 为定值时，谐振电压放大倍数 $|A_{uo}|$ 与通频带 $BW_{0.7}$ 的乘积为一常数。

通频带越宽,放大器的电压放大倍数越小。要想得到一定宽度的通频带,同时又能提高放大器的电压增益,除了选用$|Y_{fe}|$较大的晶体管外,还应尽量减小调谐回路的总电容量C_Σ。如果放大器只是用来放大接收天线的某一固定频率的微弱信号,则可减小通频带,尽量提高放大器的增益。

(4) 选择性——矩形系数

调谐放大器的选择性可用谐振曲线的矩形系数$K_{r0.1}$来表示。矩形系数$K_{r0.1}$为电压放大倍数下降到$0.1A_{uo}$时对应的频率偏移与电压放大倍数下降到$0.707A_{uo}$时对应的频率偏移之比,即

$$K_{r0.1} = 2\Delta f_{0.1}/2\Delta f_{0.7} = 2\Delta f_{0.1}/BW_{0.7} \tag{2.82}$$

上式表明,矩形系数$K_{r0.1}$越接近于1,谐振曲线的形状越接近矩形且选择性越好。一般单级调谐放大器的选择性较差(矩形系数$K_{r0.1}$ = 9.95),为提高放大器的选择性,通常采用多级单调谐回路的谐振放大器。

4. 调谐放大器的稳定性

在分析调谐放大器的增益、通频带和选择性等性能指标时,忽略了反映晶体管内部反馈的导纳参数Y_{re}的作用,认为晶体管是单向化器件,即只允许信号从输入端传向输出端,而没有反向传输,这是理想情况。实际上,晶体管是存在内部反馈通路的。即通过Y_{re}(晶体管内部存在集电结电容$C_{b'c}$)形成输出向输入的反馈作用。当反馈电压与输入电压反相时,放大器能稳定工作;当反馈电压与输入电压同相时,就有产生自激振荡的可能,结果导致放大器频率特性受到影响,通频带和选择性有所改变,这时放大器就不能稳定工作了。

也就是说Y_{re}的存在对放大器的稳定性起着不良影响,要设法尽量减小或消除。实际应用中,应尽量选用增益不高、Y_{re}小的晶体管,同时在电路上可采用失配法来减小内部反馈的影响。

失配是指信号源内阻不与晶体管输入阻抗匹配,晶体管输出端负载阻抗不与本级晶体管的输出阻抗匹配。图2-41中并联在LC调谐回路两端的R_3即为失配电阻。

失配法的典型电路是共射-共基(CE-CB)级联放大器。它是利用共基电路输入导纳很大,使得前后两级管子之间严重失配来减小内反馈的影响而达到电路稳定的。

2.6.2　集成电路高频小信号放大器

随着电子线路集成技术的不断发展,以及固体滤波技术的发展,现今的各类接收机中已经广泛使用集成电路高频小信号放大器,通常是采用高增益宽带线性集成放大器与各种集中选频器组成的放大电路,从而电路的调整大大简化,电路的频率特性得到改善,电路的稳定性也得到很大的提高。

以MC1490为例,此芯片是摩托罗拉公司生产的AGC宽带放大器,国内的同类产品有

F1490、L1490、XG1490 等模块可以与之互换。

其主要特点是：

① 增益较高，可达 50 dB。

② 频带宽，外加补偿电容后可达 100 MHz。

③ 自动增益控制能力强，增益控制范围为 60 dB。且增益变化时，器件输入参数的变化很小。

1. MC1490 的电路原理图

MC1490 内部原理图如图 2 - 46 所示，电路为双端输入、双端输出的差动式放大电路。

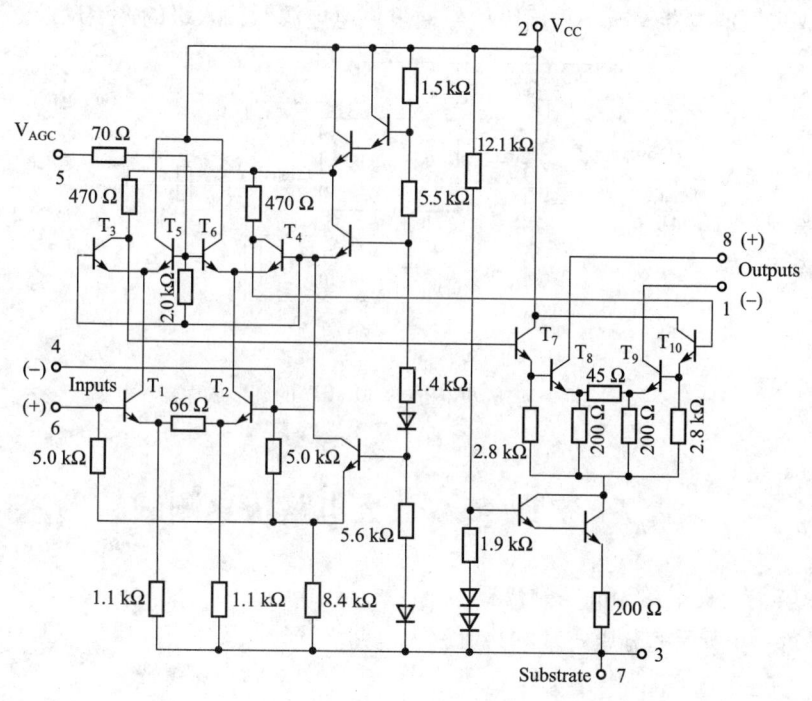

图 2 - 46 MC1490 内部原理图

整个放大电路分为两级：输入级为差动式共射 - 共基（CE - CB）组合电路。T_1、T_2 接成共射电路，T_3、T_4 接成共基电路。输出级是由 T_7、T_8、T_9 和 T_{10} 组成的达林顿式共射组态差动电路。仔细观察可发现，组成达林顿管的两晶体管的集电极并不连在一起，只是第一个管的发射极和第二个管的基极相连。这样做的好处是，输出管的集电极通过 C_{bc} 产生的内部反馈送到第一个管的发射极而不是基极，从而减小了内部反馈的影响，使放大器的稳定性得以提高。T_5、T_6 管是自动增益控制管。自动增益控制的工作原理为：T_5 管的发射极和 T_3 管的发射极相连，因而两管的发射极电流之和等于 T_1 的集电极电流，T_3、T_5 管的发射极电

流的大小取决于 T_3、T_5 管的发射极输入阻抗。自动增益控制管的基极与自动增益控制电压 U_{AGC} 相连，U_{AGC} 改变 T_5 的工作点电流，从而改变其发射极阻抗，使 T_1 集电极电流在 T_3 和 T_5 输入端的分流比改变。

2. 实用电路

图 2-47 是利用 MC1490 构成的 30MHz 的调谐放大器。输入和输出各有一个调谐回路。L_1、C_1 构成输入调谐回路，L_2、C_2 构成输出调谐回路。输入信号通过隔直流电容 C_4 加到输入端的引脚"4"，另一输入端的引脚"6"通过电容 C_3 交流接地，实际上成了单端输入。输出端之一的引脚"1"通过高频扼流圈 L_3 连接电源，故电路是单端输入、双端输出。由 L_3 和 C_5 构成去耦滤波器，减小输出级信号通过供电电源对输入级的寄生反馈。

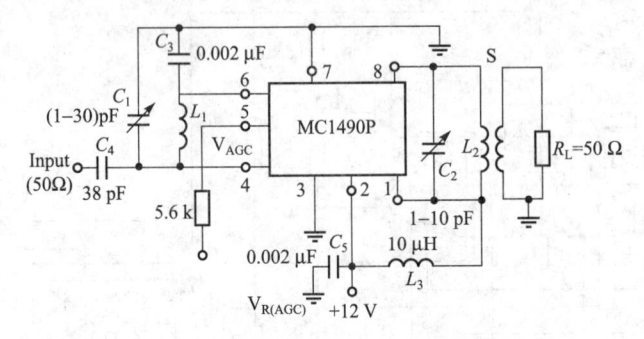

图 2-47 MC1490 构成的 30 MHz 的调谐放大器

2.7 实训 基本放大电路仿真测试

1. 基本共射放大电路 Multisim 仿真

创建图 2-48 所示的分压式基本共射放大电路。

（1）静态工作点的测量与影响

① 静态参数测试：启动 Simulate 菜单中 Analysis 下的 DC Operating Point 命令，在弹出的对话框中的 Output variables 页将节点 2、4、1 作为仿真分析节点。点击 Simulate 按钮，可获得仿真测试结果：$V_4 = 1.904\ 72$，$V_2 = 6.878\ 82$，$V_1 = 1.291\ 73$。$V_{21} = V_{CE} = 5.587\ 09\ V > 1\ V$，判定三极管工作在放大区，放大电路正常工作。

② 静态工作点的影响。当图 2-48 所示电路的输入信号幅值为 5 mV 时，双击示波器得到图 2-49（a）所示的输入输出波形，其中颜色较淡的波形为输出波形。可以看出，输出波形没有出现失真，且输入与输出信号反相。

图 2-48 所示电路的输入信号幅值不变，将下偏置电阻 R_2 的阻值改为 20 kΩ，示波器显示输入输出波形如图 2-49（b）所示。

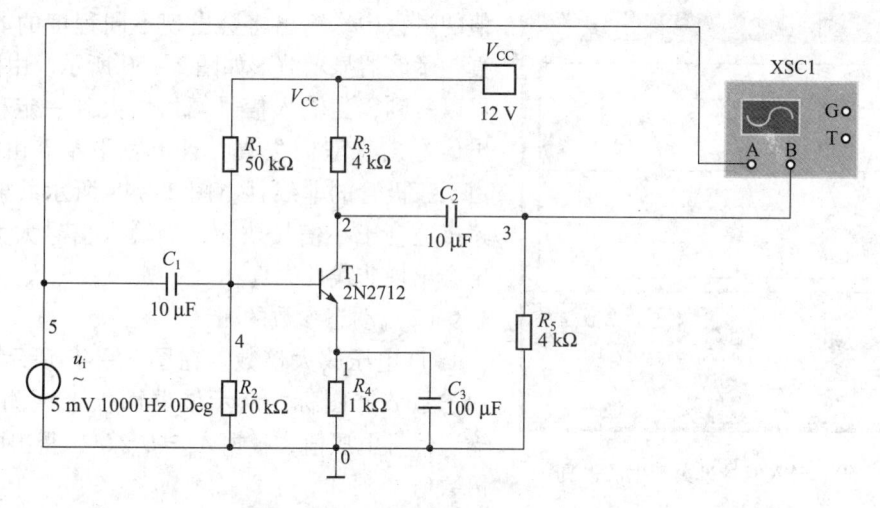

图 2-48 基本共射放大电路仿真电路

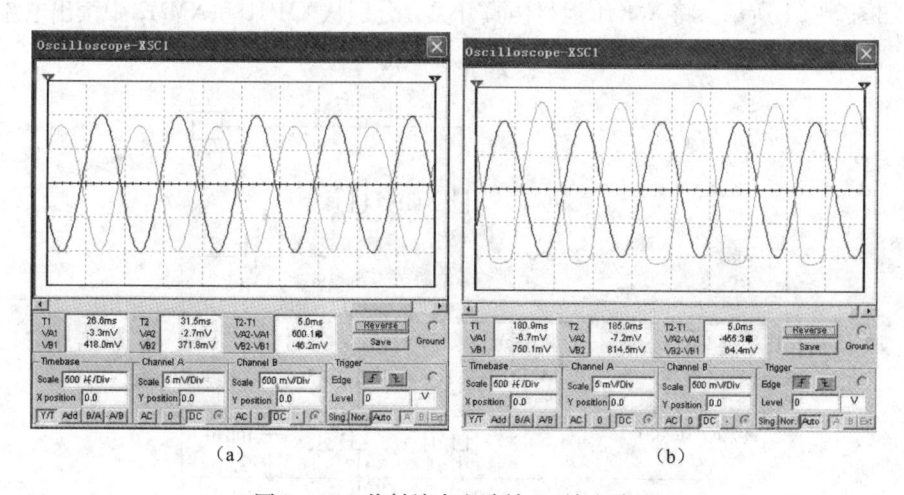

图 2-49 共射放大电路输入/输出波形

从图 2-49（b）可以看出，放大电路输出信号出现饱和失真，原因是由于下偏置电阻 R_3 阻值增大，三极管基极偏压增大，导致三极管基极电流、集电极电流增大，静态工作点 Q 偏高，输出波形出现饱和失真。三极管各极静态电压的仿真测试结果：$V_4 = 3.015\ 82$，$V_2 = 2.579\ 04$，$V_1 = 2.384\ 13$。$V_{21} = V_{CE} = 0.194\ 91\ \text{V} \approx U_{CES}$，判定三极管工作在饱和区，放大电路不能正常工作。

③ 输入信号的大小对输出的影响。当图 2-48 所示电路的输入信号幅值为 5 mV 时，示波器显示输入、输出波形如图 2-49（a）所示，可见输出不失真。逐步增大输入信号的幅

值的过程中,输出将会出现不同程度的非线性失真,示波器显示波形如图2-50所示。由图2-50可以看到,当输入信号幅值增大到一定程度,输出信号出现双向失真,且上宽下窄。由此说明,由于三极管的非线性,图2-48所示共射放大电路仅适合于小信号放大,当输入信号太大时,输出会出现非线性失真。

(2) 动态参数的测试

① 电压放大倍数。在图2-48所示电路中,双击示波器图标,从示波器面板上观测到输入、输出信号电压值,根据$A_u = U_o/U_i$,得出电压放大倍数值。

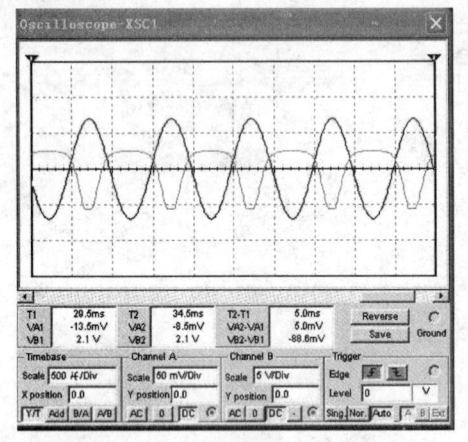

图2-50 输入信号过大产生的失真

② 输入电阻的测试。根据输入电阻的测试方法,在输入回路中接入万用表XMM1和XMM2,如图2-51所示。将XMM1运行仿真开关,分别从XMM1和XMM2中读出电流值I_i和电压值U_i,根据$r_i = U_i/I_i$,得出输入电阻。

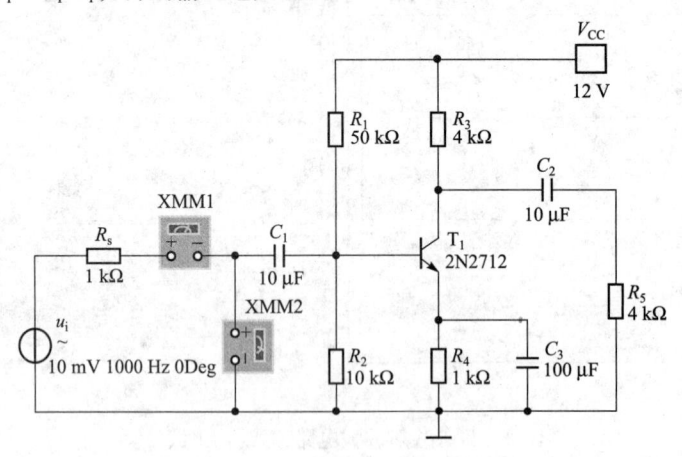

图2-51 输入电阻测试电路

③ 输出电阻的测试。

方法一:在图2-48所示电路中,首先测得空载时的输出电压U'_o,然后将负载电阻R_L接入,测得有载时的输出电压U_o。根据$r_o = \dfrac{U'_o - U_o}{U_o} R_L$,得到输出电阻。

方法二:将负载电阻开路,信号源短路,在输出回路中接入万用表XMM1和XMM2,XMM1设置为测试交流电流,XMM2设置为测试交流电压,如图2-52所示。从XMM1和XMM1上分别读出输出电流I_o和输出电压U_o值。根据$r_o = U_o/I_o$,得到输出电阻。

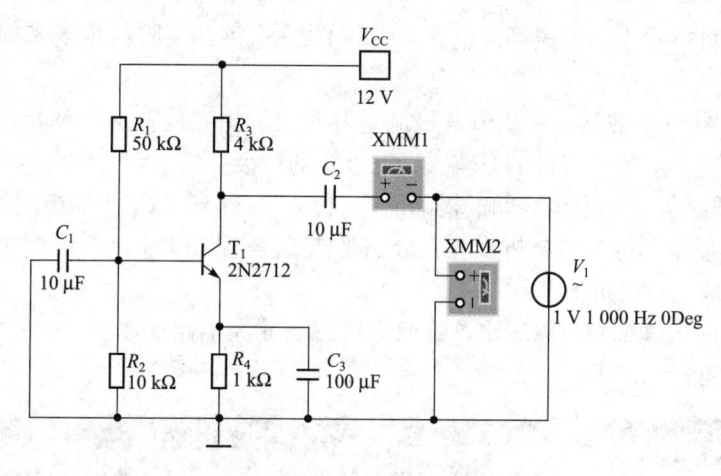

图 2-52 输出电阻测试电路

(3) 频率特性的测试

① 低频频率特性的测试。在输入信号频率较低时，放大电路的耦合电容 C_1、C_2，旁路电容 C_3 对放大电路的频率特性有较大影响。下面分析图 2-48 所示基本共射放大电路中，旁路电容 C_3 的变化对放大电路低频特性的影响。

启动 Simulate 菜单中 Analysis 命令下的 AC Analysis 命令项，在弹出的 AC Analysis 对话框中进行如下设置：Frequency Parameters 页选择默认设置，Output Analysis 页选择 3 作为输出节点。点击 Simylate，即可得到射极旁路电容 $C_3 = 100~\mu F$ 时的仿真结果，如图 2-53（a）所示。将射极旁路电容 C_3 由 100 μF 时改为 10 μF，重新进行分析，即可得到图 2-53（b）所示仿真结果。

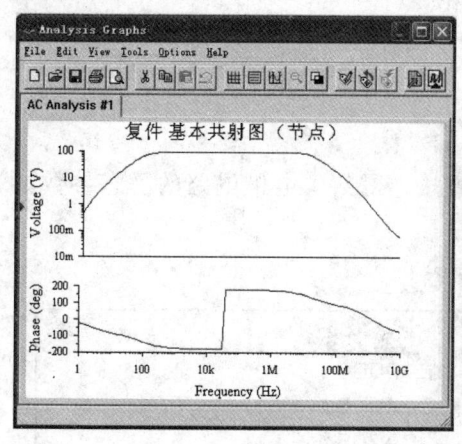

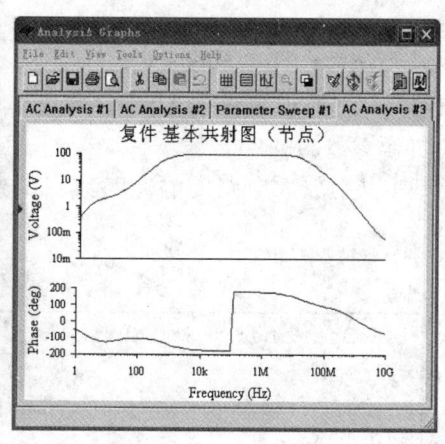

图 2-53 低频特性测试

从仿真结果可以看出,射极旁路电容 C_3 影响放大电路的下限截止频率。C_3 越小,下限截止频率越高。

② 高频频率特性的测试。三极管的极间电容对放大电路的高频频率特性影响较大。为了便于观测极间电容对频率特性的影响,在三极管的基极、集电极之间并联一个小电容 C_4。将 C_4 看作三极管基极-集电极之间的极间等效电容,通过改变 C_4 观测极间电容对频率特性的影响。按照低频频率特性的分析步骤,分别观测 $C_4 = 100$ pF 和 10 pF 时的输出波形,仿真结果如图 2-54(a)、(b)所示。

从图 2-54 的仿真结果可以看出,极间电容影响放大电路的高频特性,极间电容越大,上限截止频率越低。

(a)

(b)

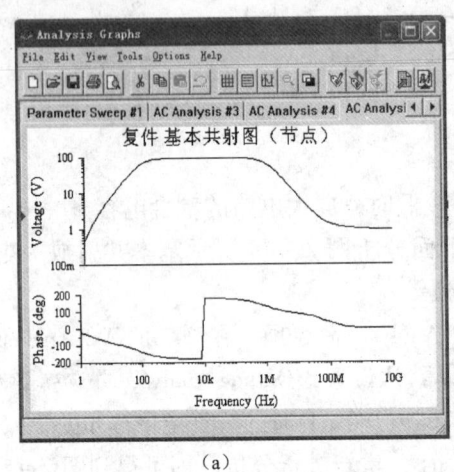

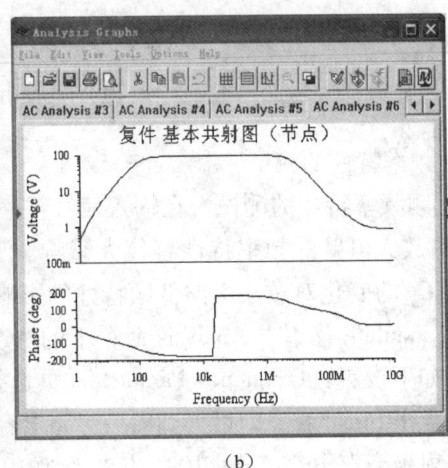

图 2-54　高频特性测试

2. 共集电极放大电路 Multisim 仿真

创建图 2-55 所示的共集电极放大电路。

(1) 静态参数测试

参照基本共射放大电路的静态参数测试方法,得共集电极电路的静态参数如表 2-3 所示:

表 2-3

DC Operating Point	
VCC	12.00000
5	10.40653
3	9.73708

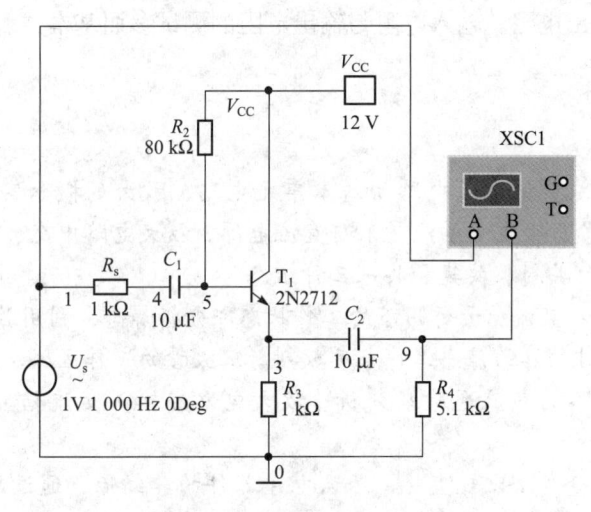

图 2-55 共集电极放大电路

在图 2-55 所示的仿真电路中，5 点为基极，3 点为发射极，V_{CC} 为集电极。根据表 2-3 仿真测试结果：$V_{CE}=12-9.73708=2.26292\ V>1\ V$，判定三极管工作在放大区，放大电路正常工作。

（2）动态参数的测试

① 电压放大倍数。在图 2-55 所示电路中，双击示波器图标，得到如图 2-56 所示的输入、输出波形。从图 2-56 可以看出，共集电极放大电路的输入、输出信号大小相等、相位相同，即共集电极放大电路的电压放大倍数约为 1。

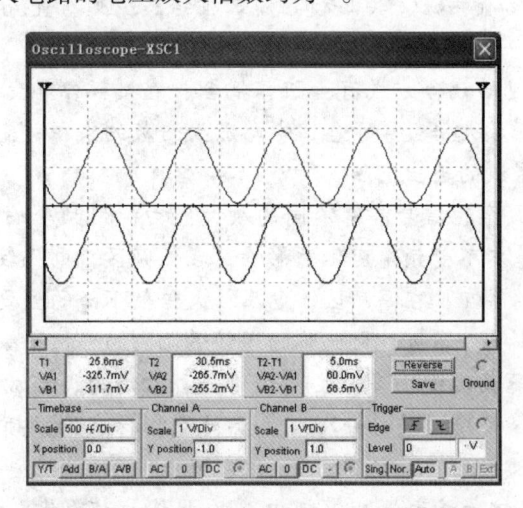

图 2-56 共集电极电路的输入、输出波形

② 输入电阻与输出电阻。输入电阻与输出电阻的测试参照基本共射放大电路的方法。

本章小结

1. 放大电路是构成其他电子电路的基本单元电路，放大的概念实质上是能量的控制，放大的对象是变化量，放大电路的能量来自直流电源，放大电路中交、直流信号并存。由三极管构成的放大电路有共射、共集和共基三种组态。

2. 分析放大电路在直流信号作用下的工作状态即分析静态，利用放大电路的直流通路，估算静态工作点，通过估算的静态工作点参数判断三极管的工作区域。分析放大电路的交流信号时，利用放大电路的交流通路来分析。放大电路在输入交流信号后的工作状态称为动态。

3. 放大电路图解分析法比较直观，承认电子器件的非线性，通过画出电路的直流负载线和交流负载线，分析放大电路的工作情况。通常利用图解法分析静态工作点和电路失真问题比较方便。

4. 由于温度的影响，导致放大电路的工作点不稳定。固定式偏置电路不能稳定静态工作点。常用的稳定工作点电路有分压式偏置电路和发射极带有电阻的固定偏置电路等，它是利用反馈原理来实现的。

5. 放大电路的小信号模型分析法是在输入小信号的条件下，将非线性的电子器件局部线性化。通常利用放大电路的微变等效电路来分析估算电压放大倍数、输入电阻和输出电阻。

6. 场效应管放大电路有共源、共漏和共栅三种组态，交、直流分量共存于电路中，分别进行静态和动态分析。

7. 多级放大电路常见的耦合方式有：阻容耦合、直接耦合和变压器耦合，特点各有不同。多级放大电路的电压放大倍数等于各级电路放大倍数的乘积，输入电阻等于第一级的输入电阻，输出电阻等于末级的输出电阻。

8. 放大电路对不同频率的信号具有不同的放大能力，用频率响应来表示这种特性。在中频区，电压放大倍数基本不受频率变化的影响；在低频区，电压放大倍数下降的主要原因是耦合电容和旁路电容的存在；在高频区，电压放大倍数下降的主要原因是三极管的结电容与电路中的杂散电容的影响。多级放大电路的通频带比它的任何一级放大电路都窄。

9. 小信号调谐放大器的类型很多，主要讨论一种常用的调谐放大器——共射单调谐回路放大器，利用Y参数等效模型进行分析。主要性能指标有谐振频率、电压放大倍数、通频带和选择性。

10. 集成电路高频小信号放大器能够使电路的调整大大简化，电路的频率特性得到改善，电路的稳定性也得到很大的提高。

习 题 2

2.1 试判断图2-57中各电路能否对交流信号实现正常放大。若不能，简单说明原因。

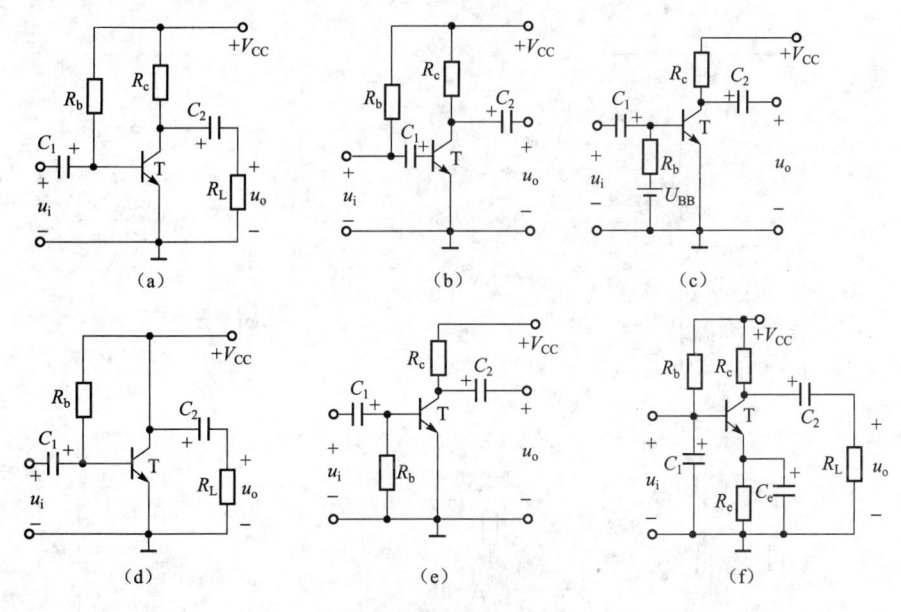

图2-57 习题2.1图

2.2 试画出图2-58中各电路的直流通路和交流通路。

2.3 试根据图2-59中所示电路的直流通路，估算各电路的静态工作点，并判断三极管的工作情况（所需参数如图中标注，其中NPN型为硅管，PNP型为锗管）。

2.4 在调试图2-60（a）所示放大电路的过程中，曾出现过图2-60（b）、（c）所示的两种不正常的输出电压波形。已知输入信号是正弦波，试判断这两种情况分别是何种失真？产生该种失真的原因是什么？如何消除？

2.5 在图2-60（a）所示电路中，当 $R_b = 300\ \text{k}\Omega$，$R_c = 3\ \text{k}\Omega$，$\beta = 60$，$V_{CC} = 12\ \text{V}$ 时，估算该电路的静态工作点。当调节 R_b 时，可改变其静态工作点。

（1）如果 $I_{CQ} = 2\ \text{mA}$，则 R_b 应为多大？

（2）如果 $U_{CEQ} = 4\ \text{V}$，则 R_b 应为多大？

2.6 在图2-60（a）所示电路中，$R_b = 400\ \text{k}\Omega$，$R_c = 5.1\ \text{k}\Omega$，$\beta = 40$，$V_{CC} = 12\ \text{V}$，三极管为NPN型硅管，忽略三极管导通压降 U_{BE}。

（1）估算静态工作点 I_{BQ}、I_{CQ} 和 U_{CEQ}；

图 2-58 习题 2.2 图

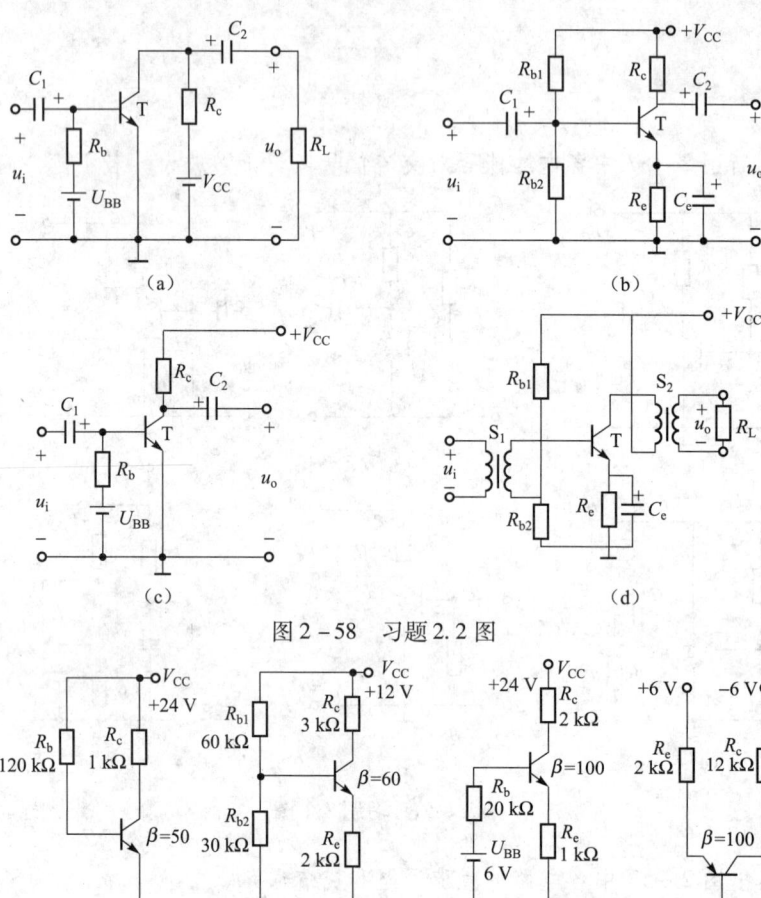

图 2-59 习题 2.3 图

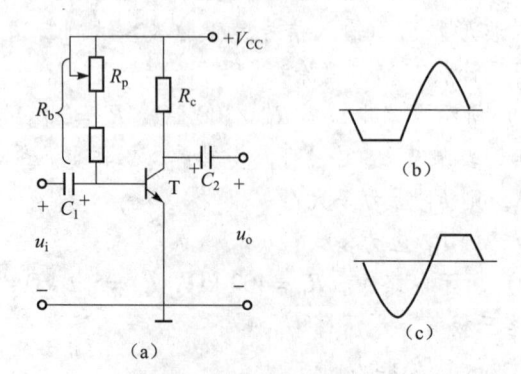

图 2-60 习题 2.4 图

(2) 画出其微变等效电路；
(3) 估算空载电压放大倍数 A_u 以及输入 r_i 电阻和输出电阻 r_o；
(4) 当负载 $R_L = 5.1\ \text{k}\Omega$ 时，$A_u = ?$

2.7 分压式共射放大电路如图 2-61 所示，$U_{BEQ} = 0.7\ \text{V}$，$\beta = 50$，试解答：
(1) 估算静态工作点 I_{BQ}、I_{CQ} 和 U_{CEQ}；
(2) 画出其微变等效电路；
(3) 估算空载电压放大倍数 A'_u 以及输入电阻 r_i 和输出电阻 r_o；
(4) 当负载 $R_L = 2\ \text{k}\Omega$ 时，$A_u = ?$

2.8 放大电路如图 2-62 所示，三极管为 NPN 型硅管，$\beta = 50$。试解答：
(1) 估算静态工作点 I_{BQ}、I_{CQ} 和 U_{CEQ}；
(2) 画出其微变等效电路；
(3) 估算电压放大倍数 A_u 以及输入电阻 r_i 和输出电阻 r_o。

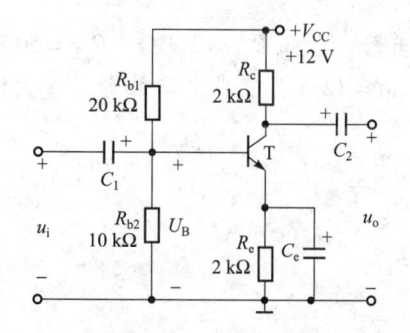

图 2-61 习题 2.7 图   图 2-62 习题 2.8 图

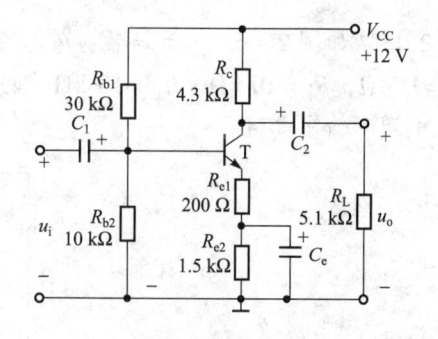

2.9 共集电极放大电路如图 2-63 所示，已知 $V_{CC} = 12\ \text{V}$，$R_b = 200\ \text{k}\Omega$，$R_e = 2\ \text{k}\Omega$，$R_L = 2\ \text{k}\Omega$，三极管的 $\beta = 50$，$r_{be} = 1.2\ \text{k}\Omega$，忽略三极管导通压降 U_{BE}。信号源 $U_s = 200\ \text{mV}$，$r_s = 1\ \text{k}\Omega$。试解答：
(1) 画出电路的直流通路，估算静态工作点 I_{BQ}、I_{CQ} 和 U_{CEQ}；
(2) 画出其微变等效电路；
(3) 估算电压放大倍数 A_u，源电压放大倍数 A_{us}，输入电阻 r_i 和输出电阻 r_o。

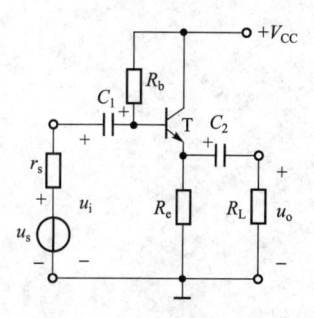

图 2-63 习题 2.9 图

2.10 两级放大电路如图 2-64 所示，其中三极管 $\beta = 100$，$r_{bb} = 300\ \Omega$，$U_{BE} = 0.7\ \text{V}$。试求：
(1) 各级电路的静态工作点；

(2) 画出放大电路的微变等效电路；

(3) 估算电路总的电压放大倍数 A_u；

(4) 计算电路总的输入电阻 r_i 和总的输出电阻 r_o。

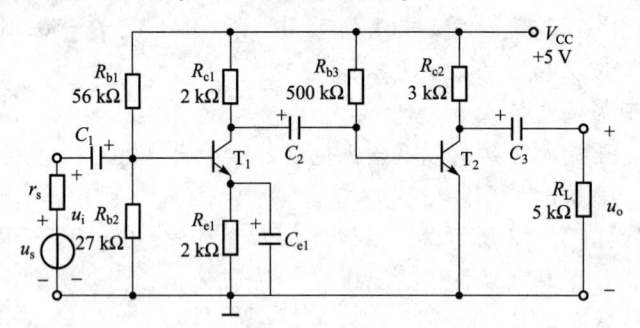

图 2-64 习题 2.10 图

2.11 如图 2-65 所示场效应管构成的源极输出器，已知 $R_{g1} = 2$ MΩ，$R_{g2} = 500$ kΩ，$R_{g3} = 1$ MΩ，$R_s = 10$ kΩ，$R_L = 10$ kΩ，$g_m = 1$ mS，$V_{DD} = 12$ V。试求电路的电压放大倍数、输入电阻和输出电阻。

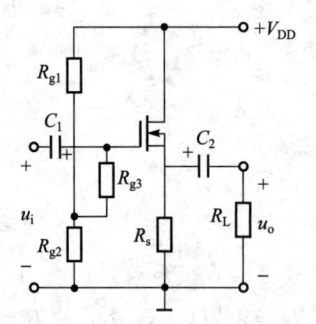

图 2-65 习题 2.11 图

第 3 章　放大电路中的负反馈

反馈概念和理论在生物工程、经济和社会生活的各个领域广泛应用。负反馈可以改善放大电路的性能，实用的放大电路都离不开负反馈，正反馈则应用于各种振荡器。本章从反馈的基本概念入手，抽象出反馈放大电路的方框图，分析负反馈对放大电路性能的影响，总结引入负反馈的一般原则。

3.1　反馈的基本概念

3.1.1　反馈

把电子系统的输出量（电压或电流）的一部分或全部，经过一定的电路（称为反馈网络）送回到它的输入端，与原来的输入量（电压或电流）共同控制该电子系统，这种连接方式称为反馈。

在第 2 章讨论放大电路的工作点稳定问题时，其实已用到了反馈的概念。为此，把分压式偏置电路重画于图 3-1（a），此电路的工作点稳定就是通过反馈实现的：

$$（温度\ T\uparrow）\rightarrow I_C\uparrow \xrightarrow{通过\ R_e} U_E\uparrow \xrightarrow{U_B\ 近似不变} U_{BE}\downarrow \rightarrow I_B\downarrow$$
$$I_C\downarrow \leftarrow\!$$

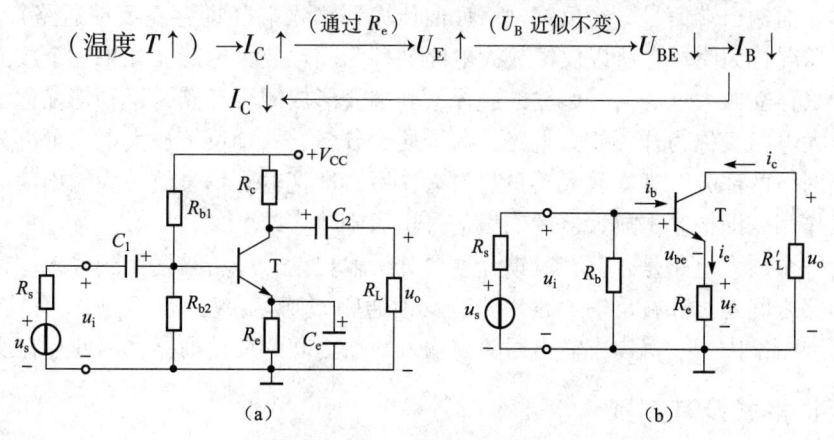

图 3-1　分压式偏置电路
(a) 电路；(b) 去掉 C_e 后的交流通路

可见，该电路的输出电流 I_C 通过 R_e 的作用得到 U_E，它与原 U_E 共同控制 U_{BE}，从而达到稳定静态电流 I_C 的目的。由于此电路中 R_e 两端并联大电容 C_e，所以 R_e 两端的电压降只反映集电极电流直流分量 I_C 的变化，这种电路只对直流量起反馈作用，称为直流反馈。值得注意的是，当温度上升时，反馈的结果是抑制了 I_C 的增大，而不能误解为 I_C 会比原来的还小。实际上，如果没有 I_C 的增大就不会出现上述的调节过程，所以反馈不可能使 I_C 一成不变，而是有少量的增大。

当去掉旁路电容 C_e 时，R_e 两端的电压降同时也反映了集电极电流交流分量的变化，即它对交流信号也起反馈作用，称为交流反馈。因此，这时电路同时存在直流反馈和交流反馈。图 3-1 (b) 为 C_e 开路时的交流通路，其中 $R_b = R_{b1} // R_{b2}$，$R'_L = R_C // R_L$。R_e 介于输出回路和输入回路之间，当 i_e 流过 R_e 时产生电压降 $u_e = i_e R_e$，由于输出电流 $i_o = i_c \approx i_e$，故 $u_e \approx i_c R_e$。u_e 是由输出电流产生的，又作用于输入回路，故称为反馈电压，用 u_f 表示，即 $u_f = u_e \approx i_c R_e$。$u_f$ 抵消了输入电压 u_i 的一部分，使放大管的有效输入电压（或净输入电压）$u_{be} = u_i - u_f$ 减小，放大电路的输出电压及电压放大倍数也减小。这个电路能稳定输出电流 i_c，例如，当输入电压 u_i 不变而三极管 β 增大时，将有下述过程发生：

$$(\beta\uparrow) \to i_c\uparrow \to u_f = u_e\uparrow \to u_{be} = (u_i - u_f)\downarrow \to i_b\downarrow$$
$$i_c\downarrow$$

图 3-1 中的反馈，是人为的有意识地通过外接电路元件实现的，称为外部反馈或人工反馈。如果反馈是在器件内部产生的，则称为内部反馈或寄生反馈（它也可以是寄生电容或寄生电感引起的）。寄生反馈是有害的，应设法避免和消除。

带反馈的放大电路称为反馈放大电路。在反馈放大电路中，输入端信号经电路放大后传输到输出端，而输出端信号又经反馈网络反向传输到输入端（即存在反馈通路），形成闭合环路，这种情况称为闭环，所以反馈放大电路又称为闭环放大电路。如果一个放大电路不存在反馈，即只存在放大这一信号传输的途径，则不会形成闭合环路，这种情况称为开环，没有反馈的放大电路又称为开环放大电路。为了便于分析，一个反馈放大电路可以分为基本放大器和反馈网络两部分。基本放大器只起放大作用，即把输入信号放大为输出信号；反馈网络只起反馈作用，即把基本放大器的输出信号送回到输入端。

因此，一个放大电路是否存在反馈，主要分析输出信号能否被送回到输入端，即输入回路和输出回路之间是否存在反馈通路。若有反馈通路，则存在反馈，否则没有反馈。例如，图 3-1 所示电路中，R_e 就构成输出回路与输入回路之间的反馈通路，因此存在反馈。

3.1.2 反馈形式及其判别

电路中的反馈形式很多，主要的有下述几种。

1. 正反馈和负反馈

由于反馈放大电路的反馈信号与原输入信号共同控制放大电路，因此必然使输出信号受到影响,其放大倍数也将改变。根据反馈影响(即反馈极性)的不同,它可分为正反馈和负反馈两类。如果反馈信号削弱输入信号,即在输入信号不变时输出信号比没有反馈时变小,导致放大倍数减小,这种反馈称为负反馈;反之,则为正反馈。正反馈虽然使放大倍数增大,但却使电路的工作稳定性变差,甚至产生自激振荡而破坏其正常的放大作用,所以在放大电路中很少采用,而振荡器却是利用正反馈的作用来产生信号的。负反馈虽然降低了放大倍数,却使放大电路的性能得到改善,因此应用极为广泛,并且常把负反馈简称为反馈。

判别反馈的性质可采用瞬时极性法:先假定输入信号的瞬时值对地有一正向的变化,即瞬时电位升高(用"↑"表示),瞬时极性用"(+)"表示;然后按照信号先放大后反馈的传输途径,根据放大电路在中频区有关电压的相位关系,依次得到各级放大电路的输入信号与输出信号的瞬时电位是升高还是降低,即瞬时极性是(+)还是(-);最后推出反馈信号的瞬时极性,从而判断反馈信号是加强还是削弱输入信号,加强的(即净输入信号增大)为正反馈,削弱的(即净输入信号减小)为负反馈。

在图3-2中,设u_i的瞬时极性为(+),则u_{B1}的瞬时极性也为(+),经T_1反相放大,u_{C1}(即u_{B2})的瞬时极性为(-),u_{E2}的瞬时极性也为(-),该电压经R_f加至T_1的发射极,则u_{E1}的瞬时极性为(-),由于$u_{BE1}=u_{B1}-u_{E1}$,则净输入电压增大,故为正反馈。上述过程可表示为

$$u_I(u_{B1})\uparrow \to u_{C1}(u_{B2})\downarrow \to u_{E2}\downarrow \to u_{E1}$$
$$u_{BE1}=(u_{B1}-u_{E1})\uparrow \leftarrow$$

注意:(1)分析信号瞬时极性变化是在中频区进行的,所以应不考虑耦合元件产生的附加效应,即大电容视为短路,小电容视为开路等;(2)引入反馈(正反馈或负反馈)并没有改变放大电路本身的特性,故反相输入端仍与本级的输出反相,同相亦然。

2. 直流反馈和交流反馈

如果反馈回来的信号是直流量,则为直流反馈;如果反馈回来的信号是交流量,则为交流反馈。直流负反馈多用于稳定静态工作点,交流负反馈则用于改善放大电路的性能。此外,如果反馈回来的信号既有交流分量,又有直流分量,则同时存在交、直流反馈。

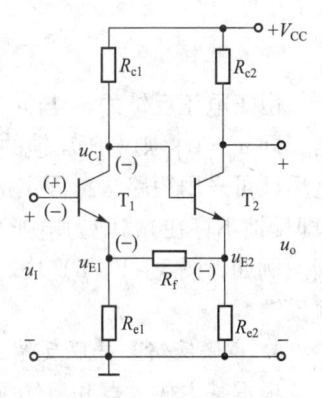

图3-2 用瞬时极性法判断反馈极性

直流反馈和交流反馈可以通过观察反馈信号是直流量还是交流量来判断,也可以通过画出反馈放大电路的直流通路和交流通路来判断。例如,图3-1(a)所示电路由于C_e的作用,交流信号被旁路,所以只有直流反馈而无交流反馈。本章主要讨论交流负反馈。

3. 电压反馈和电流反馈

根据基本放大器和反馈网络在输出端连接方式的不同，反馈放大电路分为电压反馈和电流反馈。

在反馈放大电路的输出端，如果基本放大器（一部分或全部）和反馈网络并联，则反馈信号 x_f 与输出电压 u_o 成正比，或者说反馈信号取自输出电压（称为电压采样），这种方式称为电压反馈，如图 3-3（a）所示。反之，如果在反馈放大电路的输出端，基本放大器和反馈网络串联，则反馈信号与输出电流 i_o 成正比，或者说反馈信号取自输出电流（称为电流采样），这种方式称为电流反馈，如图 3-3（b）所示。

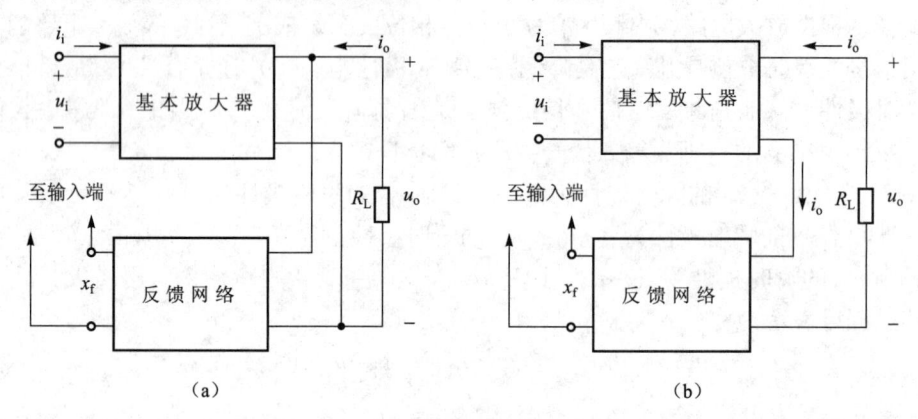

图 3-3 输出端的反馈类型
(a) 电压反馈；(b) 电流反馈

由于电压反馈的 x_f 与 u_o 成正比，电流反馈的 x_f 与 i_o 成正比，若把放大电路的负载短路，即 $u_o=0$，则电压反馈的 x_f 为零，而电流反馈的 x_f 不为零。因此，判断电压反馈和电流反馈可采用短路法：假定把放大电路的输出端短路，即使 $u_o=0$，这时如果反馈信号为零（即反馈不存在），则为电压反馈；如果反馈信号不为零（即反馈仍然存在），则为电流反馈。例如，图 3-1（b）中，若把 R'_L 短路，这时 $i_o=i_c$ 仍在 R_e 上形成反馈电压，故为电流反馈。

4. 串联反馈和并联反馈

根据基本放大器和反馈网络在输入端连接方式的不同，反馈放大电路分为串联反馈和并联反馈。

在反馈放大电路的输入端，如果基本放大器和反馈网络串联，则反馈对输入信号的影响可通过电压求和形式（相加或相减）反映出来，即反馈电压 u_f 与输入电压 u_i 共同作用在基本放大器的输入端，在负反馈时，使净输入电压 $u'_i=u_i-u_f$ 变小（称为电压比较），这种方式称为串联反馈，如图 3-4（a）所示。反之，如果在反馈放大电路的输入端，基本放大器和反馈网络并联，则反馈对输入信号的影响可通过电流求和形式反映出来，即反馈电流 i_f

与输入电流 i_i 共同作用于基本放大器的输入端,在负反馈时使净输入电流 $i'_i = i_i - i_f$ 变小(称为电流比较),这种方式称为并联反馈,如图 3-4(b)所示。

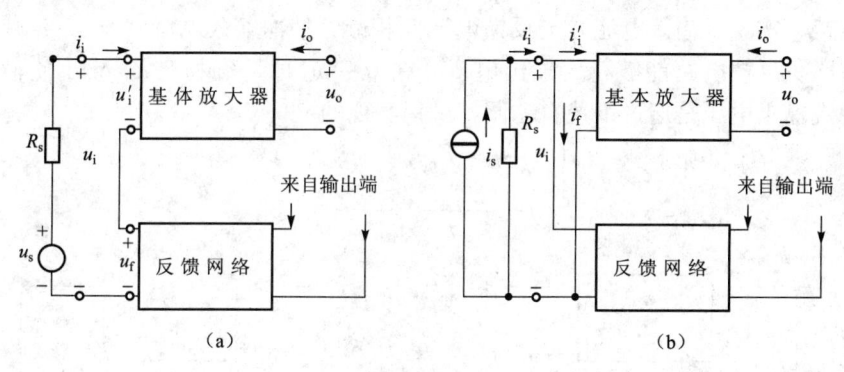

图 3-4 输入端的反馈类型
(a)串联反馈;(b)并联反馈

串联反馈和并联反馈很容易直接从电路中判别出来,即串联负反馈适于用电压比较的方式来反映反馈对输入信号的影响,$u_i - u_f = u'_i$;而并联负反馈则适于用电流比较的方式来反映反馈对输入信号的影响,$i_i - i_f = i'_i$。

如果输入信号和反馈信号分别加到放大电路的两个不同的输入端(三极管的基极和发射极可以看成是放大电路的两个输入端),则为串联反馈;如果输入信号与反馈信号都加到放大电路的同一输入端,则为并联反馈。

由于串联负反馈的 $u'_i = u_i - u_f$,故当输入电压 u_i 一定时,若反馈越强,u_f 也越大,则净输入电压就越小。显然,若信号源为恒流源,由图 3-4(a)可知,此时 u'_i 与 u_f 无关,反馈不起作用;而当信号源为一恒压源时(图中 $R_s = 0$),$u_i = u_s$,反馈的影响最大。换言之,信号源的内阻越小,串联负反馈的作用就越强,或串联负反馈宜采用电压源作为激励信号源。同样可以说明,信号源的内阻越大,并联负反馈的作用就越强,或并联负反馈宜采用电流源作为激励信号源。

3.2 负反馈放大电路的组态和方框图表示法

3.2.1 负反馈放大电路的组态

根据基本放大器和反馈网络在输入端连接方式的不同和输出端采样对象的不同,负反馈放大电路可分为电压并联、电压串联、电流并联和电流串联四种组态,如图 3-5 所示,下面分别简单加以介绍。

1. 电压并联负反馈

图 3-5（a）为电压并联负反馈电路。该电路采样的是输出电压 u_o，反馈网络与基本放大器并联连接，实现了输入电流 i_i 与反馈电流 i_f 相减，使净输入电流 $i'_i = i_i - i_f$ 减小。

电压并联负反馈电路能够稳定输出电压。在 i_i 一定时，若由于 R_L 减小使输出电压下降，则其稳定输出电压是通过下述自动调整过程实现的：

$$R_L \downarrow \rightarrow |u_o| \downarrow \rightarrow i_f = F_g u_o \downarrow \rightarrow i'_i = (i_i - i_f) \uparrow$$
$$|u_o| \uparrow \leftarrow$$

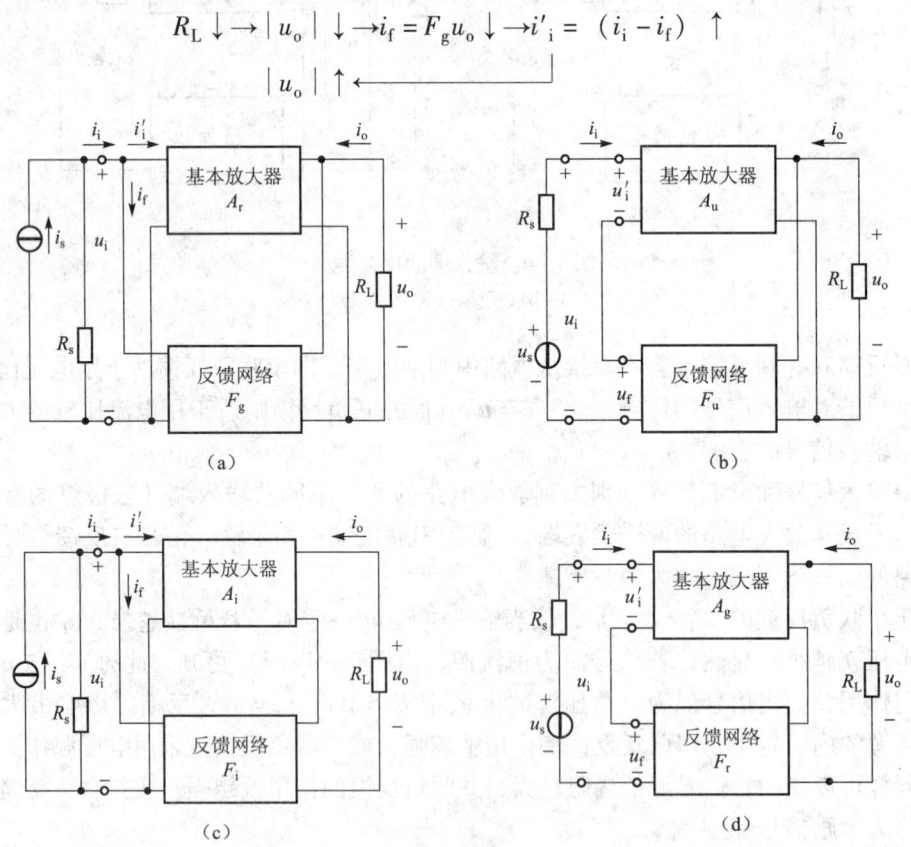

图 3-5　负反馈放大电路的四种组态
(a) 电压并联；(b) 电压串联；(c) 电流并联；(d) 电流串联

2. 电压串联负反馈

图 3-5（b）为电压串联负反馈电路。该电路采样的是输出电压 u_o，反馈网络与基本放大器串联连接，实现了输入电压 u_i 与反馈电压 u_f 相减，使净输入电压 $u'_i = u_i - u_f$ 减小。

电压串联负反馈电路也能稳定输出电压，其原理留给读者思考。

3. 电流并联负反馈

图 3-5（c）为电流并联负反馈电路。该电路采样的是输出电流 i_o，反馈网络与基本放

大器并联连接，实现了输入电流 i_i 与反馈电流 i_f 相减，使净输入电流 $i'_i = i_i - i_f$ 减小。

电流并联负反馈电路能够稳定输出电流。在 i_i 一定时，若由于 R_L 增大使输出电流减小，则其稳定输出电流是通过下述自动调整过程实现的：

$$R_L \uparrow \to i_o \downarrow \to i_f = F_i i_o \downarrow \to i'_i = (i_i - i_f) \uparrow$$
$$i_o \uparrow \longleftarrow$$

4. 电流串联负反馈

图 3-5（d）为电流串联负反馈电路。该电路采样的是输出电压 i_o，反馈网路与基本放大器串联连接，实现了输入电压 u_i 与反馈电流 u_f 相减，使净输入电压 $u'_i = u_i - u_f$ 减小。

电流串联负反馈电路也能稳定输出电流，其原理也留给读者思考。

总之，凡是电压负反馈都能稳定输出电压，凡是电流负反馈都能稳定输出电流，即负反馈具有稳定被采样的输出量的作用。

例 3-1 试分析图 3-6 电路中交流反馈的极性和组态。

解：（1）对于图 3-6（a）电路，设 u_i（即 u_b）的瞬时极性为（+），此时 i_b 增大，则 i_e 增大，故 $u_e = u_f$ 也增大，$u'_i = u_{be} = u_i - u_f$ 减小，因此属于串联负反馈，R_e 为反馈元件。又当 R_L 短路时，$u_e = 0$，$u'_i = u_{be} = u_i$，反馈消失，故为电压反馈。综合起来，图 3-6（a）所示的射极输出器引入电压串联负反馈。

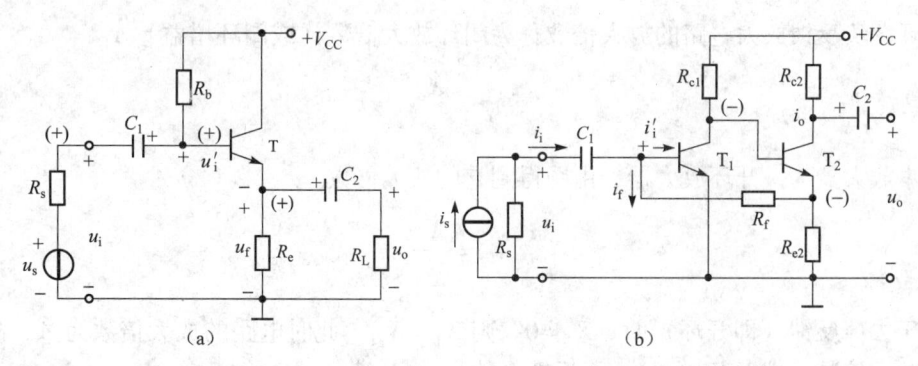

图 3-6 例 3-1 电路

（2）对于图 3-6（b）电路，设 u_i（即 u_{b1}）的瞬时极性为（+），经 T_1 反相放大后，u_{c1}（即 u_{b2}）的瞬时极性为（-），u_{e2} 的瞬时极性也为（-），u_{e2} 通过 R_f 削弱 u_i，故为负反馈。

当 $u_o = 0$ 时，输出电流 i_o（$i_o = i_{c2}$）仍在 R_{e2} 两端建立起电压，故反馈电流 i_f 仍存在，属于电流反馈；输入端满足 $i'_i = i_i - i_f$，故为并联反馈。综合起来，该电路是电流并联负反馈电路。

读者也可同样分析得到：图 3-1（b）为电流串联负反馈。

3.2.2 负反馈放大电路的方框图

上述的 4 种组态的负反馈电路,可用图 3-7 所示的方框图来表示。因为主要讨论交流信号的反馈,并考虑到一般的情形,所以各量均用复数表示。图中 $\dot{X}$ 表示一般的信号量,既可为电压,又可为电流(但每一组态的反馈只能是其中的一种),$\dot{X}_i$、$\dot{X}_f$、$\dot{X}'_i$、$\dot{X}_o$ 分别表示输入量、反馈量、净输入量和输出量。图中,箭头表示传输方向,符号 ⊕ 表示比较环节,小黑点"·"表示采样环节,$\dot{A}$ 为基本放大器的放大倍数,$\dot{F}$ 为反馈网络的反馈系数。

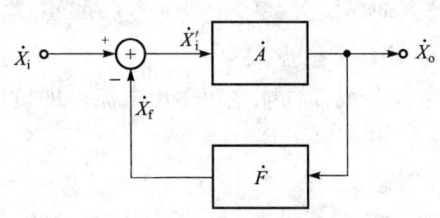

从图中可知,基本放大器只能正向传输,而反馈网络只能反向传输,这两点称为单向化条件。在实际电路中,由于基本放大器的寄生反馈和反馈网络的直通作用很小,它们可忽略,所以单向化条件近似成立。

图 3-7 负反馈放大电路的方框图

采样环节对输出信号 $\dot{X}_o$ 进行采样,使反馈网络输出的反馈信号 $\dot{X}_f \propto \dot{X}_o$。比较环节则对输入信号 $\dot{X}_i$ 与反馈信号 $\dot{X}_f$ 进行比较,输出为误差信号(净输入信号)$\dot{X}'_i$;即 $\dot{X}'_i = \dot{X}_i - \dot{X}_f$。由基本放大器和反馈网络组成的闭合环路称为反馈环,负反馈放大电路的放大倍数称为闭环放大倍数(或闭环增益)$\dot{A}_f$

$$\dot{A}_f = \frac{\dot{X}_o}{\dot{X}_i}$$

基本放大器为一开环放大器,由图得到它的放大倍数

$$\dot{A}_f = \frac{\dot{X}_o}{\dot{X}'_i}$$

由于去掉反馈(即开环)时,$\dot{X}_f = 0$,则 $\dot{X}_i = \dot{X}'_i$,此时电路的放大倍数为 $\dot{A}$,故 $\dot{A}$ 称为开环放大倍数(或开环增益)。而反馈系数

$$\dot{F} = \frac{\dot{X}_f}{\dot{X}_o}$$

由于对于不同组态的负反馈,$\dot{A}$ 和 $\dot{F}$ 有 4 种表示形式,故 $\dot{A}_f$ 与 $\dot{A}$ 一样,也有 4 种表示形式,参见表 3-1。而闭环源放大倍数

$$\dot{A}_{sf} = \frac{\dot{X}_o}{\dot{X}_s}$$

表 3-1 4 种组态的负反馈放大电路比较表

反馈方式	$\dot{X}_i$, $\dot{X}_f$ $\dot{X}'_i$, $\dot{X}'_o$	$\dot{A} = \dfrac{\dot{X}_o}{\dot{X}'_i}$	$\dot{F} = \dfrac{\dot{X}_f}{\dot{X}_o}$	$\dot{A}_f = \dfrac{\dot{X}_o}{\dot{X}_i} = \dfrac{\dot{A}}{1+\dot{A}\dot{F}}$	R_{if}	R_{of}
电压并联	$\dot{I}_i$, $\dot{I}_f$ $\dot{I}'_i$, $\dot{U}_o$	$\dot{A}_r = \dfrac{\dot{U}_o}{\dot{I}'_i}$	$\dot{F}_g = \dfrac{\dot{I}_f}{\dot{U}_o}$	$\dot{A}_{rf} = \dfrac{\dot{U}_o}{\dot{I}_i} = \dfrac{\dot{A}_r}{1+\dot{A}_r\dot{F}_g}$	$\dfrac{R_i}{1+A_rF_g}$	$\dfrac{R_o}{1+A_{rso}F_g}$
电压串联	$\dot{U}_i$, $\dot{U}_f$ $\dot{U}'_i$, $\dot{U}_o$	$\dot{A}_u = \dfrac{\dot{U}_o}{\dot{U}'_i}$	$\dot{F}_u = \dfrac{\dot{U}_f}{\dot{U}_o}$	$\dot{A}_{uf} = \dfrac{\dot{U}_o}{\dot{U}_i} = \dfrac{\dot{A}_u}{1+\dot{A}_u\dot{F}_u}$	$(1+A_uF_u)R_i$	$\dfrac{R_o}{1+A_{uso}F_u}$
电流并联	$\dot{I}_i$, $\dot{I}_f$, $\dot{I}'_i$, $\dot{I}_o$	$\dot{A}_i = \dfrac{\dot{I}_o}{\dot{I}'_i}$	$\dot{F}_i = \dfrac{\dot{I}_f}{\dot{I}_o}$	$\dot{A}_{if} = \dfrac{\dot{I}_o}{\dot{I}_i} = \dfrac{\dot{A}_i}{1+\dot{A}_i\dot{F}_i}$	$\dfrac{R_i}{1+A_iF_i}$	$(1+A_{iss}F_i)R_o$
电流串联	$\dot{U}_i$, $\dot{U}_f$ $\dot{U}'_i$, $\dot{I}_o$	$\dot{A}_g = \dfrac{\dot{I}_o}{\dot{U}'_i}$	$\dot{F}_r = \dfrac{\dot{U}_f}{\dot{I}_o}$	$\dot{A}_{gf} = \dfrac{\dot{I}_o}{\dot{U}_i} = \dfrac{\dot{A}_g}{1+\dot{A}_g\dot{F}_r}$	$(1+A_gF_r)R_i$	$(1+A_{gss}F_r)R_o$

3.2.3 负反馈放大电路的一般表达式

由图 3-7 可得

$$\dot{X}'_f = \dot{X}_i - \dot{X}_f$$

$$\dot{X}_f = \dot{F}\dot{X}_o = \dot{A}\dot{F}\dot{X}'_i$$

$\dot{A}\dot{F}$ 称为开环放大倍数（或环路增益），它是无量纲的。由上述各式可得到闭环增益的一般表达式

$$\dot{A}_f = \dfrac{\dot{X}_o}{\dot{X}_i} = \dfrac{\dot{A}}{1+\dot{A}\dot{F}}$$

上式是负反馈放大电路的重要关系式。该式表明，引入负反馈后放大电路的闭环增益为不引入反馈时的开环增益的 $1/(1+\dot{A}\dot{F})$ 倍。显然，$(1+\dot{A}\dot{F})$ 是衡量反馈程度的一个很重要的量，称为反馈深度。

3.3 负反馈对放大电路性能的影响

负反馈虽然使放大电路的放大倍数下降，却从多方面改善了放大电路的性能，如提高放大电路放大倍数的稳定性，减小非线性失真，扩展频带，改变输入、输出电阻等，下面分别加以讨论。

3.3.1 提高放大倍数（增益）的稳定性

电源电压的变化、负载的变化、环境温度的改变和元器件的老化或更换所引起电路元器

件参数的变化，都会导致放大电路放大倍数的改变。当放大电路引入负反馈后，如果保持输入信号不变，则输出信号基本得到稳定，因此闭环放大倍数也很稳定。在深度负反馈条件下，采用性能比较稳定的无源线性元件组成反馈网络，闭环放大倍数就比较稳定。下面分析一般情况下负反馈使放大倍数稳定的程度，它可用引入负反馈前后放大倍数的相对变化量之间的关系来表示。

为了使分析简化，设信号的频率为中频，反馈网络是电阻网络，则开环放大倍数、反馈系数、闭环放大倍数均为实数，分别用 A、F、A_f 表示。此时，闭环增益的一般表达式就化为

$$A_f = \frac{A}{1 + AF}$$

设由于某种原因使开环放大倍数由 A 变为 $(A + \Delta A)$，其变化量为 ΔA，相对变化量为 $\Delta A/A$。它将引起闭环放大倍数由 A_f 变为 $(A_f + \Delta A_f)$，变化量为 ΔA_f，相对变化量为 $\Delta A_f/A_f$。在 F 不变时，有

$$(A_f + \Delta A_f) = \frac{(A + \Delta A)}{[1 + (A + \Delta A)F]}$$

一般 $\Delta A \ll A$，不难得到

$$\frac{\Delta A_f}{A_f} = \frac{1}{1 + (A + \Delta A)F} \frac{\Delta A}{A} \approx \frac{1}{1 + AF} \frac{\Delta A}{A}$$

上式表明，引入负反馈后，放大倍数的相对变化量 $\Delta A_f/A_f$ 为未加反馈时放大倍数相对变化量 $\Delta A/A$ 的 $1/(1 + AF)$ 倍。也就是说，负反馈使放大倍数降低为 $1/(1 + AF)$，但放大倍数的稳定性却提高了 $(1 + AF)$ 倍。例如，某放大电路的 $A_u = 1\,000$，若温度上升30℃时 A_u 变为 1 100，即相对变化量 $\Delta A/A = 10\%$。现引入电压串联负反馈，$F_u = 0.099$，则电压放大倍数 $A_f = 10$，温度上升30℃时，$\Delta A_{uf}/A_{uf} = 0.1\%$，即 A_{uf} 只从 10 升到 10.01，变化很小。

值得注意的是，负反馈只能减小由基本放大器引起的放大倍数变化量，而对反馈网络的反馈系数变化引起的放大倍数变化量就无能为力了。此外，对于不同组态的负反馈放大电路，能够稳定的放大倍数也是不同的（见表 3 – 1）。

3.3.2　减小非线性失真

由于电路中存在非线性器件，所以或多或少地总存在一定的非线性失真，即输入信号为正弦波时，输出信号已不是正弦波了。引入负反馈能减小非线性失真，下面以图 3 – 8 所示的电压串联负反馈放大电路为例说明。

设基本放大器的放大特性是对正半周的放大作用较强，对负半周的放大作用较弱，则在正弦输入电压作用下，输出电压为正半周幅度大、负半周幅度小的失真波形，如图 3 – 8 (a) 所示。引入电压串联负反馈后，各处的电压波形如图 3 – 8 (b) 所示。由于反馈电压

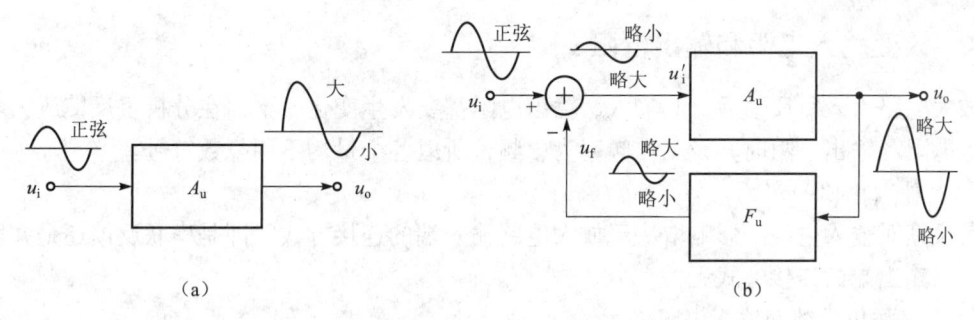

图 3-8 负反馈减小非线性失真示意图
(a) 基本放大器的非线性失真；(b) 负反馈减小非线性失真

u_f 与输出电压 u_o 成正比，则 u_f 也是正半周幅度大于负半周幅度的失真波形，它与正弦波输入电压 u_i 相减后，净输入电压 $u'_i=(u_i-u_f)$ 将是一个正半周幅度小于负半周幅度的失真波形（称为预失真），这正好部分地补偿了基本放大器的放大特性，使输出电压 u_o 的正、负半周幅度趋于一致，减小了非线性失真。注意，输出电压还是正半周幅度略大于负半周幅度的失真波形，只不过它与未加负反馈时相比较，失真大大减小了。

值得注意的是，负反馈只能减小反馈环内所产生的失真，而对于输入信号本身存在的失真，负反馈是无能为力的。

3.3.3 扩展频带

基本放大器在高频区（若是 RC 耦合的还包括低频区）的增益将减小，这可理解为因工作频率变化而引起增益的变化。引入负反馈后，由于负反馈能稳定增益，因此对于工作频率不同引起的增益变化，它也有稳定的作用。这样，原来使增益下降 3 dB 的频率，加负反馈后下降不到 3 dB 了，也就是频带展宽了。在深度负反馈条件下，如果反馈网络由电阻构成，则增益近似为一常数，这可理解为频带展宽很多。频带的展宽，意味着频率失真的减小，因此负反馈能减小频率失真。

设基本放大器的上限截止频率为 f_H，带宽 f_w，为引入负反馈后的上限截止频率 f_{Hf} 为带宽为 f_{wf}。对于单极点的电路（指其等效电路只有一个 RC 回路），可以证明

$$f_{Hf}=(1+AF)f_H$$

故

$$f_{bwf}=(1+AF)f_{bw}$$

又

$$|A_f||f_{bwf}|=|A||f_{bw}|$$

因此，引入负反馈前后的增益带宽积为一常数。负反馈使电路的频带展宽为原来的 $(1+AF)$ 倍的同时，却付出了增益下降为原来的 $1/(1+AF)$ 的代价。注意，对于多极点的电路（指其等效电路含有几个 RC 回路），由于增益带宽积不再为常数，上述结论不成立。但无论是哪一种电路，负反馈愈深，增益下降就愈多，频带也愈宽。

3.3.4 改变输入电阻和输出电阻

放大电路引入负反馈后,其输入、输出电阻都要发生变化。下面在分析负反馈放大电路的输入电阻和输出电阻时,设工作频率为中频,所以各个量均不用复数符号。

1. 对输入电阻的影响

负反馈对输入电阻的影响取决于放大电路输入端的连接方式,即是串联反馈还是并联反馈,而与输出端的连接方式无关。

(1) 串联负反馈使输入电阻增大

在串联负反馈中,由于反馈网络和基本放大器是串联的,输入电阻的增大是不难理解的。由图 3-5 (b) 或 (d) 可求得串联负反馈放大电路的输入电阻为

$$R_{if} = \frac{u_i}{i_i} = \frac{u'_i + u_f}{i_i} = \frac{u'_i + AFu'_i}{i_i} = (1+AF)\frac{u'_i}{i_i} = (1+AF)R_i$$

由上式可知,引入串联负反馈后,与基本放大器相比,串联负反馈使电路的输入电阻增大为 $(1+AF)$ 倍。

(2) 并联负反馈使输入电阻减小

在并联负反馈中,由于反馈网络和基本放大器是串联的,因此势必造成输入电阻的减小。由图 3-5 (a) 或 (c) 可求得并联负反馈放大电路的输入电阻为

$$R_{if} = \frac{u_i}{i_i} = \frac{u_i}{i'_i + i_f} = \frac{u_i}{i'_i + AFi'_f} = \frac{1}{(1+AF)}\frac{u'_i}{i'_i} = \frac{1}{(1+AF)}R_i$$

由上式可知,引入并联负反馈后,与基本放大器相比,并联负反馈使电路的输入电阻减小为 $1/(1+AF)$。

2. 对输出电阻的影响

负反馈对输出电阻的影响取决于放大电路输出端的连接方式,即是电压反馈还是电流反馈,而与输入端的连接方式无关。

(1) 电压负反馈使输出电阻减小

我们知道,电压负反馈具有稳定输出电压的作用,即当负载变化时,输出电压的变化很小,这意味着电压负反馈放大电路的输出电阻减小了。若基本放大器的输出电阻为 R_o,可以证明,电压负反馈放大电路的输出电阻

$$R_{of} = \frac{R_o}{1+A'F}$$

式中,A' 为基本放大器在输出端开路 ($R_L \to \infty$) 情况下的源放大倍数。

因此,与基本放大器相比,电压负反馈使电路的输出电阻减小为 $1/(1+A'F)$。

(2) 电流负反馈使输出电阻增大

由于电流负反馈具有稳定输出电流的作用,即当负载变化时,输出电流的变化很小,这

意味着电流负反馈放大电路的输出电阻增大了。若基本放大器的输出电阻为 R_o,可以证明,电流负反馈放大电路的输出电阻

$$R_{of} = (1 + A''F)R_o$$

式中 A'' 为基本放大器在输出端短路($R_L \to 0$)情况下的源放大倍数。

因此,与基本放大器相比,电流负反馈使电路的输出电阻增大到 $(1 + A''F)$ 倍。

3.3.5 引入负反馈的一般原则

综上所述,放大电路引入负反馈后能改善它的性能,并且各种组态的负反馈放大电路具有不同的特点,因此可以得到引入负反馈的一般原则。

① 要稳定直流量(如静态工作点),应引入直流负反馈。

② 要改善交流性能(如放大倍数、频带、失真、输入和输出电阻等),应引入交流负反馈。

③ 要稳定输出电压,或减小输出电阻,应引入电压负反馈;要稳定输出电流,或提高输出电阻,应引入电流负反馈。

④ 要提高输入电阻,或减小放大电路向信号源索取的电流,应引入串联负反馈;要减小输入电阻,应引入并联负反馈。

⑤ 要反馈效果好,在信号源为电压源时应引入串联负反馈,在信号源为电流源时应引入并联负反馈。

例 3-2 图 3-9 所示电路中,为了实现下述的性能要求,各应引入何种负反馈?将结果画在电路上。

(1) 希望 $u_s = 0$ 时,元件参数的改变对末级的集电极电流影响小;

(2) 希望输入电阻较大;

(3) 希望输出电阻较小;

(4) 希望接上负载后,电压放大倍数基本不变;

(5) 希望信号源为电流源时,反馈的效果比较好。

解: 假设 u_i 瞬时极性为(+),根据信号传输的途径,依次标出有关各处的相应的瞬时极性,如图 3-9 所示。可以看出,只有从 T_3 集电极通过 R_{f1} 引到 T_1 发射极的反馈通路(用①表示)和从 T_3 发射极通过 R_{f2} 引到 T_1 基极的反馈通路(用②表示)才是负反馈。不难判断,前者为电压串联负反馈,后者为电流并联负反馈。这是最大的跨级负反馈,由于反馈通路只由电阻构成,所以它们是交、直流负反馈。

(1) 希望 $u_s = 0$ 时,元件参数的改变对末级的集电极电流影响小,可引入直流电流负反馈,如图中②所示。

(2) 希望输入电阻较大,可引入串联负反馈,如图中①所示。

(3) 希望输出电阻较小,可引入电压负反馈,如图中①所示。

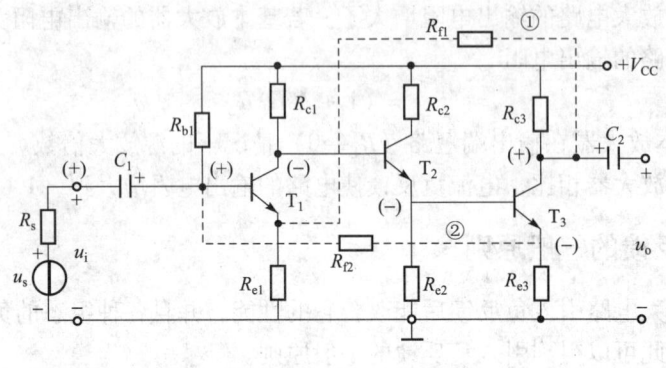

图 3-9 例 3-2 电路

(4) 希望接上负载后，电压放大倍数基本不变，可引入电压串联负反馈，如图中①所示。
(5) 希望信号源为电流源时，反馈的效果比较好，可引入并联负反馈，如图中②所示。

3.4 实训 负反馈放大器的 Multisim 仿真测试

1. 创建电路

按图 3-10 创建好电路。

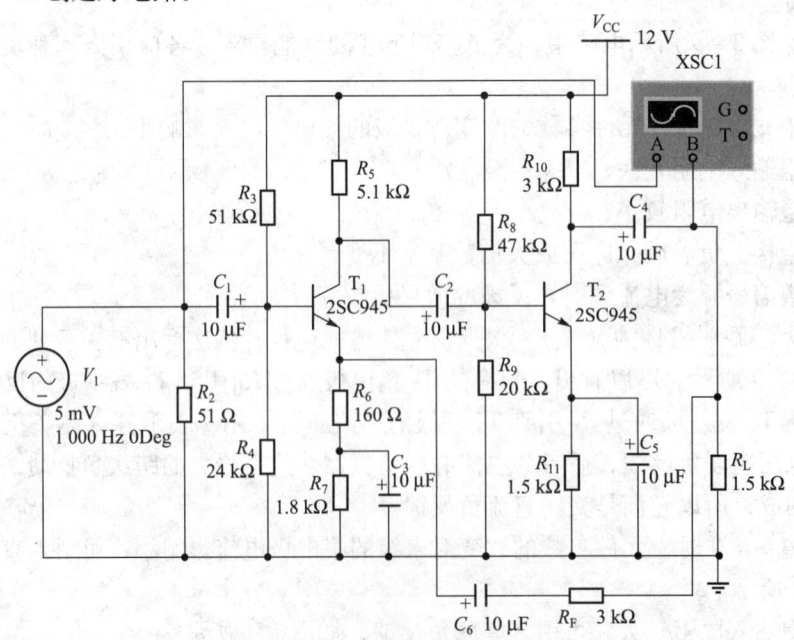

图 3-10 电流串联负反馈实验电路

2. 负反馈放大器开环和闭环放大倍数的测试

（1）开环放大倍数测试

① 在图 3-11 中，断开 C_6 和 R_F 之间的连线，使电路工作在开环；

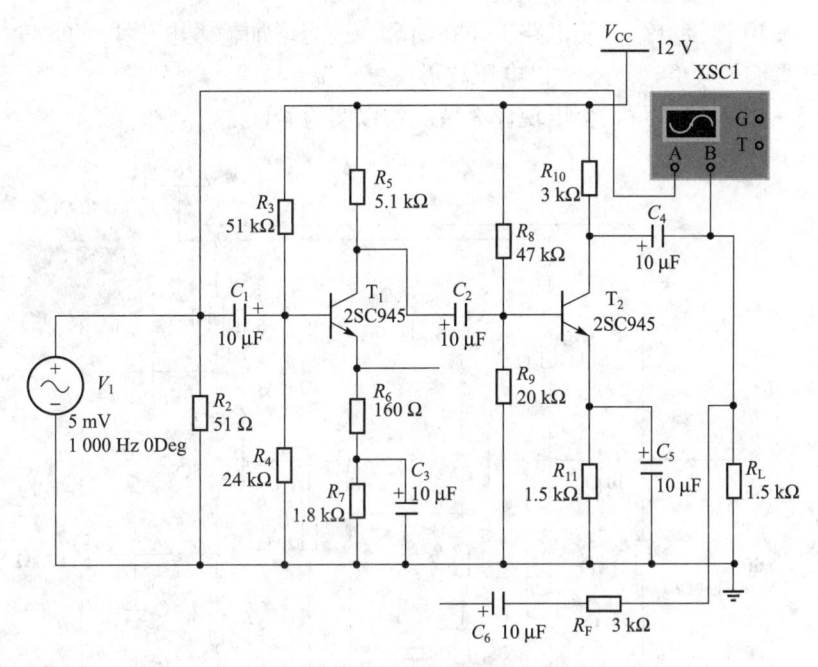

图 3-11　开环测试电路

② 在放大器输入端输入幅值为 1 mV、频率为 1 kHz 的正弦交流信号，按表 3-2 要求测量并填表。

表 3-2　无负反馈时电路参数

	R_L	V_i（mV）	V_o（mV）	A_V（A_{Vf}）
开环	∞	1		
	1.5 kΩ	1		
闭环	∞	1		
	1.5 Ω	1		

（2）闭环放大倍数测试

① 按图 3-10 连接电路，使电路工作在闭环。按表 3-2 要求测量并填表，计算 A_{vf}。

② 根据实测结果，验证 $A_{vf} \approx \dfrac{1}{F}$。

3. 负反馈对失真的改善作用

① 按图 3–11 连接电路，使电路工作在开环。逐步加大输入电压 V_i 的幅度，使输出电压出现失真（注意不要过分失真），记录失真波形幅度。

② 按图 3–10 连接电路，使电路工作在闭环。适当增加输入电压 V_i 的幅度，使输出幅度接近开环失真波形幅度，观察输出电压波形失真情况。

③ 按图 3–12 连接电路，会出现什么情况？以实验验证之。

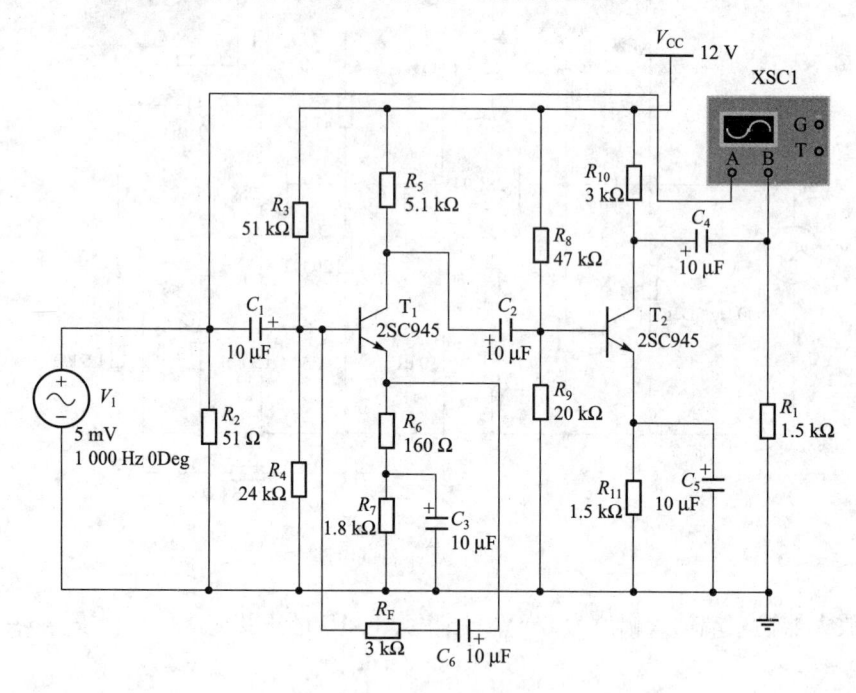

图 3–12 实验电路

④ 画出上述各步实验的波形图。

4. 测放大器频率特性

（1）放大器开环频率特性测试

按图 3–11 连接电路，使电路工作在开环。用 Multisim 的波特仪直接测出放大器的增益和频响特性曲线。

（2）放大器闭环频率特性测试

按图 3–10 连接电路，使电路工作在闭环。用 Multisim 的波特仪直接测出放大器的增益和频响特性曲线。

（3）比较放大器工作在开环和闭环时增益和频响特性曲线的区别。

本章小结

1. 按反馈性质的不同，反馈分为正反馈和负反馈，它们可用瞬时极性法来判别。在放大电路中广泛采用的是负反馈。

2. 按反馈信号是直流量还是交流量的不同，反馈可分为直流反馈和交流反馈。前者主要用于稳定静态工作点；后者则用于改善放大电路的性能，如稳定放大倍数、扩展频带、减小非线性失真等。平常所说的反馈一般指交流负反馈。

3. 按输出端采样对象的不同，反馈分为电压反馈和电流反馈，它们可用短路法来判断。电压负反馈可以稳定输出电压，降低输出电阻；电流负反馈可以稳定输出电流，提高输出电阻。

4. 按输入端接法的不同，反馈分为串联反馈和并联反馈，它们可通过是电压比较还是电流比较来判别。串联负反馈可以提高输入电阻，并联负反馈可以降低输入电阻。

5. 负反馈有下述四种组态：电压串联、电压并联、电流串联和电流并联。各种组态的负反馈对放大电路性能的改善是不同的，可根据不同需要选择合适的负反馈电路形式，但各种组态的负反馈均能稳定闭环增益。

习题 3

3.1 在括号内填入"√"或"×"，表明下列说法是否正确。
(1) 若放大电路的放大倍数为负，则引入的反馈一定是负反馈。(　　)
(2) 负反馈放大电路的放大倍数与组成它的基本放大电路的放大倍数量纲相同。(　　)
(3) 若放大电路引入负反馈，则负载电阻变化时，输出电压基本不变。(　　)
(4) 阻容耦合放大电路的耦合电容、旁路电容越多，引入负反馈后，越容易产生低频振荡。(　　)
(5) 只要在放大电路中引入反馈，就一定能使其性能得到改善。(　　)
(6) 放大电路的级数越多，引入的负反馈越强，电路的放大倍数也就越稳定。(　　)
(7) 反馈量仅仅决定于输出量。(　　)
(8) 既然电流负反馈稳定输出电流，那么必然稳定输出电压。(　　)

3.2 选择合适的答案填入空内。
(1) 对于放大电路，所谓开环是指_____。
A. 无信号源　　　　B. 无反馈通路　　　　C. 无电源　　　　D. 无负载
(2) 在输入量不变的情况下，若引入反馈后_____，则说明引入的反馈是负反馈。

A. 输入电阻增大　　　B. 输出量增大　　　　C. 净输入量增大　D. 净输入量减小

(3) 直流负反馈是指_____。

A. 直接耦合放大电路中所引入的负反馈

B. 只有放大直流信号时才有的负反馈

C. 在直流通路中的负反馈

(4) 交流负反馈是指_____。

A. 阻容耦合放大电路中所引入的负反馈

B. 只有放大交流信号时才有的负反馈

C. 在交流通路中的负反馈

(5) 为了实现下列目的，应引入

A. 直流负反馈　　　　　　　　　　　B. 交流负反馈

① 为了稳定静态工作点，应引入_____；

② 为了稳定放大倍数，应引入_____；

③ 为了改变输入电阻和输出电阻，应引入_____；

④ 为了抑制温漂，应引入_____；

⑤ 为了展宽频带，应引入_____。

3.3 选择合适答案填入空内。

A. 电压　　　　　B. 电流　　　　　　C. 串联　　　　　D. 并联

(1) 为了稳定放大电路的输出电压，应引入_____负反馈；

(2) 为了稳定放大电路的输出电流，应引入_____负反馈；

(3) 为了增大放大电路的输入电阻，应引入_____负反馈；

(4) 为了减小放大电路的输入电阻，应引入_____负反馈；

(5) 为了增大放大电路的输出电阻，应引入_____负反馈；

(6) 为了减小放大电路的输出电阻，应引入_____负反馈。

3.4 在图 3-13 所示电路中，指出反馈元件及所引入的反馈是正反馈还是负反馈？是直流反馈还是交流反馈？各电容对信号视为短路。

3.5 电路如图 3-14 所示，为了实现下述的要求，应采用什么负反馈的形式？如何连接？

(1) 要求 R_L 变化时输出电压基本不变；

(2) 要求信号源为电流源时，反馈的效果比较好；

(3) 要求放大电路的输出信号接近恒流源；

(4) 要求输入端向信号源索取的电流尽可能小；

(5) 要求在信号源为电流源时，输出电压稳定；

(6) 要求输入电阻大，且输出电流变化尽可能小。

第 3 章 放大电路中的负反馈

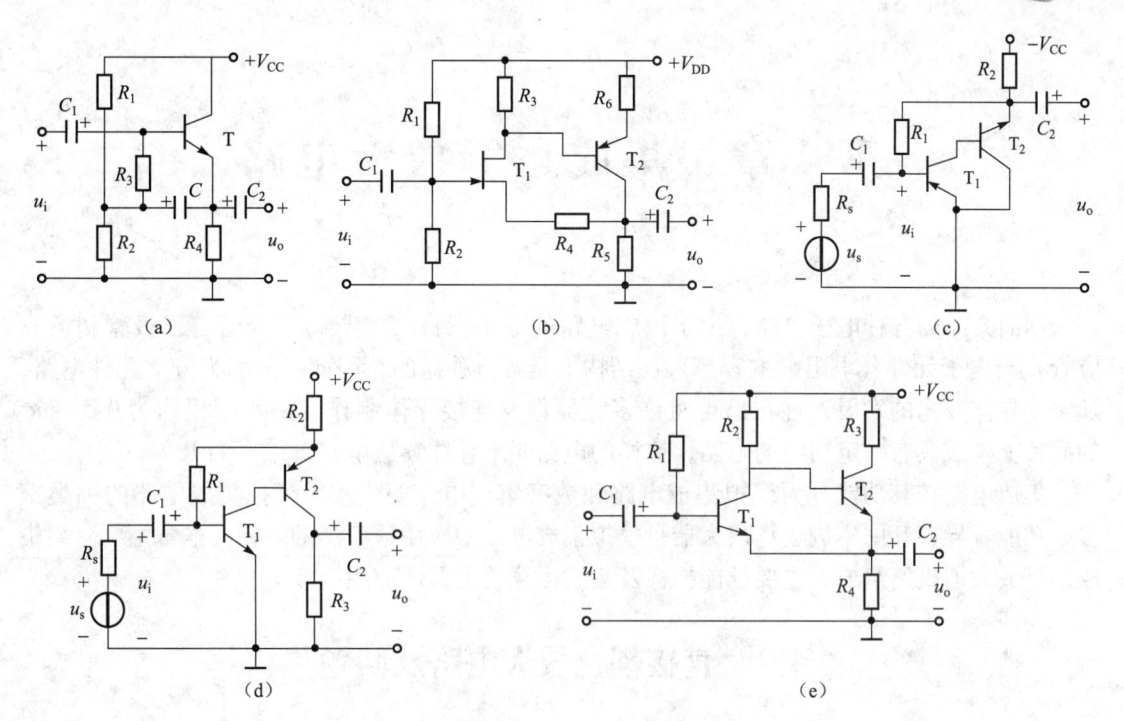

图 3-13 习题 3.4 图

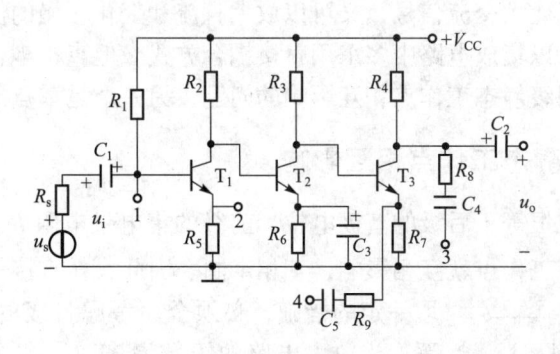

图 3-14 习题 3.5 图

第 4 章 集成运算放大电路

前面介绍的各种电子电路,由于构成电路的电子器件(半导体二极管、三极管和场效应管)与电子元件(电阻、电容等)在结构上是各自独立的,因此,统称为分立元件电路。随着半导体技术的发展,现在已可将许多元器件及连接导体制作在一块面积约为 0.5 mm² 的硅片上构成具有一定功能的电路,这样的电路叫半导体集成电路(缩写为 IC)。

集成电路按其功能分为模拟集成电路和数字集成电路两大类。模拟集成电路的种类繁多、功能各异,其中集成运算放大器是模拟集成电路中应用最广泛的一种。本章主要介绍集成运算放大器电路组成、主要性能指标及集成运算放大器的应用

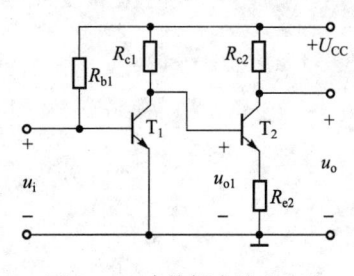

4.1 直接耦合放大电路及问题

直接耦合放大电路的前后级之间没有耦合电容,级与级之间直接用导线连接,因此,直接耦合放大电路既可以放大交流信号,又可以放大直流和变化缓慢的信号;直接耦合放大电路便于大规模集成,所以集成电路中多采用直接耦合方式。但直接耦合放大电路也存在两个问题,一个是前级、后级静态工作点相互影响的问题;另一个是零点漂移问题。

4.1.1 前级、后级静态工作点相互影响

前级的集电极电位恒等于后级的基极电位,前级的集电极电阻 R_{c1} 同时又是后级的偏流电阻,前、后级的静态工作点就互相影响,互相牵制。因此,在直接耦合放大电路中必须采取一定的措施,必须全面考虑各级的静态工作点的合理配置,当放大电路的级数增多时,这个问题显得更加复杂。常用的办法之一是提高后级的发射极电位。在图 4-1 中是利用 T_2 的发射极电阻 R_{e2} 上的压降来提高发射极的电位。这一方面能提高 T_1 的集电极电位,增大其输出电压的幅度,另一方面又能使 T_2 获得合适的工作点。在工程中还有其他方法可以实现前、后级静态工作点的配合。

图 4-1 直接耦合放大电路

4.1.2 零点漂移问题

对于一个理想的直接耦合放大器,当输入信号为零时,其输出端的电位应该保持不变。但实际上,由于温度、频率等因素的影响,直接耦合的多级放大器在输入信号为零时,输出端的电位会偏离初始设定值,产生缓慢而不规则的波动,这种输出端电位的波动现象,称为零点漂移。引起零点漂移的原因很多,如三极管参数(I_{CBO}、U_{BE}、β)随温度的变化、电源电压的波动、电路元件参数的变化等,其中温度的影响是最严重的。在多级放大电路各级的漂移当中,第一级的漂移影响最为严重,因为直接耦合,第一级的漂移被逐级放大,以致影响到整个放大电路的工作。所以,抑制漂移要着重于第一级。

抑制零点漂移方法有很多,如采用温度补偿电路、稳压电源以及精选电路元件等方法。但最有效且被广泛采用的方法是输入级采用差分放大电路。

4.2 差分放大电路

差分放大电路简称为差放,广泛应用于测量电路、医学仪器等电子仪器中,差放也是集成运算放大器的重要单元电路。

4.2.1 差分放大电路结构及零点漂移抑制原理

1. 电路的基本结构

典型的差动放大电路如图 4-2 所示,它由完全相同的两个完全对称的共发射极放大电路组成,电源为双路对称电源,三极管的集电极经 R_c 接 V_{CC},发射极经电阻 R_e 接 V_{EE}。电路中两管集电极负载电阻的阻值相等,两基极电阻阻值相等,输入信号 u_{i1} 和 u_{i2} 分别加在两管的基极上,输出电压 u_o 从两管的集电极输出。这种连接方式称为双端输入、双端输出方式。

2. 抑制零点漂移的原理

(1)依靠电路的对称性

在图 4-2 所示电路中,当温度变化等原因引起两个管子的基极电流 I_{B1}、I_{B2} 变化时,由于两边电路完全对称,势必引起两管子集电极电流 I_{C1}、I_{C2} 的变化量相等,方向相同,即 $\Delta I_{C1} = \Delta I_{C2}$,集电极电位 V_{C1}、V_{C2} 的变化量也相同,即 $\Delta V_{C1} = \Delta V_{C2}$。

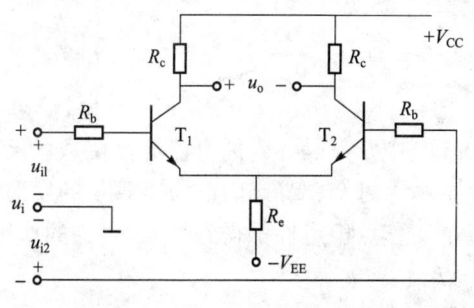

图 4-2 典型差分放大电路

采用双端输出时，输出电压 $u_o = u_{o1} - u_{o2}$，如在输入信号为零时，假定温度上升，则有：

$$T\uparrow \rightarrow \begin{cases} I_{B1}\uparrow \rightarrow I_{C1}\uparrow \rightarrow V_{C1}\downarrow \\ I_{B2}\uparrow \rightarrow I_{C2}\uparrow \rightarrow V_{C2}\downarrow \end{cases} \rightarrow u_o = u_{C1} - u_{C2} = 0$$

由此可知，虽然温度变化对每个管子都产生了零点漂移，但在输出端两个管子的集电极电压的变化互相抵消了，所以抑制了输出电压的零点漂移。

（2）依靠 R_e 的负反馈作用

发射极电阻 R_e 具有负反馈作用，可以稳定静态工作点，从而进一步减小 V_{C1}、V_{C2} 的绝对漂移量。R_e 抑制输出电压的零点漂移的方法在差分放大电路的静态分析和动态分析中讨论。

4.2.2 差分放大电路的静态分析

当输入信号为零时，放大电路的直流通路如图 4-3 所示。

在图 4-3 中，由电路对称性可得

$$I_{BQ1} = I_{BQ2} = I_{BQ}$$
$$I_{CQ1} = I_{CQ2} = I_{CQ}$$
$$I_{EQ1} = I_{EQ2} = I_{EQ}$$
$$U_{CQ1} = U_{CQ2} = U_{CQ}$$
$$U_o = U_{CQ1} - U_{CQ2} = 0$$

由基极回路可以得到

$$V_{EE} = I_{BQ}R_b + U_{BEQ} + 2I_{EQ}R_e$$

所以

$$I_{BQ} = \frac{V_{EE} - U_{BEQ}}{R_b + (1+\beta)2R_e}$$

$$I_{CQ} = \beta I_{BQ}$$

$$I_{EQ} = (1+\beta)I_{BQ}$$

$$U_{CEQ} = V_{CC} - R_c I_C - 2R_e I_E + V_{EE}$$

图 4-3 直流通路

其中 β 是晶体管的电流放大倍数。

从上可知，静态时，每个管子的发射极电路中相当于接入了 $2R_e$ 的电阻，这样每个晶体管的工作点稳定性都得到提高。V_{EE} 的作用是补偿 R_e 上的直流压降，使得晶体管有合适的工作点。

4.2.3 差分放大电路的动态分析

1. 差模输入动态分析

在放大器两输入端分别输入大小相等、相位相反的信号，即 $u_{i1} = -u_{i2}$ 时，这种输入方式称为差模输入，所输入的信号称为差模输入信号。差模输入信号用 u_{id} 来表示。差模输入电路如图 4-4 所示。由图 4-4 可得

$$u_{i1} = -u_{i2} = \frac{1}{2}u_{id}$$

或

$$u_{id} = 2u_{i1}$$

图 4-4 电路中，在输入差模信号 u_{id} 时，由于电路的对称性，使得 T_1 和 T_2 两管的集电极电流为一增一减的状态，而且增减的幅度相同。如果 T_1 的集电极电流增大，则 T_2 的集电极电流减小，即 $i_{C1} = -i_{C2}$。显然，此时 R_e 上的电流没有变化，说明 R_e 对差模信号没有作用，在 R_e 上既无差模信号的电流也无差模信号的电压，因此画差模信号交流通路时，T_1 和 T_2 的发射极是直接接地的，如图 4-5 所示。

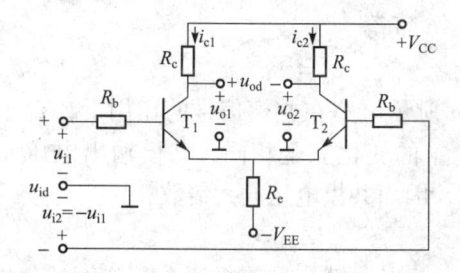

图 4-4 差模输入电路

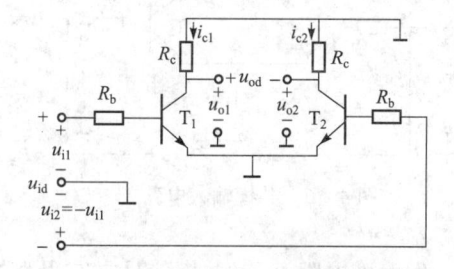

图 4-5 差模输入交流通路

由图 4-5 看出，在输入差模信号时，两管集电极的对地输出电压 u_{o1} 和 u_{o2} 也是一升一降地变化，因而 T_1 管集电极输出电压 u_{o1} 与 T_2 管集电极输出电压 u_{o2} 大小相等、极性相反，即 $u_{o2} = -u_{o1}$。两管集电极之间输出差模电压为

$$u_{od} = u_{o1} - u_{o2} = 2u_{o1}$$

双端输入双端输出差分放大电路的差模电压放大倍数为：

$$A_{ud} = \frac{u_{od}}{u_{id}} = \frac{2u_{o1}}{2u_{i1}} = \frac{u_{o1}}{u_{i1}} = A_{ud1}$$

上式说明，双端输入双端输出差分放大电路的差模电压放大倍数与 T_1 管组成的单边共射极放大电路的电压放大倍数相等。由图 4-5 不难得到

$$A_{ud} = -\frac{\beta R_c}{R_b + r_{be}}$$

若图 4-5 所示电路中，在两管集电极之间接入负载电阻 R_L 时，由于 $u_{o2} = -u_{o1}$，必有

R_L 的中心位置为差模电压输出的交流"地",因此,每边电路的交流等效负载电阻 $R'_L = R_c$ // ($R_L/2$)。这时差模电压放大倍数变为

$$A_{ud} = -\frac{\beta R'_L}{R_b + r_{be}}$$

差模信号输入时,从差分放大电路的两个输入端看进去所呈现的等效电阻,称为差分放大电路的差模输入电阻,由图 4-5 可得

$$r_{id} = 2(R_b + r_{be})$$

差分放大电路两管集电极之间对差模信号所呈现的等效电阻,称为差分放大电路的差模输出电阻,由图 4-5 可得

$$r_o = 2R_{o1} = 2R_c$$

2. 共模输入动态分析

在放大器两输入端分别输入大小相等、相位相同的信号,即 $u_{i1} = u_{i2}$ 时,这种输入方式称为共模输入,所输入的信号称为共模输入信号。共模输入信号用 u_{ic} 来表示。共模输入电路如图 4-6 所示。由图 4-6 可得

$$u_{ic} = u_{i1} = u_{i2}$$

图 4-6 所示电路在共模信号的作用下,T_1 管和 T_2 管相应电量的变化完全相同,共模输出电压 $u_o = u_{o1} - u_{o2} = 0$,因而共模电压放大倍数

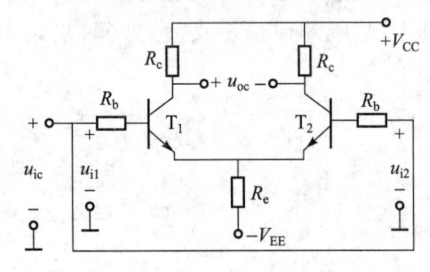

$$A_{uc} = 0$$

图 4-6 共模输入电路

发射极电阻 R_e 对共模信号具有很强的抑制能力。当共模信号使得两个晶体管的集电极电流同时增大时,流过 R_e 的电流就会成倍的增加,发射极电位升高,从而导致发射结的两端电压减小,抑制了集电极电流的增加。

3. 共模抑制比

为了定量地说明差分放大电路对差模信号的放大能力和对共模信号的抑制能力,引入共模抑制比 K_{CMR},其定义为:差模放大倍数 A_{ud} 与共模放大倍数 A_{uc} 之比,即

$$K_{CMR} = \left|\frac{A_{ud}}{A_{uc}}\right|$$

从理论上讲,差分放大电路的共模放大倍数 $A_{uc} = 0$,所以 K_{CMR} 就为无穷大,实际电路中,不为无穷大。共模抑制比越大,表示放大电路性能越好。

在工程上,常用分贝表示 K_{CMR},即

$$K_{CMR} = 20\lg\left|\frac{A_{ud}}{A_{uc}}\right| \text{ (dB)}$$

4.2.4 差分放大器的其他输入输出方式

差分放大电路除了前面所述的双端输入双端输出方式外，还有双端输入单端输出、单端输入双端输出、单端输入单端输出，这些输入输出方式在实际中也经常使用。

单端输出时，电压放大倍数只有双端输出时电压放大倍数的一半，其推导过程在此就不予介绍。表 4-1 列出了差分放大电路四种输入输出方式的比较。

例 4-1 差分放大电路如图 4-2 所示，已知 $\beta_1 = \beta_2 = \beta = 50$，$V_{CC} = 12$ V，$V_{EE} = 12$ V，$R_b = 20$ kΩ，$R_c = R_e = 10$ kΩ，$R_L = 10$ kΩ。试求：（1）静态工作点；（2）R_L 接在 T_1 管和 T_2 管集电极之间时的双端输出差模电压放大倍数 A_{ud}；（3）R_L 接在 T_1 管集电极时的单端输出差模电压放大倍数 A_{ud}；（4）R_L 接在 T_1 管集电极时的单端输出共模电压放大倍数 A_{uc}；（5）R_L 接在 T_1 管集电极时的单端输出共模抑制比 K_{CMR}。

解：（1）$I_{BQ} = \dfrac{V_{EE} - U_{BEQ}}{R_b + (1+\beta)2R_e} = \dfrac{12 - 0.6}{20 + 2 \times 51 \times 10} = 11$ μA

$I_{CQ} = \beta I_{BQ} = 50 \times 11$ μA $= 0.55$ mA

$I_{EQ} \approx I_{CQ} = 0.55$ mA

$U_{CEQ} = U_{CC} - R_c I_C - 2R_e I_E + V_{EE} = 12 - 0.55 \times 10 - 2 \times 0.55 \times 10 + 12 = 7.5$ V

（2）双端输出差模电压放大倍数 A_{ud}

$r_{be} = 300 + (1+\beta)\dfrac{26}{I_{EQ}} = 300 + (1+50)\dfrac{26}{0.55} = 2.7$ kΩ

$A_{ud} = A_{ud1} = \dfrac{\beta R'_L}{R_b + r_{be}} = -\dfrac{50(10 /\!/ 5)}{20 + 2.7} = -5.5$

（3）单端输出差模电压放大倍数 A_{ud}

$A_{ud} = -\dfrac{1}{2}\dfrac{\beta R'_L}{R_b + r_{be}} = -\dfrac{1}{2}\dfrac{50(10 /\!/ 10)}{20 + 2.7} = -5.5$

（4）单端输出时共模电压放大倍数 A_{uc}

$A_{uc} = -\dfrac{\beta R'_L}{R_b + r_{be} + (1+\beta)2R_e} = -\dfrac{50(10 /\!/ 10)}{20 + 2.7 + 2 \times (1+50) \times 10} = -0.24$

（5）单端输出时共模抑制比 K_{CMR}

$K_{CMR} = \left|\dfrac{A_{ud}}{A_{uc}}\right| = \left|\dfrac{5.5}{0.24}\right| = 22.9$

表 4-1 差分放大电路四种输入输出方式的比较

输入方式	双端输入 双端输出	单端输入 双端输出	双端输入 单端输出	单端输入 单端输出
电路				
差模电压放大倍数	$A_{ud} = \dfrac{u_o}{u_i} = -\dfrac{\beta(R_c // \dfrac{R_L}{2})}{R_b + r_{be}}$	$A_{ud} = -\dfrac{\beta(R_c // \dfrac{R_L}{2})}{R_b + r_{be}}$	$A_{ud} = \dfrac{u_o}{u_i} = -\dfrac{1}{2}\dfrac{\beta(R_c // R_L)}{R_b + r_{be}}$	
共模电压放大倍数及共模抑制比	$A_{uc} \to 0$ $K_{CMR} \to \infty$		A_{uc} 很小 K_{CMR} 高	
输出电阻	$2R_c$		R_c	
差模输入电阻	$2(R_b + r_{be})$			
用途	适用于输入、输出均不接地的情况;常用放大器的输入级合放大器的输入级和中间级	适用于将单端输入转换为双端输出,常用于多级直接耦合放大器的输入级	适用于将双端输入转换为单端输出,常用于多级直接耦合放大器的中间级	适用于输入、输出均要求接地的情况;选择不同管子输出,可使输出电压与输入电压反相或同相

4.3 集成运算放大器简介

集成运算放大器简称集成运放,是应用最广泛的集成放大器,最早用于模拟计算机,对输入信号进行模拟运算,并由此而得名。集成运算放大器作为基本运算单元,可以完成加减、积分和微分、乘除等数学运算。

4.3.1 集成运算放大器的特点

集成运算放大器有以下特点:

① 在集成电路工艺中还难于制造电感元件。制造容量大于 200 pF 的电容也比较困难,而且性能很不稳定,所以集成电路中要尽量避免使用电容器。而运算放大器各级之间都采用直接耦合,基本上不采用电容元件,必须使用电容器的场合,也大多采用外接的办法。

② 运算放大器的输入级都采用差动放大电路,它要求两管的性能相同。而集成电路中的各个晶体管是通过同一工艺过程制作在同一硅片上,容易获得特性一致,因此,容易制成温度漂移很小的运算放大器。

③ 在集成电路中,比较合适的阻值大致为 10 Ω ~ 30 kΩ。制作高阻值的电阻成本高,占用面积大,且阻值偏差大(10% ~ 20%)。因此,在集成运算放大器中往往用晶体管恒流源代替电阻。必须用直流高阻值电阻时,也常采用外接方式。

④ 集成电路中的二极管一般都采用晶体管构成,把发射极、基极、集电极三者适当组配使用。

4.3.2 集成运算放大器组成

集成运算放大器的种类非常多,内部电路也各不相同,但一般由以下四部分组成,如图 4 - 7 所示。

输入级:通常由具有恒流源的双端输入、单端输出的差动放大电路构成,其目的是为了减小放大电路的零点漂移、提高输入阻抗。输入级是提高集成运放质量的关键部分。

中间级:主要用于电压放大,通常由带有源负载(即以恒流源代替集电极负载电阻)的共发射极放大电路构成。

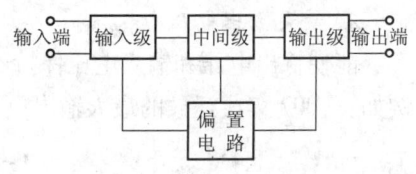

图 4 - 7 集成运放方框图

输出级:一般是射极输出器或互补对称功放电路。输出级电路输出电阻低、带负载能力强,能输出足够大的电压和电流。此外输出级还附有保护电路,以防意外短路或过载时造成损坏。

偏置电路：偏置电路的作用是为上述各级电路提供稳定、合适的偏置电流，决定各级的静态工作点，一般由各种恒流源电路构成。

图4-8给出了一个简单集成运算放大器的电路原理图及符号。它有两个输入端，标"+"的输入端称为同相输入端，输入信号由此端输入时，输出信号与输入信号相位相同；标"-"的输入端称为反相输入端，输入信号由此端输入时，输出信号与输入信号相位相反。

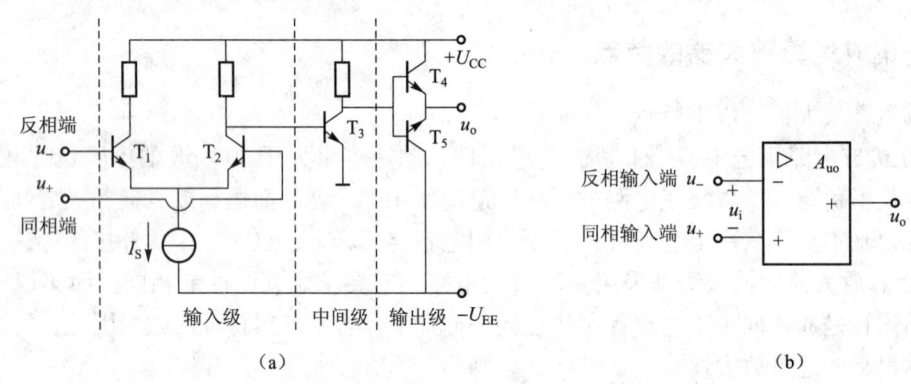

图4-8 简单集成运算放大器的原理电路及符号
(a) 电路原理图；(b) 符号

4.3.3 集成运放的主要参数

1. 开环电压放大倍数 A_{uo}

在集成运放没有外加反馈的情况下的差模电压放大倍数，称为开环电压放大倍数，用分贝表示为 $20\lg|A_{uo}|$，后期生产的集成运放的开环电压放大倍数一般均大于100分贝。A_{u0}越高，则其构成的运算电路越稳定，运算精度也越高。

2. 最大输出电压 U_{OPP}

能使输出电压和输入电压保持不失真关系的最大输出电压，称为运放的最大输出电压。例如：F007集成运放的最大输出电压约为±13 V。

3. 输入失调电压 U_{IO}

理想运算放大器，当输入信号为零时输出也为零。而实际的运算放大器电路，输入为零时输出并不为零。要使输出电压为零，必须在输入端加一个很小的补偿电压，此补偿电压称为输入失调电压。输入失调电压的大小反映集成电路在制造时的对称程度。U_{IO}一般为几毫伏，很明显，U_{IO}越小越好。

4. 输入失调电流 I_{IO}

输入信号为零时，运放两个输入端静态基极电流之差，称为输入失调电流。输入失调电流被用来表征差动输入管的输入电流不对称造成的影响,一般为纳安级,其值愈小愈好。

5. 输入偏置电流 I_{IB}

输入信号为零时,运放两个输入端静态基极电流的平均值,称为输入偏置电流。这与电路中第一级管子的性能有关,一般为纳安级,其值愈小愈好。

除此以外,集成运放还有共模抑制比、静态功耗等参数,在此不一一介绍。

4.3.4 集成运放的电压传输特性

集成运放的电压传输特性是指输出电压与输入电压的关系曲线,如图 4-9 所示。

从图 4-9 的传输特性看,集成运放可以工作在线性区,也可以工作在饱和区,但是分析方法不相同。当集成运放工作在线性区时,u_o 与 u_i($u_i = u_+ - u_-$)是线性关系,即

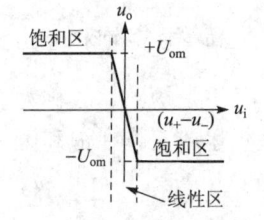

$$u_o = A_{uo}(u_+ - u_-)$$

集成运放是一个线性放大元件。

图 4-9 集成运放的电压传输特性

由于集成运放的开环电压放大倍数 A_{uo} 很大,即使输入($u_+ - u_-$)是毫伏级,也足以使集成运放处于饱和状态;此外,由于集成运放工作时会受到各种干扰,电路将难于稳定工作。所以,集成运放工作在线性区时应引入深度负反馈。

集成运放工作在饱和区时,输出电压为正或负饱和电压($\pm U_{OM}$),与输入电压 u_i 的大小无关。

4.3.5 集成运算放大器的理想模型

在分析运放时,我们常把它看成一个理想运放,即将实际运放的一些技术性能指标理想化,这在工程上是允许的,同时,在分析时用理想运放代替实际运放所引起的误差并不严重,但却使分析过程大大简化。理想运放具有以下主要参数:

① 开环电压放大倍数 $A_{uo} \rightarrow \infty$;
② 差模输入电阻 $r_i \rightarrow \infty$;
③ 开环输出电阻 $r_o \rightarrow 0$;
④ 共模抑制比 $K_{CMR} \rightarrow \infty$。

理想运放的电路符号和电压传输特性如图 4-10 所示。图中的"∞"表示开环电压放大倍数为无穷大的理想化条件。

理想运放工作在线性区时,可得到以下两个特点。

1. 虚断

因理想运算放大器的输入电阻 $r_i \rightarrow \infty$,故有 $i_+ = i_- = 0$,即理想运放两个输入端的输入电流为零。由于两个输入端并非开路而电流为零,故称为"虚断"。

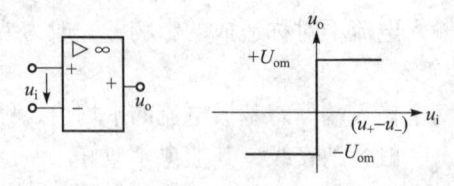

图4-10 理想运放的符号和电压传输特性

2. 虚短

因为 $u_o = -A_{uo}(u_+ - u_-)$，理想运算放大器的开环电压放大倍数 $A_{uo} \to \infty$，而 u_o 为一定值，最高等于其饱和电压。所以 $u_+ - u_- = \dfrac{u_o}{A_{uo}} \approx 0$，即 $u_- \approx u_+$。由于两个输入端电位相等，但又不是短路，故称为"虚短"。

理想运放工作在饱和区（即非线性）时，则 u_+ 与 u_- 不一定相等，有：

当 $u_+ > u_-$ 时，　　$u_o = +U_{om}$；
当 $u_+ < u_-$ 时，　　$u_o = -U_{om}$。

4.4 集成运算放大器的应用

集成运算放大器已广泛应用于生产、生活等各个领域。本节将介绍集成运放的线性应用和非线性应用的几种基本电路。

4.4.1 比例运算电路

1. 反相比例运算电路

运算电路是集成运放的典型线性应用。反相比例运算电路如图4-11所示，输入信号 u_i 经输入电阻 R_1 从反相输入端输入，同相输入端经电阻 R_2 接地，反馈电阻 R_f 跨接在反相输入端与输出端之间，形成电压并联负反馈。

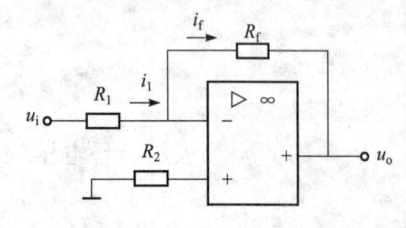

图4-11 反相输入比例运算电路

根据运放工作在线性区存在虚短和虚断，由 $u_- = u_+$，$i_- = i_+ = 0$，故电阻 R_2 上无电压降，于是得

$$i_1 = i_f$$
$$u_- = u_+ = 0$$

由图4-11得

$$i_1 = \frac{u_i - u_-}{R_1} = \frac{u_i}{R_1}$$

$$i_\text{f} = \frac{u_- - u_\text{o}}{R_\text{f}} = -\frac{u_\text{o}}{R_\text{f}}$$

由此可得

$$u_\text{o} = -\frac{R_\text{f}}{R_1} u_\text{i}$$

闭环电压放大倍数为

$$A_{uf} = \frac{u_\text{o}}{u_\text{i}} = -\frac{R_\text{f}}{R_1}$$

上式表明输出电压 u_o 与输入电压 u_i 是一种比例运算关系，或者说是比例放大的关系，比例系数只取决于电阻 R_f 与 R_1 的比值，而与集成运放本身的参数无关。选用不同的电阻比值，就可得到数值不同的闭环电压放大倍数。由于电阻的精度和稳定性可以做得很高，所以闭环电压放大倍数的精度和稳定性也是很高的。式中的负号表示输出电压 u_o 与输入电压 u_i 的相位相反，因此这种运算电路称为反相比例放大电路。

图 4-11 中同相输入端的外接电阻 R_2 称为平衡电阻，其作用是消除静态基极电流对输出电压的影响，以保证运算放大器差分输入级输入端静态电路的平衡。运算放大器工作时，两个输入端静态基极偏置电流会在各电阻上产生电压，从而影响差分输入级输入端的电位，使得运算放大器的输出端产生附加的偏移电压。亦即当外加输入电压 $u_\text{i} = 0$ 时，输出电压 u_o 将不为零。平衡电阻 R_2 的作用就是当输入电压 $u_\text{i} = 0$ 时，使输出电压 u_o 也为零。因为当输入电压 $u_\text{i} = 0$ 时，输出电压 $u_\text{o} = 0$，所以电阻 R_1 和 R_f 相当于并联，反相输入端与地之间的等效电阻为 $R_1 // R_\text{f}$，因而平衡电阻 R_2 应为

$$R_2 = R_1 // R_\text{f}$$

在如图 4-11 所示的电路中，当 $R_\text{f} = R_1$ 时，则有

$$u_\text{o} = -u_\text{i}$$

$$A_{uf} = -\frac{u_\text{o}}{u_\text{i}} = -1$$

即输出电压 u_o 与输入电压 u_i 的绝对值相等，而两者的相位相反，这时电路相当于作了一次变号运算。这种运算放大电路称为反相器。

2. 同相比例运算电路

同相比例运算电路如图 4-12 所示，输入信号 u_i 经电阻 R_2 从同相输入端输入，反相输入端经电阻 R_1 接地，反馈电阻 R_f 跨接在反相输入端与输出端之间，形成电压串联负反馈。

根据运放工作在线性区的虚短和虚断，即 $u_- = u_+$，$i_- = i_+ = 0$ 可知，因 $i_+ = 0$，故电阻 R_2 上无电压降，于是得

$$i_1 = i_\text{f}$$

$$u_- = u_+ = u_\text{i}$$

由图4-12可得

$$i_1 = \frac{0-u_-}{R_1} = -\frac{u_i}{R_1}$$

$$i_f = \frac{u_- - u_o}{R_f} = \frac{u_i - u_o}{R_f}$$

由此可得

$$u_o = \left(1 + \frac{R_f}{R_1}\right)u_i$$

图4-12 同相输入比例运算电路

闭环电压放大倍数为

$$A_{uf} = \frac{u_o}{u_i} = 1 + \frac{R_f}{R_1}$$

上式表明输出电压 u_o 与输入电压 u_i 也是一种比例运算关系或者说是比例放大关系。与反相比例放大电路一样，当运算放大器在理想化的条件下工作时，同相比例放大电路的闭环电压放大倍数也仅与外部电阻 R_1 和 R_f 的比值有关，而与运算放大器本身的参数无关。选用不同的电阻比值，就能得到不同大小的电压放大倍数，因此电压放大倍数的精度和稳定性都很高。电压放大倍数为正值，表明输出电压 u_o 与输入电压 u_i 的相位相同，因此这种运算电路称为同相比例放大电路。同时，同相比例放大电路的闭环电压放大倍数总是大于或等于1。

同反相比例运算电路一样，为了提高差动电路的对称性，平衡电阻 $R_2 = R_1 /\!/ R_f$。在图4-12所示的同相比例运算电路中，如果将反相输入端的外接电阻 R_1 去掉（即 $R_1 = \infty$），R_2 短接，再将反馈电阻 R_f 短接（即 $R_f = 0$），如图4-13所示，则有

$$u_o = u_i$$

$$A_{uf} = \frac{u_o}{u_i} = 1$$

由于输出电压 u_o 与输入电压 u_i 大小相等，相位相同，所以，这种电路称为电压跟随器。它与第2章讨论的射极输出器的性能相似，是同相比例放大器的一个特例，通常用作缓冲器。

例4-2 在如图4-14所示电路中，已知 $R_1 = 100\text{ k}\Omega$，$R_f = 200\text{ k}\Omega$，$u_i = 2\text{ V}$，求输出电压 u_o，并说明输入级的作用。

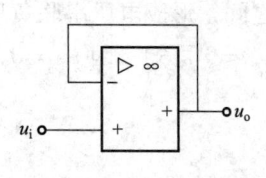

图4-13 电压跟随器

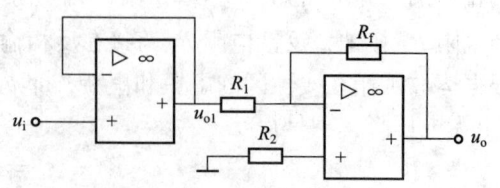

图4-14 例4-2电路图

解：输入级为电压跟随器，由于是电压串联负反馈，因而具有极高的输入电阻，起到减轻信号源负担的作用，且 $u_{o1} = u_i = 2$ V，作为第二级的输入。

第二级为反相比例运算电路，因而其输出电压为

$$u_o = -\frac{R_f}{R_1}u_{o1} = -\frac{200}{100} \times 2 = -4 \text{ V}$$

例 4 - 3 在如图 4 - 15 所示电路中，已知 $R_1 = 100$ kΩ，$R_f = 200$ kΩ，$R_2 = 100$ kΩ，$R_3 = 200$ kΩ，$u_i = 1$ V，求输出电压 u_o。

解：根据虚断，由图 4 - 15 可得

$$u_- = \frac{R_1}{R_1 + R_f}u_o$$

$$u_+ = \frac{R_3}{R_2 + R_3}u_i$$

又根据虚短，有

$$u_- = u_+$$

所以

$$\frac{R_1}{R_1 + R_f}u_o = \frac{R_3}{R_2 + R_3}u_i$$

$$u_o = \left(1 + \frac{R_f}{R_1}\right)\frac{R_3}{R_2 + R_3}u_i$$

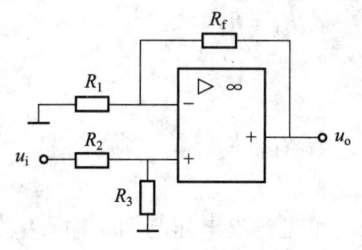

图 4 - 15 例 4 - 3 电路图

可见如图 4 - 15 所示的电路也是一种同相比例运算电路，代入数据得

$$u_o = \left(1 + \frac{200}{100}\right) \times \frac{200}{100 + 200} \times 1 = 2 \text{ V}$$

4.4.2 加法和减法运算电路

1. 加法运算电路

如图 4 - 16 所示是实现两个信号相加的反相加法运算电路，它是在图 4 - 11 所示反相比例运算电路的基础上增加了一个输入回路，以便对两个输入电压实现代数相加。

在图 4 - 16 电路中，先将输入电压转换成电流，然后在反相输入端相加。由于反相输入端为虚地，所以

$$i_1 = \frac{u_{i1}}{R_1}$$

$$i_2 = \frac{u_{i2}}{R_2}$$

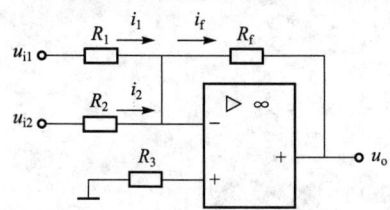

图 4 - 16 加法运算电路

$$i_f = -\frac{u_o}{R_f}$$

因为

$$i_f = i_1 + i_2$$

由此可得

$$u_o = -\left(\frac{R_f}{R_1}u_{i1} + \frac{R_f}{R_2}u_{i2}\right)$$

若 $R_1 = R_2$，则

$$u_o = -\frac{R_f}{R_1}(u_{i1} + u_{i2})$$

若 $R_1 = R_2 = R_f$，则

$$u_o = -(u_{i1} + u_{i2})$$

可见输出电压与两个输入电压之间是一种反相加法运算关系。这一运算关系可推广到有更多个信号输入的情况。平衡电阻 $R_3 = R_1 // R_2 // R_f$。

2. 减法运算电路

减法运算电路如图 4-17 所示，由叠加定理可以得到输出与输入的关系。

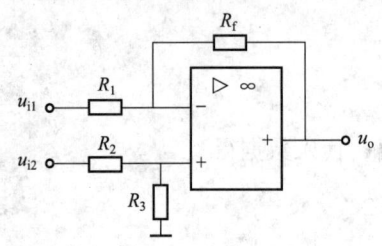

图 4-17 减法运算电路

u_{i1} 单独作用时成为如图 4-11 所示的反相输入比例运算电路，其输出电压为

$$u'_o = -\frac{R_f}{R_1}u_{i1}$$

u_{i2} 单独作用时成为如图 4-12 所示的同相输入比例运算电路，其输出电压为

$$u''_o = \left(1 + \frac{R_f}{R_1}\right)\frac{R_3}{R_2 + R_3}u_{i2}$$

根据叠加定理，u_{i1} 和 u_{i2} 共同作用时，输出电压为

$$u_o = u'_o + u''_o = -\frac{R_f}{R_1}u_{i1} + \left(1 + \frac{R_f}{R_1}\right)\frac{R_3}{R_2 + R_3}u_{i2}$$

若 $\dfrac{R_f}{R_1} = \dfrac{R_3}{R_2}$，则

$$u_o = \frac{R_f}{R_1}(u_{i2} - u_{i1})$$

若 $R_1 = R_2 = R_3 = R_f$，则

$$u_o = u_{i2} - u_{i1}$$

由此可见，输出电压与两个输入电压之差成正比，实现了减法运算。该电路又称为差分

输入运算电路或差分放大电路。

例 4-4 减法运算电路也可由反相器和加法运算电路级联而成，如图 4-18 所示，试推导输出电压 u_o 与输入电压 u_{i1}、u_{i2} 的关系。

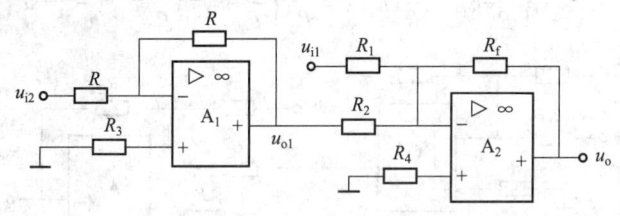

图 4-18 例 4-4 电路

解：由图 4-18 可知，第一级运放 A_1 构成反相器，故
$$u_{o1} = -u_{i2}$$

第二级运放 A_2 构成加法运算电路，故
$$u_o = -\left(\frac{R_f}{R_1}u_{i1} + \frac{R_f}{R_2}u_{o1}\right) = \frac{R_f}{R_2}u_{i2} - \frac{R_f}{R_1}u_{i1}$$

例 4-5 写出如图 4-19 所示电路的输出电压 u_o 与输入电压 u_{i1}、u_{i2} 的关系。

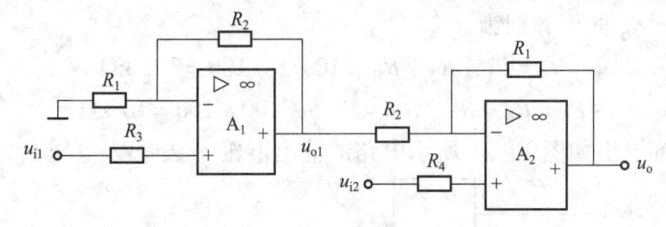

图 4-19 例 4-5 电路

解：图 4-19 中，第一级 A_1 构成同相比例运算电路，其输出电压为
$$u_{o1} = \left(1 + \frac{R_2}{R_1}\right)u_{i1}$$

第二级运放 A_2 构成减法运算电路，故
$$u_o = -\frac{R_1}{R_2}u_{o1} + \left(1 + \frac{R_1}{R_2}\right)u_{i2} = -\frac{R_1}{R_2}\left(1 + \frac{R_2}{R_1}\right)u_{i1} + \left(1 + \frac{R_1}{R_2}\right)u_{i2} = \left(1 + \frac{R_1}{R_2}\right)(u_{i2} - u_{i1})$$

例 4-6 试用两级运算放大器设计一个加减运算电路，实现以下运算关系
$$u_o = 10u_{i1} + 20u_{i2} - 8u_{i3}$$

解：由题中给出的运算关系可知 u_{i3} 与 u_o 反相，而 u_{i1} 和 u_{i2} 与 u_o 同相，故可用反相加法运算电路将 u_{i1} 和 u_{i2} 相加后，其和再与 u_{i3} 反相相加，从而可使 u_{i3} 反相一次，而 u_{i1} 和 u_{i2} 反相两次。根据以上分析，可画出实现加减运算的电路图，如图 4-20 所示。由图可得

$$u_{o1} = -\left(\frac{R_{f1}}{R_1}u_{i1} + \frac{R_{f1}}{R_2}u_{i2}\right)$$

$$u_o = -\left(\frac{R_{f2}}{R_4}u_{i3} + \frac{R_{f2}}{R_5}u_{o1}\right) = \frac{R_{f2}}{R_5}\left(\frac{R_{f1}}{R_1}u_{i1} + \frac{R_{f1}}{R_2}u_{i2}\right) - \frac{R_{f2}}{R_4}u_{i3}$$

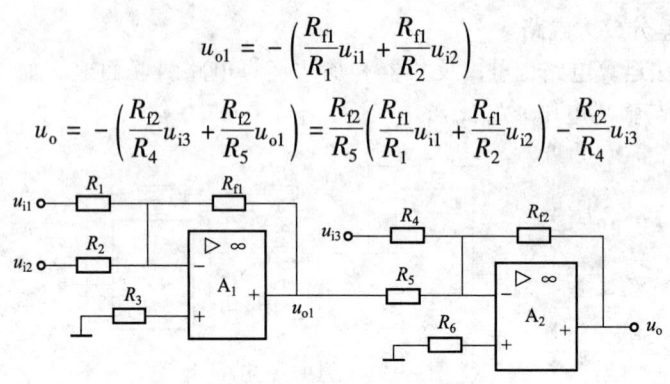

图 4 - 20　例 4 - 6 电路

根据题中的运算要求设置各电阻阻值间的比例关系

$$\frac{R_{f2}}{R_5} = 1, \frac{R_{f1}}{R_1} = 10, \frac{R_{f1}}{R_2} = 20, \frac{R_{f2}}{R_4} = 8$$

若选取 $R_{f1} = R_{f2} = 100 \text{ k}\Omega$，则可求得其余各电阻的阻值分别为

$$R_1 = 10 \text{ k}\Omega, R_2 = 5 \text{ k}\Omega, R_4 = 12.5 \text{ k}\Omega, R_5 = 100 \text{ k}\Omega$$

平衡电阻 R_3、R_6 的值分别为

$$R_3 = R_1 // R_2 // R_{f1} = 10 // 5 // 100 = 3.2 \text{ k}\Omega$$

$$R_6 = R_4 // R_5 // R_{f2} = 12.5 // 100 // 100 = 10 \text{ k}\Omega$$

例 4 - 7　试推导出如图 4 - 21 所示电路的输出电压 u_o 与输入电压 u_{i1}、u_{i2} 的关系。

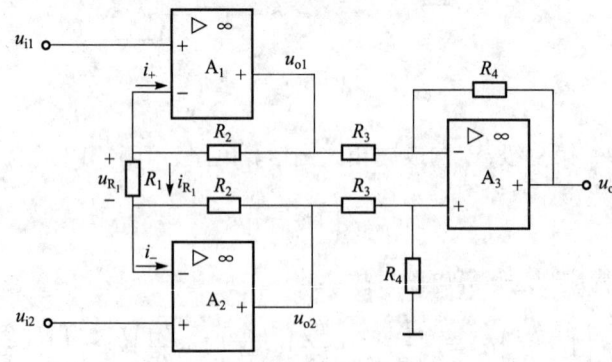

图 4 - 21　例 4 - 7 电路

解：由图 4 - 21 可知，该电路由两级运放 A_1、A_2 组成第一级差分放大电路，运放 A_3 组成了第二级差分运算电路。根据运放 A_1、A_2 工作在线性区的虚短可知

$$u_{1-} = u_{1+} = u_{i1}$$

$$u_{2-} = u_{2+} = u_{i2}$$

$$u_{R_1} = u_{1+} - u_{2-} = u_{1-} - u_{2-} = u_{i1} - u_{i2}$$

根据运放 A₁、A₂ 反相端虚断可知，$i_+ + i_- = 0$，故流过电阻 R_1，R_2 的电流相等，则

$$u_{R_1} = i_{R_1} R_1 = \frac{u_{o1} - u_{o2}}{R_2 + R_1 + R_2} R_1 = \frac{u_{o1} - u_{o2}}{R_1 + 2R_2} R_1$$

即 $u_{o1} - u_{o2} = \dfrac{R_1 + 2R_2}{R_1} u_{R_1} = \dfrac{R_1 + 2R_2}{R_1}(u_{i1} - u_{i2}) = \left(1 + \dfrac{2R_2}{R_1}\right)(u_{i1} - u_{i2})$

第二级是由运放 A₃ 构成的差分放大电路，其输出电压为

$$u_o = \frac{R_4}{R_3}(u_{o2} - u_{o1}) = \frac{R_4}{R_3}\left(1 + \frac{2R_2}{R_1}\right)(u_{i2} - u_{i1})$$

因此电压放大倍数为

$$A_{uf} = \frac{u_o}{u_{i2} - u_{i1}} = \frac{R_4}{R_3}\left(1 + \frac{2R_2}{R_1}\right)$$

4.4.3 积分和微分运算电路

1. 积分运算电路

将反相比例运算电路的反馈电阻 R_f 用电容 C 替换，则成为积分运算电路，如图 4-22 所示。

设电容 C 初始电压为零，则根据虚短和虚断概念和电路定律，可得到

$$i_+ = i_- = 0$$
$$u_+ = u_- = 0$$
$$i_R = i_C$$
$$i_R = \frac{u_i}{R}$$
$$i_C = C\frac{\mathrm{d}(u_- - u_o)}{\mathrm{d}t} = -C\frac{\mathrm{d}u_o}{\mathrm{d}t}$$

由此可得

$$u_o = -\frac{1}{RC}\int u_i \mathrm{d}t$$

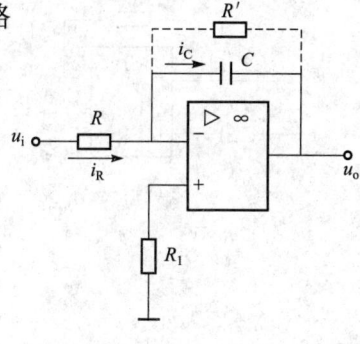

图 4-22 积分运算电路

上式表明，输出电压与输入电压对时间的反相积分成正比，RC 成为积分时间常数。

当输入为阶跃信号时，若 $t = 0$ 时刻电容上电压为零，电容将以近似恒流的方式充电，当输出电压达到运放输出的饱和值，积分作用无法继续，波形如图 4-23（a）所示。

当输入为方波和正弦波时，输出电压波形分别如图 4-23（b）、（c）所示。

为防止低频信号增益过大，在实用电路中，常在电容上并联一个电阻 R' 加以限制，如

图4-22中虚线所示。

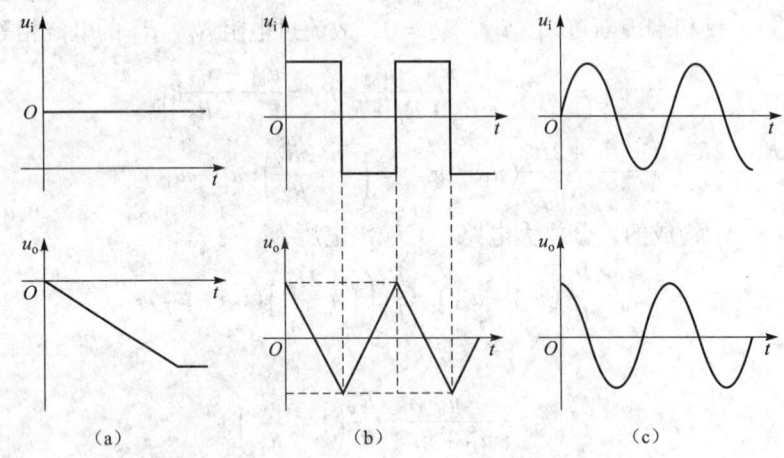

图4-23 不同输入情况下的积分电路电压波形
(a) 输入为阶跃信号；(b) 输入为方波；(c) 输入为正弦波

2. 微分运算电路

将积分运算电路的 R，C 位置对调即为微分运算电路，如图4-24所示。

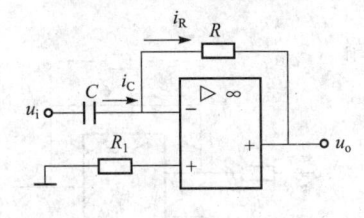

图4-24 微分运算电路

由于反相输入端虚地 $u_+ = u_- = 0$，且 $i_+ = i_- = 0$，由图4-24可得

$$i_R = i_C$$

$$i_R = \frac{u_- - u_o}{R} = -\frac{u_o}{R}$$

$$i_C = C\frac{d(u_i - u_-)}{dt} = C\frac{du_i}{dt}$$

$$u_o = -RC\frac{du_i}{dt}$$

由此可得，输出电压与输入电压对时间的微分成正比。

若 u_i 为恒定电压 U_I，则在 U_I 作用于电路的瞬间，微分电路输出一个尖脉冲电压，波形如图4-25所示。

例4-8 PID（比例-积分-微分）调节器如图4-26所示，写出 u_o 的表达式。

解：设电容 C_2 两端电压初始值（$t = t_0$ 时刻）为零，利用虚短和虚断，有

$$i_+ = i_- = 0$$

$$u_+ = u_- = 0$$

$$i_F = i_1 = \frac{u_i}{R_1} + C_1\frac{du_i}{dt}$$

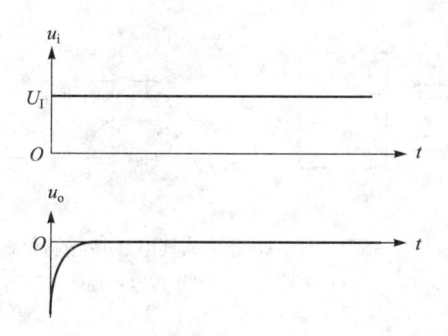

图4-25 输入为恒定电压 U_I 时微分电路输出波形

$$u_o = -i_F - \frac{1}{C_2}\int_{t_0}^{t} i_F dt$$

则 $u_o = -\left(\dfrac{R_2}{R_1} + \dfrac{C_1}{C_2}\right)u_i - \dfrac{1}{R_1 C_2}\int_{t_0}^{t} u_i dt - R_2 C_1 \dfrac{du_i}{dt}$

上式右侧第一项表示比例运算，第二项表示积分运算，第三项表示微分运算，故称为比例-积分-微分（PID）调节器。PID 调节器常用在自动控制系统中。

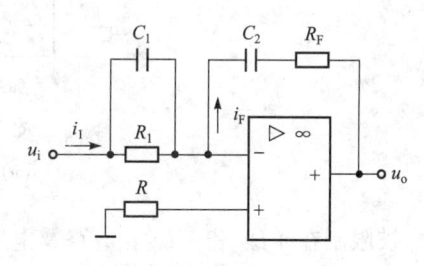

图4-26 例4-8电路图

4.4.4 电压比较器

电压比较器是集成运算放大器典型的非线性应用，电压比较器的基本功能是对输入端的两个电压进行比较，判断出哪一个电压大，在输出端输出比较结果。

1. 简单比较器

图4-27（a）所示电路为一简单的电压比较器。参考电压 U_R 在运算放大器的同相输入端，输入电压 u_i 加在运算放大器的反相输入端。图中运算放大器工作在开环状态，由于开环电压放大倍数极高，因而输入端之间只要有微小电压，运算放大器便进入非线性工作区域，使输出电压饱和，即

当 $u_i < u_R$ 时，$u_o = +u_{OM}$；

当 $u_i > u_R$ 时，$u_o = -u_{OM}$。

图4-27（b）是简单比较器的电压传输特性。由此可见，比较器的输入是模拟信号，而输出端则是用高电平或低电平（数字量）来反映比较结果。

当基准电压 $u_R = 0$ 时，称为过零比较器，输入电压 u_i 与零电位比较，电路图和电压传输特性如图4-28所示。

在实际应用时，为了与接在输出端的数字电路的电平配合，常在比较器的输出端与"地"之间跨接一个双向稳压管 D_Z，作双向限幅用。稳压管的稳定电压为 U_Z，输出电压为

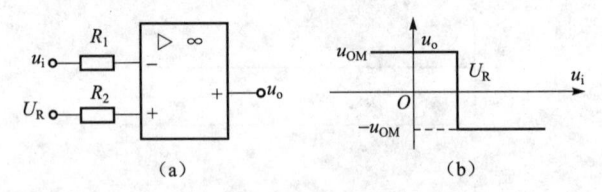

图 4-27 简单比较器及其电压传输特性
(a) 电路；(b) 电压传输特性

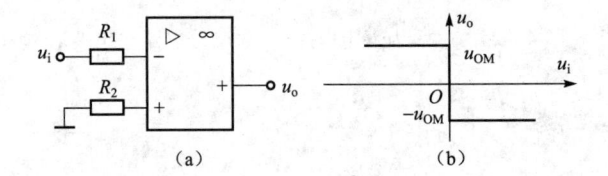

图 4-28 过零比较器及其电压传输特性
(a) 电路；(b) 电压传输特性

u_o 被限制在 $+U_Z$ 和 $-U_Z$。电路及电压传输特性如图 4-29 所示。

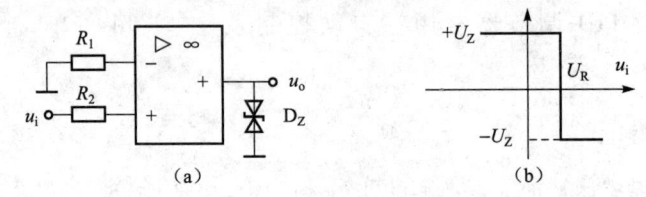

图 4-29 带双向限幅的电压比较器
(a) 带双向限幅的电压比较器电路；(b) 双向限幅比较器电压传输特性

2. 迟滞比较器

如果在简单比较器电路中引入正反馈，这时比较器的电压传输特性具有迟滞回线形状，这种比较器称为迟滞比较器或施密特触发器。如图 4-30 (a) 所示为一种反相输入迟滞比较器电路图，输入电压 u_i 通过电阻 R_1 加到反相输入端，同相输入端通过电阻 R_2 接地，反馈电阻 R_f 跨接在同相输入端与输出端之间，根据瞬时极性法可知电路引入了正反馈。

当 u_i 足够小时，比较器输出高电平 $u_{oH} = +U_{OM}$，此时同相端电压用 U_{T+} 表示为

$$U_{T+} = \frac{R_2}{R_2 + R_f} u_{oH} = \frac{R_2}{R_2 + R_f} U_{OM}$$

随着 u_i 由低向高变化直至 $u_i > U_{T+}$ 时，比较器的输出由高电平变为低电平 $u_{oL} = -U_{OM}$，其过程如图 4-30 (b) 中传输特性的实线 abc 所示，此时同相端电压用 U_{T-} 表示，其大小变为

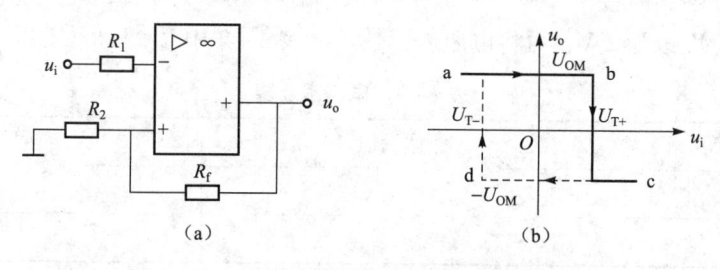

图 4-30 迟滞比较器电路及其电压传输特性
(a) 迟滞比较器电路；(b) 迟滞比较器电压传输特性

$$U_{T-} = \frac{R_2}{R_2 + R_f} u_{oL} = -\frac{R_2}{R_2 + R_f} U_{OM}$$

显然，当 $u_i > U_{T+}$ 以后，再增大 u_i 时，比较器将维持为低电平 u_{oL}。

当 u_i 由高向低变化直至 $u_i < U_{T-}$ 时，比较器的输出由低电平 $-U_{OM}$ 跳变为高电平 $+U_{OM}$，其转换过程如图 4-30（b）中传输特性的虚线 cda 所示，此时同相输入端的电压又变为 U_{T+}。U_{T+} 称为上门限电压，U_{T-} 称为下门限电压，两者的差值称为回差电压，用 ΔU 表示，即

$$\Delta U = U_{T+} - U_{T-} = \frac{2R_2}{R_2 + R_f} U_{OM}$$

由此可见，只有输入电压超过上下门限电压时，输出电压 u_o 才会改变极性。与简单比较器相比，迟滞比较器具抗干扰能力强，输出波形好的优点。

4.5 实训 集成运算放大器应用 Multisim 仿真测试

1. 电压跟随器测试

（1）电路创建

在 EWB 的电路工作区按图 4-31 连接电路并存盘。图中 U1 选用虚拟的集成运放，U2 电压表应设置在直流工作模式。

（2）仿真电路

按下操作界面右上角的"启动/停止开关"按钮，接通电源，观察电路输出端的电压表 U2 读数，并填入表 4-2 中。

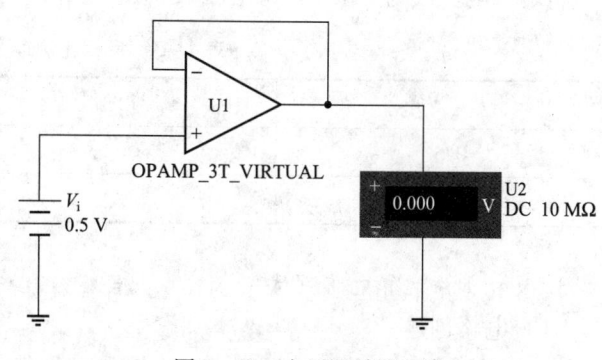

图 4-31 电压跟随器电路

将输入电压 V_i 改为 2 V，再将电压表读数填入表 4-2 中。

表 4-2 电压跟随器

V_i（V）	V_o 理论值（V）	V_o 实测值（V）
0.5		
2		

2. 反相比例运算电路测试

（1）电路创建

在 EWB 的电路工作区按图 4-32 连接电路并存盘。图中电压表应设置在直流工作模式。

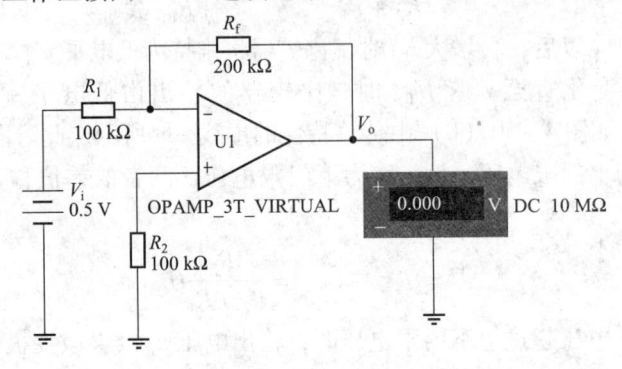

图 4-32 反相运算比例电路

（2）仿真电路

按下操作界面右上角的"启动/停止开关"按钮，接通电源，观察电路输出端的电压表读数，并填入表 4-3 中。

将输入电压改为 2 V，再将电压表读数填入表 4-3 中。

表 4-3 反相比例运算电路

V_i（V）	V_o 理论值（V）	V_o 实测值（V）
0.5		
2		

3. 反相加法运算电路测试

（1）电路创建

在 EWB 的电路工作区按图 4-33 连接电路并存盘。图中电压表应设置在直流工作模式。

（2）仿真电路

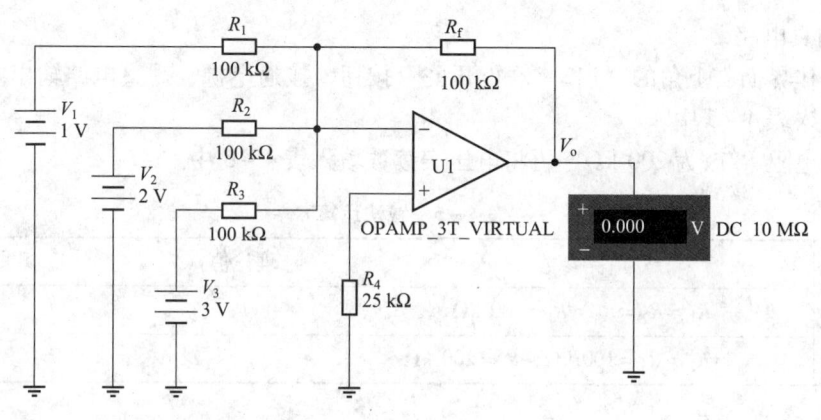

图 4-33 反相加法电路

按下操作界面右上角的"启动/停止开关"按钮,接通电源,观察电路输出端的电压表读数,并填入表 4-4 中。

将反馈电阻 R_f 改为 200 kΩ,再将电压表读数填入表 4-4 中。

表 4-4 反相加法运算

V_i(V)	电路参数	V_o 理论值(V)	V_o 实测值(V)
$V_1=1$ $V_2=2$ $V_3=3$	$R_1=R_2=R_3=R_f=100$ kΩ		
	$R_1=R_2=R_3=100$ kΩ,$R_f=200$ kΩ		

4. 减法运算电路测试

(1) 电路创建

在 EWB 的电路工作区按图 4-34 连接电路并存盘。图中电压表应设置在直流工作模式。

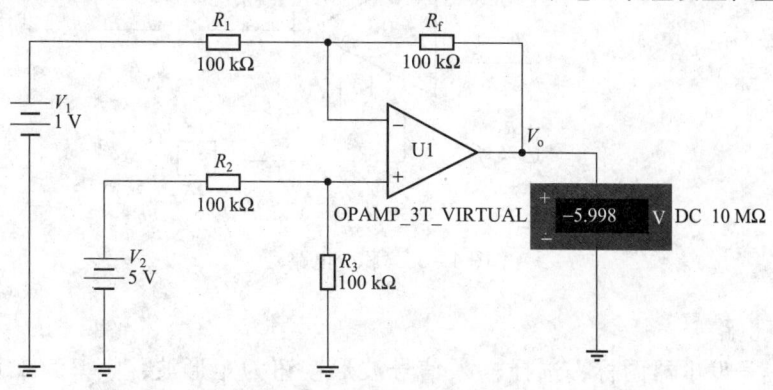

图 4-34 减法运算电路

123

(2) 仿真电路

按下操作界面右上角的"启动/停止开关"按钮,接通电源,观察电路输出端的电压表读数,并填入表4-5中。

将反馈电阻 R_f 改为 200 kΩ,再将电压表读数填入表4-5中。

表4-5 减法运算

V_i（V）	电路参数	V_o 理论值（V）	V_o 实测值（V）
$V_1 = 1$	$R_1 = R_2 = R_3 = R_f = 100$ kΩ		
$V_2 = 5$	$R_1 = R_2 = R_3 = 100$ kΩ,$R_f = 200$ kΩ		

5. 积分运算电路测试

(1) 电路创建

在EWB的电路工作区按图4-35连接电路并存盘。图中积分元件为 R、C,电阻 R_1 起调零作用。运放U1型号为741,该运放采用双电源供电,4脚为负电源输入端,7脚为正电源输入端,2脚为反相输入端,3脚为同相输入端,6脚为运放输出端。

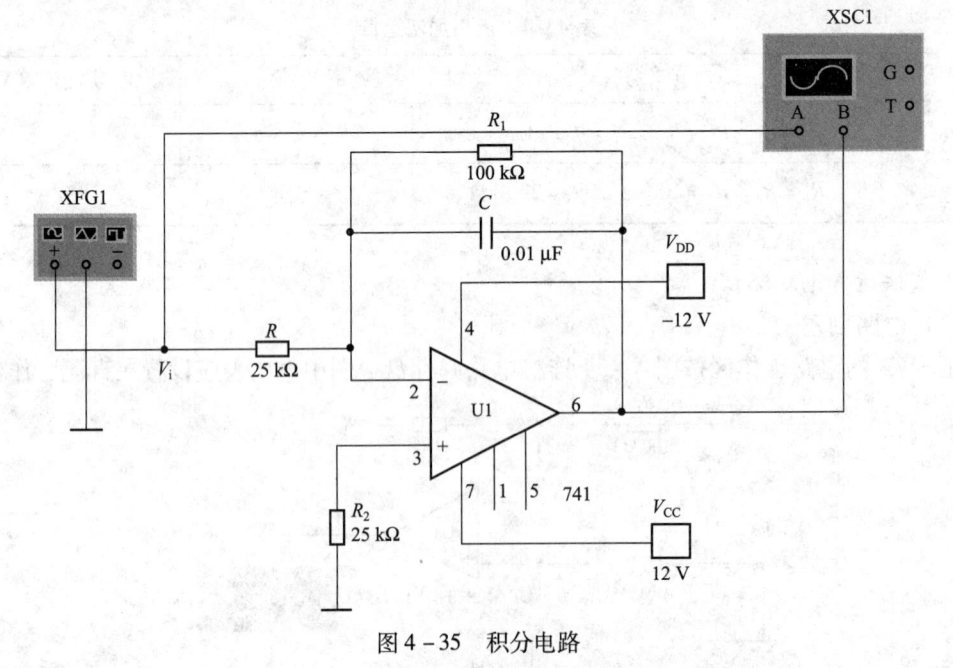

图4-35 积分电路

(2) 仿真电路

① 双击信号发生器图标,选择输入信号波形按钮为矩形波,频率为1 kHz,幅度为 5 V_{PP}。

② 按下操作界面右上角的"启动/停止开关"按钮,接通电源。
③ 观察并记录电路输入端、输出端的电压波形,并记入表 4-6 中。
④ 将电阻 R 改为 50 kΩ,再次观察电路输入端、输出端的电压波形,并记入表4-6中。

表 4-6　积分运算

V_i 波形		
V_o 波形	$R = 25$ kΩ,$C = 0.01$ μF	
	$R = 50$ kΩ,$C = 0.01$ μF	

6. 微分运算电路测试

(1) 电路创建

在 EWB 的电路工作区按图 4-36 连接电路并存盘。图中微分元件为 R、C,电阻 R_1、C_1 起相位补偿作用,提高了电路的稳定性作用。

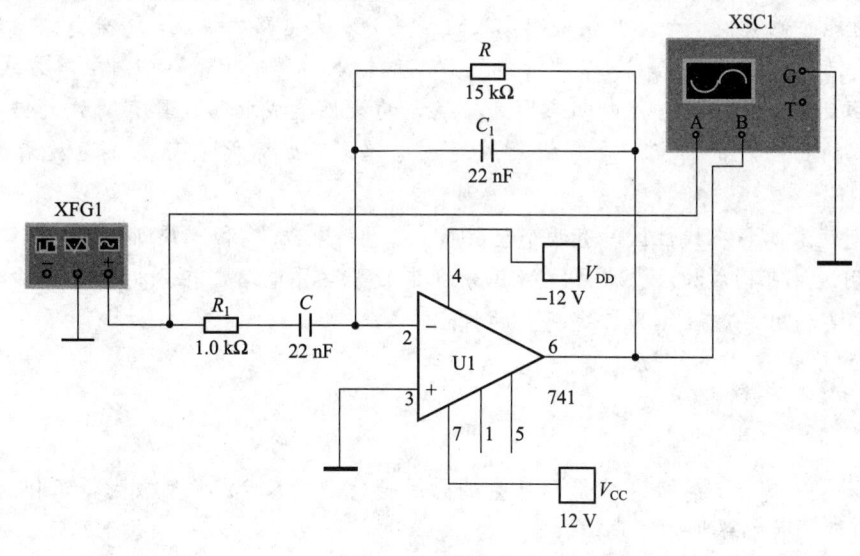

图 4-36　微分电路

(2) 仿真电路

① 双击信号发生器图标,选择输入信号波形为矩形波,频率为 200 Hz,幅度为 5 V_{PP}。
② 按下操作界面右上角的"启动/停止开关"按钮,接通电源。
③ 观察并记录电路输入端、输出端的电压波形,并记入表 4-7 中。

④ 将电 R 为 1 kΩ，再次观察电路输入端、输出端的电压波形，并记入表 4-7 中。

表 4-7 微分运算

V_o 波形	V_i 波形	
	$R = 25$ kΩ，$C = 22$ nF	
	$R = 50$ kΩ，$C = 22$ nF	

本章小结

1. 直流放大器的作用是可以放大缓慢变化的直流信号。它采用直接耦合的方式，从而产生零点漂移的突出问题，温度对三极管参数的影响是产生零点漂移的主要原因。采用差分放大电路作为多级放大电路的输入级是抑制零点漂移常用的方法。

2. 差分放大电路的主要特点是电路结构对称，能抑制零漂。其基本作用是能放大差模信号，同时能抑制共模信号。共模抑制比反映了差分放大电路的性能。差分放大电路可根据实际需要灵活地构成"双端输入双端输出"、"双端输入单端输出"等四种电路方式。

3. 集成运算放大器是一种内部采用直接耦合的线性集成电路，具有高放大倍数、高输入阻抗和低输出阻抗的特点。在分析集成运放电路时，常常将实际集成运放看做是理想运放。

4. 理想运放工作在线性区时有两个重要特点，即"虚短"和"虚断"。

5. 利用运放可构成加法、减法、微积分、指数等运算电路，在分析电路的输入、输出关系时，主要利用"虚短"和"虚断"的特点。

习 题 4

4.1 什么叫零点漂移？零点漂移产生的原因是什么？零点漂移对放大器工作有何影响？差分放大电路为什么能抑制零点漂移？

4.2 什么叫共模信号、差模信号和共模抑制比？

4.3 理想运放工作在线形区和非线性区时，各有什么特点？要使集成运放工作在非线性区，应采取什么措施？

4.4 填空。

(1) 集成运算放大器是一种采用_____耦合方式的多级放大电路，一般由四部分组成，即_____、_____、_____和_____。

(2) 集成运放也存在＿＿＿＿＿问题，因此输入级大多采用＿＿＿＿＿电路。

(3) 理想集成运放的开环差模电压放大倍数 A_{ud} ＿＿＿＿＿，差模输入电阻 r_{id} ＿＿＿＿＿，差模输出电阻 r_{od} ＿＿＿＿＿。

(4) 集成运放的两个输入端分别为＿＿＿＿＿输入端和＿＿＿＿＿输入端，前者的极性与输出端＿＿＿＿＿，后者的极性与输出端＿＿＿＿＿。

4.5 差分放大电路如图4-37所示，已知 $V_{CC}=12$ V，$V_{EE}=-12$ V，$R_b=2$ kΩ，$R_c=8.2$ kΩ，$R_e=6.8$ kΩ，$\beta=60$，$U_{BEQ}=0.7$ V，试求：(1) 静态工作点 I_{CQ}、U_{CEQ}；(2) 差模电压放大倍数 $A_{ud}=u_o/u_i$；(3) 差模输入电阻 r_{id} 和输出电阻 r_o。

4.6 如图4-38所示为单端输入单端输出差分放大电路，已知 $V_{CC}=15$ V，$V_{EE}=15$ V，$R_c=10$ kΩ，$R_e=14.3$ kΩ，$\beta=50$，$U_{BEQ}=0.7$ V，试求：(1) 静态工作点 I_{CQ}、U_{CQ}；(2) 差模电压放大倍数 $A_{ud}=u_o/u_i$。

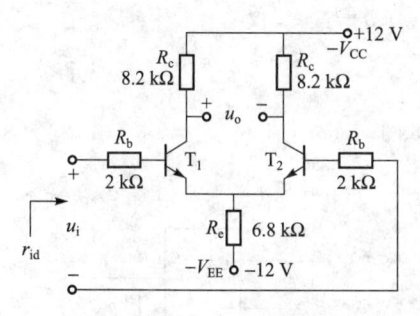

图4-37 习题4.5图

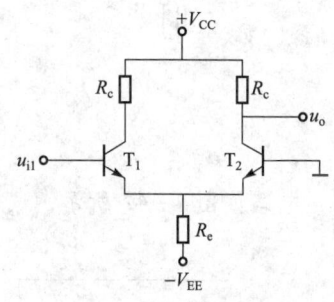

图4-38 习题4.6图

4.7 电路如图4-39所示，求下列情况下，u_o 和 u_i 的关系式。

(1) S_1 和 S_3 闭合，S_2 断开时；

(2) S_1 和 S_2 闭合，S_3 断开时。

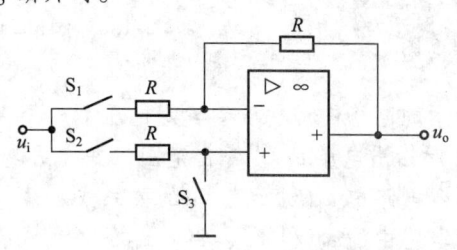

图4-39 习题4.7图

4.8 电路如图4-40所示，试计算输出电压 u_o 的值。

4.9 电路如图4-41所示，当 R_L 的值由大变小时，I_L 是否会变化？如果会变化，将如何变化（变大、变小）？

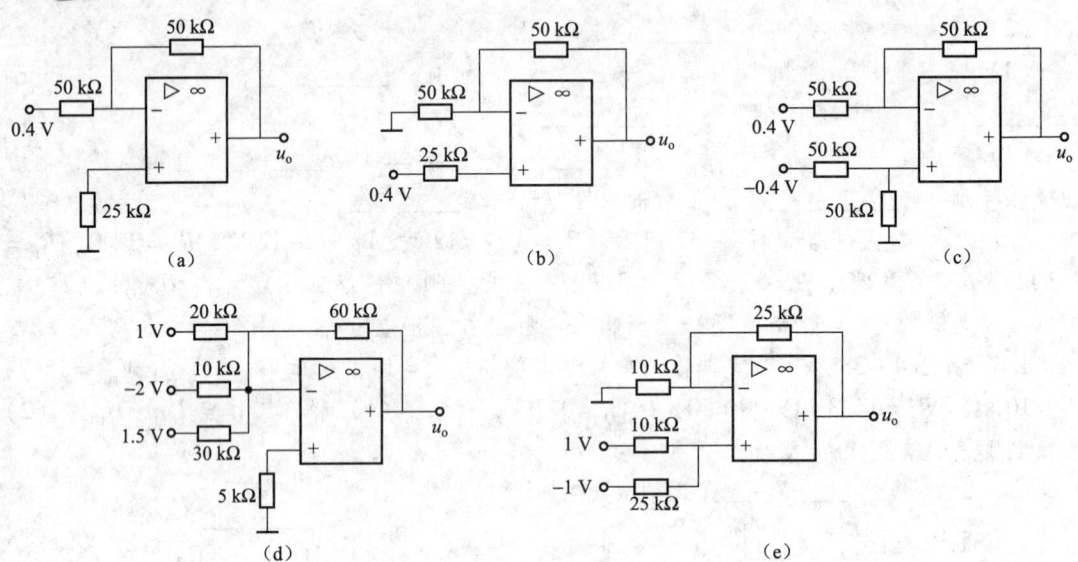

图 4-40 习题 4.8 图

4.10 电路如图 4-42 所示，试求输出电压 u_o 与输入电压 u_i 之间的关系表达式。

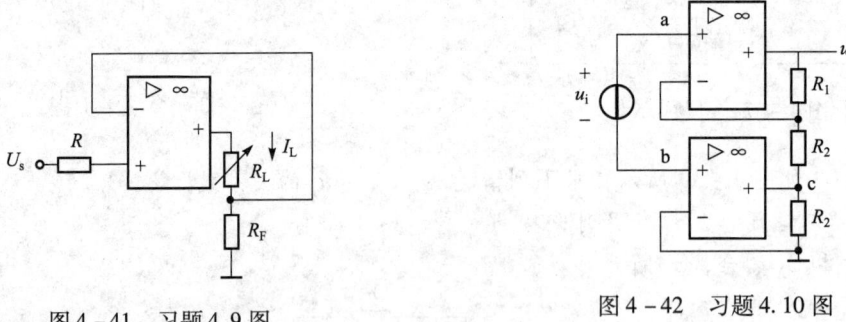

图 4-41 习题 4.9 图

图 4-42 习题 4.10 图

4.11 在如图 4-43 所示的电路中，稳压管稳定电压 $U_Z = 6$ V，电阻 $R_1 = 10$ kΩ，电位器 $R_f = 10$ kΩ，试求调节 R_f 时输出电压 u_o 的变化范围，并说明改变电阻 R_L 对 u_o 有无影响。

4.12 求图 4-44 所示各电路中 u_o 和 u_{i1}、u_{i2} 的关系式。

4.13 求图 4-45 所示电路中的 u_o 和 u_{i1}、u_{i2}、u_{i3} 的关系式。

4.14 按下列运算关系设计运算电路，并计算各电阻的阻值。

(1) $u_o = -2u_i$（已知 $R_f = 100$ kΩ）

(2) $u_o = 2u_i$（已知 $R_f = 100$ kΩ）

(3) $u_o = -2u_{i1} - 5u_{i2} - u_{i3}$（已知 $R_f = 100$ kΩ）

(4) $u_o = 2u_{i1} - 5u_{i2}$（已知 $R_f = 100$ kΩ）

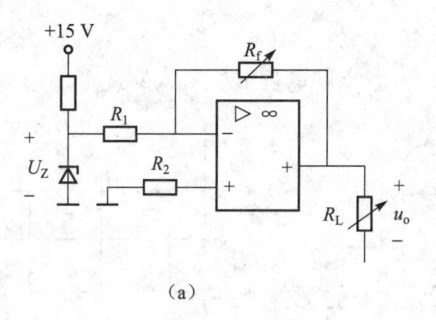

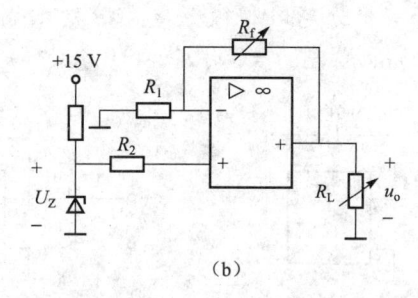

图 4-43　习题 4.11 图

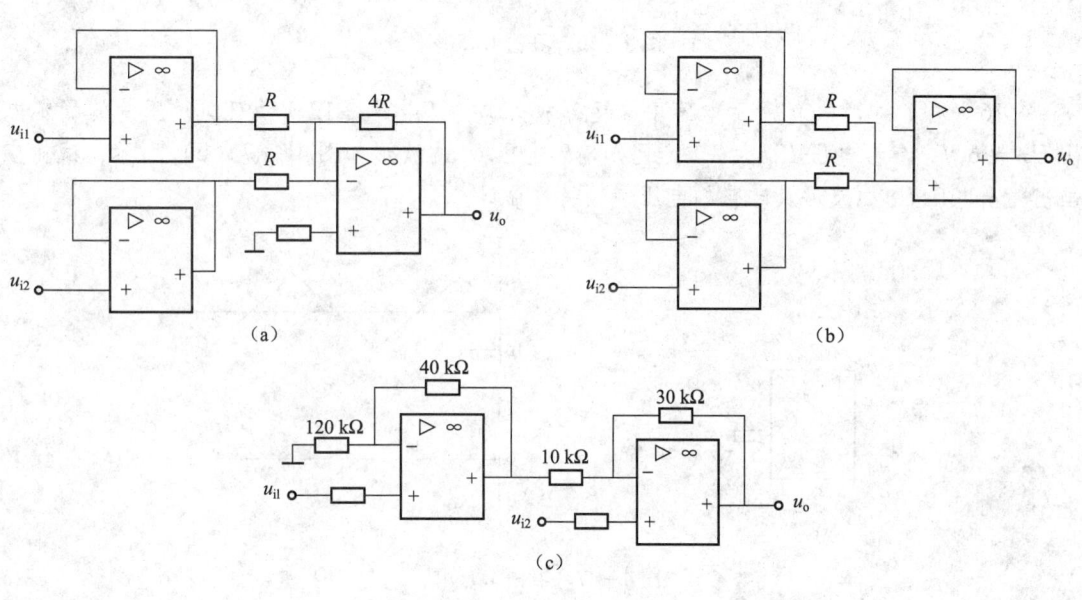

图 4-44　习题 4.12 图

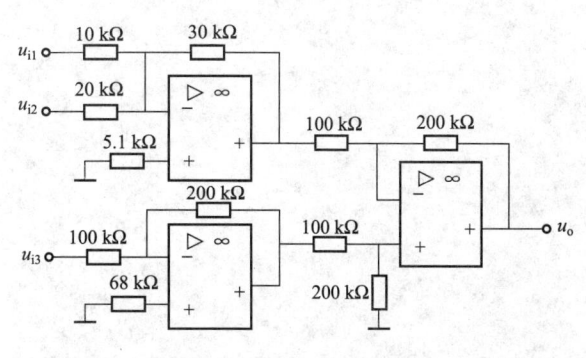

图 4-45　习题 4.13 图

4.15 积分电路和微分电路分别如图 4-46（a）、（b）所示，输入电压 u_i 如图 4-46（c）所示，且 $t=0$ 时，$u_C=0$，试分别画出电路输出电压 u_{o1}、u_{o2} 的波形。

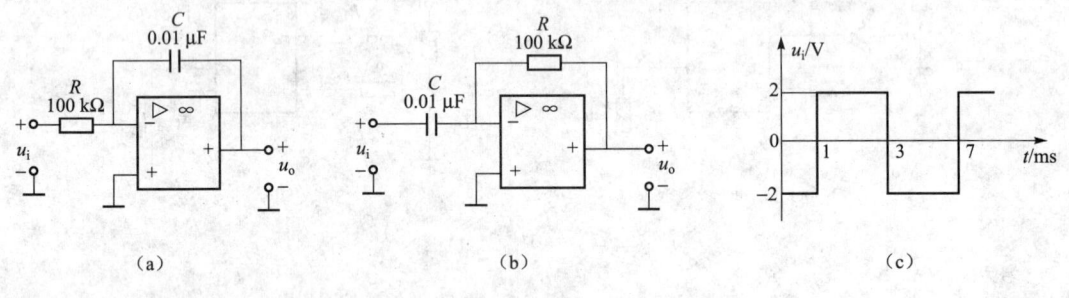

图 4-46 习题 4.15 图

4.16 图 4-47（a）所示电路中，运算放大器的 $U_{OM} = \pm 12\text{ V}$，双向稳压管的稳定电压 U_Z 为 6 V，参考电压 U_R 为 2 V，已知输入电压 U_i 的波形如图 4-47（b）所示，试对应画出输出电压 U_o 的波形及电路的电压传输特性曲线。

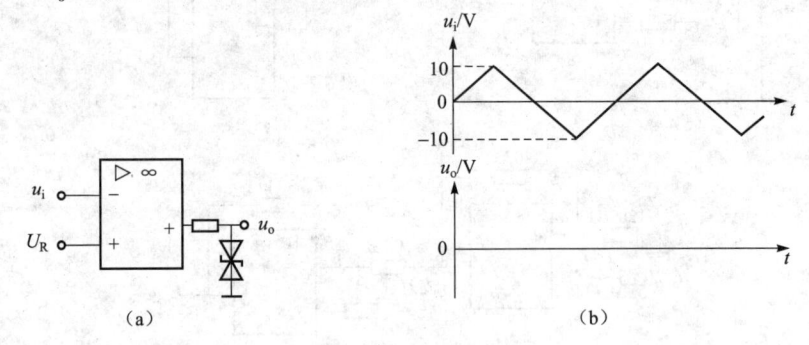

图 4-47 习题 4.16 图

第 5 章　功率放大电路

多级放大器一般包括三部分：输入级、中间级、输出级。输出级要带一定的负载，负载的形式多种多样，如扬声器、电动机、显像管的偏转线圈、记录仪等。为使负载能正常工作，就要求输出级能够向负载提供足够大的功率，即要求输出级向负载提供足够大的电压和电流，这种用来放大功率的放大电路称为功率放大电路。本章主要讨论实际工作中常用的 OTL 和 OCL 互补对称式功率放大电路，然后简要介绍集成功率放大器的相关知识。

5.1　功率放大电路的特点与类型

5.1.1　功率放大电路的特点

如前所述，放大电路实质上都是能量转换电路，功率放大电路与电压放大电路从能量控制的观点来看没有本质的区别，但两者所要完成的任务是不同的。对电压放大电路的主要要求是使负载得到不失真的电压信号，输出的功率并不一定大。而对功率放大电路的主要要求是获得一定的不失真（或失真程度在允许范围内）的输出功率，电路通常在大信号状态下工作，其工作特点和对电路的要求与电压放大电路有所不同，主要有：

① 要求功率放大器的输出功率尽可能大，因而需要输出电压和电流的幅值足够大；

② 由于功率放大器是在大信号下工作，使功放管往往在接近极限运用状态下工作，导致输出信号存在一定程度的失真。因此，功率放大电路在设计和调试过程中，必须把非线性失真限制在允许的范围内；

③ 电路末级的三极管都采用功率管，它的极限参数 I_{CM}、$U_{(BR)CEO}$、P_{CM} 等应满足实际电路正常工作时的要求，并要留有一定的余量。由于功率管的管耗较大，在使用时一般要加散热器，以降低结温，确保三极管安全工作；

④ 由于工作在大信号状态下，功率管消耗的功率较大，在使用时必须考虑转换效率和管耗问题。

5.1.2　功率放大电路的类型

根据功率放大电路中三极管静态工作点设置的不同，可分成甲类、乙类和甲乙类。

① 甲类：甲类功率放大电路的静态工作点位置适中，如图5-1（a）所示。放大电路有较大的静态工作电流I_{CQ}，能对输入信号的整个周期进行放大，因此输出信号的非线性失真小。无论有无输入信号，三极管在整个周期内都导通，导通角为360°，功放管的管耗大，电路的能量转换效率低。在理想情况下，甲类放大电路的效率最高只能达到50%。

② 乙类：乙类功率放大电路的静态工作点设置在截止区，如图5-1（b）所示。乙类功率放大电路基本上无静态电流，电路的能量转换效率高，但只能对半个周期的输入信号进行放大，导通角为180°，输出信号非线性失真严重。

③ 甲乙类：甲乙类功率放大电路的静态工作点设置在放大区但接近截止区，如图5-1（c）所示，即三极管静态时处于微导通状态，工作状态介于甲类和乙类之间。静态工作点较低，导通角为180°～360°，既能提高电路的能量转换效率，又能克服乙类功率放大电路的失真问题，目前应用较广泛。

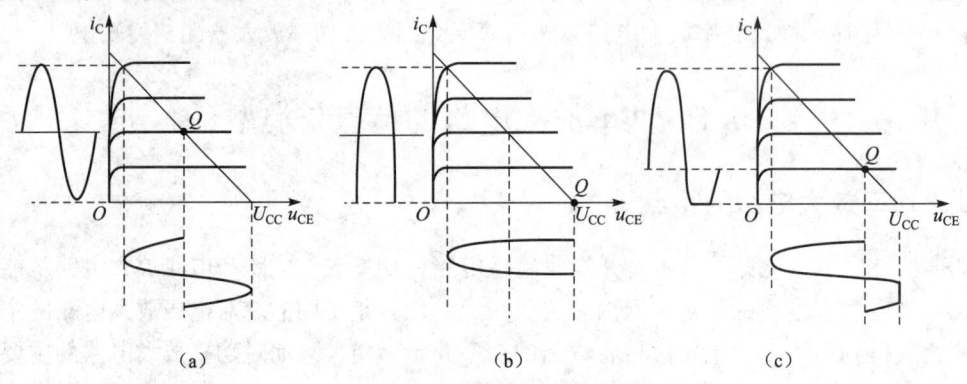

图5-1 功率放大器的静态工作点
(a) 甲类；(b) 乙类；(c) 甲乙类

5.2 互补推挽功率放大电路

第2章已经讨论过，射极输出器具有输入电阻高、输出电阻低、带负载能力强等特点，所以射极输出器很适宜作功率放大电路。甲类功率放大电路静态功耗大，所以大多采用乙类功率放大电路。但乙类放大电路只能放大半个周期的信号，为了解决这个问题，常用两个对称的乙类放大电路分别放大输入信号的正、负半周，然后合成为完整的波形输出，即利用两个乙类放大电路的互补特性完成整个周期信号的放大。

5.2.1 双电源互补对称功率放大电路（OCL电路）

1. 电路组成及工作原理

图5-2是乙类双电源互补对称功率放大电路，又称无输出电容的功率放大电路，简称

OCL（Output Capacitor Less）电路。T_1 为 NPN 型管，T_2 为 PNP 型管，两管参数完全对称，称为互补对称管。两管构成的电路形式都为射极输出器，电路工作原理分析如下。

（1）静态分析

由于电路无静态偏置通路，故两管的静态参数 I_{BQ}、I_{CQ}、I_{EQ} 均为零，即两个三极管静态时都工作在截止区，无管耗，电路属于乙类工作状态。负载上无电流，输出电压 $u_o=0$。

（2）动态分析

① 当输入信号为正半周时，$u_i>0$，三极管 T_1 导通，T_2 截止，等效电路如图 5-3（a）所示。管 T_1 的射极电流 i_{e1} 经 $+V_{CC}$ 自上而下流过负载，在 R_L 上形成正半周输出电压，$u_o>0$。

② 当输入信号为负半周时，$u_i<0$，三极管 T_2 导通，T_1 截止，等效电路如图 5-3（b）所示。管 T_2 的射极电流 i_{e2} 经 $-V_{CC}$ 自下而上流过负载，在 R_L 上形成负半周输出电压，$u_o<0$。

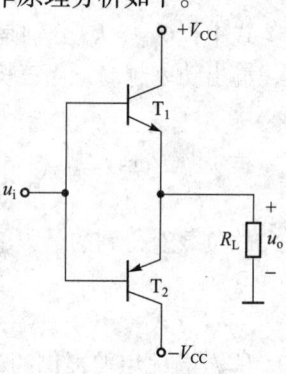

图 5-2 乙类双电源互补对称功率放大电路

如果忽略三极管的饱和压降和开启电压，在负载 R_L 上能够获得与输入信号 u_i 变化规律相同的、几乎完整的正弦波输出信号 u_o，如图 5-3（c）所示。由于这种电路中两个三极管交替工作，即一个"推"，一个"挽"，互相补充，故这类电路又称为互补对称推挽电路。

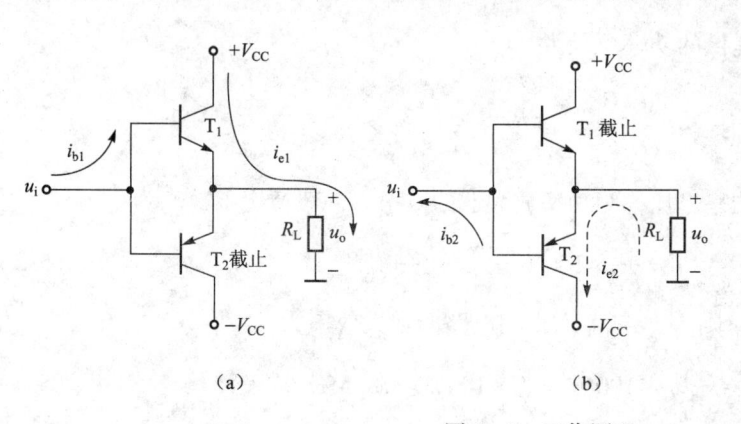

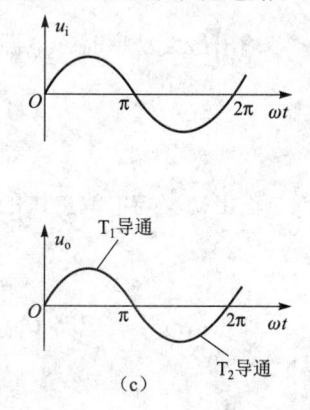

图 5-3 工作原理
(a) $u_i>0$ 时的电路；(b) $u_i<0$ 时的电路；(c) 输出信号（理想情况）

2. 性能指标的估算

以下参数分析均以输入信号是正弦波为前提，且忽略电路失真。

（1）输出功率 P_o

由于在输出端获得的电压和电流均为正弦信号，根据功率的定义得

133

$$P_o = U_o I_o = \frac{1}{2} U_{om} I_{om} = \frac{1}{2} \frac{U_{om}^2}{R_L} \tag{5.1}$$

式中，U_{om}、I_{om} 分别是负载上电压和电流的峰值。由式（5.1）可见，输出电压 U_{om} 越大，输出功率越高，当三极管进入临界饱和时，输出电压 U_{om} 最大，其大小为

$$U_{omax} = V_{CC} - U_{CES}$$

若忽略 U_{CES}，则

$$U_{omax} \approx V_{CC}$$

故负载上得到的最大输出功率为

$$P_{omax} = \frac{1}{2R_L}(V_{CC} - U_{CES})^2 \approx \frac{1}{2} \frac{V_{CC}^2}{R_L} \tag{5.2}$$

（2）直流电源提供的功率 P_E

两个直流电源各提供半个周期的电流，其峰值为 $I_{om} = U_{om}/R_L$。故每个电源提供的平均电流为

$$I_E = \frac{1}{2\pi} \int_0^\pi I_{om} \sin(\omega t) \, d(\omega t) = \frac{I_{om}}{\pi} = \frac{U_{om}}{\pi R_L}$$

因此两个电源提供的功率为

$$P_E = 2I_E V_{CC} = \frac{2}{\pi R_L} U_{om} V_{CC} \tag{5.3}$$

输出最大功率时，电源提供的功率也最大

$$P_{Em} = \frac{2}{\pi R_L} V_{CC}^2 \tag{5.4}$$

（3）效率 η

输出功率与电源提供的功率之比称为功率放大器的效率。一般情况下效率为

$$\eta = \frac{P_o}{P_E} \times 100\% = \frac{\pi}{4} \cdot \frac{U_{om}}{V_{CC}} \tag{5.5}$$

理想情况下，忽略 U_{CES}，则 $U_{om} \approx V_{CC}$，得到电路的最大效率为

$$\eta_m \approx \frac{P_{om}}{P_{Em}} \times 100\% = \frac{\pi}{4} \times 100\% \approx 78.5\% \tag{5.6}$$

（4）管耗 P_T

直流电源提供的功率与输出功率之差就是消耗在三极管上的功率，即

$$P_T = P_E - P_o = \frac{2}{\pi R_L} U_{om} V_{CC} - \frac{U_{om}^2}{2R_L} \tag{5.7}$$

由分析可知，当 $U_{om} = 2V_{CC}/\pi \approx 0.64 V_{CC}$ 时，三极管总管耗最大，其值为

$$P_{Tmax} = \frac{2V_{CC}^2}{\pi^2 R_L} = \frac{4}{\pi^2} P_{omax} \approx 0.4 P_{omax}$$

每个管子的最大功耗为

$$P_{\text{T1max}} = P_{\text{T2max}} = \frac{1}{2} P_{\text{Tmax}} \approx 0.2 P_{\text{omax}} \tag{5.8}$$

(5) 功率管的选择

功率管的极限参数有 I_{CM}、P_{CM} 和 $U_{\text{(BR)CEO}}$，若想得到最大输出功率，功率管的参数应满足下列条件：

① 功率管的最大功耗应大于单管的最大功耗，即

$$P_{\text{CM}} > \frac{1}{2} P_{\text{Tmax}} = 0.2 P_{\text{om}} \tag{5.9}$$

② 功率管的最大耐压

$$|U_{\text{(BR)CEO}}| > 2V_{\text{CC}} \tag{5.10}$$

即一只三极管饱和导通时，另一只三极管承受的最大反向电压约为 $2V_{\text{CC}}$。

③ 功率管的最大集电极电流

$$I_{\text{CM}} \geqslant \frac{V_{\text{CC}}}{R_{\text{L}}} \tag{5.11}$$

3. 交越失真及其消除

在乙类互补对称功率放大电路中，静态时三极管处于截止区。由于三极管存在死区电压，当输入信号小于死区电压时，三极管 T_1、T_2 仍不导通，输出电压 u_o 也为零。因此在输入信号正、负半周交接的附近，无输出信号，输出波形出现一段失真，如图 5-4 所示，这种失真称为交越失真。

为了消除交越失真，通常给功率放大管加适当的静态偏置，使其静态时处于微导通状态，导通角在 180°~360°之间，电路属于甲乙类功放电路。由于三极管处于微导通状态，静态电流与信号电流相比较，可忽略不计，所以甲乙类功率放大电路的效率接近于乙类功率放大电路。

图 5-5 所示是常用的甲乙类偏置电路。其中图 5-5 (a) 为二极管偏置电路，图中的 R_1、R_2、D_1、D_2 用来作为 T_1、T_2 的偏置电路，适当选择 R_1、R_2 的阻值，可使 D_1、D_2 连接点的静态电位为 0，T_1、T_2 的发射极电位也为 0，这样 D_1 上的导通电压为 T_1 提供发射结正偏电压，D_2 上的导通电压为 T_2 提供发

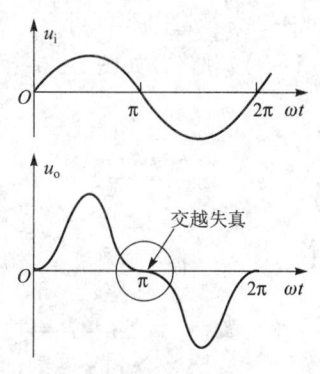

图 5-4 交越失真

射结正偏电压，使功放管静态时微导通，保证了功放管对小于死区电压的小信号也能正常放大，从而克服了交越失真。二极管偏置电路的缺点是偏置电压不易调整。

图 5-5 (b) 所示为 U_{BE} 扩大偏置电路，常在集成电路中采用。T_3 是激励（推动）放大管，工作在甲类工作状态，其任务是对输入信号进行放大，以输出足够的功率去激励

(推动)T_1 和 T_2 功率放大管工作。若 T_4 管的基极电流可忽略不计,则可求出 $U_{CE4} = U_{CE4}$ $(R_2 + R_3)/R_3$,适当调节 R_2 和 R_3 的比值,就可改变功放管 T_1 和 T_2 的偏压值。

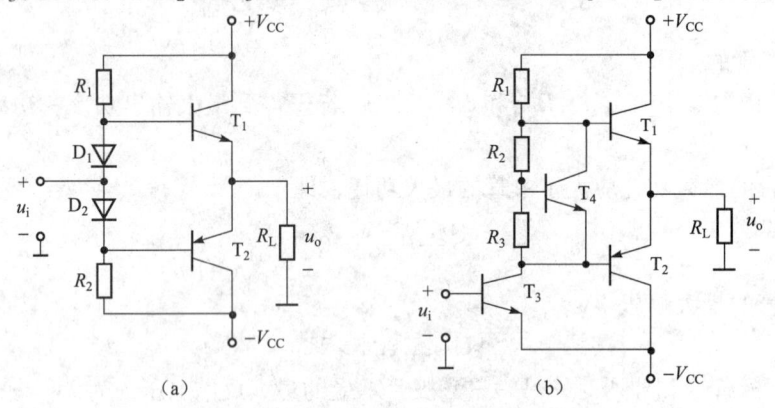

图 5-5 甲乙类双电源互补对称功率放大电路
(a) 二极管偏置电路;(b) U_{BE} 扩大偏置电路

5.2.2 单电源互补对称功率放大电路(OTL 电路)

双电源互补对称功率放大电路由于静态时输出端电位为零,负载可以直接连接,不需要耦合电容,因而 OCL 电路具有低频响应好、输出功率大、便于集成等优点,但需要双电源供电,使用起来有时会感到不便。如果采用单电源供电,只要在两管发射极与负载之间接入一个大容量电容即可。这种电路通常称为无输出变压器电路,简称 OTL(Output Transformer Less)电路,如图 5-6 所示。

1. 电路组成

图 5-6 中,T_1、T_2 组成互补对称输出级,R_1、R_2、D_1、D_2 保证电路工作于甲乙类状态,C_2 为大电容。静态时,适当选择偏置电阻 R_1、R_2 的阻值,使两功放管发射极电压为 $V_{CC}/2$,电容 C_2 两端电压也稳定在 $V_{CC}/2$,这样两管的集、射极之间如同分别加上了 $V_{CC}/2$ 和 $-V_{CC}/2$ 的电源电压。

2. 工作原理

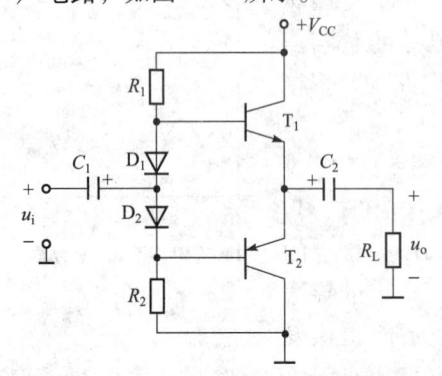

图 5-6 单电源互补对称功率放大电路

在输入信号 u_i 正半周,T_1 导通,T_2 截止,T_1 以射极输出器形式将正向信号传送给负载,同时对电容 C_2 充电;在输入信号 u_i 负半周,T_1 截止,T_2 导通,已充电的电容 C_2 代替负电源向 T_2 供电,使 T_2 也以射极输出器形式将负向信号传送给负载。只要电容 C_2 的容量足够大，使其充、放电时间常数 R_LC_2 远大于信号周期 T，就可认为在信号变化过程中，电容两端电压基本保持不变。这样，负载 R_L 上就可得到一个完整的信号波形。

与 OCL 电路相比，OTL 电路少用一个电源，故使用方便。但由于输出端的耦合电容容量大，电容器内铝箔卷圈数多，呈现的电感效应大，它对不同频率的信号会产生不同的相移，输出信号有附加失真，这是 OTL 电路的缺点。从基本工作原理上看，两个电路基本相同，只是在单电源互补对称电路中每个功放管的工作电压不是 V_{CC}，而是 $V_{CC}/2$。所以前面导出的输出功率、管耗和最大管耗等估算公式，要加以修正才能使用，请同学们自行推导。

5.2.3 复合互补对称功率放大电路

互补对称功率放大电路中，要求两个功放管完全对称，这对于大功率管来说实现起来比较困难。实际工作中，常常采用复合管的接法来实现互补。

1. 复合管的结构

复合管又称为达林顿管，是由两个或两个以上三极管按照一定的方式连接而成的，如图 5-7 是四种常见的复合管类型。

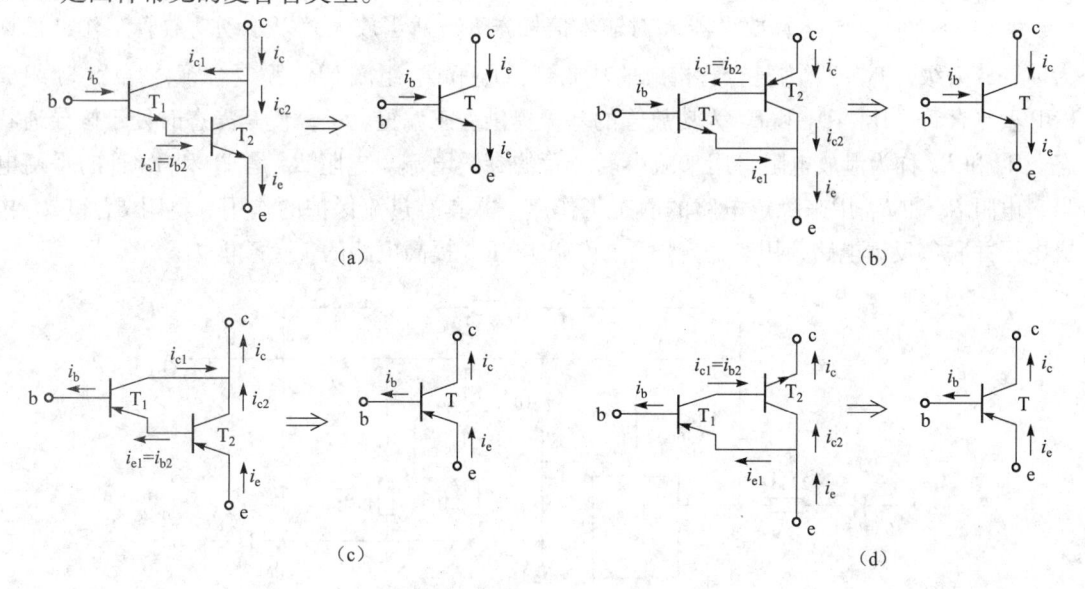

图 5-7 复合管的结构
(a) NPN 型；(b) NPN 型；(c) PNP 型；(d) PNP 型

由图 5-7 可以看出，复合管的类型取决于 T_1 管。如图 5-7 (a) 中，T_1 管为 NPN 型，T_2 管为 NPN 型，复合管等效为 NPN 型。图 5-7 (b) 中，T_1 管为 NPN 型，T_2 管为 PNP 型，则复合管仍然等效为 NPN 型。

2. 复合管的特点

（1）电流放大系数很大

复合管的电流放大系数近似为组成该复合管各三极管 β 的乘积，其值很大。由图 5-7(a) 可得复合管的电流放大系数为

$$\beta = \frac{i_c}{i_b} = \frac{i_{c1} + i_{c2}}{i_{b1}} = \frac{\beta_1 i_{b1} + \beta_2 i_{b2}}{i_{b1}} = \frac{\beta_1 i_{b1} + \beta_2 (1+\beta_1) i_{b1}}{i_{b1}} = \beta_1 + \beta_2 + \beta_1 \beta_2 \approx \beta_1 \beta_2$$

（2）穿透电流大

由于复合管中第一个晶体管的穿透电流会进入下一级晶体管进行放大，使得总的穿透电流比单管穿透电流大得多，这是复合管的缺点。为了减小穿透电流的影响，常在两个晶体管之间并接一个泄放电阻，如图 5-8 所示。泄放电阻 R 的接入将 T_1 管的穿透电流 I_{CEO1} 分流，R 越小，分流作用越大，复合管总的穿透电流越小。但是，R 的接入也会使复合管的电流放大倍数下降。

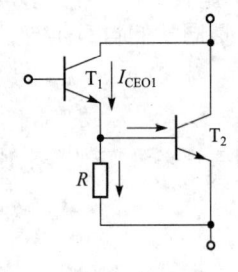

图 5-8 接有泄放电阻的复合管

3. 复合管构成的 OTL 功率放大电路

如图 5-9 所示为复合管构成的 OTL 功率放大电路。图 5-9 中，运算放大器 A 对输入信号先进行适当放大，以驱动功放管工作，常称为前置放大级。$T_4 \sim T_7$ 为复合管构成的功放管，T_4 和 T_6 组成 NPN 型复合管，T_5 和 T_7 组成 PNP 型复合管。D_1、D_2 和 D_3 为功放管的基极提供静态偏置电压，使其静态时处于微导通状态。R_7 和 R_8 称为泄放电阻，用来减小复合管的穿透电流。电阻 R_6 是 T_4 和 T_5 管的平衡电阻，电阻 R_9 和 R_{10} 用来稳定电路的静态工作点，并具有过流保护的作用。电阻 R_1 和 R_{11} 构成电压并联负反馈电路，用来稳定电路的输出电压，提高电路的带负载能力。

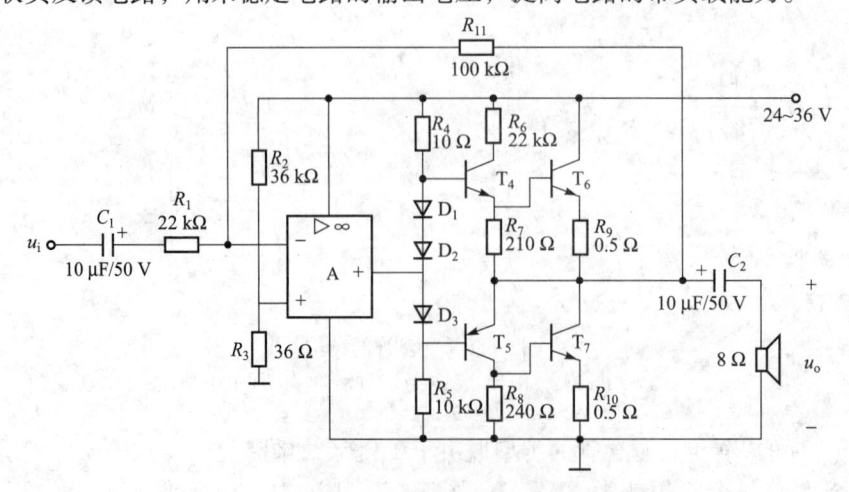

图 5-9 复合管构成的 OTL 功率放大电路

5.3 集成功率放大器

集成功率放大器（Integrated Power Amplifier）具有输出功率大、外围连接元件少、使用方便等优点，目前使用越来越广泛。它的品种很多，本节主要介绍两种常用的集成功率放大器 TDA2030A 和 LM386。

1. TDA2030A 音频集成功率放大器简介

TDA2030A 是目前使用较为广泛的一种集成功率放大器，与性能类似的其他功放相比，它的引脚和外部元件都较少。

TDA2030A 的电器性能稳定，能适应长时间连续工作，内部集成了过载保护和过热保护电路。其金属外壳与负电源引脚相连，所以在单电源使用时，金属外壳可直接固定在散热片上并与地线（金属机箱）相接，无需绝缘，使用很方便。

TDA2030A 的内部电路如图 5-10 所示。

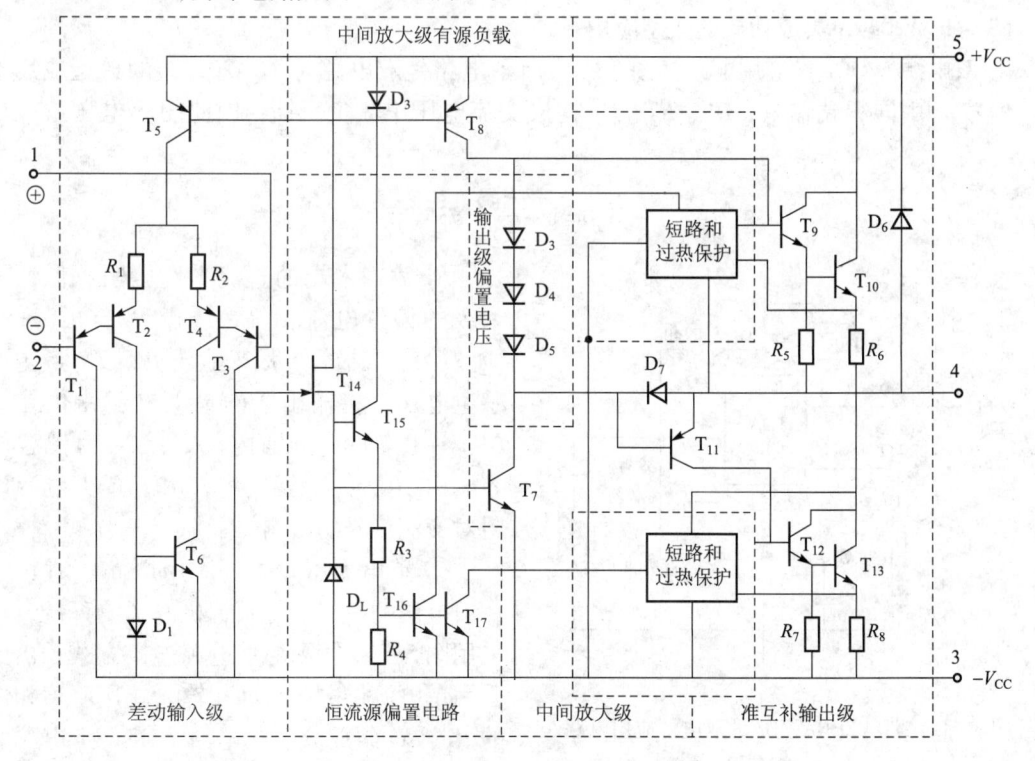

图 5-10 TDA2030A 集成功放的内部电路

（1）TDA2030A 的外形及引脚排列

外形如图 5-11 所示。

（2）TDA2030A 的性能指标

TDA2030A 适用于收录机和有源音箱中，作音频功率放大器，也可作其他电子设备中的功率放大。因其内部采用的是直接耦合，亦可作直流放大。主要性能参数如下：

电源电压 V_{CC}	$±3 \sim ±18$ V
输出峰值电流	3.5 A
输入电阻	>0.5 MΩ
静态电流	<60 mA（测试条件：$V_{CC} = ±18$ V）
电压增益	30 dB
频响 BW	$0 \sim 140$ kHz
谐波失真	THD $<0.5\%$

在电源为 $±15$ V、$R_L = 4$ Ω 时输出功率为 14 W。

图 5-11 TDA2030A 外形及引脚排列

（3）TDA2030A 集成功放的典型应用

① 双电源（OCL）应用电路。图 5-12 所示电路是双电源时 TDA2030A 的典型应用电路。信号 u_i 由同相端输入，R_1、R_2、C_2 构成交流电压串联负反馈，因此闭环电压放大倍数为

$$A_{uf} = 1 + \frac{R_1}{R_2} = 33$$

R_3 为输入端的直流平衡电阻，保证输入级的偏置电流相等，选择 $R_3 = R_1$。D_1、D_2 为保护二极管，用来泄放负载 R_L 产生的感生电压，将输出端的最大电压钳位在 $±(V_{CC} + 0.7)$ V 范围内。C_1、C_2 为耦合电容。C_3、C_4 为去耦电容，用于减少电源内阻对交流信号的影响。

② 单电源（OTL）应用电路。对仅有一组电源的中、小型录音机的音响系统，可采用图 5-13 所示的单电源连接方式。由于采用单电源供电，故同相输入端用阻值相同的 R_1、R_2 组成分压式电路，使 K 点电位为 $V_{CC}/2$，通过 R_3 向输入级提供直流偏置。在静态时，同相输入端、反相输入端和输出端皆为 $V_{CC}/2$。其他元件作用与双电源电路相同。

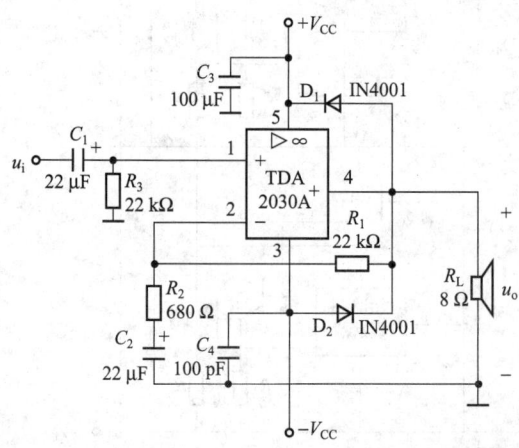

图 5-12 TDA2030A 构成的双电源应用电路

2. LM386 集成功率放大器简介

（1）LM386 的引脚排列

如图 5-14 所示，LM386 有 8 个引脚。其中引脚 2 和 3 分别是反相输入端和同相输入端，5 脚为输出端，6 脚为直流电源端，4 脚为接地端。引脚 7 与地之间接一个旁路电容 C_B。引脚 1 和 8 为增益控制端。

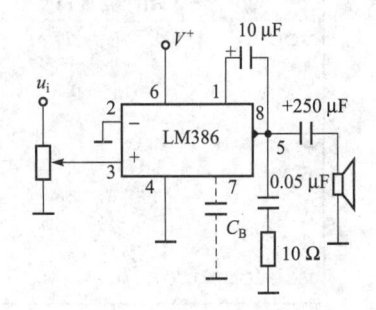

（2）LM386 的典型接法

LM386 的典型接法如图 5-15 所示。交流输入信号加在 LM386 的同相输入端，反相输入端接地。输出端通过一个大电容接到负载电阻（扬声器）上，此时 LM386 组成 OTL 互补对称电路。6 脚接直流电源，4 脚接地，7 脚通过旁路电容接地。1、8 脚之间接入一个 10 μF 电容。由于扬声器为感性负载，容易使电路产生自激振荡或过压，损坏集成块，故在电路的输出端接入 10 Ω 电阻和 0.05 μF 电容的串联回路进行补偿。

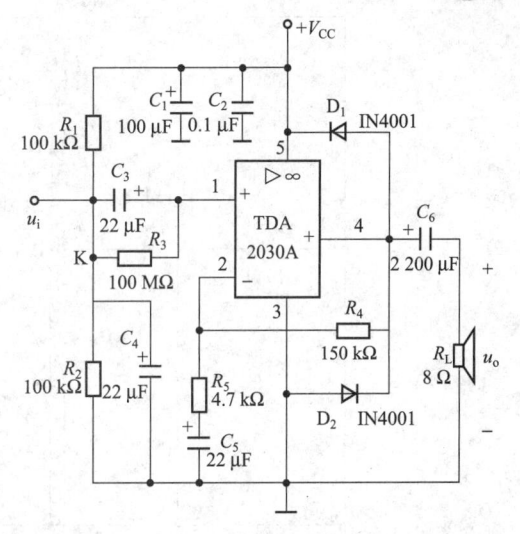

图 5-13 TDA2030A 构成的单电源应用电路

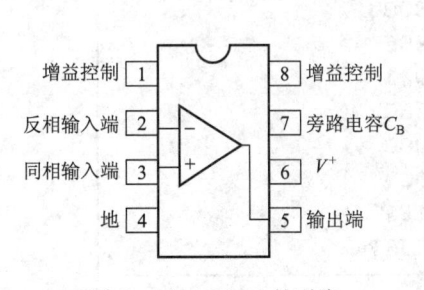

图 5-14 LM386 的引脚

图 5-15 LM386 的典型接法

5.4 实训 功率放大电路 Multisim 仿真实例

1. OTL 乙类互补对称电路 Multisim 仿真

在 Multisim 中构建如图 5-16 所示 OTL 乙类功率放大电路。

利用 Multisim 的直流工作点分析功能测试电路的静态工作点，结果如下表 5-1 所示。

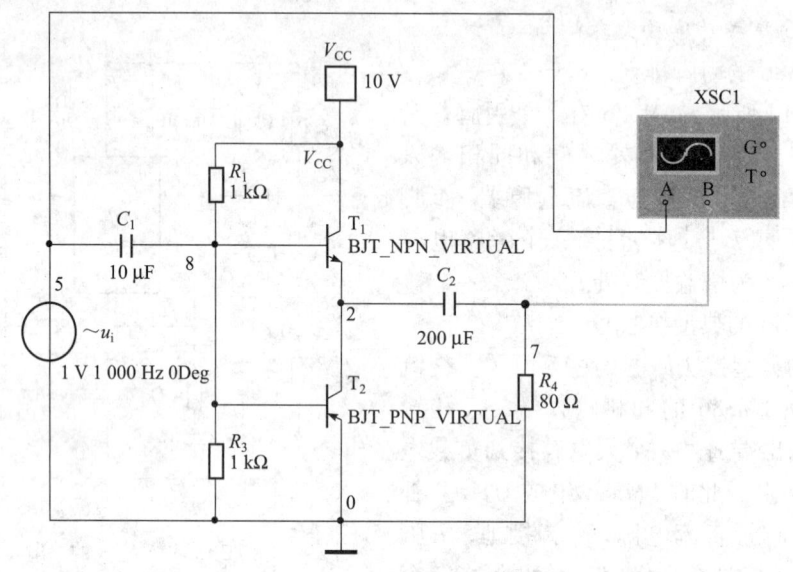

图 5 – 16 乙类互补对称功率放大电路

表 5 – 1

DC Operating Point	
vcc	10.00000
1	5.76405
5	4.37921
2	5.06280
6	0.00000
7	0.00000
4	5.07163
vccvcc#branch	-4.52537m

由表 5 – 1 测试数据可以看出，静态时两个三极管的基极电位均为 $U_B = V_{CC}/2 = 5.00000$ V，两管的发射极电位均为 $U_E = 4.76663$ V，则两管的发射结电压为 $U_{BE1} = (5.00000 - 4.76663) = 0.23337$ V，$U_{BE2} = (4.76663 - 5.00000) = -0.23337$ V，此 U_{BE} 值在三极管输入特性曲线的死区电压范围内，故两个三极管静态时均截止，输入信号较小时，由于三极管死区电压的存在而使输出波形产生交越失真。

图 5 – 17 为图 5 – 16 所示 OTL 乙类互补对称功率放大电路的输入输出波形，其中颜色较浅的波形为输出波形。从图 5 – 17 可以看出，输出波形存在交越失真。

2. OTL 甲乙类互补对称电路 Multisim 仿真

在 Multisim 中构建如图 5 – 18 所示 OTL 甲乙类功率放大电路。

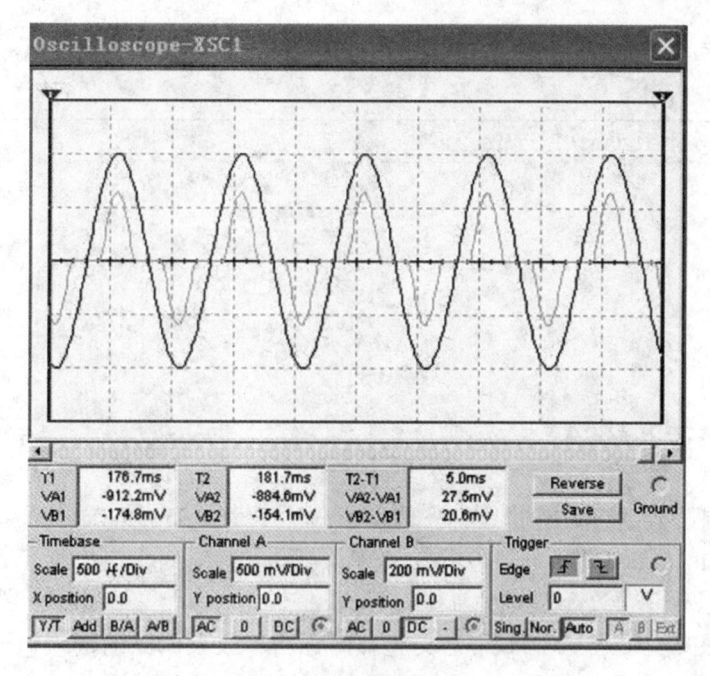

图 5 – 17　图 5 – 16 电路的输入输出波形

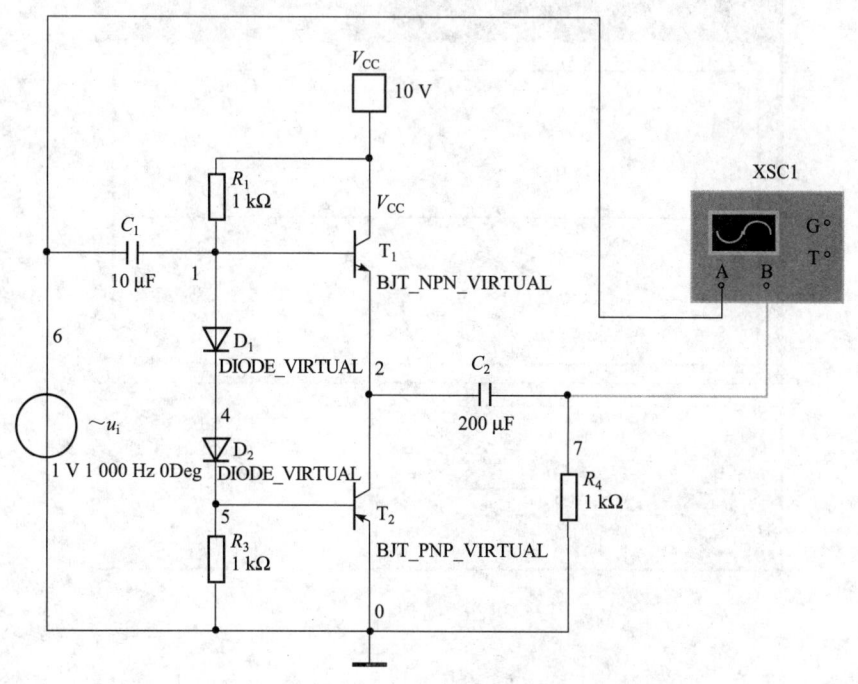

图 5 – 18　甲乙类功率放大电路

利用 Multisim 的直流工作点分析功能测试电路的静态工作点,结果如下表 5-2 所示。

表 5-2

DC Operating Point	
vcc	10.00000
1	5.76405
5	4.37921
2	5.06280
6	0.00000
7	0.00000
4	5.07163
vccvcc#branch	-4.52537m

由表 5-2 测试数据可以看出,静态时 U_{BE1} = (5.764 05 - 5.062 80) = 0.701 25 V,U_{BE2} = (4.379 21 - 5.062 80) = -0.683 59 V,可知,静态时,三极管 T_1 和 T_2 均处于微导通状态,输出波形不会产生交越失真。

图 5-19 为图 5-18 所示 OTL 甲乙类互补对称功率放大电路的输入输出波形,其中颜色较浅的波形为输出波形。从图 5-19 可以看出,输出波形消除了交越失真。

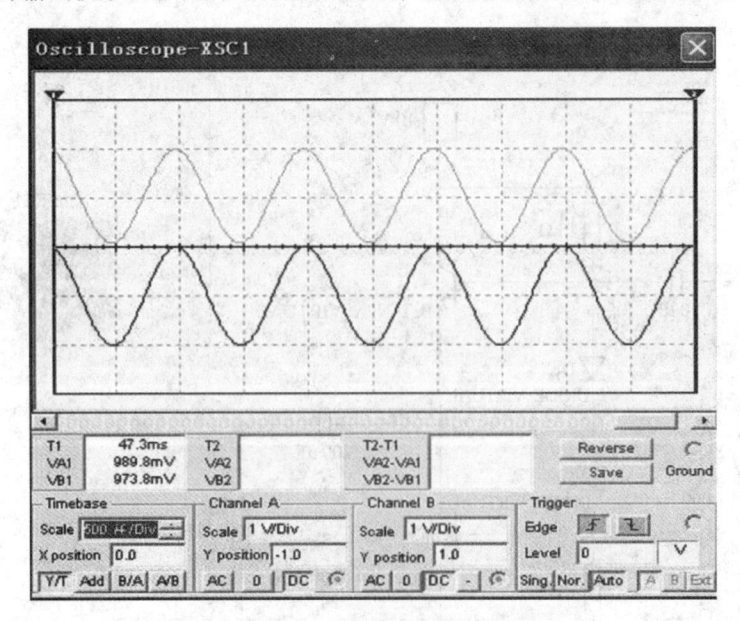

图 5-19 甲乙类功放输入输出波形

本章小结

1. 功率放大电路作为多级放大器的输出级，需要输出足够大的功率推动负载工作。要求功率放大器输出电压和电流的幅度都很大、效率高、非线性失真小，并保证功放管安全可靠地工作。

2. 与甲类功率放大电路相比，乙类互补对称功率放大电路具有效率高的优点，在理想情况下，其最大效率可达 78.5%。但由于三极管输入特性存在死区电压，乙类互补对称功率放大电路会产生交越失真，克服角越失真的方法是采用甲乙类互补对称电路。

3. 互补对称的功率放大电路有 OCL 和 OTL 两种电路，前者为双电源供电，后者为单电源供电。在求输出功率、效率、管耗和电源供给的功率等参数时，应注意 OCL 和 OTL 电路的不同。

4. 集成功率放大器（Integrated Power Amplifier）具有输出功率大、外围连接元件少、使用方便等优点。TDA2030A 是目前使用较为广泛的一种集成功率放大器，性能稳定，能适应长时间连续工作。

习题 5

5.1 选择填空

（1）功率放大电路按三极管静态工作点的位置不同可分为_____类、_____类、_____类。

（2）乙类互补功率放大电路的效率较高，在理想情况下可达_____，但这种电路会产生_____失真。为了消除这种失真，应使功率管工作在_____状态。

（3）在乙类功率放大电路中，功放管静态时处于_____状态，导通角为_____。在甲乙类功率放大电路中，功放管静态时处于_____状态，导通角为_____。

（4）在下列三种功率放大电路中，效率最高的是_____。

A. 甲类　　　　　　B. 乙类　　　　　　C. 甲乙类

（5）甲类功放效率低是因为_____。

A. 只有一个功放管　　B. 静态电流过大　　C. 管压降过大

（6）OTL 互补对称功放电路是指_____电路。

A. 无输出变压器功放　B. 无输出电容功放　C. 无输出变压器且无输出电容功放

5.2 在图 5-20 所示电路中，测量时发现输出波形存在交越失真，应如何调节？如果 M 点电位大于 $V_{CC}/2$，又应如何调节？

5.3 功率放大电路如图 5-21 所示，已知电源电压 $V_{CC}=6$ V，负载 $R_L=4$ Ω，C_2 的容量足够大，三极管 T_1、T_2 对称，$U_{CES}=1$ V，试求：

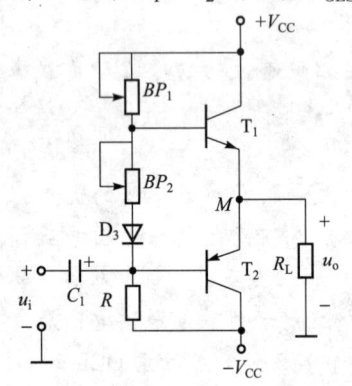

图 5-20 习题 5.2 图

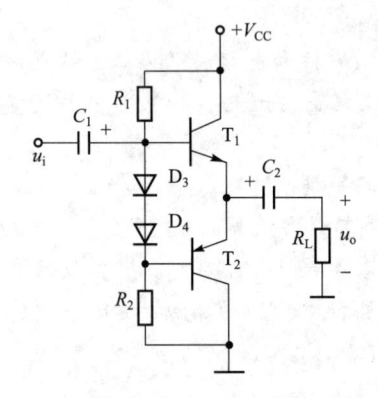

图 5-21 习题 5.3 图

（1）说明电路名称；

（2）求理想情况下负载获得的最大不失真输出功率；若 $U_{CES}=2$ V，求电路的最大不失真功率；

（3）选择功率管的参数 I_{CM}、P_{CM} 和 $U_{(BR)CEO}$；

（4）输入电压有效值 $U_i=4$ V 时的输出功率 P_o（忽略 U_{BEQ}）。

5.4 在图 5-22 所示电路中，已知三极管为互补对称管，试求：

（1）电路的电压放大倍数；

（2）最大不失真输出功率 P_{omax}；

（3）每个三极管的最大管耗 P_{Tmax}。

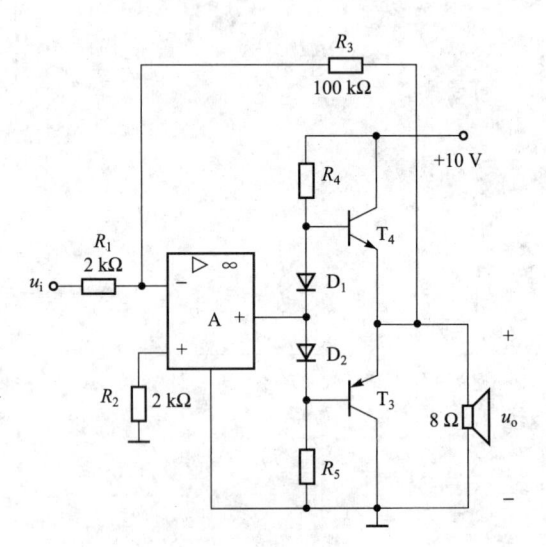

图 5-22 习题 5.4 图

第6章 波形产生电路

波形产生电路通常也称为振荡器。它与放大器的区别在于没有外加激励的情况下，电路能自行产生一定频率和幅度的交流振荡信号。按产生的交流信号波形的不同，可将波形产生电路分为两大类，即正弦波振荡器和非正弦波振荡器。

正弦波和非正弦波振荡器常常作为信号源广泛应用于无线电通信以及自动测量和自动控制系统中，例如无线电信号的发送和接收，电子技术实验室经常使用的低频信号发生器。用作信号源的振荡器，它的主要技术指标是频率的准确度、稳定度和振幅的稳定度。

大功率的正弦波振荡器还可以直接为工业加工或医疗提供能源，例如高频加热炉的高频电源，超声波探伤等。用作高频能源的振荡器，它的主要技术指标就是输出功率和效率。

本章主要讨论作为信号源的振荡器。首先研究正弦波振荡器的工作原理，然后讨论几种典型正弦波振荡器和非正弦波产生电路，最后简要介绍集成函数发生器8038。

6.1 正弦波振荡器

正弦波振荡器可分为两大类：一类是依靠外加正反馈而得到自激振荡的反馈式振荡器；另一类是负阻式振荡器，它是利用接在谐振回路中的负阻器件的负电阻效应去抵消谐振回路中的损耗而产生的等幅自由振荡，这类振荡器主要工作在微波波段。本节仅讨论反馈式正弦波振荡器。

6.1.1 正弦波振荡器的工作原理

在放大电路中，采用负反馈来改善放大电路的性能，而在波形产生电路中，是利用正反馈来实现振荡信号的输出。利用正反馈的方法来获得等幅的正弦振荡，是反馈式正弦波振荡器的基本原理。反馈式正弦波振荡器是由放大器和反馈网络组成的一个闭合环路，如图6-1所示。图6-1中，$\dot{U}_\text{f}$、$\dot{U}_\text{i}$、$\dot{U}_\text{o}$ 分别是反馈电压、输入电压和放大器输出电压，均为复数。

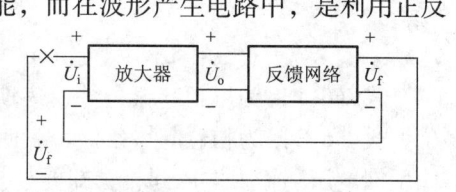

图6-1 反馈式正弦波振荡器原理框图

要想使一个没有外加激励的放大器能产生一定频率和幅度的正弦输出信号，就要求自激振荡只能在某一个频率上产生，因此在图6-1所示的闭合环路中必须含有选频网络，选频网络可以包含在放大器内，也可在反馈网络内。

而任何一个具有正反馈的放大器都必须满足一定的条件才能自激振荡。下面我们就分析正弦波振荡器的起振条件（保证接通电源后能逐步建立起振荡）和平衡条件（保证进入维持等幅持续振荡的平衡状态）。

1. 起振过程与起振条件

在刚接通电源时，振荡环路中存在各种微弱的电扰动（如接通电源瞬间在电路中产生很窄的脉冲，放大器内部的热噪声等），这些电扰动噪声中包含各种频率分量，都可作为放大器的初始输入信号 $\dot{U}_i$。由于选频网络是由 LC 并联谐振回路组成，则其中只有角频率为 LC 回路谐振角频率 ω_0 的分量才能通过反馈网络产生较大的反馈电压 $\dot{U}_f$，反馈到放大器的输入端，而其他频率的信号被抑制。如果在谐振频率 ω_0 处，反馈到输入端的 $\dot{U}_f$ 与原输入电压 $\dot{U}_i$ 同相，并且具有更大的振幅，则再经过线性放大和反馈的不断循环，振荡电压振幅就会不断增大，得到如图6-2的 ab 段所示的起振波形。就这样利用正反馈使输出振荡信号从无到有地建立起来，所以，使振荡器起振的条件是 $\dot{U}_f > \dot{U}_i$。

在图6-1所示闭合环路中，在×处断开，定义放大器增益 $\dot{A}_u = \dfrac{\dot{U}_o}{\dot{U}_i}$，反馈网络电压反馈系数 $\dot{F}_u = \dfrac{\dot{U}_f}{\dot{U}_o}$，

则环路增益为 $\dot{A}_u \dot{F}_u = \dfrac{\dot{U}_o}{\dot{U}_i} \cdot \dfrac{\dot{U}_f}{\dot{U}_o} = \dfrac{\dot{U}_f}{\dot{U}_i}$

所以振荡器起振的条件是 $\dot{A}_u \dot{F}_u > 1$

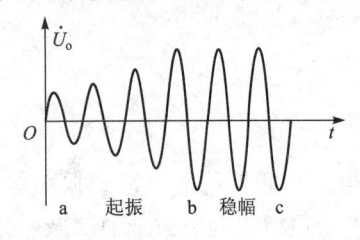

图6-2 自激振荡的起振波形

这里 $\dot{U}_f$、$\dot{U}_i$、$\dot{A}_u$ 和 $\dot{F}_u$ 都是复数，因此，振荡器的起振条件包括振幅条件和相位条件两方面，即

$$|\dot{A}_u \dot{F}_u| > 1 \tag{6.1}$$

$$\sum \varphi = 2n\pi \ (n = 0, 1, 2, \cdots) \tag{6.2}$$

式（6.1）为振幅起振条件，表明环路增益必须大于1，使反馈电压 U_f 大于输入电压 U_i。式（6.2）为相位起振条件，表明放大器和反馈网络的总相移必须等于 2π 的整数倍，使反馈电压和输入电压同相，即要求是正反馈。

在起振过程中，直流电源补充的能量大于整个环路消耗的能量。

2. 平衡过程与平衡条件

振荡器起振后，振荡幅度不可能无止境地增长下去，因为放大器的线性范围是有限的。

随着振幅的增大,放大器逐渐由放大区进入非线性区域,其增益逐渐下降。当放大器增益下降而导致环路增益下降到1,即反馈电压$\dot{U}_\text{f}$正好等于原输入电压$\dot{U}_\text{i}$时,振幅的增长过程将停止,振荡器的输出电压不再变化,振荡器达到平衡状态,如图6-2的bc段所示。所以,振荡器的平衡条件为

$$|\dot{A}_\text{u}\dot{F}_\text{u}| = 1 \tag{6.3}$$

$$\sum \varphi = 2n\pi \quad (n = 0, 1, 2, \cdots) \tag{6.4}$$

式(6.3)和(6.4)分别称为振幅平衡条件和相位平衡条件。

振荡器进入平衡状态以后,直流电源补充的能量刚好抵消整个环路消耗的能量。

综上所述,要使振荡器能够振荡,把放大器接成正反馈是产生振荡的首要条件。其次,在振荡建立的初期,必须使反馈信号大于原输入信号,反馈信号一次比一次大,才能使振荡幅度逐渐增大;当振荡建立后,振荡电路的输出达到一定幅度时,还必须使反馈信号等于原输入信号,才能使建立的振荡得以维持下去。一般为了使输出的正弦信号幅度保持稳定,还要加入稳幅环节。

判断一个电路是否为正弦波振荡器的一般方法是:

① 放大器的结构是否合理,有无放大能力,静态工作点是否合适。

② 是否满足相位条件,即电路是否为正反馈,只有满足正反馈才有可能振荡。判断相位条件可以采用瞬时极性法,即假设在适当位置断开反馈回路,加上输入信号$\dot{U}_\text{i}$,经过放大器和反馈网络后得到反馈信号$\dot{U}_\text{f}$,分析$\dot{U}_\text{f}$和$\dot{U}_\text{i}$的相位关系,若二者同相,说明满足正反馈。

③ 分析是否满足幅度条件,若$|\dot{A}_\text{u}\dot{F}_\text{u}|<1$,则不可能振荡;若$|\dot{A}_\text{u}\dot{F}_\text{u}|>1$,产生振荡。振荡稳定后$|\dot{A}_\text{u}\dot{F}_\text{u}|=1$。再加上稳幅措施,使得振荡稳定且输出波形失真小。

3. 正弦波振荡器的基本组成

为了产生稳定的正弦波振荡,正弦波振荡器一般应包括以下几个基本组成部分:

① 放大器。
② 正反馈网络。
③ 选频网络。
④ 稳幅环节。

其中放大器是能量转换装置,从能量观点看,振荡的本质是直流能量向交流能量转换的过程。放大器和正反馈网络共同满足$\dot{A}_\text{u}\dot{F}_\text{u}=1$。选频网络的作用是实现单一频率的正弦波振荡。稳幅环节的作用是使振荡幅度达到稳定,通常可以利用放大元件的非线性来实现,可以利用晶体管、场效应管等器件的非线性,也可以外接非线性器件,前者称为内稳幅,后者称为外稳幅。根据选频网络组成元件的不同,正弦波振荡电路通常分为 *RC* 振荡器,*LC* 振

荡器和石英晶体振荡器。

6.1.2 RC 正弦波振荡器

由 RC 选频网络构成的振荡器称为 RC 振荡器，RC 振荡器结构简单，性能可靠，它适用于低频振荡，常用的 RC 振荡器有 RC 桥式振荡器和移相式振荡器。本节只介绍由 RC 串并联网络构成的 RC 桥式振荡器。

1. RC 串并联网络的选频特性

RC 串并联选频网络由 R_2 和 C_2 并联后与 R_1 和 C_1 串联组成，如图 6-3 所示。

R_1、C_1 串联部分的复阻抗

$$Z_1 = R_1 + \frac{1}{j\omega C_1}$$

R_2、C_2 并联部分的复阻抗

$$Z_2 = \frac{R_2\left(-j\dfrac{1}{\omega C_2}\right)}{R_2 - j\dfrac{1}{\omega C_2}} = \frac{R_2}{1 + j\omega R_2 C_2}$$

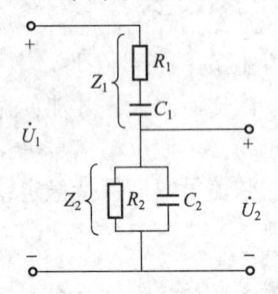

图 6-3 RC 串并联选频网络

由图 6-3 可得 RC 串并联网络的电压传输系数 $\dot{F}_u$ 为

$$\dot{F}_u = \frac{\dot{U}_2}{\dot{U}_1} = \frac{Z_2}{Z_1 + Z_2} = \frac{\dfrac{R_2}{1 + j\omega R_2 C_2}}{R_1 + \dfrac{1}{j\omega C_1} + \dfrac{R_2}{1 + j\omega R_2 C_2}} = \frac{1}{\left(1 + \dfrac{R_1}{R_2} + \dfrac{C_2}{C_1}\right) + j\left(\omega R_1 C_2 - \dfrac{1}{\omega R_2 C_1}\right)}$$

在实际电路中取 $C_1 = C_2 = C$，$R_1 = R_2 = R$，则上式可简化为

$$\dot{F}_u = \frac{1}{3 + j\left(\omega RC - \dfrac{1}{\omega RC}\right)} = \frac{1}{3 + j\left(\dfrac{\omega}{\omega_0} - \dfrac{\omega_0}{\omega}\right)} \tag{6.5}$$

式 (6.5) 中

$$\omega_0 = \frac{1}{RC}$$

根据式 (6.5) 可得到 RC 串并联网络的幅频特性和相频特性分别为

$$|\dot{F}_u| = \frac{1}{\sqrt{3^2 + \left(\dfrac{\omega}{\omega_0} - \dfrac{\omega_0}{\omega}\right)^2}}$$

$$\varphi = -\arctan\frac{\dfrac{\omega}{\omega_0} - \dfrac{\omega_0}{\omega}}{3}$$

作出幅频特性和相频特性曲线如图 6-4 所示。

由图6-4可以看出，当 $\omega = \omega_0 = \dfrac{1}{RC}$ 时，电压传输系数 $|\dot{F}_u|$ 最大，其值为 $\dfrac{1}{3}$，相移 $\varphi = 0°$。此时，输出电压 $\dot{U}_2$ 与输入电压 $\dot{U}_1$ 同相。

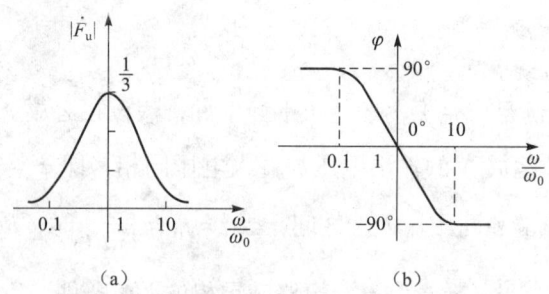

图6-4 RC 串并联网络的幅频特性和相频特性

当 $\omega \neq \omega_0$ 时，$|\dot{F}_u| < \dfrac{1}{3}$，且 $\varphi \neq 0°$，此时输出电压的相位滞后或超前于输入电压。

由以上分析可知：RC 串并联网络只在 $\omega = \omega_0 = \dfrac{1}{RC}$，即 $f = f_0 = \dfrac{1}{2\pi RC}$ 时，输出幅度最大，且输出电压与输入电压同相，即相移为零。所以，RC 串并联网络具有选频特性。

2. RC 桥式振荡器的组成

将 RC 串并联网络和放大器结合起来即可构成 RC 振荡器，由 RC 串并联网络的选频特性可知，在 $f = f_0 = \dfrac{1}{2\pi RC}$ 时，其相移为零，要使振荡器满足相位条件 $\sum \varphi = 2n\pi$，要求放大器的相移 φ_A 也为 0°（或 360°）。所以放大器可选用同相输入方式的集成运算放大器或两级共射分立元件放大电路等。图6-5（a）所示为由集成运算放大器构成的 RC 桥式振荡器。

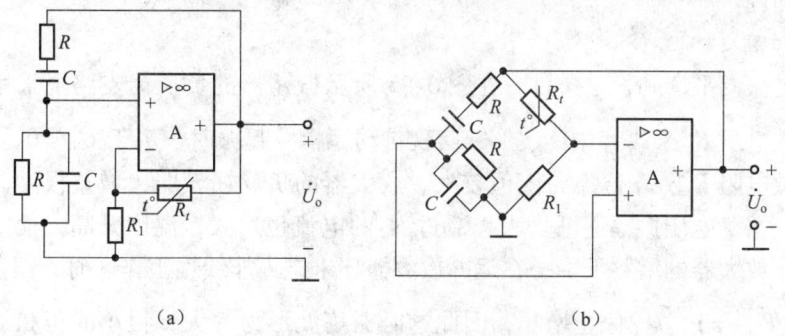

图6-5 RC 桥式振荡器

在图6-5（a）中，RC 串并联网络是选频网络，而且当 $f = f_0$ 时，它是一个接成正反馈的反馈网络，另外 R_1、R_t 接在运算放大器 A 的输出端和反相输入端之间，构成负反馈，并和运算放大器 A 组成一个同相输入比例运算放大器。由图可见，RC 串并联网络的串联支路和并联支路，以及负反馈支路中的 R_1 和 R_t 正好组成一个电桥的四个臂，如图 6-5（b）所示，运算放大器的输入端和输出端分别跨接在电桥的对角线上，因此这种振荡器称为文氏桥振荡器，简称为 RC 桥式振荡器。

3. 起振条件和振荡频率

为了判断电路是否满足产生振荡的相位平衡条件，假设在运放 A 的同相输入端处断开，并加上输入信号 $\dot{U}_i$，故运放 A 的输出电压与输入电压同相，即 $\varphi_A = 0°$。RC 串并联网络接在运算放大器 A 的输出端和同相输入端之间，当 $f = f_0 = \dfrac{1}{2\pi RC}$ 时，RC 串并联选频网络的相移为零，因此在 $f = f_0$ 时，$\sum \varphi = 2n\pi$，电路满足相位平衡条件。

为了使电路能振荡，还应满足振幅起振条件，即要求 $|\dot{A}_u \dot{F}_u| > 1$，而图 6-5 所示的反馈系数就是 RC 串并联选频网络的传输系数，即 $f = f_0$ 时，$|\dot{F}_u| = 1/3$，由此可得电路的振幅起振条件为 $|\dot{A}_u| > 3$。图 6-5 中，R_1、R_t 构成负反馈支路，它与运算放大器 A 组成一个同相输入比例运算放大器，其电压增益为 $\dot{A}_u = 1 + \dfrac{R_t}{R_1}$，所以，只要 $|\dot{A}_u| = 1 + \dfrac{R_t}{R_1} > 3$，即 $R_t > 2R_1$ 就能满足振幅起振条件，产生自激振荡，振荡频率为

$$f_0 = \dfrac{1}{2\pi RC} \tag{6.6}$$

采用双联可变电容器或双联同轴电位器即可方便地调节振荡频率。在常用的 RC 振荡器中，一般采用切换高稳定度的电容来进行频段的转换（频率粗调），再采用双联同轴电位器进行频率的细调。

4. 稳幅过程

为了满足振幅平衡和稳定条件，在图 6-5 所示振荡器的负反馈支路上采用了具有负温度系数的热敏电阻 R_t 来改善振荡波形，实现自动稳幅。起振时，由于 $\dot{U}_o = 0$，流过 R_t 的电流为零，热敏电阻 R_t 处于冷态，阻值较大，放大器的负反馈较弱，增益很高，振荡很快建立。起振后，振荡电压振幅逐渐增大，流过 R_t 的电流也增大，温度升高，使 R_t 阻值减小，负反馈加深，放大器的增益下降，在运算放大器还未进入非线性工作区时，振荡器已经达到平衡条件 $|\dot{A}_u \dot{F}_u| = 1$，$\dot{U}_o$ 停止增长，因此这时振荡波形为一失真很小的正弦波。这样，放大器在线性工作区就会具有随振幅增加而增益下降的特性，满足振幅平衡和稳定条件。

同理，当振荡建立后，由于某种原因使得输出幅度发生变化，则流过 R_t 的电流变化，使热敏电阻的阻值发生变化，自动稳定输出电压幅度。比如某种原因使输出幅度减小，则流过热敏电阻的电流减小，温度降低，热敏电阻的阻值增大，则负反馈减弱，放大器增益上

升,阻止输出电压幅度继续减小,从而达到自动稳幅的效果。

各种 RC 振荡器的振荡频率均与 R、C 的乘积成反比,如欲产生振荡频率很高的正弦波信号,势必要求电阻或电容的值很小,这在制造上和电路实现上将有很大的困难。因此,RC 振荡器一般用来产生几 Hz ~ 几百 kHz 的低频信号,若要产生更高频率的信号,可以考虑采用 LC 正弦波振荡器。

6.1.3 LC 正弦波振荡器

采用 LC 谐振回路作为选频网络的振荡器称为 LC 振荡器,用来产生 1 MHz 以上的高频正弦信号。根据反馈形式的不同,LC 振荡器可分为变压器反馈式 LC 振荡器、电感反馈三点式 LC 振荡器和电容反馈三点式 LC 振荡器。

1. 变压器反馈式 LC 振荡器

(1) 电路组成

变压器反馈式 LC 振荡器的特点是用变压器的初级或次级绕组与电容 C 构成 LC 选频网络。振荡信号的输出和反馈信号的传递都是靠变压器耦合完成的。为保证电路的正反馈,变压器初次级之间的同名端必须正确连接。

如图 6 - 6 所示是变压器反馈式 LC 振荡器,它由共射极放大器、LC 选频网络和变压器反馈网络三部分组成。图中 L_1、C 并联组成的选频网络作为放大器的负载,构成选频放大器。反馈信号通过变压器线圈 L_1 和 L_3 间的互感耦合,由反馈网络 L_3 传送到放大器输入端。R_1、R_2 和 R_3 为放大器分压式偏置电阻使三极管工作在放大状态,C_1 是耦合电容,C_2 是射极旁路电容,对振荡频率而言可看成短路。

(2) 起振条件和振荡频率

为了判断电路是否满足产生振荡的相位平衡条

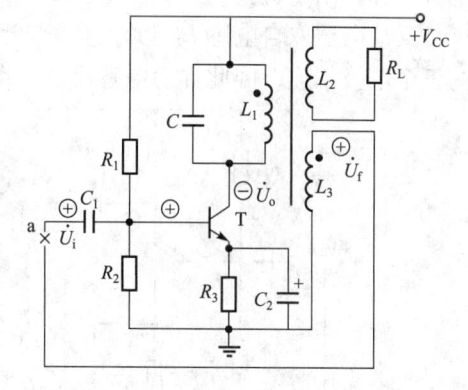

图 6 - 6 变压器反馈式 LC 正弦波振荡器

件,假设在放大器的输入端 a 点处断开,并加输入信号 $\dot{U}_i$,其频率为 L_1C 并联谐振回路的谐振频率 f_0,此时集电极的 L_1C 并联谐振回路呈现纯电阻,并且阻值最大。则共射极放大器输出电压 $\dot{U}_o$ 和 $\dot{U}_i$ 反相,由图中 L_1 及 L_3 同名端可知,反馈信号 $\dot{U}_f$ 与输出电压 $\dot{U}_o$ 反相,因此,$\dot{U}_f$ 和 $\dot{U}_i$ 同相,说明电路满足振荡的相位平衡条件。

也就是说只有在 L_1C 回路的谐振频率处,电路才满足相位平衡条件,所以振荡器的振荡频率就是 L_1C 并联谐振回路的谐振频率,即

$$f_0 = \frac{1}{2\pi\sqrt{L_1 G}} \tag{6.7}$$

另外，要满足振幅起振条件$|\dot{A}_u \dot{F}_u| > 1$，可以选$\beta$值较大的晶体管或增加反馈线圈的匝数，调整变压器初级和次级之间的位置以提高耦合程度均可，一般情况下比较容易满足。关键是要保证变压器绕组的同名端接线正确，以满足相位平衡条件，如果同名端接错，则电路不能起振。

(3) 变压器反馈式LC振荡器的优缺点

优点是容易起振，输出电压较大，结构简单，调节频率方便，通常用作广播收音机的本地振荡器。缺点是工作在高频时，分布电容影响较大，输出波形不理想。

2. 电感反馈三点式LC振荡器

(1) 电路组成

电感反馈三点式LC振荡器又称为哈特莱（Hartley）振荡器，是一种应用广泛的振荡电路，如图6-7（a）所示。图（a）中，L_1、L_2和C组成并联谐振回路，作为放大器的交流负载，R_{b1}、R_{b2}、R_c和R_e为放大器分压式直流偏置电阻，C_3是射极旁路电容，C_1、C_2是耦合电容，用于防止电源V_{CC}经电感与基极接通。图6-7（b）是其交流等效电路。由图可见，反馈电压取自电感L_2上的电压，交流时并联谐振回路的三个端点相当于分别与晶体管的三个电极相连，因此称为电感反馈三点式LC振荡器。

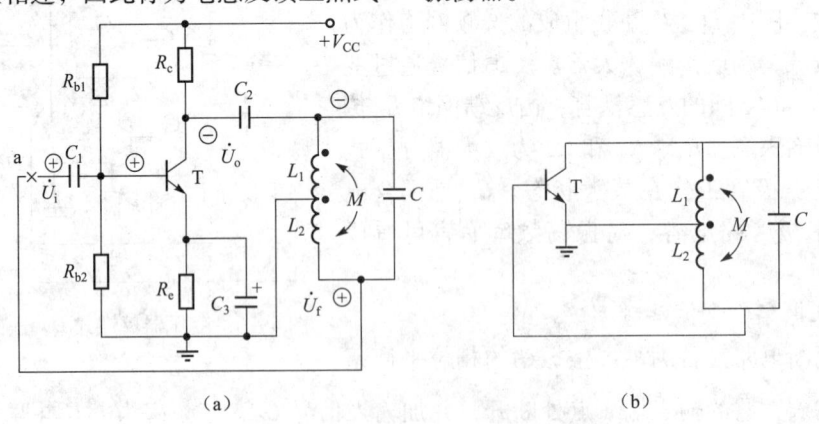

图6-7 电感反馈三点式LC振荡器

(2) 起振条件和振荡频率

假设在图6-7（a）中a点处将电路断开，并加输入信号$\dot{U}_i$，由于谐振时LC并联谐振回路呈现纯电阻，则输出电压$\dot{U}_o$和$\dot{U}_i$反相，而反馈信号$\dot{U}_f$与输出电压$\dot{U}_o$也反相，因此，$\dot{U}_f$和$\dot{U}_i$同相，说明电路在LC回路谐振频率上构成正反馈满足振荡的相位平衡条件。由此

得到振荡频率为

$$f_0 = \frac{1}{2\pi\sqrt{LC}} = \frac{1}{2\pi\sqrt{(L_1+L_2+2M)C}} \tag{6.8}$$

式中，M 是 L_1、L_2 间的互感系数。

同样，若要满足振幅起振条件，管子的 β 值应选得大些，一般要求

$$\beta > \frac{L_1+M}{L_2+M} \cdot \frac{r_{be}}{R'} \tag{6.9}$$

其中，r_{be} 为三极管 b、e 间的等效电阻，R' 为包括其他折合电阻在内的谐振回路总损耗电阻。实际上并不常按 β 公式去挑选管子，只要适当选取 L_2/L_1 的数值，即改变线圈抽头的位置，改变 L_2 的大小，就可调节反馈电压的大小。就可以使电路起振，一般取反馈线圈的匝数为电感线圈总匝数的 1/8～1/4 即可起振。

(3) 电感反馈三点式 LC 振荡器的优缺点

因为 L_1 和 L_2 间耦合较紧，因此容易起振，输出电压幅度较大。振荡回路中用一只可变电容器就可很方便地在较大范围内调节振荡频率。

这种振荡器的缺点是反馈信号取自电感两端，而电感对高次谐波呈现高阻抗，振荡波形含有的谐波成分多，因此输出波形不理想，振荡频率不易很高，最高只达几十 MHz。故常用于要求不高的设备中，如高频加热器。

3. 电容反馈三点式 LC 振荡器

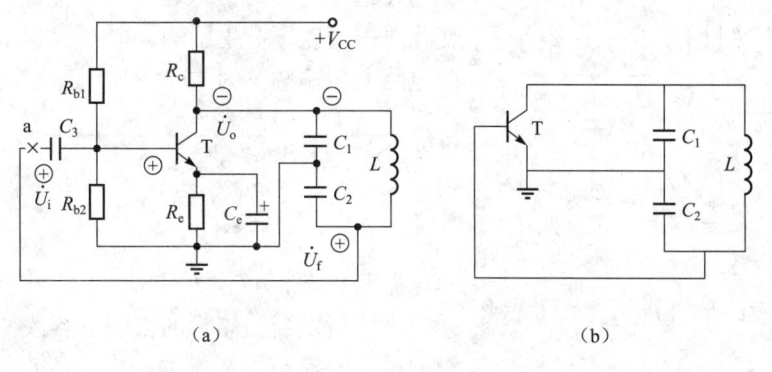

(1) 电路组成

电容反馈三点式 LC 振荡器又称为考毕兹（Colpitts）振荡器，也是一种应用十分广泛的振荡电路，如图 6-8（a）所示，图 6-8（b）是其交流等效电路。由图可见，反馈电压取自电容 C_2 上的电压，交流时并联谐振回路的三个端点相当于分别与晶体管的三个电极相连，因此称为电感反馈三点式 LC 振荡器。

图 6-8 电容反馈三点式 LC 振荡器

(2) 起振条件和振荡频率

假设图6-8（a）中a点处断开，加上输入电压$\dot{U}_i$，利用瞬时极性法不难分析在回路谐振频率上，反馈信号$\dot{U}_f$与输入电压$\dot{U}_i$同相，满足振荡的相位平衡条件。电路的振荡频率近似等于谐振回路的谐振频率，即

$$f_0 = \frac{1}{2\pi\sqrt{LC}} = \frac{1}{2\pi\sqrt{L\dfrac{C_1 C_2}{C_1+C_2}}} \qquad (6.10)$$

可以证明，若满足振幅起振条件，应使三极管的β满足

$$\beta > \frac{C_2}{C_1} \cdot \frac{r_{be}}{R'} \qquad (6.11)$$

r_{be}为三极管b、e间的等效电阻，R'为包括其他折合电阻在内的谐振回路总损耗电阻。

(3) 电容反馈三点式LC振荡器的优缺点

电容反馈三点式LC振荡器的反馈信号取自电容两端，电容对高次谐波呈现较小的阻抗，故振荡波形好，振荡频率可以很高，只要减小电容，就能提高振荡频率，一般可达100 MHz以上。但调节频率不方便，因为调节C_1、C_2可以改变振荡频率，但同时会改变正反馈量的大小，会影响起振条件，使输出信号幅度发生变化，甚至可能会使电路停振。另外与C_1、C_2并联的晶体管的输出电容和输入电容（即晶体管的极间电容）是不稳定的，将影响振荡频率的稳定度。

为了使电容反馈三点式振荡器易于调节频率，提高频率的稳定性，可在电感L支路串联一个电容量值很小的电容C_3，即如图6-9所示的串联改进型电容反馈三点式LC振荡器，也叫克拉泼（Clapp）振荡器。C_3的改变对取出的反馈电压信号没有影响，因此可以通过调整C_3的大小方便地调节振荡频率。

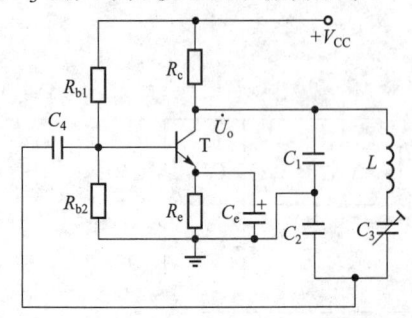

在选择电路的参数时，为避免晶体管极间电容变化对振荡频率产生影响，取$C_3 \ll C_1$，$C_3 \ll C_2$，此时电路的振荡频率为

$$f_0 = \frac{1}{2\pi\sqrt{LC}} = \frac{1}{2\pi\sqrt{L\left(\dfrac{1}{C_1}+\dfrac{1}{C_2}+\dfrac{1}{C_3}\right)}} \approx \frac{1}{2\pi\sqrt{LC_3}} \qquad (6.12)$$

图6-9 改进型电容反馈三点式LC振荡器

振荡频率f_0仅由L和C_3决定，与C_1、C_2的关系很小，所以当晶体管的极间电容改变时，对f_0的影响很小，提高了频率的稳定度，克拉泼振荡器的频率稳定度可达$10^{-4} \sim 10^{-5}$。

本小节我们介绍了电感反馈和电容反馈两种三点式振荡器，并分析了它们是如何满足相位平衡条件的，比较这两种三点式振荡器的交流等效电路图即图6-7（b）和6-8（b），可以得出满足相位平衡条件的三点式振荡器的连接规律如下：与三极管的发射极相连的两电抗元件性质相同，集电极和基极间的电抗性质与之相反。

若放大器由运算放大器构成，满足相位平衡条件的三点式振荡器也有一定的连接规律：与运放的同相输入端相连的两电抗元件性质相同，运放的反相输入端和输出端间的电抗性质与之相反。

今后，在判断三点式振荡器的相位条件时，可以直接用以上连接规律来判别。

例6-1 根据相位平衡条件判断图6-10中由集成运放组成的克拉泼振荡器能否起振。

解： 从集成运算放大器的反相输入端开始将瞬时极性标注于图6-10中，由瞬时极性可见，对于并联谐振回路的谐振频率满足相位条件可以起振，振荡频率为

$$f_0 = \frac{1}{2\pi\sqrt{LC}} = \frac{1}{2\pi\sqrt{L\left(\dfrac{1}{C_1}+\dfrac{1}{C_2}+\dfrac{1}{C_3}\right)}}$$

该电路满足相位平衡条件。由图6-10可知，运放的同相输入端相连的两电抗元件是性质相同的电容，运放的反相输入端和输出端间的电抗性质与同相输入端连接的两电抗元件性质相反。

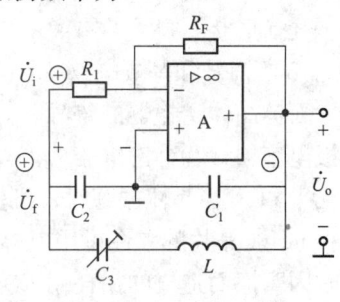

图6-10 例6-1图

6.1.4 石英晶体振荡器

根据前面的分析已经知道，LC振荡器的频率稳定度是不高的，即使采取了各种稳频措施提高LC振荡回路的Q值，频率稳定度（$\Delta f/f_0$）也很难超过10^{-5}的数量级。在要求高频率稳定度的场合，往往采用高Q值的石英晶体谐振器代替一般的LC回路。用石英晶体组成的振荡器其频率稳定度一般可达$10^{-6} \sim 10^{-8}$，有的甚至可达到$10^{-10} \sim 10^{-11}$。所以石英晶体广泛应用于石英钟（手表）、标准信号发生器、电脑中的时钟信号发生器等精密电子设备中。

1. 石英晶体谐振器的特性和等效电路

（1）石英晶体谐振器的结构

石英晶体谐振器是利用石英晶体（二氧化硅的结晶体）的压电效应制成的一种谐振器件，它的基本构成大致是：从一块石英晶体上按一定方位角切下薄片（简称为晶片，它可以是正方形、矩形或圆形等），在它的两个对应面上涂敷银层作为电极，在每个电极上各焊一根引线接到管脚上，再加上封装外壳就构成了石英晶体谐振器，简称为石英晶体或晶体、晶振。其产品一般用金属外壳封装，也有用玻璃壳、陶瓷或塑料封装的。图6-11是一种金属外壳封装的石英晶体结构示意图。

(2) 压电效应

石英晶片之所以能做成谐振器是因为石英晶体具有压电效应。若在石英晶体的两个电极上加一电场，晶片就会产生机械变形。反之，若在晶片的两侧施加机械压力，则在晶片相应的方向上将产生电场，这种物理现象称为压电效应。如果在晶片的两极上加交变电压，晶片就会产生机械振动，同时晶片的机械振动又会产生交变电场。在一般情况下，晶片机械振动的振幅和交变电场的振幅非常微小，但当外加交变电压的频率为某一特定值时，振幅明显加大，比其他频率下的振幅大得多，这种现象称为压电谐振，它与 LC 回路的谐振现象十分相似。它的谐振频率与晶片的切割方式、几何形状、尺寸等有关。

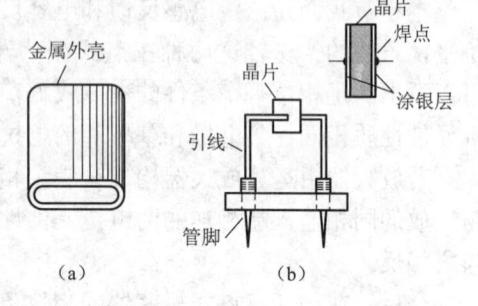

图 6-11 石英晶体谐振器的结构

(3) 符号和等效电路

石英晶体谐振器的符号和等效电路如图 6-12 所示。当晶体不振动时，可把它看成一个平板电容器称为静态电容 C_0，它的大小与晶片的几何尺寸、电极面积有关，一般约几个 pF 到几十 pF。当晶体振荡时，机械振动的惯性可用电感 L 来等效。一般 L 的值为几十 mH 到几百 mH。晶片的弹性可用电容 C 来等效，C 的值很小，一般只有 0.000 2~0.1 pF。晶片振动时因摩擦而造成的损耗用 R 来等效，它的数值约为 100 Ω。由于晶片的等效电感很大，而 C 很小，R 也小，因此回路的品质因数 Q 很大，可达 1 000~10 000。加上晶片本身的谐振频率基本上只与晶片的切割方式、几何形状、尺寸有关，而且可以做得精确，因此利用石英谐振器组成的振荡电路可获得很高的频率稳定度。

从图 6-12 (b) 石英晶体谐振器的等效电路可知，它有两个谐振频率：一是当 L、C、R 支路发生串联谐振时，它的等效阻抗最小（等于 R），串联谐振频率用 f_s 表示，石英晶体对于串联谐振频率 f_s 呈纯阻性；二是当频率高于 f_s 时 L、C、R 支路呈感性，可与电容 C_0 发生并联谐振，其并联频率用 f_p 表示。

根据石英晶体的等效电路，可定性画出它的电抗—频率特性曲线，如图 6-13 所示。可见当频率低于串联谐振频率 f_s 或者频率高于并联谐振频率 f_p 时，石英晶体呈容性。仅在 $f_s < f < f_p$ 极窄的范围内，石英晶体呈感性。

由图 6-12 (b) 等效电路得

$$f_s = \frac{1}{2\pi \sqrt{LC}} \tag{6.13}$$

$$f_p = \frac{1}{2\pi \sqrt{L \dfrac{CC_0}{C+C_0}}} \tag{6.14}$$

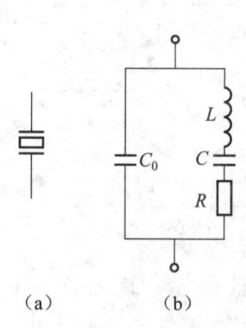

第6章 波形产生电路

图 6-12 石英晶体的符号和等效电路
(a) 符号；(b) 等效电路

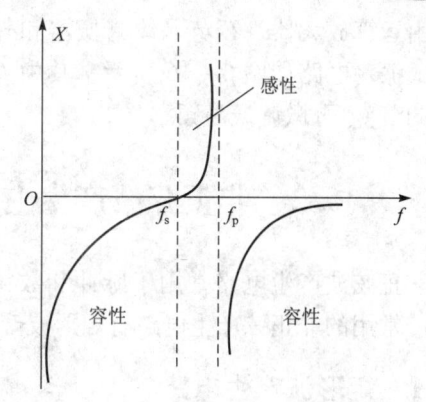

图 6-13 石英晶体的电抗—频率特性曲线

2. 石英晶体振荡器电路

石英晶体振荡器可以分为两类，一类是石英晶体作为一个反馈元件，工作在串联谐振状态，称为串联型石英晶体振荡器；另一类是石英晶体作为一个高 Q 值的电感元件，和回路中其他元件形成并联谐振，称为并联型石英晶体振荡器。下面分别予以介绍。

（1）串联型石英晶体振荡器

图 6-14 是一种串联型石英晶体振荡器原理电路，T_1 采用共基极接法，T_2 为射极输出器，石英晶体作为一个反馈元件。用瞬时极性法不难分析，当工作于串联谐振频率 f_s 时，石英晶体谐振器的等效阻抗最小且为纯电阻，所以 T_1、T_2 组成的放大电路对等于串联谐振频率 f_s 的信号正反馈最强且没有附加相移，满足相位平衡条件。图 6-14 中的电位器 R_p 是用来调节反馈量的，使输出的振荡波形失真较小且幅度稳定。

（2）并联型石英晶体振荡器

图 6-15 所示为并联型石英晶体振荡器。当 f_0 在 $f_s \sim f_p$ 的极窄的频率范围内时，石英晶体呈感性，晶体在电路中起一个电感作用，它与 C_1、C_2 组成电容反馈三点式振荡电路。从图 6-15 可以看出，满足三点式振荡器的连接规律，满足相位平衡条件。

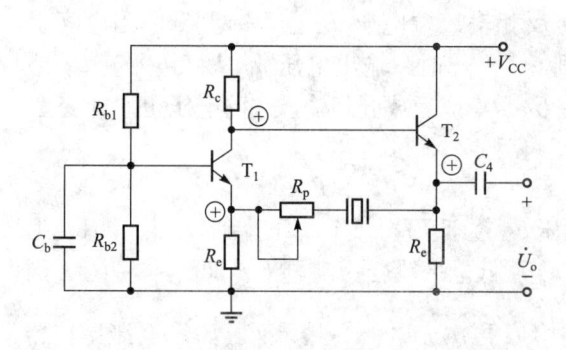

图 6-14 串联型石英晶体振荡器

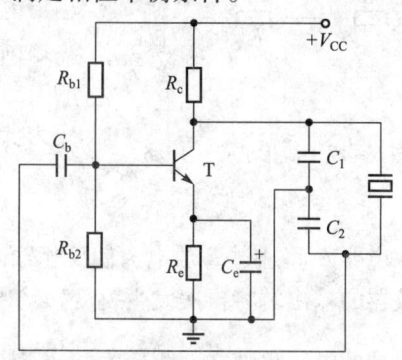

图 6-15 并联型石英晶体振荡器

由运算放大器、石英晶体谐振器和外接电容组成的三点式振荡电路如图 6-16 所示，其中 C_s 为可调电容，通过调节 C_s 可微调振荡频率。

图 6-16 三点式振荡电路

6.2 非正弦波产生电路

非正弦波产生电路常用于脉冲和数字系统中作为信号源。常用的非正弦产生电路有矩形波产生电路、三角波产生电路和锯齿波产生电路。

6.2.1 矩形波产生电路

1. 电路组成

由于矩形波中包含极丰富的谐波，因此矩形波产生电路又称为多谐振荡器。如图 6-17 所示为一个矩形波产生电路。电路实际上是由一个迟滞比较器和一个 RC 充放电回路组成。图中集成运放和电阻 R_1、R_2 组成迟滞比较器，电阻 R 和电容 C 构成充放电回路，电阻 R_3 和稳压管 D_{Z1}、D_{Z2} 对输出电压双向限幅，将迟滞比较器的输出电压限制在稳压管的稳定电压值 $\pm U_Z$。

2. 工作原理

由图 6-17 可以看出，集成运放同相输入端的电压 u_+ 由比较器输出电压 u_o 通过 R_1、R_2 分压后得到，反相输入端的电压 u_- 受充放电电容 C 两端的电压 u_C 控制。

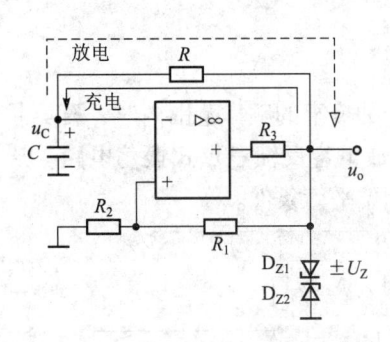

设 $t=0$（电源接通时刻）时，电容两端电压 $u_C=0$，即 $u_-=0$，而迟滞比较器的输出电压 $u_o=+U_Z$，则集成运放同相输入端的电压为

$$u_+ = \frac{R_2}{R_1+R_2}U_Z$$

输出电压 $u_o=+U_Z$ 对电容 C 充电，使电容两端电压 u_C 由零逐渐上升，反相输入端电压 u_- 也不断上升。当电容上的电压上升到 $u_->u_+$ 时，输出电压 u_o 从高电平 $+U_Z$ 跳变为低电平 $-U_Z$，集成运放同相输入端的电压也立即变为

$$u_+ = -\frac{R_2}{R_1+R_2}U_Z$$

图 6-17 矩形波产生电路

此时，电容 C 将通过 R 放电，使反相输入端电压 u_- 逐渐下降。当 u_C 下降到 $u_->u_+$ 时，迟滞比较器的输出端将再次发生跳变，输出电压 u_o 从低电平跳变为高电平，即 $u_o=+U_Z$，同相输入端的电压也随之而跳变为 $\frac{R_2}{R_1+R_2}U_Z$，电容 C 再次充电。如此周而复始，迟滞比较器

第6章 波形产生电路

的输出端电压 u_o 反复在高电平和低电平之间跳变，于是产生了正负交替的矩形波。迟滞比较器的输出电压 u_o 以及电容 C 两端的电压 u_C 的波形如图 6 - 18 所示。可以证明，矩形波的振荡周期为

$$T = T_1 + T_2 = 2RC\ln\left(1 + \frac{2R_2}{R_1}\right) \quad (6.15)$$

可见，改变充放电时间常数 RC 及迟滞比较器的电阻 R_1 和 R_2，即可调节矩形波的振荡周期，而矩形波的幅度决定于 U_Z。

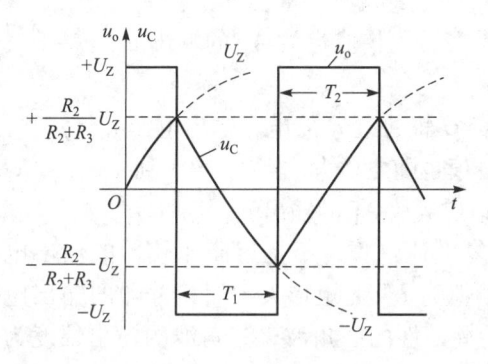

图 6 - 18 u_o 与 u_C 波形

通常定义矩形波高电平持续的时间与信号周期的比值 T_2/T 叫做占空比 q，习惯上将占空比为 50% 的矩形波称为方波。

6.2.2 三角波产生电路

1. 电路组成

三角波产生电路如图 6 - 19 所示，其中集成运放 A_1 组成迟滞比较器，其反相端接地；A_2 组成反相积分器。积分器的作用是将迟滞比较器输出的矩形波转换为三角波，同时反馈给比较器的同相输入端，使比较器产生随三角波的变化而翻转的矩形波。这里的迟滞比较器和前述的矩形波发生器的区别是从同相端输入信号，但基本原理相同。

2. 工作原理

图 6 - 19 中，集成运放 A_1 同相输入端的电压由 u_o 和 u_{o1} 共同决定，根据叠加定理

$$u_+ = \frac{R_2}{R_1 + R_2}u_{o1} + \frac{R_1}{R_1 + R_2}u_o$$

当 $u_+ > 0$ 时，$u_{o1} = +U_Z$；当 $u_+ < 0$ 时，$u_{o1} = -U_Z$。即迟滞比较器的翻转发生在 $u_+ = 0$ 的时刻，此时比较器的输入电压（即积分器的输出电压 u_o）应该为

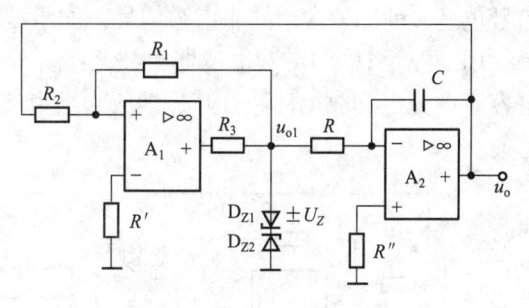

$$u_o = \pm\frac{R_2}{R_1}U_Z$$

图 6 - 19 三角波发生器

也就是比较器的上、下门限电压。

假设 $t = 0$ 时积分电容 C 上初始电压为零，集成运放 A_1 输出为高电平，即 $u_{o1} = +U_Z$，此时 $u_o = 0$，u_+ 也为高电平。积分器输入为 $+U_Z$，将对积分电容 C 开始充电，输出电压 u_o 将随时间往负方向线性增长，即输出电压 u_o 开始减小，u_+ 值也随之减小，当 u_o 减小

161

到 $-U_ZR_2/R_1$ 时，u_+ 由正值变为零，迟滞比较器 A_1 翻转，集成运放 A_1 的输出 $u_{o1} = -U_Z$，此时 u_+ 也跳变成为一个负值。

当 $u_{o1} = -U_Z$ 时，积分器输入负电压，积分电容 C 将通过 R 放电，输出电压 u_o 将随时间往正方向线性增长，即输出电压 u_o 开始增大，u_+ 值也随之增大，当 u_o 增大到 $+U_ZR_2/R_1$ 时，u_+ 由负值变为零，迟滞比较器 A_1 再次翻转，集成运放 A_1 的输出 $u_{o1} = +U_Z$。

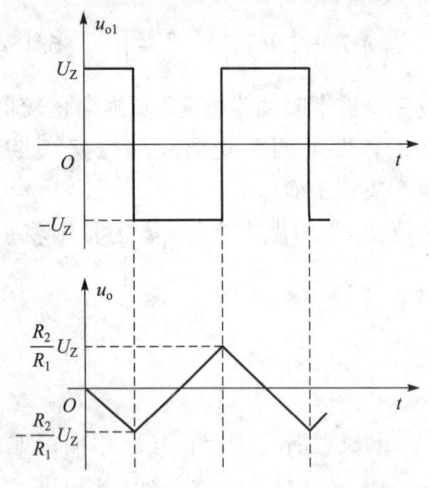

以后重复上述过程，于是迟滞比较器的输出电压 u_{o1} 成为幅值为 U_Z 的矩形波，而积分器的输出电压 u_o 也成为周期性的三角波，三角波的输出幅度为 U_ZR_2/R_1，如图 6-20 所示。

可以证明三角波的周期为

$$T = \frac{4R_2RC}{R_1} \qquad (6.16)$$

由以上分析可知，三角波的输出幅度与稳压管的 U_Z 及 R_2/R_1 成正比，周期与积分电路的时间常数 RC 及 R_2/R_1 成正比。

6.2.3 锯齿波产生电路

如果在三角波产生电路中，使积分电容充电和放电的时间常数不同，而且相差悬殊，则在积分电路的输出端即可得到锯齿波信号。锯齿波信号也是一种比较常用的非正弦信号，如示波器的扫描信号就是锯齿波信号。

用二极管 D_1、D_2 和电位器 R_W 代替图 6-19 三角波发生电路中的积分电阻 R，使积分电容 C 的充电和放电回路分开，即成为锯齿波发生电路，如图 6-21（a）所示。

图 6-20 图 6-19 电路的波形图

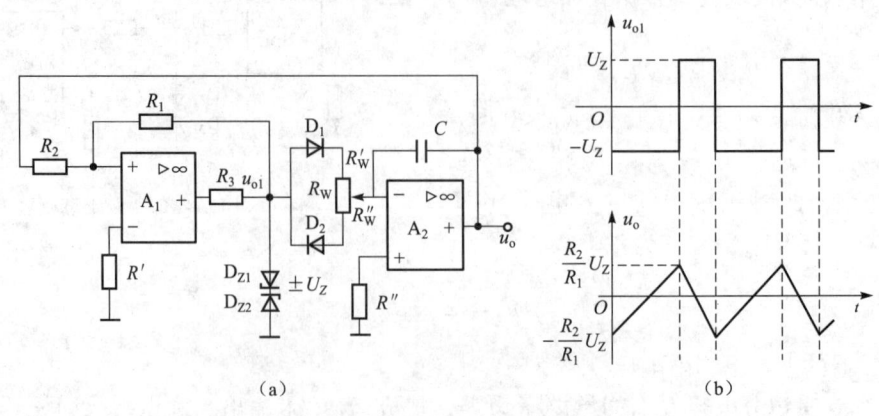

图 6-21 锯齿波发生器

调节电位器 R_W 滑动端的位置，使 $R'_W \ll R''_W$，即电容充电时间常数比放电时间常数小得多，也就是充电很快而放电很慢，此时积分电路的输出电压 u_o 的波形如图 6-21（b）所示。

6.3　集成函数发生器 8038 简介

集成函数发生器 8038 是一种多用途的波形发生器，可以用来产生正弦波、方波、三角波和锯齿波，其振荡频率可以通过外加的直流电压进行调节，所以是压控集成信号产生器。8038 内部原理电路框图如图 6-22 所示。

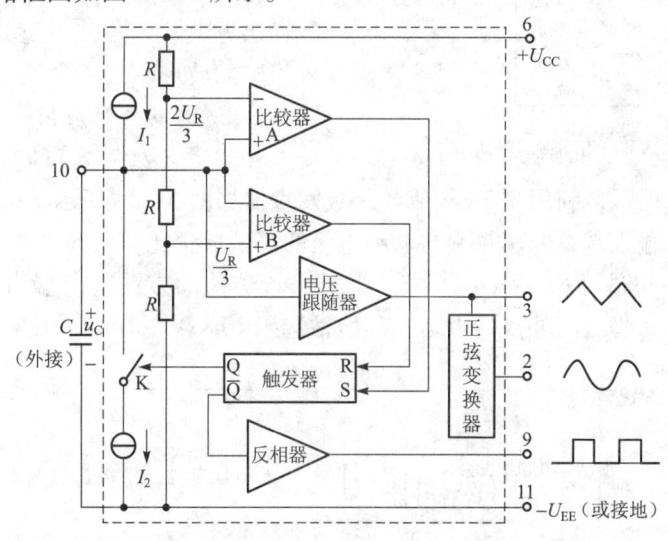

图 6-22　8038 内部原理框图

1. 8038 的工作原理

由图 6-22 可见，8038 由两个恒流源、两个电压比较器、触发器、电子开关 K 和正弦波变换器等组成。

在图 6-22 中，电压比较器 A、B 的门限电压分别为 $2U_R/3$ 和 $U_R/3$（其中 $U_R = U_{CC} + U_{EE}$），电流源 I_1 和 I_2 的大小可通过外接电阻调节，且 I_2 必须大于 I_1。图 6-22 中的触发器，当 R 端为高电平、S 端为低电平时，Q 端输出低电平；反之，则 Q 端为高电平。

当触发器的 Q 端输出为低电平时，它控制开关 K 使电流源 I_2 断开。而电流源 I_1 则向外接电容 C 充电，使电容两端电压 u_C 随时间线性上升，当 u_C 上升到 $u_C = 2U_R/3$ 时，比较器 A 输出发生跳变，使触发器输出 Q 端由低电平变为高电平，控制开关 K 使电流源 I_2 接通。由于 $I_2 > I_1$，因此电容 C 放电，u_C 随时间线性下降。

当 u_C 下降到 $u_C \leqslant U_R/3$ 时，比较器 B 输出发生跳变，使触发器输出端 Q 又由高电平变为低电平，I_2 再次断开，I_1 再次向 C 充电，u_C 又随时间线性上升。如此周而复始，产生振荡。若 $I_2 = 2I_1$，u_C 上升时间与下降时间相等，就产生三角波输出到脚 3。而触发器输出的方波，经反相器输出到脚 9。三角波经正弦波变换器变成正弦波后由脚 2 输出。当 $I_1 < I_2 < 2I_1$ 时，u_C 的上升时间与下降时间不相等，管脚 3 输出锯齿波。因此，8038 能输出方波、三角波、正弦波和锯齿波等四种不同的波形。

2. 8038 的典型应用

8038 是塑封双列直插式集成电路，其管脚功能如图 6-23 所示，利用 8038 构成的函数发生器如图 6-24 所示。由图 6-23 可见，8 脚为调频电压控制输入端，振荡频率与调频电压的高低成正比，调频电压的值（指 6 脚与 8 脚之间的电压）不超过 $(U_{CC} + U_{EE})/3$。此外，该器件的方波输出端为集电极开路形式，一般需在正电源与 9 脚之间外接一电阻，其值常选用 10 kΩ 左右，如图 6-24 所示。

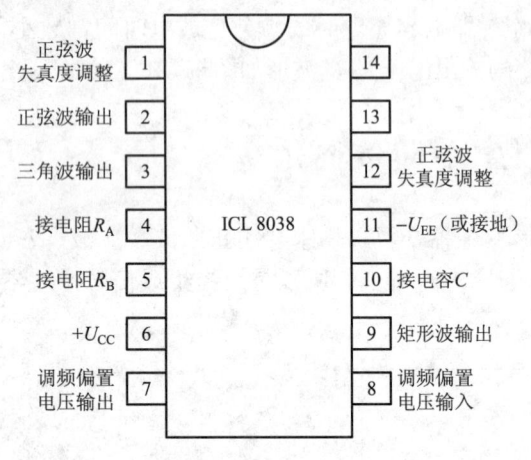

图 6-23　8038 管脚排列

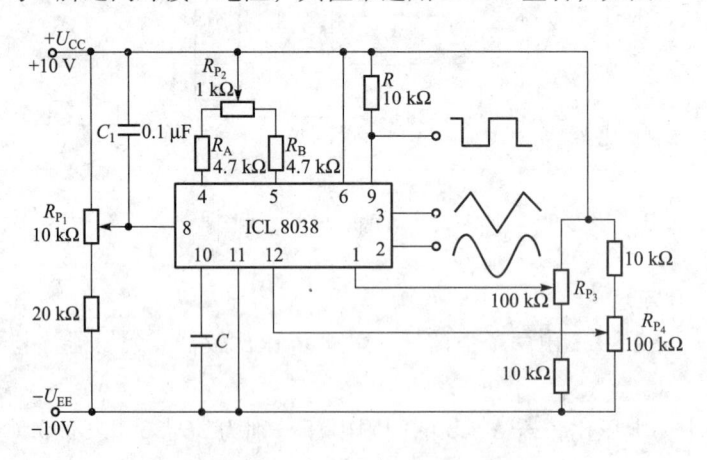

图 6-24　频率可调、失真小的函数发生器

其振荡频率由电位器 R_{P_1} 滑动触点的位置、C 的容量、R_A 和 R_B 的阻值决定，调节 R_{P_1} 即可改变输出信号的频率。图中 C_1 为高频旁路电容，用以消除 8 脚的寄生交流电压，R_{P_2} 为方波占空比和正弦波失真度调节电位器，当 R_{P_2} 位于中间时，可产生占空比为 50% 的方波，对称的三角波和正弦波。R_{P_3}、R_{P_4} 是双联电位器，其作用是进一步调节正弦波的失真度。

6.4 实训 正弦波及非正弦波发生电路 Multisim 仿真实例

1. RC 桥式正弦波振荡器 Multisim 仿真

① 创建图 6-25 所示 RC 振荡电路。R_1、C_1、R_2、C_2 构成正反馈选频网络，R_3、R_P、R_4 为集成运放提供负反馈，D_1、D_2 起稳幅的作用。

② 启动仿真开关，双击示波器图标，合理设置参数，调节电位器 R_P 的阻值，观测输出波形。在调节电位器 R_P 的过程中，可以看出，当减小 R_P 至一定时，电路将不能振荡。增大至一合适的值时，电路能振荡且输出波形较好，如图 6-26 所示，若继续增大 R_P，当 R_P 的值太大时，输出波形产生严重失真，如图 6-27 所示。试分析原因。

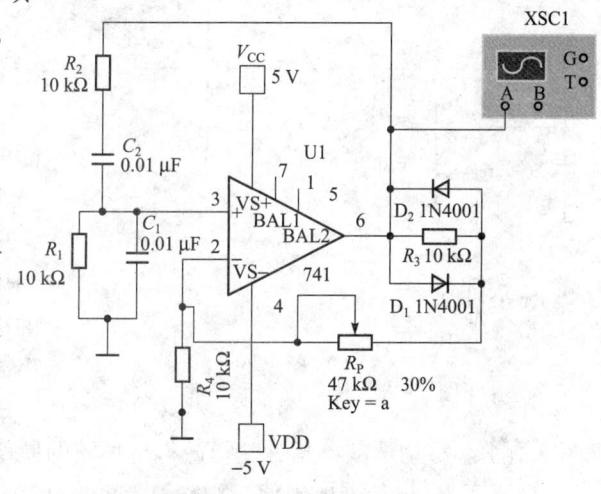

图 6-25 RC 桥式正弦波振荡器

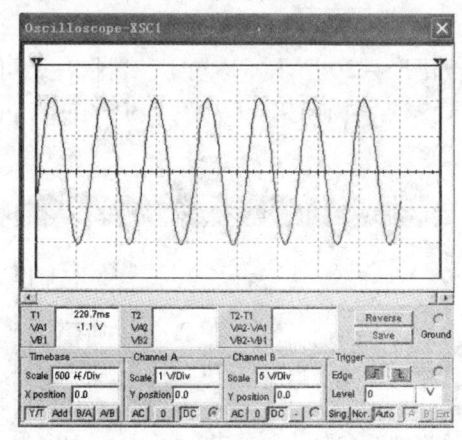

图 6-26 RC 正弦波振荡器正常的输出波形

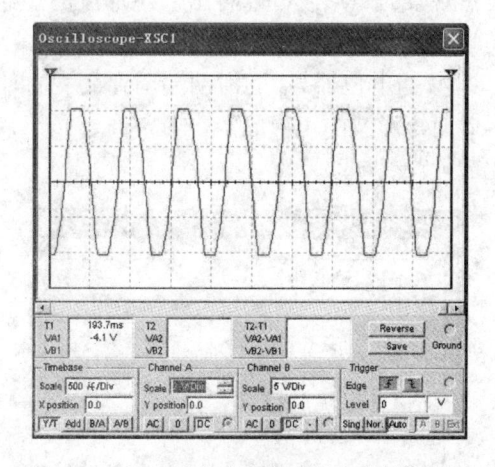

图 6-27 RC 正弦波振荡器失真的输出波形

③ 调节 R_P，使输出波形幅度最大且不失真，移动示波器指针，可测得正弦波的周期 $T = 640$ μs，则振荡频率 $f_0 = 1/T = 1.56$ kHz。

④ 双击 R_1 和 R_2，改变电阻阻值，使 $R_1 = R_2 = 5$ kΩ，重启仿真开关，观测输出波形，并再次移动示波器指针，测得输出频率。

⑤ 调节 R_P，使输出波形幅度最大且不失真。双击二极管 D_1，设置 D_1 为开路状态时观

测输出波形；将 D_1 正常接入，双击二极管 D_2，设置 D_2 为开路状态时观测输出波形；并画出这两种情况下输出波形。

2. 矩形波发生电路 Multisim 仿真

① 创建图 6-28 所示电路。它由迟滞型电压比较器和 RC 电路组成。R_P、R_4、C_1、D_1、D_2 构成有延迟的反馈网络，C_1 上的电压就是反馈电压，R_3 为限流电阻。

② 启动仿真开关，双击示波器图标，合理设置参数，调节电位器 R_P 的阻值，观测反相输入端及输出端波形。当电位器 R_P 的滑动端调到中间位置时，A 通道显示的输出波形为正负半周对称的矩形波，B 通道显示的电容上的电压波形为充放电波形，如图

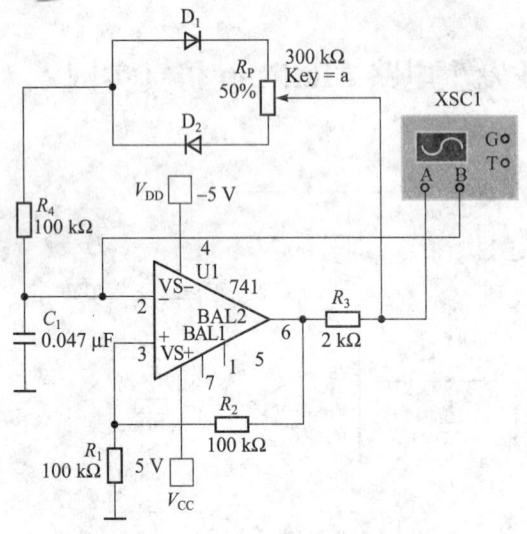

图 6-28 矩形波发生电路

6-29 所示。移动示波器指针，可测得矩形波的周期 $T = 30.8$ ms。

③ 改变 R_P 电位器的阻值，观察波形的变化。当电位器 R_P 的滑动端往上移动时，由示波器观察的矩形波可以看出，矩形波的正半周 T_1 增大，而负半周 T_2 减小。相反，R_P 的滑动端往下移动时，则矩形波的正半周 T_1 减小，而负半周 T_2 增大。

④ 当电位器 R_P 的滑动端调到最下端时，波形如图 6-30 所示。移动示波器指针，可测得此时矩形波的正半周 $T_1 = 7.3$ ms，负半周 $T_2 = 23.5$ ms，周期 $T = T_1 + T_2 = 30.8$ ms，占空比 $D = T_1/T = 23.7\%$。

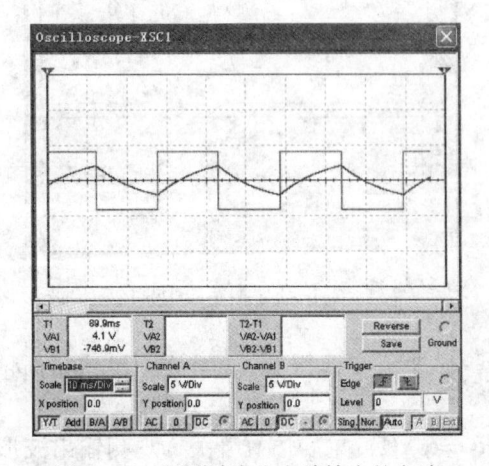

图 6-29 矩形波发生电路输出的方波

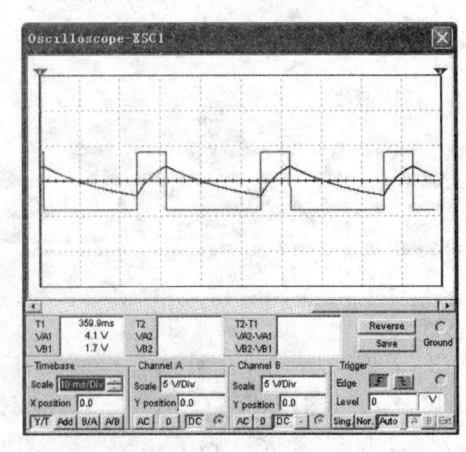

图 6-30 矩形波发生电路输出的矩形波

3. 三角波发生电路 Multisim 仿真

① 创建图 6-31 所示电路。它由迟滞型电压比较器和积分器组成。

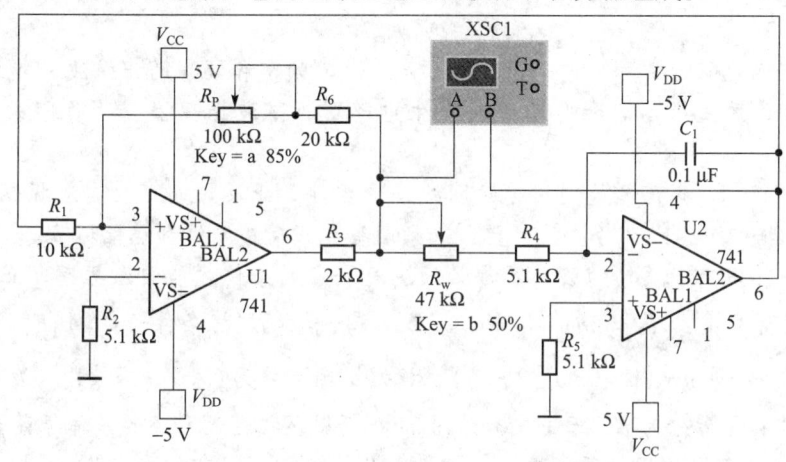

图 6-31 三角波发生电路

② 启动仿真开关，双击示波器图标，合理设置参数，观测第一级和第二级输出波形，如图 6-32 所示。移动示波器指针，测出三角波的周期 T。

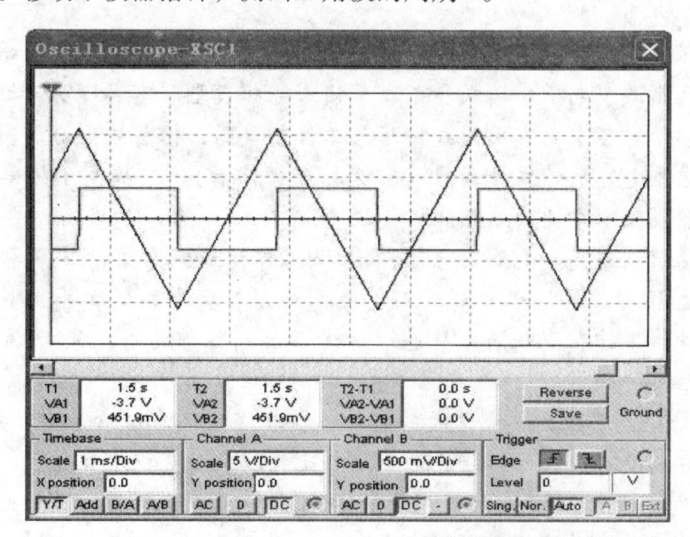

图 6-32 三角波发生电路输出波形

③ 改变 R_w 电位器的阻值，观察波形的变化，并测试其频率变化范围。

本 章 小 结

1. 信号产生电路通常称为振荡器，用于产生一定频率和幅度的正弦波和非正弦波信号，因此，它分为正弦波振荡器和非正弦波产生电路。正弦波振荡器分为负阻式和反馈式振荡器。

2. 反馈式正弦波振荡器是利用选频网络，依靠外加正反馈而产生自激振荡的。正弦波振荡器一般包括四个组成部分：放大器、选频网络、正反馈网络和稳幅环节。

3. 任何一个具有正反馈的放大器都必须满足一定的条件才能自激振荡。正弦波振荡器的相位起振条件为：$\sum \varphi = 2n\pi$ ($n=0, 1, 2, \cdots$)，振幅起振条件为：$|\dot{A}_u \dot{F}_u| > 1$；相位平衡条件为：$\sum \varphi = 2n\pi$ ($n=0, 1, 2, \cdots$)，振幅平衡条件为：$|\dot{A}_u \dot{F}_u| = 1$。

4. 正弦波振荡器分为 RC 正弦波振荡器、LC 正弦波振荡器和石英晶体振荡器。

RC 正弦波振荡器适用于低频振荡，一般在 1 MHz 以下，常采用 RC 桥式振荡器，RC 桥式振荡器用 RC 串并联网络作为选频网络，其振荡频率为 $f_0 = 1/2\pi RC$，为了满足振荡条件，要求 RC 桥式振荡器中的放大器应满足下列条件：同相放大，$A_u > 1$；高输入阻抗、低输出阻抗；采用非线性元件构成负反馈，使放大器的增益能自动随输出电压的增大（或减小）而下降（或增大）。

LC 正弦波振荡器的选频网络由 LC 并联谐振回路构成，它可以产生较高频率的正弦波信号。它有变压器反馈式、电感反馈式和电容反馈式等振荡器，其振荡频率近似等于 LC 并联谐振回路的谐振频率。其中电容反馈式振荡器工作频率高，振荡波形好。实用的电容反馈式振荡器是串联改进型电容反馈式振荡器（即克拉泼振荡器），它提高了频率稳定度并克服了电容反馈式振荡器调频不方便的缺点。

石英晶体振荡器利用高 Q 值的石英晶体谐振器作为选频网络，其频率稳定性很高，频率稳定度一般可达 $10^{-6} \sim 10^{-8}$ 数量级。石英晶体振荡器有串联型和并联型，前者石英晶体作为一个反馈元件，工作在串联谐振状态；后者石英晶体作为一个高 Q 值的电感元件，和回路中其他元件形成并联谐振。

5. 非正弦波产生电路中的集成运放一般工作在非线性区。本章讨论了矩形波、三角波、锯齿波振荡器，它们没有选频网络，通常由迟滞比较器、积分电路等组成。

6. 集成函数发生器 8038 是一种多用途的波形发生器，可以用来产生正弦波、方波、三角波和锯齿波，使用时只需按其应用图连接即可。

习 题 6

6.1 根据振荡的相位条件判断如图 6-33 所示各电路能否振荡。

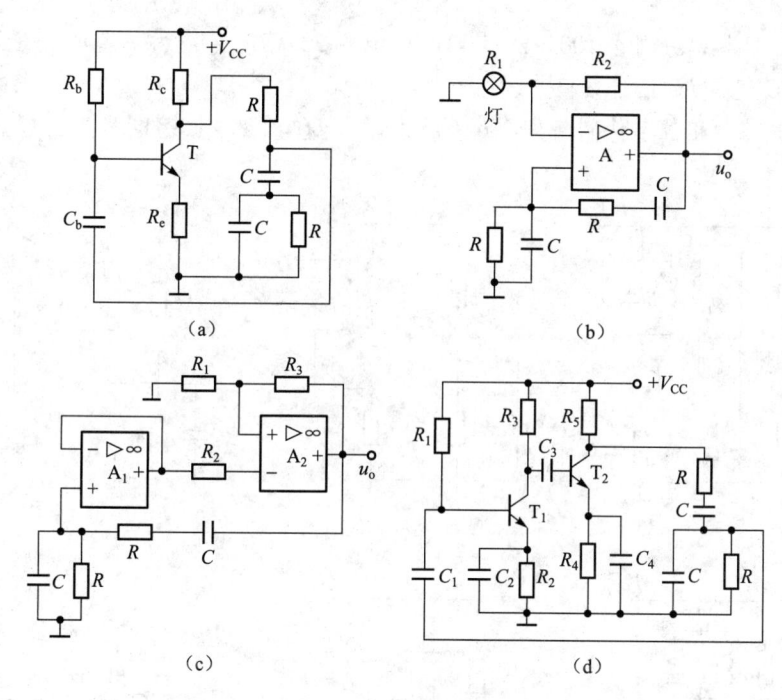

图 6-33 习题 6.1 图

6.2 若要将如图 6-34 所示的元器件连接成 RC 正弦波振荡电路，如何连线？若要产生振荡频率为 1 kHz 的正弦波振荡输出，当电容 $C = 0.016\ \mu\text{F}$ 时，电阻 R 应选多大？

6.3 RC 桥式正弦波振荡电路如图 6-35 所示，已知 $R = 8.2\ \text{k}\Omega$，$C = 0.01\ \mu\text{F}$，$R_1 = 4.3\ \text{k}\Omega$，$R_\text{p} = 22\ \text{k}\Omega$，$R_3 = 6.2\ \text{k}\Omega$。(1) 标出运放的输入端极性；(2) 估算振荡频率 f_0；(3) 分析半导体二极管 D_1 和 D_2 的作用；(4) 说明电位器 R_p 如何调节？

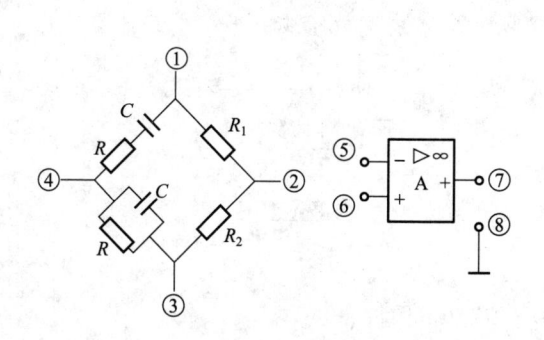

图 6-34 习题 6.2 图

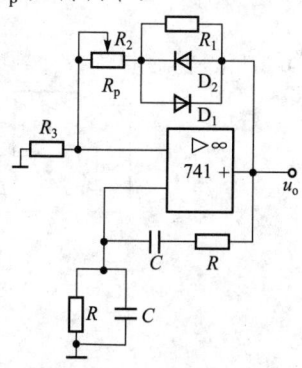

图 6-35 习题 6.3 图

6.4 当需要频率分别在 100 Hz～1 kHz 或 10～20 MHz 范围内可调的正弦振荡输出时，应分别采用 RC 还是 LC 正弦波振荡电路？

6.5 用振荡的相位条件判断如图 6-36 所示各 LC 正弦波振荡电路能否起振，并说明原因。

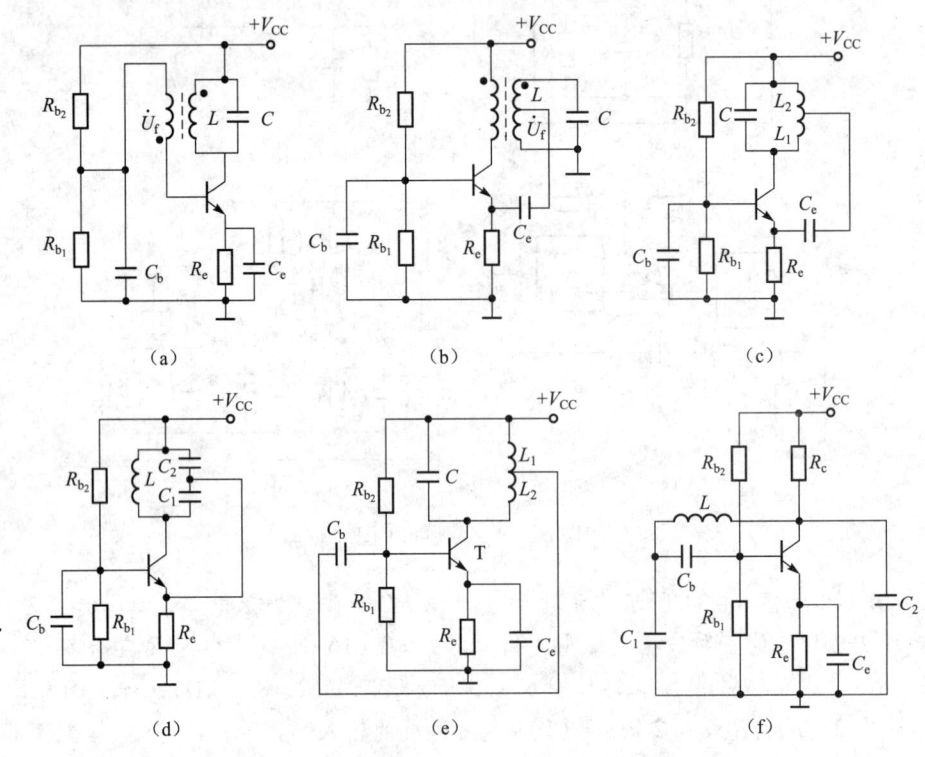

图 6-36 习题 6.5 图

6.6 用振荡的相位条件判断如图 6-37 所示各集成运放组成的振荡电路能否起振。

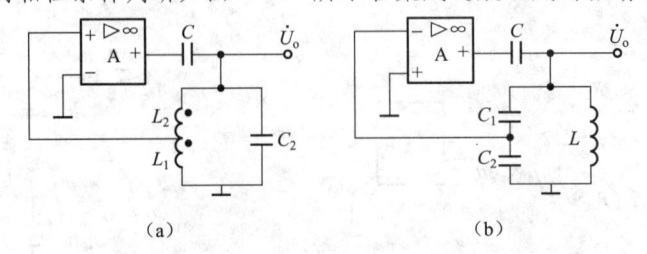

图 6-37 习题 6.6 图

6.7 图 6-9 所示的串联改进型电容反馈三点式 LC 振荡器中，设 $C_1 = C_2 = 1\ 000$ pF，电容 C_3 为 12～365 pF 的可变电容，$L = 50\ \mu H$。试求其振荡频率的变化范围。

6.8 石英晶体振荡器电路如图6-38所示，指出振荡器的类型和石英晶体在电路中所起的作用。并估算图6-38（b）振荡器的振荡频率f_0。

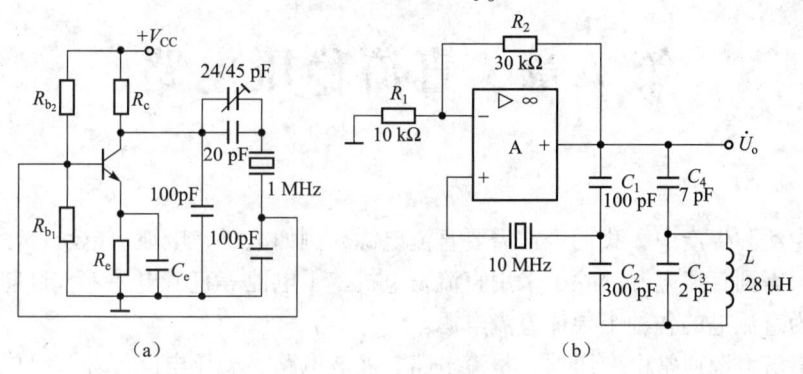

图6-38 习题6.8图

6.9 分析如图6-39所示波形产生电路的工作原理，说明电路中各元件的作用，画出u_{o1}、u_{o2}和u_{o3}的波形，并写出振荡频率的表达式。

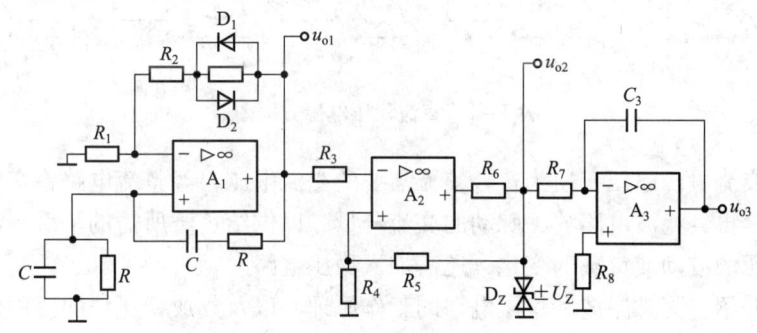

图6-39 习题6.9图

第7章 直流稳压电路

在日常生活和生产中，我们经常需要直流电源，例如电解、电镀、电动自行车蓄电池的充电等。为了得到直流电源，除了采用直流发电机、干电池等直流电源外，目前广泛采用将交流电变换为直流电的各种半导体直流电源。

半导体直流电源通常由变压器、整流电路、滤波电路、稳压电路等环节组成，如图7-1所示。

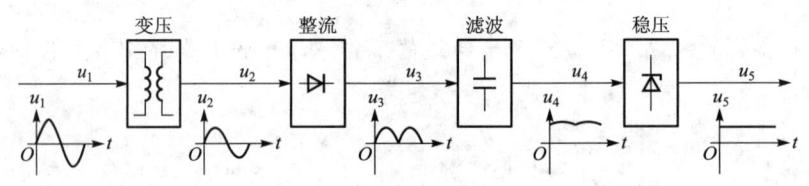

图7-1 直流稳压电源方框图

变压器将交流电源电压变换为符合整流需要的交流电压，经整流电路将交流电压变换为单向脉动电压，再经滤波电路滤去脉动的交流分量，以供给负载所需的平滑直流电压。考虑到交流电源电压的波动或负载的变化，还需加入稳压电路。

本章主要介绍整流、滤波和稳压电路的工作原理，以及集成稳压块的使用。

7.1 整流电路

7.1.1 单相半波整流电路

将交流电变为直流电的过程，称为整流。利用半导体二极管的单向导电性可以组成整流电路。此电路简单、方便、经济，下面着重分析各种整流电路的工作原理和特点。

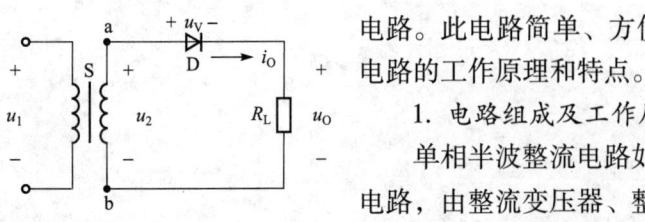

图7-2 单相半波整流电路

1. 电路组成及工作原理

单相半波整流电路如图7-2所示。它是最简单的整流电路，由整流变压器、整流二极管 D 及负载电阻 R_L 组成。其中 u_1，u_2 分别为整流变压器的原边和副边交流电压。电路的工作情况如下：

设变压器副边电压为

$$u_2 = \sqrt{2}U_2 \sin \omega t$$

图 7-2 中，在 u_2 的正半周（$0 \leq \omega t \leq \pi$）期间，a 端为正，b 端为负，二极管因正向电压作用而导通。电流从 a 端流出，经二极管 D 流过负载电阻 R_L 回到 b 端。如果略去二极管的正向压降，则在负载 R_L 两端的电压 u_0 就等于 u_2。其电流、电压波形如图 7-3（b）、(c) 所示。

在 u_2 的负半周（$\pi \leq \omega t \leq 2\pi$）期间，a 端为负，b 端为正，二极管承受反向电压而截止，负载中没有电流，故 $u_0 = 0$。这时，二极管承受了全部 u_2，其波形如图 7-3（d）所示。

尽管 u_2 是交变的，但因二极管的单向导电作用，使得负载上的电流 i_0 和电压 u_0 都是单一方向。这种电路只有在 u_2 的半个周期内负载上才有电流，故称为半波整流电路。

2. 参数计算

（1）负载上的直流电压和电流

负载上的直流输出电压 U_0 和直流电流 I_0 都是指一个周期内的平均值，由于负载电压 u_0 为半波脉动，在整个周期中负载电压平均值

$$U_0 = \frac{1}{2\pi} \int_0^\pi \sqrt{2}U_2 \sin \omega t \, d(\omega t) = 0.45 U_2$$

负载上的电流平均值为

$$I_0 = 0.45 \frac{U_2}{R_L}$$

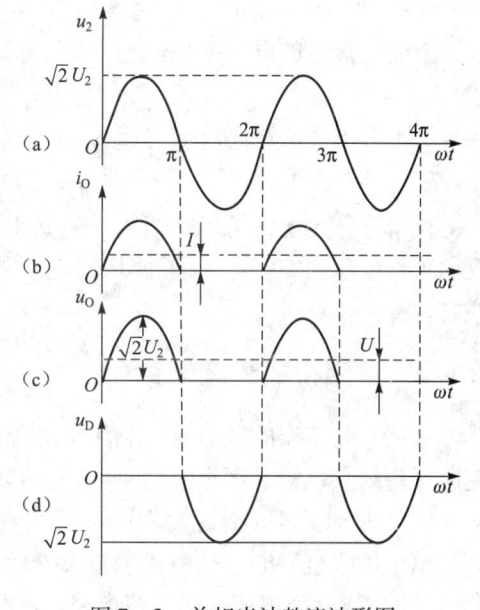

图 7-3 单相半波整流波形图

（2）整流二极管的电流平均值和承受的最高反向电压

由于二极管与负载串联，所以，流经二极管的电流平均值就是流经负载电阻 R_L 的电流平均值，即

$$I_D = \frac{U_0}{R_L} = 0.45 \frac{U_2}{R_L}$$

二极管截止时承受的最高反向电压就是整流变压器副边交流电压 u_2 的最大值，即

$$U_{RM} = \sqrt{2}U_2$$

根据 I_D 和 U_{RM} 可以选择合适的整流二极管。

半波整流电路结构简单，但只利用交流电压半个周期，直流输出电压低，波动大，整流

效率低。

例 7-1 单相半波整流电路如图 7-2 所示。已知负载电阻 $R_L = 750\ \Omega$，变压器副边电压 $U_2 = 20\ V$，试求 U_O、I_O，并选用二极管。

解：输出电压的平均值为

$$U_O = 0.45 U_2 = 0.45 \times 20 = 9\ V$$

负载电阻 R_L 的电流平均值为

$$I_O = \frac{U_O}{R_L} = \frac{9}{750} = 12\ mA$$

整流二极管的电流平均值为

$$I_D = I_O = 12\ mA$$

二极管承受的最高反向电压为

$$U_{RM} = \sqrt{2} U_2 = \sqrt{2} \times 20 = 28.2\ V$$

查半导体手册，可以选用型号为 2AP4 的整流二极管，其最大整流电流为 16 mA，最高反向工作电压为 50 V，为了使用安全，二极管的反向工作峰值电压要选得比 U_{DRM} 大一倍左右。

7.1.2 单相桥式整流电路

单相半波整流的缺点是只利用了电源电压的半个周期，同时整流电压的脉动较大。为了克服这些缺点，常采用全波整流电路，其中最常用的是单相桥式整流电路。

1. 电路组成及工作原理

单相桥式整流电路是由 4 个整流二极管接成电桥的形式构成，如图 7-4（a）所示。图 7-4（b）所示为单相桥式整流电路的一种简便画法。

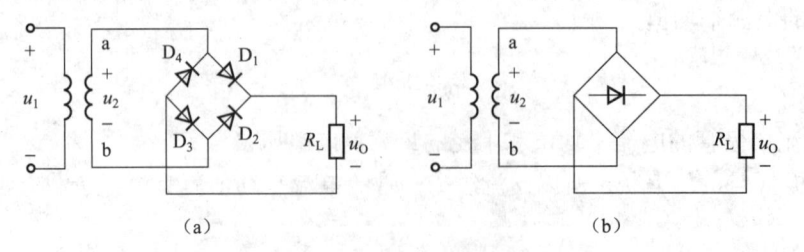

图 7-4 单相桥式整流电路
（a）单相桥式整流电路；（b）单相桥式整流电路的简化画法

单相桥式整流电路的工作情况如下。

设整流变压器副边电压为

$$u_2 = \sqrt{2} U_2 \sin\omega t$$

当 u_2 为正半周（$0 \leq \omega t \leq \pi$）时，其极性为上正下负，即 a 点电位高于 b 点电位，二极管 D_1、D_3 因承受正向电压而导通，D_2、D_4 因承受反向电压而截止。此时电流的路径为：$a \to D_1 \to R_L \to D_3 \to b$，如图 7-5（a）所示。

当 u_2 为负半周（$\pi \leq \omega t \leq 2\pi$）时，其极性为上负下正，即 a 点电位低于 b 点电位，二极管 D_2、D_4 因承受正向电压而导通，D_1、D_3 因承受反向电压而截止。此时电流的路径为：$b \to D_2 \to R_L \to D_4 \to a$，如图 7-5（b）所示。

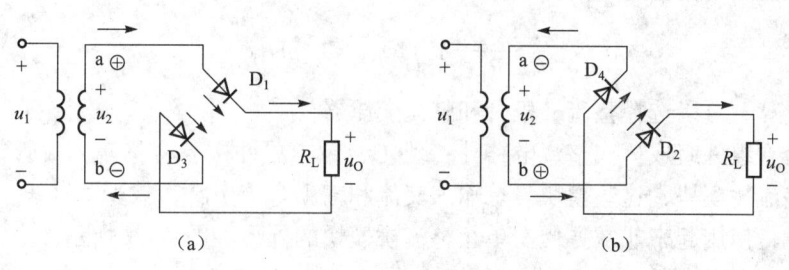

图 7-5 单相桥式整流电路的电流通路
（a）正半周时电流的通路；（b）负半周时电流的通路

从以上分析可见，无论电压 u_2 是在正半周还是在负半周，负载电阻 R_L 上都有相同方向的电流流过，因此在负载电阻 R_L 上得到的是单向脉动电压和电流。忽略二极管导通时的正向压降，则单相桥式整流电路的波形如图 7-6 所示。

2．参数计算

（1）负载上的电压平均值和电流平均值

单相桥式整流电压的平均值为

$$U_O = \frac{1}{\pi} \int_0^\pi \sqrt{2} U_2 \sin \omega t \, d(\omega t) = \frac{2\sqrt{2}}{\pi} U_2 = 0.9 U_2$$

流过负载电阻 R_L 的电流平均值为

$$I_O = \frac{U_O}{R_L} = 0.9 \frac{U_2}{R_L}$$

（2）整流二极管的电流平均值和承受的最高反向电压

因为桥式整流电路中每两个二极管串联导通半个周期，所以流经每个二极管的电流平均值为负载电流的一半，即

$$I_D = \frac{1}{2} I_O = 0.45 \frac{U_2}{R_L}$$

每个二极管在截止时承受的最高反向电压为 u_2 的最大值，即

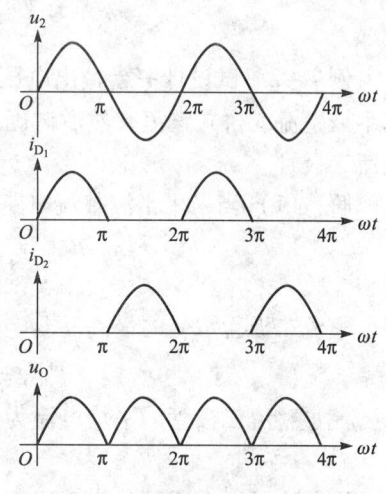

图 7-6 单相桥式整流电路的波形

$$U_{RM} = \sqrt{2}U_2$$

（3）整流变压器副边电压有效值和电流有效值

整流变压器副边电压有效值为

$$U_2 = \frac{U_O}{0.9} = 1.11U_O$$

整流变压器副边电流有效值为

$$I_2 = \frac{U_2}{R_L} = 1.11\frac{U_2}{R_L} = 1.11I_O$$

由以上计算，可以选择整流二极管和整流变压器。

除了用分立组件组成桥式整流电路外，现在半导体器件厂已将整流二极管封装在一起，制造成单相整流桥模块，这些模块只有输入交流和输出直流引脚，减少了接线，提高了电路工作的可靠性，使用起来非常方便。单相整流桥模块的外形如图 7-7 所示。

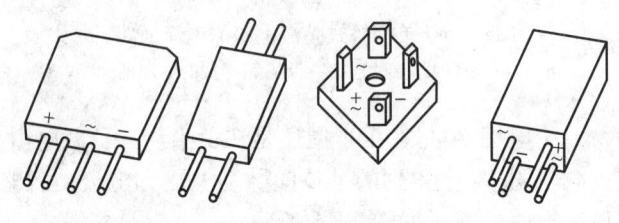

图 7-7 单相整流桥模块的外形

例 7-2 试设计一台输出电压为 24 V，输出电流为 2 A 的直流电源，电路形式可以采用半波整流或桥式整流，然后试确定两种电路形式的变压器副边电压有效值，并选定相应的整流二极管。

解：（1）当采用半波整流电路时，变压器副边电压有效值为

$$U_2 = \frac{U_O}{0.45} = \frac{24}{0.45} = 53.3 \text{ V}$$

整流二极管承受的最高反向电压为

$$U_{RM} = \sqrt{2}U_2 = 1.41 \times 53.3 = 75.2 \text{ V}$$

流过整流二极管的平均电流为

$$I_D = I_O = 2 \text{ A}$$

因此，可以选用型号为 2CZ12B 的整流二极管，其最大整流电流为 3 A，最高反向工作电压为 200 V。

（2）当采用桥式整流电路时，变压器副边电压有效值为

$$U_2 = \frac{U_O}{0.9} = \frac{24}{0.9} = 26.7 \text{ V}$$

整流二极管承受的最高反向电压为

$$U_{RM} = \sqrt{2}U_2 = 1.41 \times 26.7 = 37.6 \text{ V}$$

流过整流二极管的平均电流为

$$I_D = \frac{1}{2}I_O = 0.5 \text{A}$$

因此,可以选用 4 只型号为 2CZ11A 的整流二极管,其最大整流电流为 1 A,最高反向工作电压为 100 V。

例 7 – 3 桥式全波整流电路如 7 – 8 所示,若电路中二极管出现下述各种情况,电路会出现什么问题?

(1) D_1 因虚焊而开路。

(2) D_2 被短路。

(3) D_3 极性接反。

(4) D_1、D_2 极性都接反。

(5) D_1 开路,D_2 短路。

图 7 – 8 例 7 – 3 电路图

解: (1) 二极管 D_1 开路,u_2 正半周波形无法送到 R_L 上,因此电路由全波整流变为半波整流。

(2) 二极管 D_2 被短路,在 u_2 正半周时,变压器副边电压直接加在导通的 D_1 两端,D_1 和变压器副边可能烧坏。

(3) 二极管 D_3 极性接反,在 u_2 负半周时,变压器副边电压直接加在两个导通的二极管 D_3、D_4 上,会造成副边绕组和二极管 D_3、D_4 过流以至烧坏。

(4) 二极管 D_1、D_2 极性都接反,此时由于在 u_2 整个周期所有二极管均不导通,所以电路输出 $U_O = 0$。

(5) 二极管 D_1 开路,D_2 短路,此时全波整流变成半波整流,u_2 只有负半周波形能送到 R_L 上。

7.1.3 三相桥式整流电路

1. 电路组成及工作原理

为了能获得脉动程度更小的直流输出,保持三相负载的平衡,常采用三相整流电路。

三相桥式整流电路如图 7 – 9 所示,6 个二极管组成三相桥式整流电路,经三相变压器接三相电源,变压器的原边为三角形连接,副边为星形连接,副边三相电压分别为 u_{2a}、u_{2b}、u_{2c},其波形如图 7 – 10 (a) 所示。

三相桥式整流电路中,6 个二极管分成共阳极和共阴极两组,第一组二极管 D_1、D_3 和 D_5 的阴极接在一起,具有相同的电位,所以在某一瞬间,阳极电位最高的那个二极管导通;第二组二极管 D_2、D_4 和 D_6 的阳极接在一起,在某一瞬间,阴极电位最低的那个二极管导

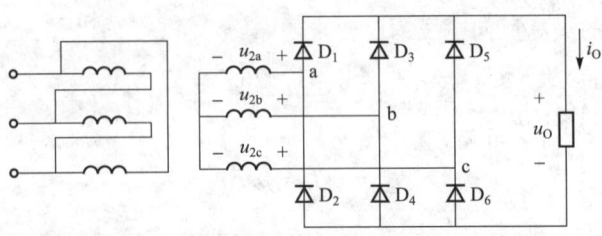

图7-9 三相桥式整流电路

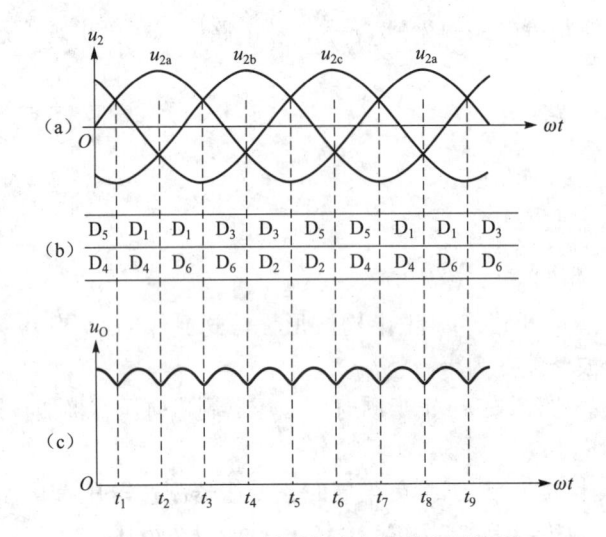

图7-10 三相桥式整流电路的电压波形
（a）变压器副边电压波形；（b）二极管导通次序；（c）输出电压波形

通。每一组中的3个二极管轮流导通，在同一瞬间，每组各有一个二极管导通。

由如图7-10（a）所示的波形可知，在$0 \sim t_1$期间c相电压为正，b相电压为负，a相电压虽然也为正，但低于c相电压，因此，在这段时间内，如图7-9所示电路中的c点电位最高，b点电位最低，于是二极管D_5和D_4导通。如果忽略二极管的正向压降，加在负载上的电压u_O就是线电压u_{cb}。由于D_5导通，D_1和D_3的阴极电位基本上等于c点的电位，而它们的阳极电位均低于c点电位，因此二极管D_1和D_3截止。而D_4导通，又使D_2和D_6的阳极电位基本上等于b点的电位，而它们的阴极电位均高于b点电位，因此二极管D_2和D_6也截止。在这段时间内的电流通路为：$c \rightarrow D_5 \rightarrow R_L \rightarrow D_4 \rightarrow b$。

在$t_1 \sim t_2$期间，从图7-10（a）可以看出，a点电位最高，b点电位仍然最低，于是二极管D_1和D_4导通，负载电压u_O为线电压u_{ab}电流通路为：$a \rightarrow D_1 \rightarrow R_L \rightarrow D_3 \rightarrow b$。

同理，在$t_2 \sim t_3$期间，a点电位最高，c点电位最低，于是二极管D_1和D_6导通，负载电压u_O为线电压u_{ac}，电流通路为：$a \rightarrow D_1 \rightarrow R_L \rightarrow D_6 \rightarrow c$。

以此类推，就可以列出如图 7-9 所示电路中二极管的导通次序，如图 7-10（b）所示。共阴极连接的 3 个二极管 D_1、D_3、D_5 在 t_1、t_3、t_5 等时刻导通；共阳极连接的 3 个二极管 D_2、D_4、D_6 在 t_2、t_4、t_6 等时刻导通。每个二极管导通 1/3 周期。

从分析以上各段时间负载上的电压可知，在三相桥式整流电路中，整流输出电压 u_O 分别由三相变压器线电压轮流提供，输出电压 u_O 的瞬时值始终与该变压器副边线电压相等，u_O 的最小值出现的时刻偏离它的最大值 $\pi/6$，三相桥式整流电路输出电压 u_O 的波形如图 7-10（c）所示。

2. 参数计算

（1）负载上的电压和电流的平均值

负载上的电压为脉动的线电压，以图 7-10（c）中的时间段 $t_1 \sim t_2$ 为例计算负载 R_L 两端的电压平均值。在 $t_1 \sim t_2$ 期间，负载 R_L 两端电压的瞬时值等于变压器副边线电压 u_{ab}，由于 u_{ab} 超前 u_a 30°，设 $u_a = \sqrt{2}U_a \sin\omega t$，则

$$u_{ab} = \sqrt{2}U_{ab}\sin(\omega t + 30°) = \sqrt{2}\sqrt{3}U_a\sin(\omega t + 30°)$$

$$U_O = \frac{1}{\pi/3}\int_{\pi/6}^{\pi/2}\sqrt{2}\sqrt{3}U_a\sin(\omega t + 30°)d(\omega t) = 2.34U_a = 2.34U_2$$

式中，U_2 为变压器副边相电压的有效值。

负载中电流的平均值为 $I_O = \frac{U_O}{R_L} = 2.34\frac{U_2}{R_L}$

（2）整流二极管的电流平均值和承受的最高反向电压

因为在一个周期内每个二极管导通 1/3 周期（导通角为 120°），所以通过二极管的电流平均值为

$$I_D = \frac{1}{3}I_O = 0.78\frac{U_2}{R_L}$$

二极管承受的最高反向电压为变压器副边线电压的最大值，即

$$U_{RM} = \sqrt{3}\sqrt{2}U_2 = 2.45U_2$$

常见的几种整流电路如表 7-1 所示。由表 7-1 可见，单相半波整流电路的输出电压相对较低，且脉动大。两管单相全波整流电路则需要变压器的副边绕组具有中心抽头，且两个整流二极管承受的最高反向电压相对较大，所以这两种电路应用较少。单相桥式整流电路的优点是输出电压高，电压脉动较小，整流二极管所承受的最高反向电压较低，同时因整流变压器在正负半周内都有电流供给负载，整流变压器得到了充分的利用，效率较高。因此单相桥式整流电路在半导体整流电路中得到了广泛的应用。单相桥式整流电路的缺点是二极管用得较多。同理，三相整流也广泛采用桥式整流电路。

表 7-1 各种整流电路性能比较表

类型	整流电路	整流电压波形	整流电压平均值	二极管电流平均值	二极管承受的最高反向电压
单相半波			$0.45U_2$	I_O	$\sqrt{2}U_2$
单相全波			$0.9U_2$	$\frac{1}{2}I_O$	$2\sqrt{2}U_2$
单相桥式			$0.9U_2$	$\frac{1}{2}I_O$	$\sqrt{2}U_2$
三相半波			$1.17U_2$	$\frac{1}{3}I_O$	$\sqrt{3}\sqrt{2}U_2$
三相桥式			$2.34U_2$	$\frac{1}{3}I_O$	$\sqrt{3}\sqrt{2}U_2$

7.2　滤波电路

通过整流得到的单向脉动直流电，包含多种频率的交流成分。为了滤除或抑制交流分量以获得平滑的直流电压，必须设置滤波电路。滤波电路直接接在整流电路后面，一般由电容、电感以及电阻等元件组成。

7.2.1　电容滤波电路

1. 电路组成及工作原理

单相半波整流电容滤波如图 7-11（a）所示。图中滤波电容 C 与负载电阻 R_L 并联。

当变压器二次电压 u_2 为正半周时，二极管 D 导通，通过二极管的电流一部分流入负载 R_L，另一部分对电容 C 充电，使电容两端建立起电压 u_C。由于充电回路的电阻很小（主要为二极管的正向导通电阻与变压器次级绕组电阻）u_C 几乎跟随交流电压 u_2 同时达到最大值。u_2 达到最大值后开始下降,出现 u_2 小于 u_C,使二极管承受反向电压而截至。于是电容 C 通过负载 R_L 放电,由于 R_L 一般较大,所以放电较慢。在交流电源电压 u_2 进入负半周时,二极管更加截止,电容 C 的放电电流继续流过 R_L,因此 R_L 上的输出电压 u_O 不为零。直到下一个周期到来,u_2 由零又向最大值上升,当 u_2 上升到大于 u_C 时,二极管 D 又重新导通,电容 C 又重新充电到 $\sqrt{2}U_2$,如此周而复始不断循环,使负载获得如图 7-11(b)所示的电压波形 u_O。由此可见,电路在一个周期内滤波电容 C 充放电各一次。

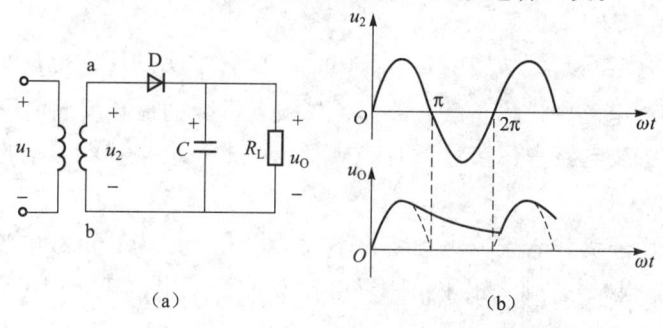

图 7-11 单相半波整流电容滤波电路及波形
(a)单相半波整流电容滤波电路;(b)单相半波整流电容滤波波形

对于带电容滤波的单相桥式整流电路的工作原理,类同于带电容滤波的半波整流电路,如图 7-12(a)所示。所不同的只是在一个周期内电容充放电各两次,其输出波形更加平滑,其输出电压也有所提高,它的波形如图 7-12(b)中实线部分所示。

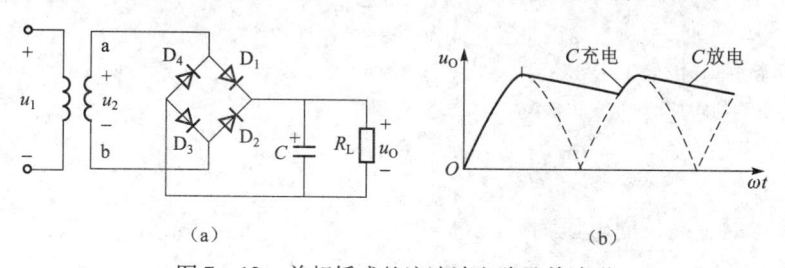

图 7-12 单相桥式整流滤波电路及其波形
(a)单相桥式整流滤波电路;(b)单相桥式整流滤波电路波形

2. 参数计算

电容滤波的效果与放电时间常数 $\tau = R_L C$ 的大小有关,τ 愈大,放电越缓慢,负载上的电压越平滑,输出电压的平均值也可得到提高,故滤波电容愈大效果愈好。为了获得较好的效果,通常选取

$$\tau = R_L C \geq (3 \sim 5)\frac{T}{2}$$

式中，T 为交流电压的周期。滤波电容 C 一般选择体积小、容量大的电解电容器。应注意，普通电解电容器有正、负极性，使用时正极必须接高电位端，如果接反会造成电解电容器的损坏。

可以证明，若取 $R_L C = 4 \times \dfrac{T}{2} = 2T$，电容滤波后的输出电压平均值约为

半波整流：$U_O \approx U_2$

桥式整流：$U_O \approx 1.2 U_2$

必须指出，半波整流电路采用电容滤波时，二极管承受的反向电压最高为 $2\sqrt{2}U_2$。单相桥式整流电容滤波电路中，当负载开路时，二极管承受的最高反向电压为 $U_{RM} = 2\sqrt{2}U_2$。单相桥式整流电容滤波电路中，接负载时二极管承受的反向电压与没有电容滤波时一样为 $U_{RM} = \sqrt{2}U_2$。

电容滤波仅适用于负载电流较小且变化不大的场合。因为若负载电流很大（即负载电阻 R_L 小，负载电流很大），则 τ 很小，所以电容 C 的充放电就快，输出电压的脉动程度增大，其平均值下降。

例 7-4　单相桥式整流电容滤波电路如图 7-12 所示。已知交流电源频率为 $f = 50$ Hz，负载电流 $I_o = 50$ mA，直流输出电压 $U_O = 30$ V。试求：(1) 电源变压器副边电压 U_2 的有效值；(2) 选择整流二极管；(3) 选择滤波电容。

解：(1) 电源变压器副边电压 U_2 的有效值为

$$U_2 = \dfrac{U_O}{1.2} = \dfrac{30}{1.2} = 25 \text{ V}$$

(2) 选择整流二极管

流经二极管平均电流

$$I_D = \dfrac{1}{2} I_O = \dfrac{1}{2} \times 50 = 25 \text{ mA}$$

二极管承受的最高反向电压为

$$U_{RM} = \sqrt{2} U_2 = 1.41 \times 25 = 35 \text{ V}$$

查手册，可以选择型号为 2CZ51D 的整流二极管，其最大整流电流为 50 mA，最高反向工作电压为 100 V。

(3) 选择滤波电容

$$R_L = \dfrac{U_O}{I_O} = \dfrac{30}{50} = 0.6 \text{ k}\Omega$$

$$\tau = R_L C = 4 \times \dfrac{T}{2} = 4 \times \dfrac{1}{2f} = 4 \times \dfrac{1}{2 \times 50} = 0.04 \text{ s}$$

则

$$C = \frac{\tau}{R_L} = \frac{0.04}{0.6} = 66.6 \ \mu F$$

由于实际二极管承受的电压为 $\sqrt{2}U_2$，所以选择 68 μF 耐压为 50 V 的电解电容。

7.2.2 电感滤波电路

电感滤波电路如图 7-13 所示，即在整流电路与负载电阻 R_L 之间串联一个电感器 L。交流电压 u_2 经桥式整流后变成脉动直流电压，其中既含有各次谐波的交流分量，又含有直流分量。对于直流分量，电感 L 的感抗 $X_L = 0$，电感相当于短路，所以直流分量基本上都降在电阻 R_L 上；对于交流分量，谐波频率越高，电感感抗越大，因而交流分量大部分降在电感 L 上。这样，在输出端即可得到较平滑的电压波形。

与电容滤波相比，电感滤波的特点是：

① 二极管的导电角较大（大于180°，是因为电感 L 的反电动势使二极管导电角增大），峰值电流很小，输出特性较平坦。

② 输出电压没有电容滤波的高。当忽略电感线圈的电阻时，输出的直流电压与不加电感时一样，为 $U_0 = 0.9U_2$。负载改变时，对输出电压的影响也较小。因此，电感滤波适用于负载电压较低、电流较大以及负载变化较大的场合。它的缺点是制作复杂、体积大、笨重，且存在电磁干扰。

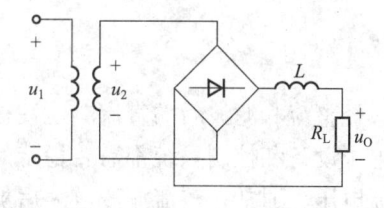

图 7-13 单相桥式整流电感滤波电路

7.2.3 复合滤波电路

单独使用电容或电感构成的滤波电路，滤波效果不够理想。为了满足较高的滤波要求，常采用由电容和电感组成的 LC、Π 型 LC 滤波型等复合滤波电路，其电路形式如图 7-14（a）和图 7-14（b）所示。这两种滤波电路适用于负载电流较大，要求输出电压脉动较小的场合。在负载较轻时，经常采用电阻替代笨重的电感，构成如图 7-14（c）所示的 Π 型 RC 型滤波电路，同样可以获得脉动很小的输出电压。但电阻对交、直流均有压降和功率损耗，故只适用于负载电流较小的场合。表 7-2 给出了各种复式滤波电路的比较。

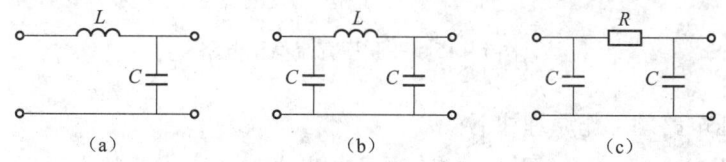

图 7-14 复合滤波电路
（a）LC 滤波电路；（b）Π 型 LC 滤波电路；（c）Π 型 RC 滤波电路

表7-2 各种复式滤波电路的比较

型式	优点	缺点	使用场合
LC 型滤波	输出电流大;带负载能力好;滤波效果好	电感线圈体积大,成本高	适用于负载变动大,负载电流大的场合
Ⅱ型 LC 滤波	输出电压高;滤波效果好	输出电流较小;带负载能力差	适用于负载电流较小,要求稳定的场合
Ⅱ型 RC 滤波	滤波效果较好;简单经济;能兼起降压、限流作用	输出电流小;带负载能力差	适用于负载电流小的场合

7.3 稳压电路

经整流和滤波后的直流电压往往会随交流电源电压的波动和负载的变化而变化。而大多数电子设备和控制系统都需要稳定的直流电压,因此,需要稳定的直流电源。为了稳定输出直流电压,通常在整流滤波电路后加入稳压电路来实现。

直流稳压电路的类型很多,常用的稳压电路有硅稳压管稳压电路、串联型稳压电路、集成稳压电路和开关型稳压电路。

7.3.1 稳压管稳压电路

稳压管稳压电路如图7-15所示。稳压管 D_Z 反向并联在负载电阻 R_L 两端,且工作在反向击穿状态。电阻 R 起限流和分压作用,稳压电路的输入电压 U_i 来自整流滤波电路的输出电压。

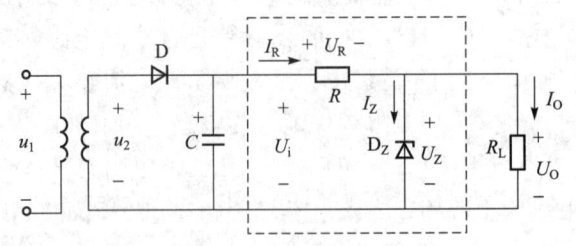

图7-15 并联型直流稳压电路

稳压管稳压电路的工作原理如下:

当输入电压 U_i 波动时,会引起输出电压 U_O 波动。如 U_i 升高将引起 $U_O = U_Z$ 随之升高,这会导致稳压管的电流 U_O 急剧增加,因此电阻 R 上的电流 I_R 和电压 U_R 也跟着迅速增大,U_R 的增大抵消了 U_i 的增加,从而使输出电压 U_O 基本上保持不变。这一自动调压过程可表示如下：

$$U_i\uparrow \to U_O\uparrow \to I_Z\uparrow \to I_R\uparrow \to U_R\uparrow$$
$$U_O\downarrow \leftarrow$$

反之，当 U_i 减小时，U_R 相应减小，仍可保持 U_O 基本不变。

当负载电流 I_O 变化引起输出电压 U_O 发生变化时，同样会引起 I_Z 的相应变化，使得 U_O 保持基本稳定。如当 I_O 增大时，I_R 和 U_R 均会随之增大而使 U_O 下降，这将导致 I_Z 急剧减小，使 I_R 仍维持原有数值，保持 U_R 不变，从而使 U_O 得到稳定。

可见，这种稳压电路中稳压管 D_Z 起着自动调节的作用，电阻 R 一方面保证稳压管的工作电流不超过最大稳定电流 I_{ZM}，另一方面还起到电压补偿作用。

选择稳压管时，一般取

$$U_Z = U_O$$
$$I_{ZM} = (1.5 \sim 3)I_{Omax}$$
$$U_i = (2 \sim 3)U_O$$

式中，I_{Omax} 为负载电流 I_O 的最大值。

7.3.2 串联型直流稳压电路

硅稳压管稳压电路虽很简单，但受稳压管最大稳定电流的限制，负载电流不能太大。另外，输出电压不可调且稳定性也不够理想。若要获得稳定性高且连续可调的输出直流电压，可以采用由三极管或集成运算放大器所组成的串联型直流稳压电路。

1. 电路的组成

串联型直流稳压电路的基本原理图如图 7-16 所示。

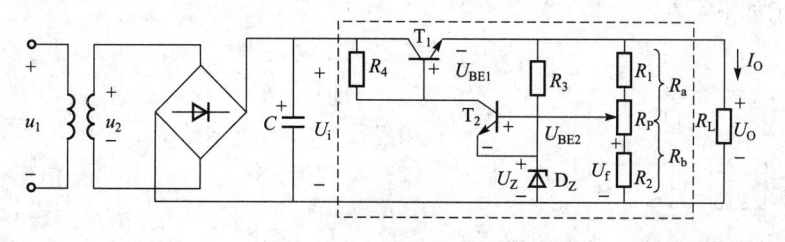

图 7-16 串联型稳压电路

整个电路由 4 部分组成：

（1）取样环节

由 R_1、R_P、R_2 组成的分压电路构成。它将输出电压 U_O 分出一部分作为取样电压 U_f 送到比较放大环节。

（2）基准电压

由稳压二极管 D_Z 和电阻 R_3 构成的稳压电路组成。它为电路提供一个稳定的基准电压 U_Z，作为调整、比较的标准。

设 T_2 发射结电压 U_{BE2} 可以忽略，则

$$U_f = U_Z = \frac{R_b}{R_a + R_b} U_O$$

或

$$U_O = \frac{R_a + R_b}{R_b} U_Z$$

用电位器 R_P 即可调节输出电压 U_O 的大小，但 U_O 必定大于或等于 U_Z。

（3）比较放大环节

由 T_2 和 R_4 构成的直流放大电路组成。其作用是将取样电压 U_f 与基准电压 U_Z 之差放大后去控制调整管 T_1。

（4）调整环节

由工作在线性放大区的功率管 T_1 组成。T_1 的基极电流 I_{B1} 受比较放大电路输出的控制，它的改变又可使集电极电流 I_{C1} 和集、射电压 U_{CE1} 改变，从而达到自动调整稳定输出电压的目的。

2. 工作原理

电路的工作原理如下：

当输入电压 U_i 或输出电流 I_o 变化引起输出电压 U_O 增加时，取样电压 U_f 相应增大，使 T_2 管的基极电流 I_{B2} 和集电极电流 I_{C2} 随之增加，T_2 管的集电极电位 U_{C2} 下降，因此 T_1 管的基极电流 I_{B1} 下降，I_{C1} 下降，U_{CE1} 增加，U_o 下降，从而使 U_O 保持基本稳定。这一自动调压过程可以表示如下：

$$U_o \uparrow \to U_f \uparrow \to I_{B2} \uparrow \to I_{C2} \uparrow \to U_{C2} \downarrow \to I_{B1} \downarrow \to U_{CE1} \uparrow \to U_O \downarrow$$

同理，当 U_i 或 I_O 变化使 U_O 降低调整过程相反，U_{CE1} 将减小使 U_O 保持基本不变。从上述调整过程可以看出，该电路是依靠电压负反馈来稳定输出电压的。比较放大环节也可采用集成运算放大器，如图 7–17 所示。

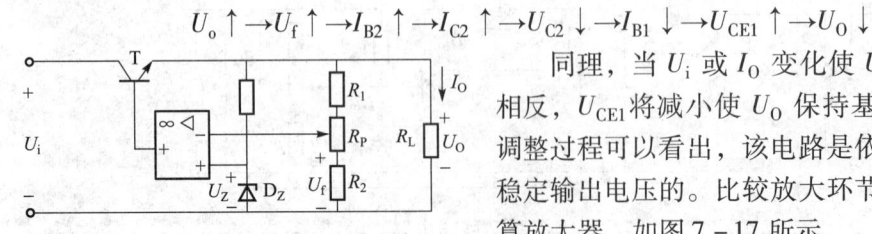

图 7–17 采用集成运算放大器的串联型稳压电路

7.3.3 集成稳压器

由分立组件组成的直流稳压电路需要外接不少元件，因而体积大，使用不便。集成稳压器是将稳压电路的主要元件甚至全部元件制作在一块硅基片上的集成电路，因而具有体积小、使用方便、工作可靠等特点。

1. 三端固定输出集成稳压器

三端型集成稳压器有三个接线端，即输入端、输出端和公共端。三端固定输出集成稳压器通用产品有 W78XX 系列（正电源）和 W79XX 系列（负电源），其型号的意义为：(1) W78XX 或 W79XX 后面所加的字母表示额定输出电流。如 L 表示 0.1 A，M 表示 0.5 A，无字母表示 1.5 A；(2) 最后的两位数字表示额定电压。如 W7805 表示输出电压为 +5 V，额定电流为 1.5 A。如图 7-18 所示为 W78XX 和 W79XX 系列稳压器的外形和管脚排列图。

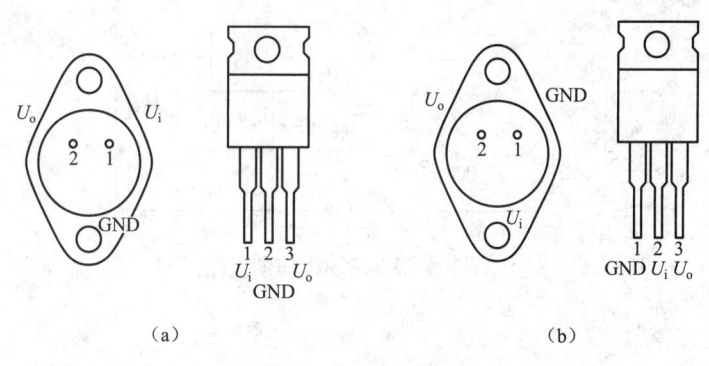

图 7-18　W78XX 和 W79XX 系列稳压器的外形和管脚排列图
(a) W78XX 系列；(b) W79XX 系列

(1) 基本电路应用电路

图 7-19 是 W7800 系列集成稳压器输出固定电压的稳压电路。输入端的电容 C_2 用以抵消其较长接线的电感效应，防止产生自激振荡（接线不长时可以不用），C_2 一般在 0.1~1 μF。输出端的电容 C_3 用来改善暂态响应，使瞬时增减负载电流时不致引起输出电压有较大的波动，削弱电路的高频噪声，C_3 可用 1 μF 电容。

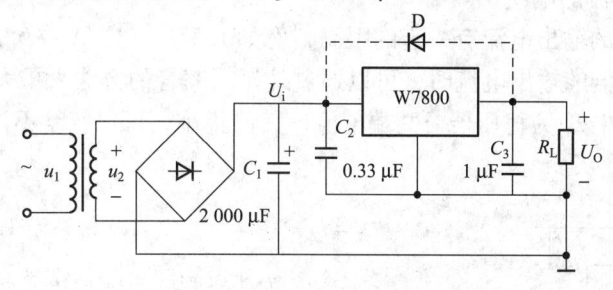

图 7-19　输出固定电压的稳压电路

W7900 系列输出固定负电压稳压电路，其工作原理及电路的组成与 W7800 系列基本相同，实际中，可根据负载所需电压及电流的大小选择不同型号的集成稳压器。

若输出电压比较高，应在输入端与输出端之间跨接一个保护二极管 D，如图 7-19 中的虚线所示。其作用是在输入端短路时，使输出通过二极管放电，以保护集成稳压器内部的调整管。输入直流电压 U_i 的值应至少比 U_O 高 3 V。

（2）提高输出电压的电路

如果实际需要的直流电压超过集成稳压器的电压数值，可外接一些元件提高输出电压，如图 7-20 所示电路。图中 R_1、R_2 为外接电阻，R_1 两端的电压为集成稳压器的额定电压 U_{OO}，R_1 上流过的电流 $I_{R1} = U_{OO}/R_1$，集成稳压器的静态电流为 I_Q。

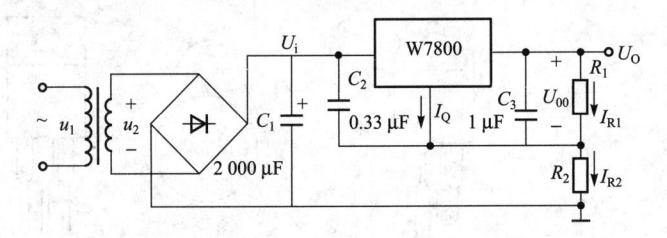

图 7-20 提高输出电压的电路

可以看出

$$I_{R2} = I_{R1} + I_Q$$

稳压电路的输出电压为
$$U_O = U_{OO} + I_{R2}R_2 + I_{R1}R_2 + I_Q R_2$$
$$= \left(1 + \frac{R_2}{R_1}\right)U_{OO} + I_Q R_2$$

由于 I_Q 一般很小，$I_{R2} \gg I_Q$，因此输出电压为 $U_O \approx \left(1 + \frac{R_2}{R_1}\right)U_{OO}$

由此可以看出，改变外接电阻 R1、R2 可以提高输出电压。

（3）扩大输出电流的电路

三端集成稳压器的输出电流有一定的限制，例如 1.5 A、0.5 A 或 0.1 A。当负载所需电流大于现有三端稳压器的输出电流时，可以通过外接功率管的方法来扩大输出电流，其电路如图 7-21 所示。图中 I_3 为稳压器公共端电流，其值很小，可以忽略不计，所以 $I_1 \approx I_2$，则可得

$$I_O = I_2 + I_C = I_2 + \beta(I_1 - I_R) \approx (1+\beta)I_2 + \beta\frac{U_{BE}}{R}$$

式中，β 为功率管的电流放大系数，I_C 为功率管的集电极电流。设 $\beta = 10$，$U_{BE} = -0.3$ V，$R = 0.5\ \Omega$，$I_2 = 1$ A，则可由上式计算出 $I_O = 5$ A，可见 I_O 比 I_2 扩大了。电阻 R 的作用是使功率管在输出电流较大时才能导通，其阻值可按下式确定

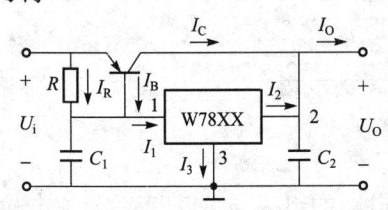

图 7-21 扩大输出电流的电路

$$R = \frac{-U_{BE}}{I_1 - I_C/\beta}$$

（4）输出正、负电压的电路

将 W78XX 系列和 W79XX 系列稳压器组成如图 7-22 所示的电路，可以输出正、负电压。

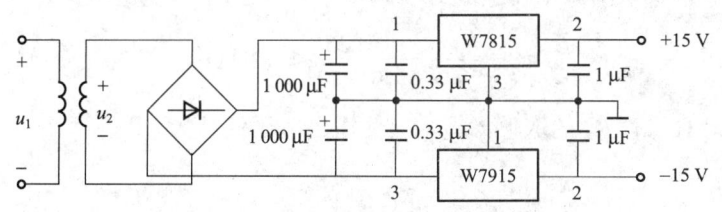

图 7-22　可输出正、负电压的电路

2. 三端可调输出集成稳压器

三端可调输出集成稳压器是在三端固定输出集成稳压器的基础上发展起来的，集成片的输入电流几乎全部流到输出端，流到公共端的电流非常小，因此可以用少量的外部元件方便地组成精密可调的稳压电路，应用更为灵活。可调式三端稳压器种类很多，常用的是 CW117 和 CW137 系列，前者输出连续可调正电压 1.25 V～37 V，后者输出连续可调负电压 -1.25 V～-37 V，它们的基准电压 U_{REF} 为 1.25 V，可输出额定电流为 0.1 A，0.5 A 或 1.5 A。图 7-23 为 CW117 和 CW137 的外形和管脚排列图。

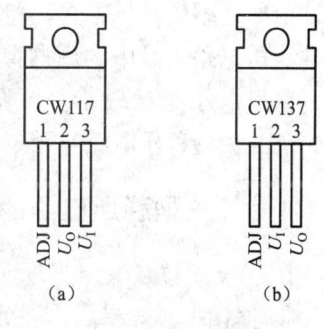

图 7-23　三端可调输出集成稳压器外型及管脚排列
（a）CW117 系列；（b）CW137 系列

图 7-24 为三端可调输出集成稳压器的基本应用电路。为防止输入端发生短路时，C_4 向稳压器反向放电而损坏，故在稳压器两端反向并一只二极管 D_1。D_2 则是为防止因输出端发生短路 C_2 向调整端放电可能损坏稳压器而设置的。C_2 可减小输出电压的纹波。R_1、R_P 构成取样电路，可通过调节 R_P 来改变输出电压的大小。

其输出电压的大小可表示为

$$U_O = \frac{U_{REF}}{R_1}(R_1 + R_2) + I_{REF}R_2$$

由于基准电流 $I_{REF} \approx 50\ \mu A$，可以忽略，基准电压 $U_{REF} = 1.25$ V，所以

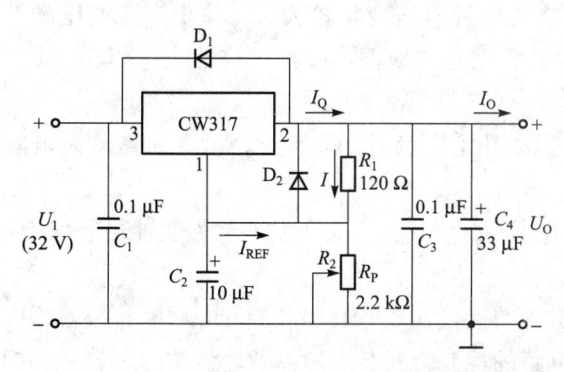

图 7-24　三端可调输出集成稳压器基本应用电路

$$U_O \approx 1.25\left(1 + \frac{R_2}{R_1}\right)$$

可见，当 $R_2 = 0$ 时，$U_O = 1.25$ V；当 $R_2 = 2.2$ kΩ 时，$U_O \approx 24$ V。

为保证电路在负载开路时能正常工作，R_1 的选取很重要。由于元件参数具有一定的分散性，实际运用中可选取静态工作电流 $I_Q = 10$ mA，于是 R_1 可确定为

$$R_1 = \frac{U_{REF}}{I_Q} = \frac{1.25}{10 \times 10^3} = 125 \ \Omega$$

取标称值 120 Ω。若 R_1 的取值太大，会使输出电压偏高。

7.4 开关型稳压电路

前面介绍的稳压电路，包括分立元件组成的串联型稳压电路以及集成稳压器电路均属于线性稳压电路，其中的调整管总是工作在线性放大区。这种电路的优点是结构简单，调整方便，输出电压脉动较小。但调整管消耗的功率较大，稳压电路效率低，一般只有30%~40%。开关型稳压电路克服了上述缺点，因而它的应用日益广泛。

7.4.1 开关型稳压电源的特点及分类

1. 开关型稳压电源的特点

① 损耗小、效率高。开关型稳压电源的调整管工作在开关状态，因此管耗小、效率高，通常效率可达 80%~90% 左右。

② 体积小、重量轻。开关型稳压电源发热小，因此调整管只需加较小的散热片，同时由于一般开关型稳压电源直接采用 220 V 交流电源整流而不需电源变压器，使得重量大为减轻，体积也随之减小。

③ 稳压范围宽。开关型稳压电源在输入交流电源电压变化较大时，输出直流电压的波动一般小于 2%。如额定输入电压为 220 V 的开关型稳压电源，一般允许输入电压在 130~260 V 变化。

④ 滤波电容小。开关型稳压电源一般工作在几十千赫兹的高频下，因此所需滤波电容小，滤波效果好。

⑤ 安全可靠。开关型稳压电源中一般具有多种保护电路，即使负载短路也能可靠保护。

2. 开关型稳压电源的分类

开关型稳压电源的类型很多，按开关三极管的连接方式分有串联型和并联型；按稳压电路的启动方式分有他激式和自激式；按稳压电路的控制方式分有脉冲宽度调整方式和脉冲频率调整方式。

7.4.2 开关型稳压电源的工作原理

开关型稳压电源一般由整流电路、开关电路、滤波电路和反馈电路几部分组成,下面以串联型脉冲宽度调整方式的开关型稳压电源为例简述其电路结构和工作原理。

开关型稳压电源的原理框图如图7-25所示。图中整流滤波电路的作用是将输入的交流电压 u_i 变换为直流电压 U_i;T是高压开关三极管,受开关脉冲控制以稳定输出电压;方波发生器的作用是产生开关脉冲并根据输出端的反馈信号来调整脉冲宽度;取样反馈电路的作用是检测输出直流电压 U_0 的变化并送方波发生器(即脉宽调整电路);L和C的作用是滤波,D的作用是续流,三者共同作用使负载 R_L 上获得平稳的直流电压 U_0。

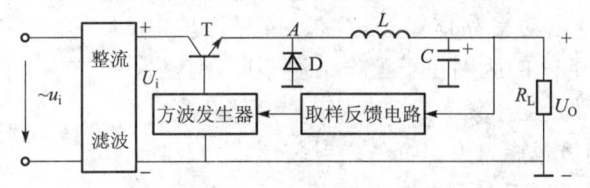

图7-25 开关型稳压电源的原理框图

稳压电路的工作原理是:当方波发生器输出高电平时,T饱和导通($U_{CES}\approx 0$),使A点对地电压 $u_A \approx U_i$;当方波发生器输出低电平时,T截止,A点对地电压为零。若用 t_{on} 表示开关管的导通时间,用 t_{off} 表示开关管的截止时间,用 T 表示开关管的工作周期(即方波发生器的脉冲周期),则 $T = t_{on} + t_{off}$。A点的电压波形如图7-26所示。

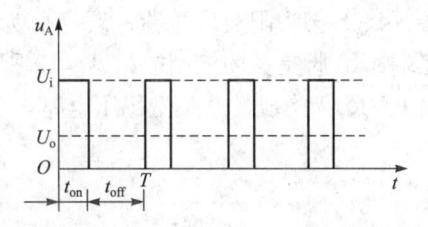

图7-26 A点的电压波形

设开关管的导通时间 t_{on} 与工作周期之比为占空比 D,则有

$$D = \frac{t_{on}}{t_{on} + t_{off}} = \frac{t_{on}}{T}$$

因此输出电压的平均值为

$$U_O = DU_i$$

由此可知,在输入电压 U_i 一定时,通过调整占空比 D(即脉冲宽度 t_{on})可以改变输出电压 U_O 的值;同理在输入电压 U_i 变化时,也可以通过调整占空比 D 来保持输出电压 U_O 基本不变,从而实现了输出电压的稳定。

由于开关管的输出电压 u_A 为直流脉冲电压,不能直接输出到负载,为此在 u_A 与负载 R_L 之间接入了由L、C组成的滤波和D构成的续流电路,以保持负载中电流的连续和负载两端电压的稳定。一般开关型稳压电源的开关频率在10~100 kHz之间,开关频率高,所需滤波电容C和电感L的值就相对减小,有利于开关型稳压电源的成本降低,体积减小。

7.4.3 集成开关稳压器

常见的集成开关稳压器通常分为两类,一类是单片的脉宽调制器,其代表产品有CW1524等,这类脉宽调制器需外接开关功率管,电路复杂,但应用灵活。另一类是单片集成开关稳压器,它是将脉宽调制器和开关功率管制作在同一芯片上,其代表产品有CW4900/4962等,这类集成开关稳压器集成度更高,使用方便。

1. CW1524 稳压器

CW1524 系列是采用双极性工艺制作的模拟、数字混合集成电路,内部电路包括:误差放大器、振荡器、脉宽调制器、触发器、两只输出功率晶体管及过流、过热保护电路等,CW1524/2524/3524 的区别在于工作结温不同。其最大输入电压为 40 V,最高工作频率为 100 kHz,内部基准电压为 5 V,能够承受的负载能力为 50 mA,封装形式为双列直插式,引脚排列如图 7-27 所示。

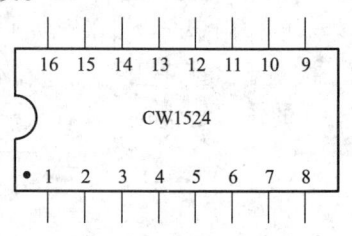

图 7-27 CW1524 引脚排列

各管脚的功能为:1、2 脚分别是误差放大器的反相与同相输入端,3 脚为振荡器输出端,4、5 脚为限流取样端,6、7 脚为外接定时电阻和定时电容端,8 脚是接地端,9 脚是补偿端,10 脚是关闭控制端,11、12 脚分别是输出端,16 脚是基准电压端。图 7-28 所示为由 CW1524 构成的开关型稳压电路。

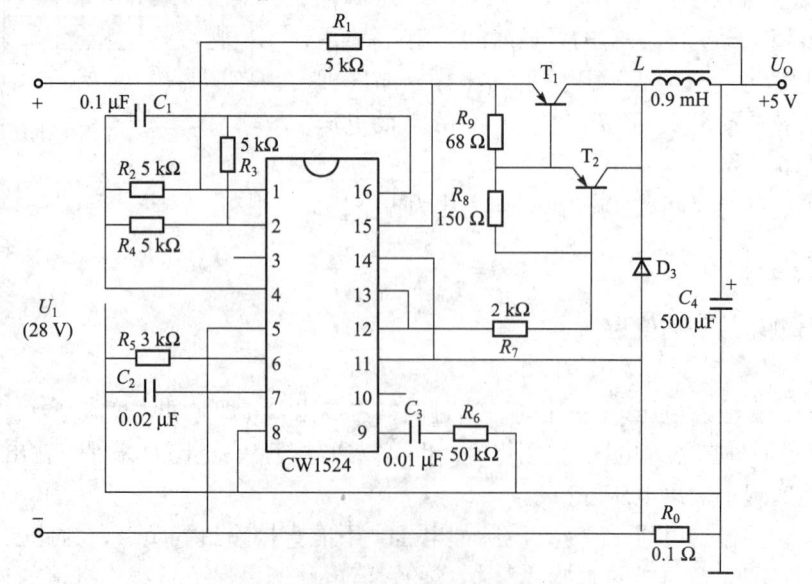

图 7-28 CW1524 开关型稳压电路

各管脚的工作情况：整流输出电压 U_1 由 15 脚输入，取样误差电压经 R_1、R_2 分压加于 1 脚，16 脚来的基准电压经 R_3、R_4 分压后加于 2 脚。6、7 脚的 R_5、C_2 决定振荡器的振荡频率，9 脚的 R_6、C_3 用于防止电路产生寄生振荡，引脚 11、12、13、14 分别连接在一起，将输出管 A 和输出管 B 并联运行去驱动外接的调整管 T_1、T_2。R_7 为限流电阻，L、C_4 是外接的滤波器，D_3 是续流二极管，R_0 为过流保护检测电阻。该电路本身有独立的振荡器，为他激式开关稳压电源，可提供 1 A、5 A 的输出。

2. CW4960/4962 稳压器

CW4960/4962 已将开关功率管集成在芯片内部，所以构成电路时，只需少量外围元件。其最大输入电压为 46 V，输出电压范围为 5.1～40 V 连接可调，变换效率为 90%，工作频率高达 100 kHz，脉冲占空比也可以在 0～100% 内调整。该器件具有慢启动、过流、过热保护功能。CW4960 额定输出电流为 2.5 A，过流保护电流为 3～4.5 A，只需很小的散热片，它采用单列 7 脚封装形式，如图 7-29（a）所示。CW4962 额定输出电流 1.5 A，过流保护电流为 2～3.5 A，不用散热片，它采用双列直插式 16 脚封装，如图 7-29（b）所示。

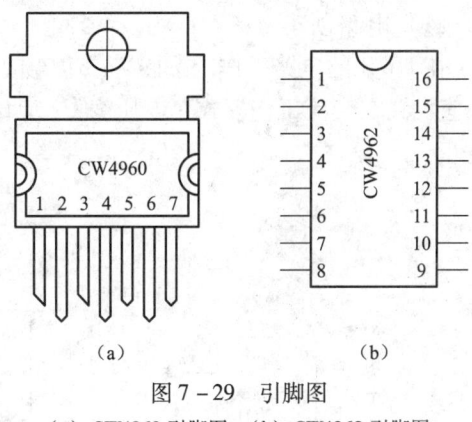

图 7-29 引脚图
(a) CW4960 引脚图；(b) CW4962 引脚图

由于 CW4960/4962 内部电路完全相同，因此它们的应用电路也完全相同，其典型应用电路如图 7-30 所示。输入端所接电容 C_1 可以减小输出电压的纹波，R_1、R_2 为取样电阻，输出电压为 $U_O = 5.1 \times \dfrac{R_1 + R_2}{R_2}$

R_1、R_2 的取值范围 500 Ω～10 kΩ；R_T、C_T 用以决定开关电源的工作频率：$f = \dfrac{1}{2\pi R_T C_T}$

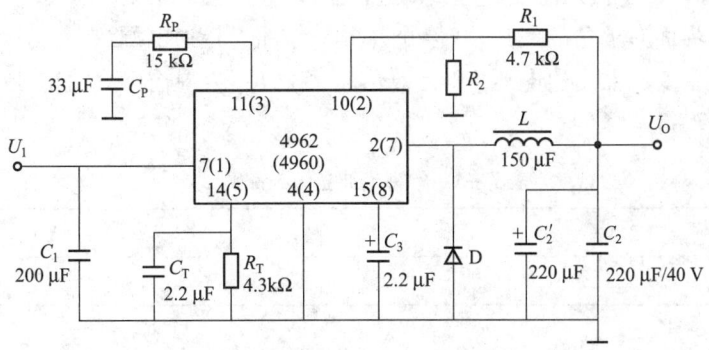

图 7-30 CW4962 典型应用电路

R_T、C_T 组成频率补偿电路，用以防止产生寄生振荡，D 为续流二极管，C_3 为软启动电容。

7.5 实训 整流滤波电路的 Multisim 仿真测试

1. 单相半波整流滤波电路测试

（1）电路创建

在 EWB 的电路工作区按图 7-31 连接单相半波整流电容滤波电路并存盘。图中电压表 U2 应设置在交流工作模式，电压表 U1 应设置在直流工作模式。

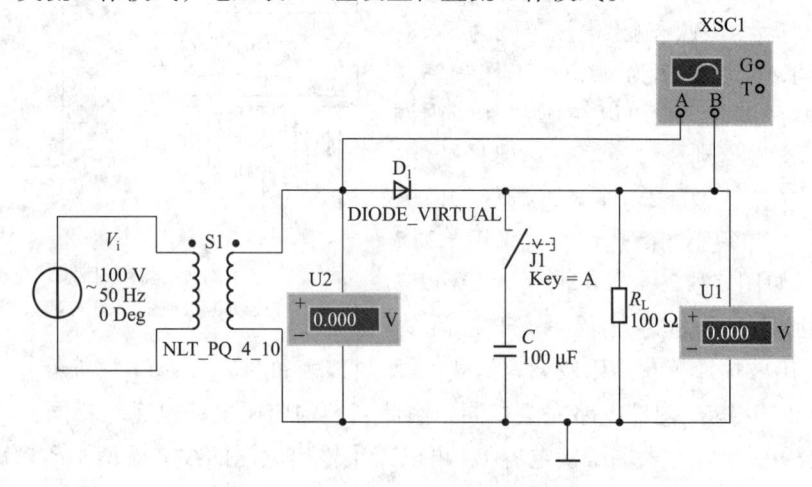

图 7-31 单相半波整流电容滤波电路

（2）仿真电路

① 开关 J1 打开，不接入滤波电容 C，进行半波整流电路测试。

② 按下操作界面右上角的"启动/停止开关"按钮，接通电源。

③ 观察并记录变压器副边电压 U2 有效值、负载 R_L 两端输出直流电压 U1 的电压值及波形，并记入表 7-3。

表 7-3 单相半波整流电路测试

U2（V）	U1（V）

④ 闭合开关 J1，接入滤波电容 C，进行半波整流电容滤波电路测试，观察并记录变压器副边电压 U2 有效值、负载 R_L 两端输出直流电压 U1 的电压值及波形，并记入表 7-4。

表7-4 单相半波整流电容滤波电路测试

	电压（V）		波形
C = 100 μF	U2		U2
	U1		U1
C = 1000 μF	U2		U2
	U1		U1

2. 单相桥式整流滤波电路测试

（1）电路创建

在EWB的电路工作区按图7-32连接单相半波整流电容滤波电路并存盘。图中电压表U2应设置在交流工作模式，电压表U1应设置在直流工作模式。

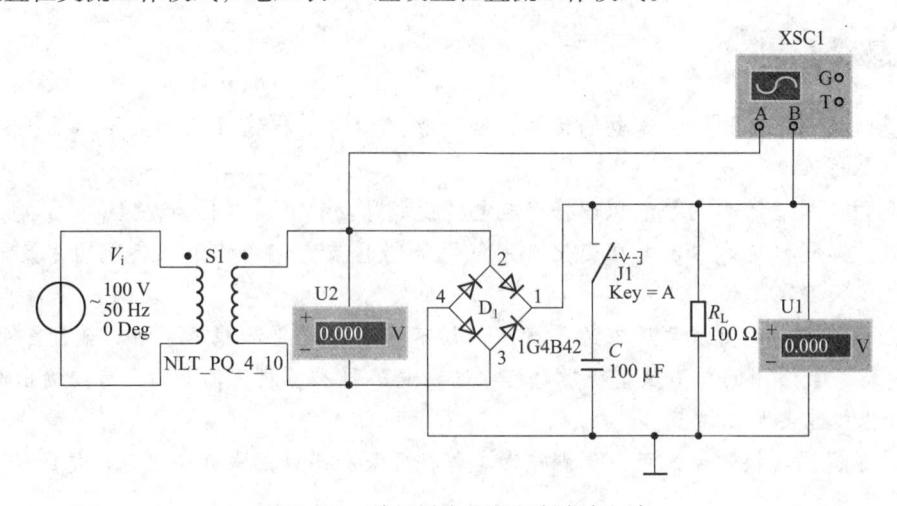

图7-32 单相桥式整流电容滤波电路

（2）仿真电路

① 开关J1打开，不接入滤波电容C，进行单相桥式整流电路测试。

② 按下操作界面右上角的"启动/停止开关"按钮，接通电源。

③ 观察并记录变压器副边电压U2有效值、负载R_L两端输出直流电压U1的电压值及波形，并记入表7-5。

表7-5 单相桥式整流电路测试

U2（V）	U1（V）

④ 闭合开关 J1，接入滤波电容 C，进行单相桥式整流电容滤波电路测试，观察并记录变压器副边电压 U2 有效值、负载 R_L 两端输出直流电压 U1 的电压值及波形，并记入表 7-6。

表 7-6 单相桥式整流电容滤波电路测试

	电压（V）		波形	
C = 100 μF	U2		U2	
	U1		U1	
C = 1000 μF	U2		U2	
	U1		U1	

本章小结

1. 直流稳压电源是由交流电网供电，经过整流、滤波和稳压三个主要环节得到的稳定的直流输出电压。

2. 利用二极管的单向导电原理将交流电转换成脉动的直流电称为整流。

3. 滤波是通过电容限制电压变化或用电感限制电流变化的作用来实现的。最常用的形式是将电容和负载并联。

4. 经过滤波后的直流电压较为平滑，但仍不稳定，还要加稳压环节。最简单的是稳压管稳压电路，最常用的是串联型稳压电路，这种电路引入了电压负反馈，可使输出电压比较稳定又能根据需要加以调节。

5. 为了提高转换效率，可以使调整管工作在开关状态，组成开关型稳压电源。

习 题 7

7.1 直流稳压电源一般由哪几部分组成？它们各自的作用是什么？

7.2 设一半波整流电路和一桥式整流电路的输出电压平均值和所带负载大小完全相同，都不加滤波，试问两个整流电路中的二极管的电流平均值和最高反向电压是否相同？

7.3 在单相桥式整流电路中，已知 $R_L = 125\ \Omega$，直流输出电压为 110 V，试估算电源变压器副边电压的有效值，并选择整流二极管的型号。

7.4 电容滤波和电感滤波的特性有何区别？它们各适合用于什么场合？

7.5 分析图 7-33 所示的电路，选择正确的答案填空。

（1）设有效值 $U_2 = 10$ V，则 $U_i = $ _____。

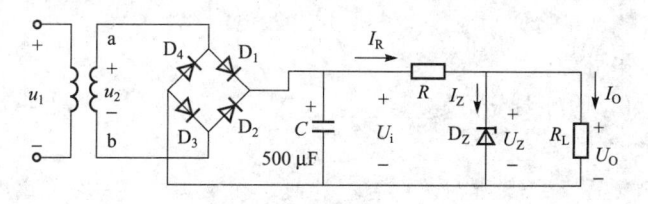

图 7-33　习题 7.5 图

A. 4.5 V　　　　B. 9 V　　　　C. 12 V　　　　D. 14 V

(2) 若电容 C 脱焊，则 $U_i=$ _____。

A. 4.5 V　　　　B. 9 V　　　　C. 12 V　　　　D. 14 V

(3) 若二极管 D_2 接反，则_____。

A. 变压器有半周被短路，会引起元器件损坏

B. 变为半波整流

C. 电容 C 将过压击穿

D. 稳压管将过流损坏

(4) 若二极管 D_2 脱焊，则_____。

A. 变压器有半周被短路，会引起元器件损坏

B. 变为半波整流

C. 电容 C 将过压击穿

D. 稳压管将过流损坏

(5) 若电阻 R 短路，则_____。

A. U_O 将升高　　　B. 变为半波整流

C. 电容 C 将击穿　　D. 稳压管将损坏

(6) 设电路正常工作，当电网电压波动而使 U_2 增大时（负载不变），则 I_R 将_____，I_Z 将_____。

A. 增大　　　　B. 减小

C. 基本不变

(7) 设电路正常工作，当负载电流 I_O 增大时（电网电压不变），则 I_R 将_____，I_Z 将_____。

A. 增大　　　　B. 减小

C. 基本不变

7.6　图 7-34 所示稳压电路中，A 为理想运放。

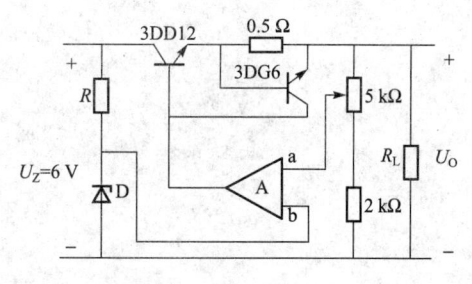

图 7-34　习题 7.6 图

(1) 为保证电路正常稳压功能，集成运放输入端的极性：a：_____；b：_____。
(2) 电阻 R 的作用是_____。
(3) 输出电压 U_O 的可调范围是_____。
(4) 3DG6 管的作用是_____。

7.7 元件排列如图 7-35 所示，试合理连线，使构成直流稳压电源电路。

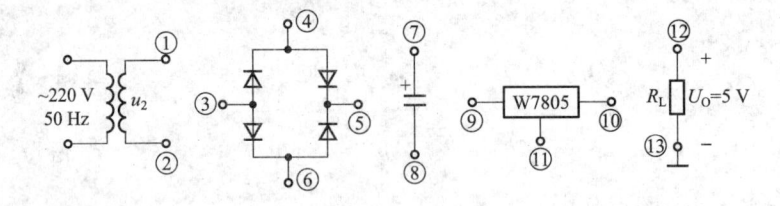

图 7-35 习题 7.7 图

7.8 如图 7-36 所示的电路是由 W78XX 稳压器组成的稳压电路，为一种提高输入电压画法，试分析其工作原理。

7.9 如图 7-37 所示的电路是 W78XX 稳压器外接功率管扩大输出电流的稳压电路，具有外接过流保护环节，用于保护功率管 T_1，试分析其工作原理。

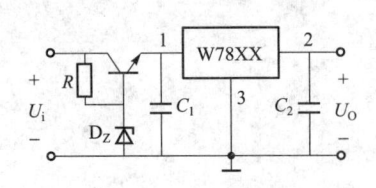

图 7-36 习题 7.8 图

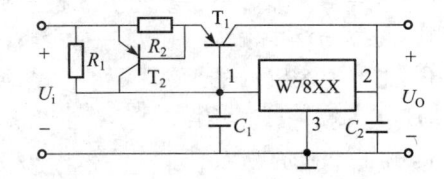

图 7-37 习题 7.9 图

7.10 试说明开关型稳压电路的特点、组成以及各部分的作用。在下列各种情况下，应分别采用线性稳压电路还是开关型稳压电路？
(1) 希望稳压电路的效率比较高。
(2) 希望输出电压的纹波和噪声尽量小。
(3) 希望稳压电路的重量轻、体积小。
(4) 希望稳压电路的结构尽量简单，使用的元件少，调试方便。

第8章 频率变换电路

第2章~第5章介绍的放大电路与功率放大电路均为线性放大电路。线性放大电路的特点是其输出信号与输入信号具有某种特定的线性关系，即输出信号的频率分量与输入信号的频率分量完全相同，只是对信号的幅度进行了放大。然而，在通信系统和其他一些电子设备中，还需要一些能实现频率变换的电路。这些电路的共同特点是：在其输出信号的频谱中产生了一些输入信号频谱中没有的新的频率分量，且新的频率分量和输入信号的频率间存在着一定的变换关系，即发生了频率分量的变换，故称为频率变换电路。

频率变换电路属于非线性电路，为得到所需要的新频率分量，都必须采用非线性器件进行频率变换，并用相应的滤波器选取有用的频率分量。非线性器件可采用二极管、三极管、场效应管以及模拟乘法器等。

模拟乘法器是对两个模拟信号实现相乘功能的非线性器件，它有两个输入端（X端和Y端）及一个输出端，其电路符号如图8-1所示。表示相乘特性的方程为 $u_o = K u_x u_y$，其中 K 为乘法器增益系数。乘法器的两个输入信号分别为

$$u_x = U_{xm} \cos \omega_x t$$
$$u_y = U_{ym} \cos \omega_y t$$

则乘法器的输出信号为

$$u_o = K u_x u_y = K U_{xm} \cos \omega_x t U_{ym} \cos \omega_y t = K U_{xm} U_{ym} [\cos(\omega_x + \omega_y)t + \cos(\omega_x - \omega_y)t]$$

可见，输出信号中产生了新的频率分量 $\omega_x + \omega_y$、$\omega_x - \omega_y$，说明乘法器具有频率变换的作用。需要说明的是，由于模拟乘法器不仅能产生和频与差频，而且不会产生一般情况下不需要的高次谐波的组合分量，所以在频率变换电路里用途很广。

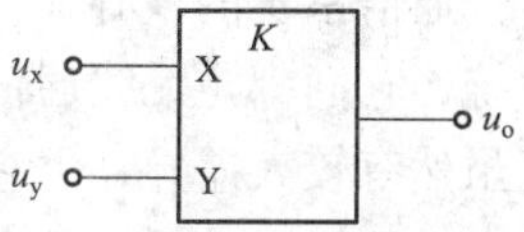

图8-1 模拟乘法器电路

本章以无线电信号的传输为例，先对通信系统中的频率变换电路，如调幅、检波、调频、混频等电路的作用进行分析，然后进一步（分别）介绍利用模拟乘法器实现的这几种频率变换电路。

8.1 信息的传输过程

信息传输是人类生活的重要内容之一。通信系统直接完成信息的传输任务，即把经过处

理的信息（大多转换为电信号或光信号形式）从一个地方传递到另一个地方。通信系统所传输的信息可以是声音，也可以是图像。为了使我们获取的声音或图像信号能不失真地传递到其他地方，需要对声音或图像信号做一些处理，使代表这些信息的电信号变换成有利于传输的信号。这就是通信系统的基本功能。

8.1.1 通信系统

一个完整的通信系统应该包括输入变换器、发送设备、传输信道、接收设备、输出变换器等五部分，其方框图如图8-2所示。

输入变换器 → 发送设备 → 传输信道 → 接收设备 → 输出变换器

图8-2 通信系统方框图

输入变换器把要传递的声音或图像等原始信息变换为电信号，该电信号称为基带信号。输入变换器的输出作为通信系统的信号源。

由信号源传来的基带信号再由发送设备进行处理。发送设备主要有两大任务：一是调制，二是放大。其目的是将需要传送的信号通过天线高效率地、远距离地辐射出去，使之在传输信道中传播。发送设备的输出信号是高频已调信号。

传输信道是连接发、收两端的信号通道，也就是传输媒介。传输信道可分为两大类：一类是有线信道（利用架空明线或电缆来传输电信号），另一类是无线信道（利用自由空间，以电磁波的形式传输电信号）。前者称为有线通信，后者称为无线通信。

接收设备的任务是将信道送过来的已调信号进行处理，用来恢复基带信号。

输出变换器实现的是输入变换器的逆过程，即把接收设备传来的基带信号重新恢复为原始的声音或图像，供收信者使用。

通信系统的核心部分是发送设备和接收设备。我们经常见到的广播通信系统、移动通信系统，它们都是无线通信系统。不同的无线通信系统，其发送设备、接收设备的组成和复杂度虽然有较大差异，但它们的基本组成是不变的。图8-3是无线通信系统的基本组成框图。

在无线通信系统的发送设备中，振荡器产生等幅的高频正弦信号（高频载波信号）被基带信号调制，产生高频已调信号，最后再经功率放大器放大，获得足够的发射功率，作为射频信号发送到空间。

接收设备的第一级是高频放大器。由于从发送设备发出的信号经过长距离的传播，能量受到很大的损失，信号很微弱，同时还受到传输过程中来自各方面噪声的干扰，因而到达接收设备时，首先需要经过高频放大器的选频和放大。高频放大器输出的高频已调信号再经过混频器，与本地振荡器产生的本振信号混频，变换成频率固定的中频信号。中频信号经过中频放大器放大，送到解调器，恢复原基带信号，再经低频放大器放大后输出。

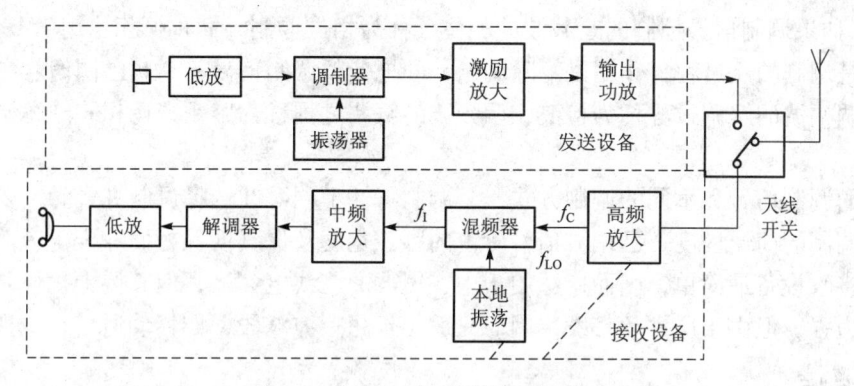

图 8 - 3　无线通信系统的基本组成

从图 8 - 3 所示的无线通信系统基本组成可以看出，除低频放大器外，主要包括以下高频电路：高频振荡器（如发送设备中的振荡器、接收设备中的本地振荡器）、高频放大器（高频小信号放大器及高频功率放大器）、混频器、调制器与解调器。其中混频器、调制器与解调器是信息传输过程中典型的频率变换电路，也是通信系统的发送设备及接收设备中最重要的环节。

8.1.2　调制与解调

调制在通信系统中起着十分重要的作用。大量的通信系统需要通过"调制"将基带信号变换为更适合在信道中传输的形式。调制后可以达到以下三个目的：其一是提高频率以便于辐射。无线通信是利用天线向空间辐射电磁波的方式传输信号的，根据天线理论，只有当辐射天线的尺寸大于波长的 1/10 时，信号才能被有效地辐射。例如语音信号的频率为 300 Hz ~ 3 400 Hz，若采用 1/4 波长的天线，则天线的尺寸至少为 250 m ~ 22 km。天线尺寸如此巨大，当然是不现实的。而通过调制可以把信号频谱搬移到高频范围，使其易于以电磁波的形式辐射出去。其二是实现信道复用，提高信道利用率。通过调制可以把不同信号（同一频率范围）的频谱搬移到不同的位置，互不重叠，即可以实现在一个信道里同时传输许多信号。其三是改善系统性能。通信系统的输出信噪比是信号带宽的函数，通过调制将信号变换，使它占有较大的带宽，可以提高抗干扰性，从而改善通信系统的性能。

所谓调制，就是用欲传输的基带信号（称为调制信号）去控制另一个信号（如光、高频电磁波等）的某一参数（振幅、频率或相位），使该参数随调制信号的变化而变化。也就是把所要传送的信号"装载"在高频振荡信号上，再由天线发射出去。这里，高频振荡信号就是携带信号的"运载工具"，所以称之为载波。调制后的载波就装有调制信号所包含的信息，称为已调信号或称为已调波。如果调制信号控制的是载波的振幅，称为振幅调制，简称调幅，用 AM 表示；如果调制信号控制的是载波的频率，称为频率调制，简称调频，用

FM 表示；如果调制信号控制的是载波的相位，称为相位调制，简称调相，用 PM 表示。

解调是调制的反过程，作用是解除调制，即把低频调制信号从高频已调信号中还原出来的过程。调幅波的解调过程称为检波；调频波的解调过程称为鉴频；调相波的解调过程称为鉴相。

不同的调制信号和不同的调制方式，其调制特性不同。在选择调制方式时，要从抗干扰性、实现调制的简便程度、已调波信号所占的频带宽度及保真度等方面综合考虑。例如，普通调幅制接收设备最简单，因而广泛用于中、短波的无线电广播，但其抗干扰性差。调频制抗干扰能力强，但由于所占频带宽，因而只适用于超短波波段，如移动通信、电视伴音等。

8.1.3 混频

混频，又称为变频，是将接收到的不同的高频载波频率变换成某一新的固定频率——"中间频率"，简称中频，同时保持原有的调制规律。具有这种功能的电路称为混频器（或变频器），它是一种典型的频率变换电路。混频器是超外差接收机的重要组成部分。

从图 8 – 3 中可以看出，接收到的信号 u_i 和本地振荡器产生的频率为 f_{LO} 的本振信号 u_{LO} 共同加到混频器上，混频后输出频率为 f_I 的中频电压 u_I，再送到中放电路去放大。本地振荡器必须和混频之前所有调谐回路跟踪调谐。只有这样，才能保证把不同频率的高频已调信号的频率 f_C 统统变换成固定的中频 f_I。输出中频频率 f_I 是本振信号频率 f_{LO} 和载波频率 f_C 的和频或差频，即 $f_I = f_{LO} \pm f_C$。混频器在频域中起着减（加）法器的作用，是频谱线性搬移中的一种应用。

当 $f_I < f_C$ 时，称为下变频，相应的中频称为低中频；当 $f_I > f_C$ 时，称为上变频，相应的中频称为高中频。超外差式调幅广播收音机一般采用下混频，它的中频规定为 465 kHz，即把载波频率为 535~1 605 kHz 的中波波段电台的 AM 信号均变换为 465 kHz 的中频 AM 信号。当 f_C 变化时（指接收不同的电台），本振信号频率 f_{LO} 要跟踪变化，应比信号频率 f_C 永远高出 465 kHz。

通常，把产生本振信号和完成混频作用分别由各自电路完成的混频电路称为混频器；如果一个电路既完成混频作用，又作为本地振荡，即产生本振信号和完成混频作用仅由一个电路完成的混频电路称为变频器。实际应用中，常常"混频"与"变频"两词混用，不再加以区分。

8.2 振幅调制与解调电路

8.2.1 振幅调制信号分析

振幅调制，简称为调幅，就是用调制信号去控制高频载波的振幅，使其随调制信号的规律变化而变化,其他参数不变。这是一种使高频载波的振幅"装载"传输信息的调制方式。

根据调幅信号频谱结构的不同,调幅可分为以下四种调幅方式:普通调幅(AM)、双边带调制(DSB)、单边带调制(SSB)和残留单边带调制(VSB)。

1. 普通调幅(AM)

(1) 普通调幅信号的数学表达式及其波形

设调制信号为单一频率的余弦信号,即 $u_\Omega(t) = U_{\Omega m}\cos\Omega t = U_{\Omega m}\cos 2\pi F t$,载波信号为 $u_c(t) = U_{cm}\cos\omega_c t = U_{cm}\cos 2\pi f_c t$,且 $f_c \gg F$,则普通调幅信号为

$$u_{AM}(t) = (U_{cm} + k_a U_{\Omega m}\cos\Omega t)\cos\omega_c t = U_{cm}(1 + M_a\cos\Omega t)\cos\omega_c t \tag{8.1}$$

其中 $M_a = \dfrac{k_a U_{\Omega m}}{U_{cm}}$,称为调幅系数或调幅度,表示载波振幅受调制信号控制的程度;k_a 为由调制电路决定的比例常数。

图 8-4 给出了 $u_\Omega(t)$、$u_c(t)$ 和 $u_{AM}(t)$ 的波形图。

从图 8-4 并结合式 (8.1) 可以看出,普通调幅信号的振幅由直流分量 U_{cm} 和交流分量 $k_a U_{\Omega m}\cos\Omega t$ 叠加而成,其中交流分量与调制信号成正比,或者说,普通调幅信号的包络(信号振幅各峰值点的连线)完全反映了调制信号的变化。在调制信号的一个周期内,调幅信号的最大振幅 $U_{AMmax} = U_{cm}(1 + M_a)$,最小振幅 $U_{AMmin} = U_{cm}(1 - M_a)$。由此可得到调幅指数 M_a 的表达式

$$M_a = \frac{U_{AMmax} - U_{AMmin}}{U_{AMmax} + U_{AMmin}} \tag{8.2}$$

正常情况下,$0 < M_a \leqslant 1$。若 $M_a > 1$,普通调幅波的包络变化与调制信号不再相同,产生了失真,称为过调制,如图 8-5 所示。

(2) 普通调幅波的频谱

利用三角函数关系,式 (8.1) 又可以写成

$$\begin{aligned}u_{AM}(t) &= U_{cm}(1 + M_a\cos\Omega t)\cos\omega_c t \\ &= U_{cm}\cos\omega_c t + \frac{1}{2}M_a U_{cm}\cos(\omega_c + \Omega)t + \frac{1}{2}M_a U_{cm}\cos(\omega_c - \Omega)t\end{aligned} \tag{8.3}$$

可见,当调制信号为单一频率的余弦信号时,普通调幅信号中包括三个频率分量:角频率为 ω_c 的载波分量、角频率为 $\omega_c + \Omega$ 的上边频分量和角频率为 $\omega_c - \Omega$ 的下边频分量。载波

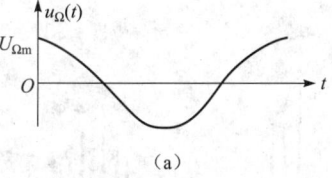

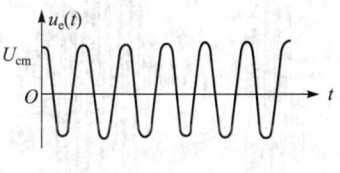

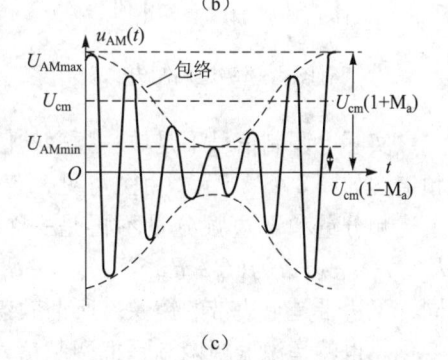

图 8-4 普通调幅波的波形

分量幅度与调制信号无关,两个边频分量幅度相等并与调制信号幅度成正比,这说明调制信号的信息包含在上、下边频分量之内。

现将调制信号、载波信号及普通调幅信号的频谱图分别画在图 8-6 中,其中 f_c 为载波的频率,F 为调制信号的频率。由图 8-6 可见,单一频率调制普通调幅信号的带宽为调制信号频率的两倍,即

$$BW = (f_c + F) - (f_c - F) = 2F \tag{8.4}$$

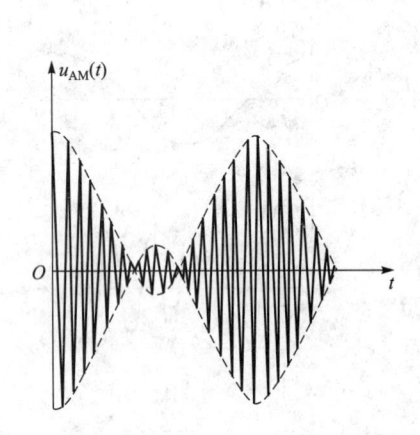

图 8-5 过调制失真波形

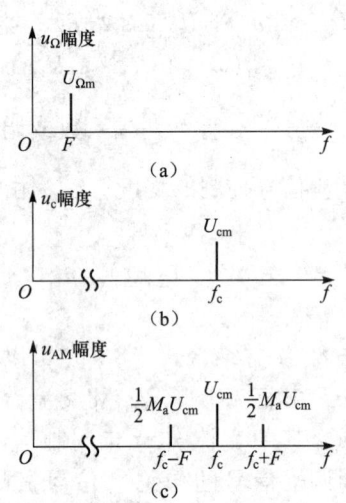

图 8-6 单频调制普通调幅波频谱

实际上调制信号不是单一频率的信号,而是占有一定带宽的复杂信号,其调幅波波形及频谱图如图 8-7 所示。由图可见,若调制信号的频率范围为 $F_{min} \sim F_{max}$ 时,调制后产生的上边频分量和下边频分量不再是一个,而是形成两个边带:上边带为($f_c + F_{min}$) ~ ($f_c + F_{max}$),下边带为($f_c - F_{max}$) ~ ($f_c - F_{min}$)。上边带的频谱结构与原调制信号的频谱结构相同,下边带是上边带的镜像。所谓频谱结构相同是指各频率分量的相对振幅及相对位置没有变化。也就是说振幅调制是把调制信号的频谱不失真地搬移到载频 f_c 两端,没有改变原调制信号的频谱关系,是线性频谱搬移,因此是线性调制。在 8.3 节将看到,调频和调相是非线性频谱搬移。

所占的频带宽度为

$$BW = (f_c + F_{max}) - (f_c - F_{max}) = 2F_{max} \tag{8.5}$$

若语音信号(频率为 300 Hz ~ 3 400 Hz)进行普通调幅时,则已调波的带宽为 6 800 Hz。

(3) 普通调幅波的功率

普通调幅波的功率包括载波功率 P_c 和上下两个边带(频)的功率。经推导,对单频调

(a)

(b)

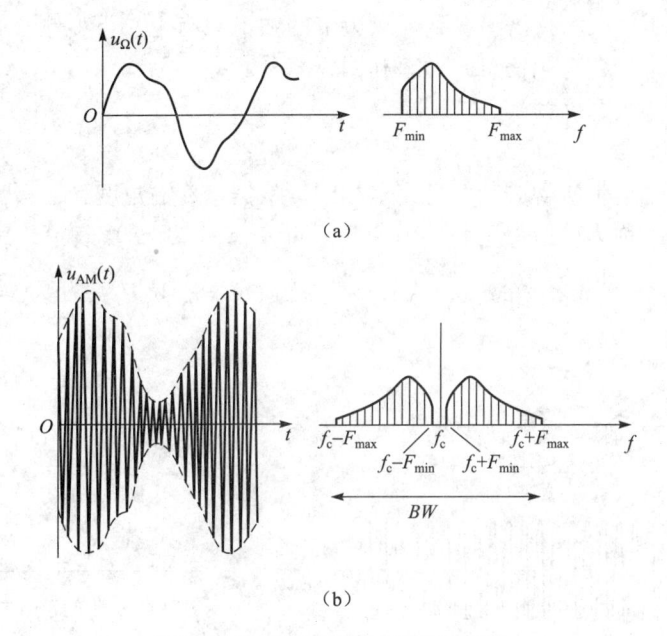

图 8-7 复杂信号的波形与频谱

制的普通调幅波信号，其平均功率为

$$P_{av} = (1 + \frac{M_a^2}{2})P_c \tag{8.6}$$

可见，在普通调幅波中，载波分量不含有用信息，但占有一半以上的功率（因为 $M_a \leq 1$）。而包含信息的上下边带（频）功率之和却不到 1/3。从能量观点看，这是一种很大的浪费。能量利用不合理是 AM 制式本身所固有的缺点。目前 AM 制式主要用于中、短波无线电广播系统中，原因是 AM 制式的解调电路简单，使收音机电路简单而价廉。在其他通信系统中很少采用普通调幅方式。

2. 双边带调制（DSB）

前面分析可知，载波分量是不包含信息的，因此，为了提高设备的功率利用率，可以不传送载波而只传送两个边带信号，这叫做抑制载波的双边带调幅，简称双边带调制，用 DSB（Double Side Band）表示，其表达式为

$$\begin{aligned} u_{DSB}(t) &= M_a U_{cm} \cos \Omega t \cos \omega_c t \\ &= \frac{1}{2} M_a U_{cm} \cos(\omega_c + \Omega)t + \frac{1}{2} M_a U_{cm} \cos(\omega_c - \Omega)t \end{aligned} \tag{8.7}$$

如图 8-8 所示为双边带调幅波形与频谱图。从图 8-8（a）双边带调幅波形可以看出，双边带调幅信号其包络与调制信号的绝对值 $|u_\Omega|$ 成正比，已不再反映调制信号波形的变化，且在调制信号波形过零点处的高频相位有 180°的突变。

从如图 8-8（b）所示频谱图看到，双边带的频谱只有上、下变频（带），载波分量被抑制。因此，其功率均含有用信息，功率利用较充分。

双边带信号的频带宽度为

$$BW = 2F_{max} \tag{8.8}$$

3. 单边带调制

由于上、下两个边带所含调制信息完全相同，从信息传输角度看，只要发送一个边带的信号即可，这种方式称为单边带调制，用 SSB（Single Side Band）表示，其表达式为

$$u_{SSB}(t) = \frac{1}{2}M_a U_{cm}\cos(\omega_c + \Omega)t \text{ 或 } u'_{SSB}(t) = \frac{1}{2}M_a U_{cm}\cos(\omega_c - \Omega)t \tag{8.9}$$

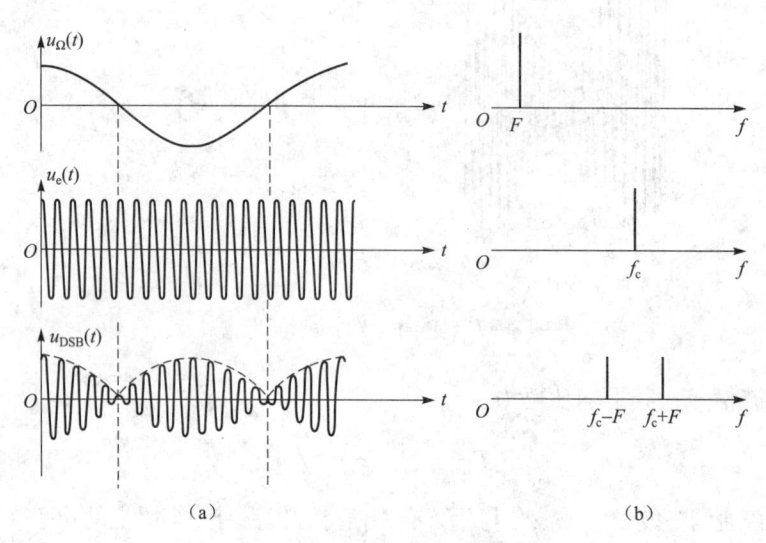

图 8-8 双边带调幅信号波形与频谱

由式（8.9）可见，单频调制单边带调幅信号是一个单频信号，但是，一般的单边带调幅信号波形却比较复杂。不过有一点是和双边带调幅信号相同的，即单边带调幅信号的包络已不能反映调制信号的变化。

由图 8-8（b）可以看出，只要将双边带调幅信号抑制掉一个边带，就成为单边带调幅信号，由于 SSB 调制方式只发送一个边带，因而它不但功率利用率高，而且它所占用频带近似为 F_{max}，比普通调幅和双边带调幅减小了一半，提高了波段利用率。因此目前已成为短波通信中的一种重要调制方式。

另外如果保留一个边带及载波对另一个边带进行部分抑制，称为残留单边带调制，用 VSB（Vestigial Side Band）表示。在电视发射技术中，普遍采用了残留单边带调幅制式。

8.2.2 振幅调制电路

由式（8.1）、（8.7）、（8.9）可以看出，调幅的过程实际上主要是信号相乘的过程，因

此,利用模拟乘法器就能实现振幅调制。将调制信号与直流 U_o 相加后,再与载波信号相乘,即能得到普通调幅(AM)信号。如果只是将调制信号与载波信号相乘就可获得 DSB 信号。将调制信号与载波信号相乘得 DSB 信号后再加一滤波器,滤除一个边带,便得到 SSB 信号。

图 8-9 给出了相应的原理方框图,其中(a)图为 AM 波的形成,(b)图为 DSB 波的形成。由于模拟乘法器输出信号电平不太高,所以这种方法称为低电平调幅。

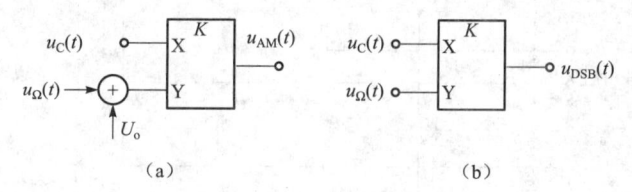

图 8-9 调幅原理框图

图 8-9(a)中的输出电压为

$$u_{AM}(t) = Ku_c(t)[U_o + u_\Omega(t)]$$
$$= KU_{cm}\cos\omega_c t(U_o + U_{\Omega m}\cos\Omega t)$$
$$= KU_o U_{cm}(1 + \frac{U_{\Omega m}}{U_o}\cos\Omega t)\cos\omega_c t$$
$$= KU_o U_{cm}(1 + M_a\cos\Omega t)\cos\omega_c t$$

其中
$$M_a = \frac{U_{\Omega m}}{U_o} \tag{8.10}$$

可见,调节直流电压 U_o 的大小即可改变 AM 信号的调幅系数 M_a。

模拟乘法器是低电平调幅电路的常用器件,它不仅可以实现普通调幅,也可以实现双边带调幅与单边带调幅。

图 8-10 所示为常用的 Motorola 公司 MC1496/1596 单片模拟乘法器内部电路图(MC14 系列与 MC15 系列的主要区别在于工作温度,前者为 0℃~70℃,后者为 -55℃~125℃)。MC1596 是一种双差分模拟乘法器,工作频率高,常用作调制、解调和混频,通常 X 通道作为载波或本振的输入端,而调制信号或已调波信号从 Y 通道输入。2、3 脚之间外接 Y 通道负反馈电阻。

图 8-11 是用 MC1596 组成的普通调幅电路。由图可见,X 通道两输入端 8 脚和 10 脚直流电位均为 6 V,可作为载波输入通道;Y 通道两输入端 1 脚和 4 脚之间外接有调零电路,可通过调节 50 kΩ 电位器使 1 脚电位比 4 脚高 U_o,保证调制信号 $u_\Omega(t)$ 与直流电压 U_o 叠加后输入 Y 通道。此时输出端 6 脚、12 脚输出的是 AM 信号。调节电位器即可改变调幅系数 M_a,调节电位器过程中注意 U_o 不能小于调制电压幅度 $U_{\Omega m}$,同时调制电压幅度 $U_{\Omega m}$ 不能太大,否则将会产生过调制失真。

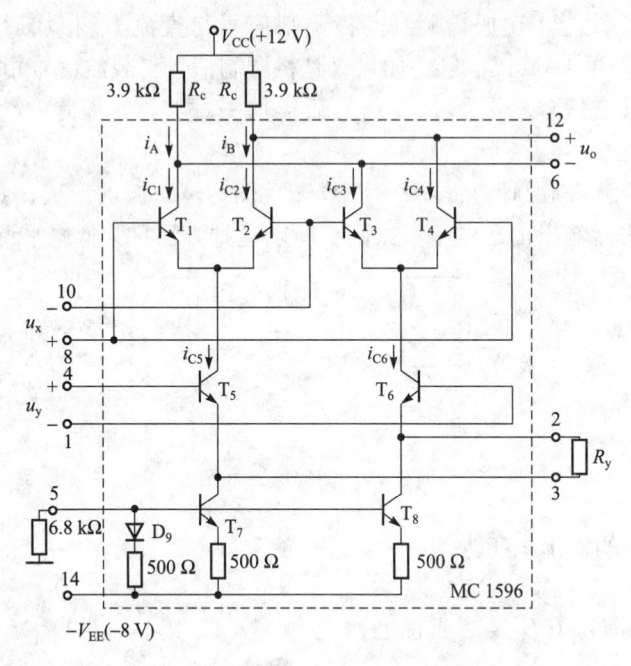

图 8-10 模拟乘法器 MC1596 内部电路图

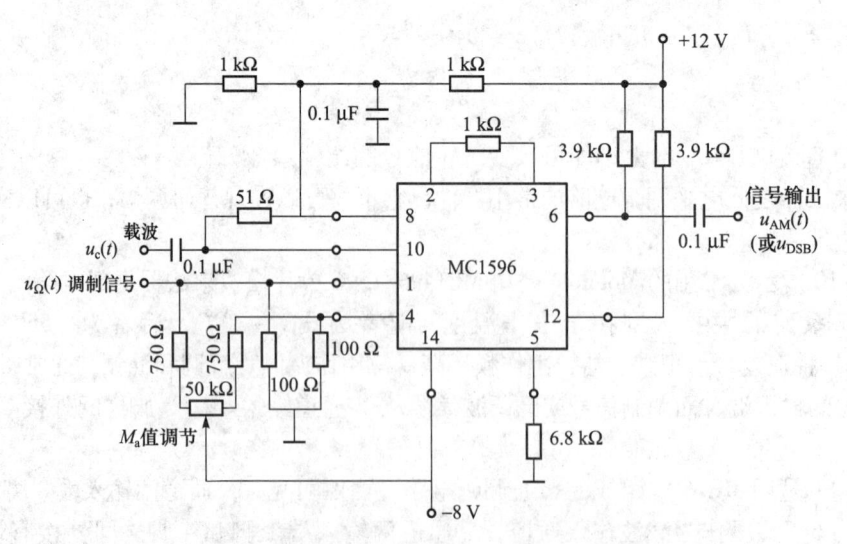

图 8-11 模拟乘法器 MC1596 组成的普通调幅电路

采用图 8-11 所示的电路也可以产生 DSB 信号。只要调节电位器使 Y 通道 1 脚和 4 脚之间的直流电位差为零，即 Y 通道输入信号仅为交流调制信号 $u_\Omega(t)$，就实现了 $u_\Omega(t)$ 与 $u_c(t)$

的直接相乘，此时输出端 6 脚、12 脚输出的是抑制载波的 DSB 信号。为了减小流过电位器的电流，便于调零准确，可加大两个 750 Ω 电阻的阻值，比如都增大为 10 kΩ。

图 8－11 所示调幅电路要求 X 通道输入即载波信号的幅度 U_{cm} 小于 26 mV，这种情况称为小信号状态。在工程上，载波信号常采用大信号输入（$U_{cm} > 260$ mV），此时双差分对管在 u_c 信号的作用下，工作在开关状态，称为开关调幅。这时调幅电路输出幅度较大，且输出幅度不受 U_{cm} 的影响。

8.2.3 振幅解调电路（检波器）

振幅调制信号的解调电路称为振幅检波电路，简称检波器，其作用是从振幅调制信号中不失真地检出调制信号来，它是调幅的逆过程。调幅的过程是频谱搬移过程，是将低频信号的频谱线性地搬移到高频载频 f_c 两端。那么检波就要把低频信号的频谱从载频 f_c 两端搬回到低端。检波器是无线电接收机中不可缺少的重要组成部分，同时也广泛应用在无线电测量和其他设备中。

振幅调制有四种调幅方式：普通调幅（AM）、双边带调制（DSB）、单边带调制（SSB）和残留单边带调制（VSB）。它们在反映同一调制信号时，波形和频谱结构都不相同，因此检波方法也有所不同。按检波方法分有包络检波和同步检波。

1. 包络检波器

包络检波是指检波器输出的电压与输入的调幅波的包络成正比的检波方法。四种调幅信号中只有普通调幅信号波形的包络完全反映了调制信号的变化，所以包络检波只适用于对普通调幅波即 AM 波进行检波。如图 8－12（a）所示为包络检波原理图，图 8－12（b）为检波输入、输出频谱图。图 8－12（a）中的非线性器件可以是二极管、三极管或场效应管。下面以二极管峰值包络检波器为例讨论包络检波器的检波原理。

如图 8－13（a）所示是检波二极管 D 和低通滤波器 $R_L C_L$ 串接构成的二极管包络检波器的原理图。在图 8－13（a）中 u_i 为输入的普通调幅信号，即 $u_i = U_{cm}(1 + M_a\cos\Omega t)\cos\omega_c t$。对于低通滤波器 $R_L C_L$，要求 $1/\omega_c C_L \ll R_L$，即通过 C_L 滤除高频；$1/\Omega C_L \gg R_L$，即从 C_L 两端取出低频。C_c 为检波器输出端的隔直耦合电容，其值较大，对于低频信号而言，电容 C_c 相当于短路。R'_L 为下级电路的输入电阻。

由图 8－13（a）可见，加在检波二极管 D 的端电压为 $u_v = u_i - u_o$。当 $u_i > u_o$ 时，二极管导通，即输入电压 u_i 对 C_L 充电。由于二极管正向电阻 r_d 很小，故充电时间常数 $r_d C_L$ 小，很快充电到输入电压峰值附近，充电电压相对二极管 C_L 是附加了反向偏置 u_o，当 u_i 下降到小

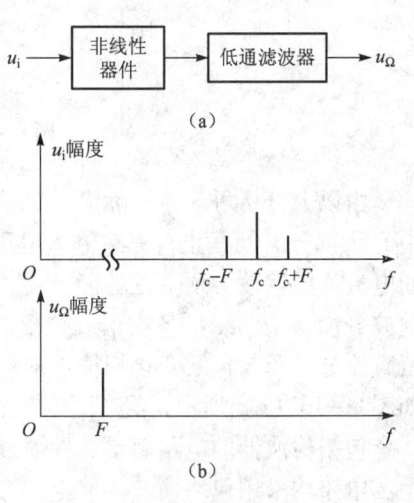

图 8－12 包络检波器原理图

于充电电压 u_o 时，二极管截止，C_L 通过 R_L 放电，由于 R_L 很大，放电时间常数 $R_L C_L$ 大，故 C_L 上电压还没下降多少，输入信号 u_i 下一个周期又来到，充电、放电……如此循环，直到电容上的充放电达到平衡。

图 8-13（b）中的锯齿状变化波形表示二极管 C_L 充电和放电时 u_o 的波形。由图可见，输出电压 u_o 的波形与输入电压 u_i 的包络变化规律一样，故称为包络检波器。

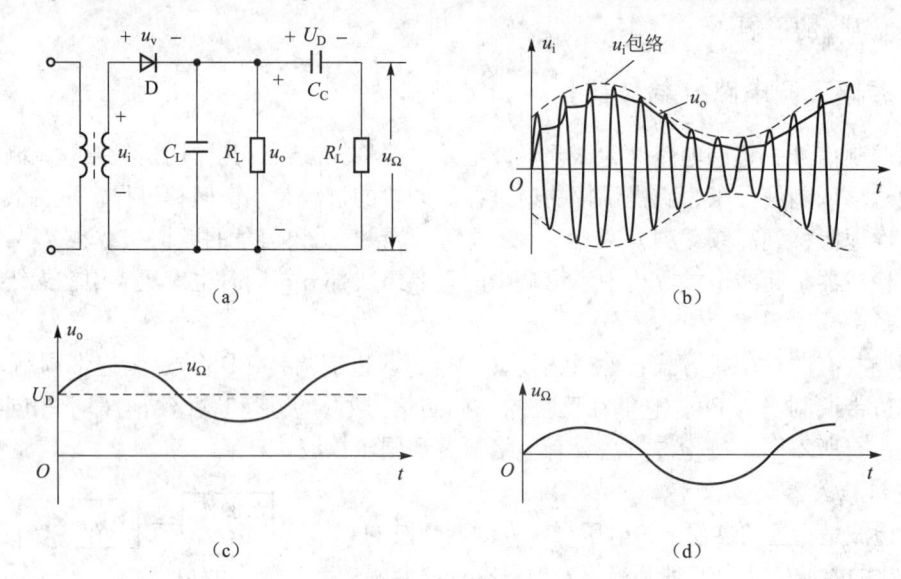

图 8-13 包络检波原理图及波形

由以上分析可知，实际上是二极管 D 在端电压 $u_i - u_o$ 的作用下，依次导通、截止，其中 D 大部分时间截止，只在输入电压的每个高频周期的峰值附近才导通。使得流过二极管 D 的电流为周期性尖顶余弦脉冲，尖顶余弦脉冲频谱中包含直流分量、低频调制分量 Ω、高频基波分量 ω_c 及 ω_c 的各次谐波分量。由低通滤波器 $R_L C_L$ 滤除高频基波和各次谐波分量，保留直流分量及与包络变化规律相对应的低频电压信号。因此，电压 u_o 包含直流及低频分量，如图 8-13（c）所示，经 C_c 隔断直流 U_D 后，将 u_Ω 耦合至 R_L' 上。如图 8-13（d）所示。

包络检波器的电路简单、检波效率高，所以收音机中的检波电路和电视接收机中的高频检波电路均采用包络检波。但电路参数选择不当，会产生各种失真。如果 $R_L C_L$ 选得太大，C_L 放电速度太慢，导致 u_o 的下降速率比包络线的下降速率慢，则在紧接其后的一个或几个高频周期内二极管不能导通，便会产生惰性失真，如图 8-14（a）所示；另外检波器的交、直流负载电阻相差太大，则容易产生负峰切割失真，如图 8-14（b）所示。

为了使二极管峰值包络检波器能正常工作，避免失真，必须根据输入 AM 信号的工作频率与调幅系数以及实际负载 R_L'，正确选择检波二极管和 R_L、C_L 的值。

通常为避免产生惰性失真，$R_L C_L$ 的数值由下式确定

(a)

(b)

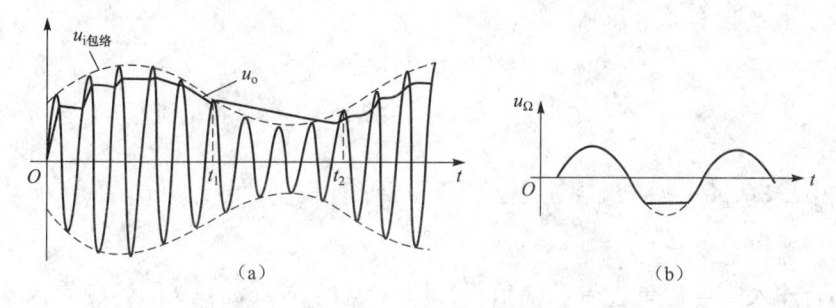

图 8–14　惰性失真和负峰切割失真

$$R_L C_L < \frac{\sqrt{1-M_a^2}}{\Omega_{\max} M_a} \tag{8.11}$$

为避免产生负峰切割失真，应满足

$$M_{a\max} \leqslant \frac{R_\Omega}{R_L} \tag{8.12}$$

其中 R_Ω 为检波器低频交流负载电阻，R_L 为检波器的直流负载电阻。在图 8–13（a）所示包络检波器中，检波器低频交流负载电阻 $R_\Omega = R'_L // R_L$，检波器的直流负载电阻为 R_L。

2. 同步检波器

由于 DSB 和 SSB 信号的包络并没有真实地反映调制信号波形的变化规律，并且 DSB 和 SSB 信号中没有载波成分，因此不能用简单的包络检波器进行检波，而必须采用同步检波。

同步检波必须采用一个与发射端载波同频同相的信号，称为同步信号。同步检波可由模拟乘法器和低通滤波器实现，原理框图如图 8–15（a）所示。图中乘法器的两个输入，一个是调幅信号（可以是 AM、DSB 和 SSB 信号）u_i，另一个就是同步信号（也称本地载波或恢复载波）u_r。为了能不失真地恢复原调制信号，同步信号必须和发送端载波信号保持严格同步（即同频同相），所以称为同步检波或相干检波。

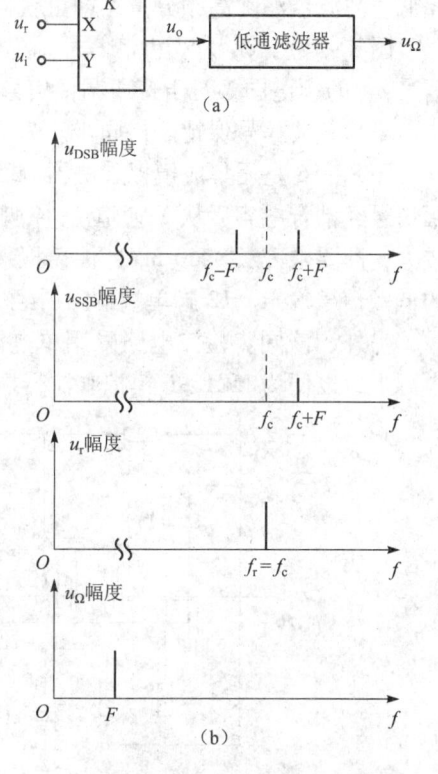

图 8–15　同步检波原理图和频谱图

设输入信号 $u_i = U_{rm} \cos \Omega t \cos \omega_c t$ 为一双边带调幅信号，同步信号 $u_r = U_{rm} \cos \omega_r t$，要求 $\omega_r = \omega_c$。由此可得乘法器输出电压 u_o 为

$$u_o = Ku_i u_r$$
$$= KU_{im}\cos\Omega t\cos\omega_c tU_{rm}\cos\omega_r t$$
$$= \frac{1}{2}KU_{im}U_{rm}\cos\Omega t + \frac{1}{2}KU_{im}U_{rm}\cos\Omega t\cos2\omega_c t$$

显然，上式中 $\frac{1}{2}KU_{im}U_{rm}\cos\Omega t$ 项就是解调所需要的原调制信号，而 $\cos2\omega_c t$ 项是高频分量，可用低通滤波器将它滤除。

同理，若输入信号为单边带调幅信号，即 $u_i = U_{im}\cos(\omega_c+\Omega)t$，则乘法器输出电压 u_o 为

$$u_o = Ku_i u_r = KU_{im}\cos(\omega_c+\Omega)tU_{rm}\cos\omega_r t$$
$$= \frac{1}{2}KU_{im}U_{rm}\cos\Omega t + \frac{1}{2}KU_{im}U_{rm}\cos(2\omega_c+\Omega)t$$

经低通滤波器滤除高频分量，即可获得低频信号输出。

图 8-15（b）为双边带信号 u_{DSB}、单边带信号 u_{SSB}、同步信号 u_r 及最后解调出的低频信号 u_Ω 的频谱图。对于普通调幅信号，同步检波器同样也能实现解调，当然，这也要求同步信号与载波信号保持严格同步。为了简单，一般的普通调幅通信设备不用同步检波器。

图 8-16 是用集成模拟乘法器 MC1596 组成的同步检波电路。普通调幅信号或双边带调幅信号经耦合电容后从 Y 通道 1、4 脚输入，从 X 通道 8、10 脚输入同步信号 u_r，其值一般较大，即要求 $U_{rm}>260$ mV，使模拟乘法器工作在大信号状态，这样输出端就可以获得较大的低频信号输出。12 脚单端输出后经 $RC\pi$ 型低通滤波器取出调制信号 u_Ω。

另外，该同步检波电路采用单电源供电，因此 5 脚通过一个 10 kΩ 的电阻接到 +12 V 电源上，以便为 MC1596 模拟乘法器内部管子提供合适的静态偏置。

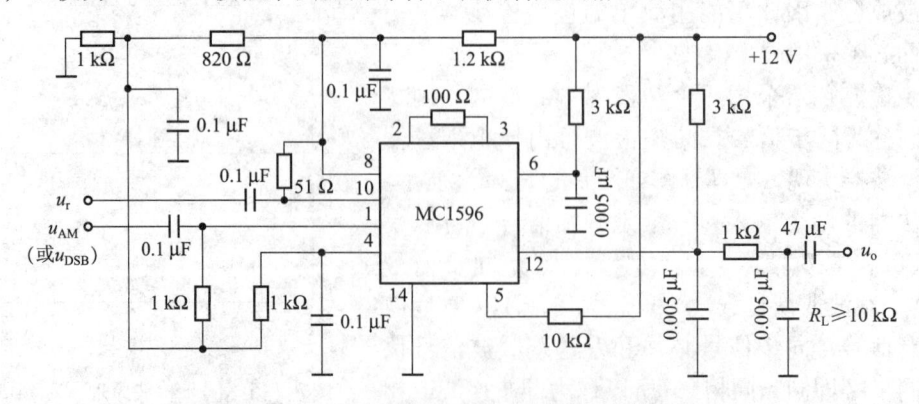

图 8-16 模拟乘法器 MC1596 组成的同步检波电路

可见，同步检波器比包络检波器电路复杂，而且需要一个同步信号，但检波线性好，不

存在惰性失真和底部切割失真问题。但需要注意的是，在同步检波中，只保持频率同步而相位不同步时，解调的输出信号有相位失真，这时对语音通信质量影响较小，但对电视图像信号有明显影响。如果只保持相位同步而频率不同步，则解调输出信号将出现严重失真。

8.3 角度调制与解调电路

频率调制简称为调频（Frequency Modulation，简写为 FM），它是使载波信号的瞬时频率随调制信号幅度线性变化，而振幅保持恒定的一种调制方式。调频信号的解调称为频率检波（简称鉴频）。

相位调制简称为调相（Phase Modulation，简写为 PM），它是使载波信号的瞬时相位随调制信号幅度线性变化，而振幅保持恒定的一种调制方式。调相信号的解调称为相位检波（简称鉴相）。

因为相位是频率的积分，故频率的变化必将引起相位的变化，反之亦然。所以调频信号和调相信号在调制和解调的原理和实现等方面有着密切的联系，调频可以通过调相电路间接实现，鉴频也可以用鉴相电路间接实现。

频率调制和相位调制合称为角度调制（简称调角）。角度调制与解调属于非线性频率变换，比属于线性频率变换的振幅调制与解调在原理和电路实现上都要困难一些。由于角度调制信号在抗干扰方面比振幅调制信号要好得多，所以虽然要占用更多的带宽，但仍得到了广泛的应用。其中，在模拟通信中，调频制比调相制更加优越，故大都采用调频制；在数字通信中，广泛采用了调相制。

8.3.1 调频信号和调相信号分析

1. 表达式与波形

（1）调频信号

设载波信号 $u_c = U_{cm} \cos \omega_c t$，低频调制信号 $u_\Omega = U_{\Omega m} \cos \Omega t$，则调频信号的瞬时角频率为

$$\begin{aligned}\omega(t) &= \omega_c + k_f u_\Omega = \omega_c + k_f U_{\Omega m} \cos \Omega t \\ &= \omega_c + \Delta\omega_m \cos \Omega t\end{aligned} \tag{8.13}$$

其中，k_f 是与调频电路有关的比例常数，单位为 rad/(s·V) 或 Hz/V，ω_c 是未调制时载波的中心频率，$\Delta\omega_m = k_f U_{\Omega m}$ 是调频信号最大角频偏，与调制信号振幅 $U_{\Omega m}$ 成正比。

对式（8.13）积分可得瞬时相位为

$$\varphi(t) = \omega_c t + \frac{k_f U_{\Omega m}}{\Omega} \sin \Omega t$$

调频信号的数学表达式为

$$u_{\text{FM}}(t) = U_{\text{cm}}\cos\left(\omega_{\text{c}}t + \frac{k_{\text{f}}U_{\Omega m}}{\Omega}\sin\Omega t\right) = U_{\text{cm}}\cos(\omega_{\text{c}}t + M_{\text{f}}\sin\Omega t) \tag{8.14}$$

式（8.14）中，$M_{\text{f}} = \frac{k_{\text{f}}U_{\Omega m}}{\Omega} = \frac{\Delta\omega_{\text{m}}}{\Omega} = \frac{\Delta f_{\text{m}}}{F}$ 为调制信号引起的最大相位偏移量，又称为调频系数，单位为 rad，其值与调制信号的振幅 $U_{\Omega m}$ 成正比，与调制信号的频率 Ω 成反比，M_{f} 的值可以大于 1。

（2）调相信号

设载波信号 $u_{\text{c}} = U_{\text{cm}}\cos\omega_{\text{c}}t$，低频调制信号 $u_{\Omega} = U_{\Omega m}\cos\Omega t$，则调相信号的瞬时相位为

$$\varphi(t) = \omega_{\text{c}}t + k_{\text{p}}u_{\Omega} = \omega_{\text{c}}t + k_{\text{p}}U_{\Omega m}\cos\Omega t \tag{8.15}$$

其中，k_{p} 是与调相电路有关的比例常数，单位为 rad/V，$\omega_{\text{c}}t$ 是未调制时载波的相位。

调相信号的数学表达式为

$$u_{\text{PM}}(t) = U_{\text{cm}}\cos(\omega_{\text{c}}t + k_{\text{p}}U_{\Omega m}\cos\Omega t) = U_{\text{cm}}\cos(\omega_{\text{c}}t + M_{\text{p}}\cos\Omega t) \tag{8.16}$$

式（8.16）中，$M_{\text{p}} = k_{\text{p}}U_{\Omega m}$ 是调相信号的最大相移，又称为调相系数，单位为 rad，它与 $U_{\Omega m}$ 成正比，M_{p} 的值可以大于 1。

对式（8.15）微分可得瞬时角频率为

$$\omega(t) = \omega_{\text{c}} - k_{\text{p}}U_{\Omega m}\Omega\sin\Omega t = \omega_{\text{c}} - \Delta\omega_{\text{m}}\sin\Omega t$$

可见，调相信号的最大角频偏 $\Delta\omega_{\text{m}} = k_{\text{f}}U_{\Omega m}\Omega$，与 $U_{\Omega m}$ 和 Ω 的乘积成正比。

如图 8-17 所示为用相同的调制信号 u_{Ω} 对载波 u_{c} 调制时，调频信号、调相信号的波形。图（a）为高频载波信号波形，图（b）为低频调制信号 u_{Ω} 的波形，图（c）为调频波波形，图（d）为调相波波形。

由图 8-17 可见，调频与调相信号都是等幅信号，二者的频率和相位都随调制信号而变化，即 $u_{\text{FM}}(t)$、$u_{\text{PM}}(t)$ 均为等幅疏密波，但疏密的变化随调制信号而变化的规律不同。当 u_{Ω} 为波峰时，调频波的瞬时角频率为最大，调频波波形最密；当 u_{Ω} 为波谷时，调频波的瞬时角频率为最小，调频波波形最疏。而在 u_{Ω} 处于从负半周向正半周变化的零点时，调相波波形最密。

2. 调角信号的频谱与带宽

由式（8.14）和（8.16）可见，无论是调频还是调相，都是相角随调制信号而变化，只不过变化的规律不同。因

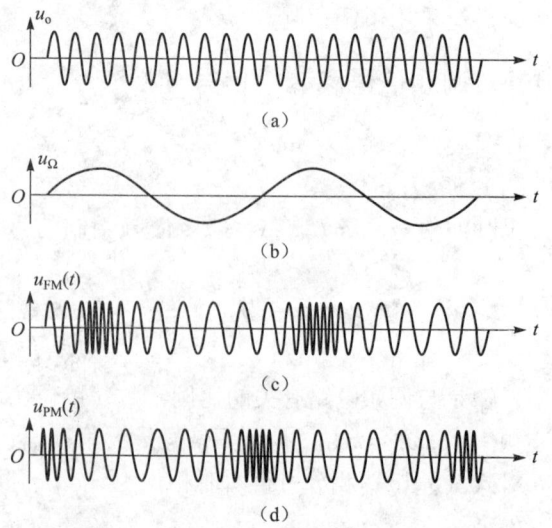

图 8-17 调频信号与调相信号的波形

此调频和调相统称为调角。而且还可以看出，在单频调制时，调频信号与调相信号的时域表达式是相似的，仅瞬时相偏分别随正弦函数或余弦函数变化，无本质区别，故可写成统一的调角信号表达式（式中用调角系数 M 统一代替了 M_f 与 M_p）。

$$u(t) = U_{cm}\cos(\omega_c t + M\sin\Omega t) \tag{8.17}$$

利用三角函数关系，式（8.17）可变换为

$$u(t) = U_{cm}\cos(M\sin\Omega t)\cos\omega_c t - U_{cm}\sin(M\sin\Omega t)\sin\omega_c t \tag{8.18}$$

$\cos(M\sin\Omega t)$ 和 $\sin(M\sin\Omega t)$ 均可展开成傅里叶级数，若用傅里叶级数表示上述调角信号，则

$$\begin{aligned}u(t) =\ & U_{cm}J_0(M)\cos\omega_c t + U_{cm}J_1(M)[\cos(\omega_c+\Omega)t - \cos(\omega_c-\Omega)t]\\ & + U_{cm}J_2(M)[\cos(\omega_c+2\Omega)t - \cos(\omega_c-2\Omega)t]\\ & + U_{cm}J_3(M)[\cos(\omega_c+3\Omega)t - \cos(\omega_c-3\Omega)t] + \cdots\cdots\end{aligned} \tag{8.19}$$

上式表明：单频调制的调角信号，频谱包含了一个载频和无穷多对边频分量，它们处在 $\omega_c\pm\Omega$、$\omega_c\pm2\Omega$、$\omega_c\pm3\Omega$、……角频率上，分布在 ω_c 两侧。载频分量和各对边频分量的相对幅度由与 M 有关的相应的贝塞尔函数 $J_n(M)$ 确定。理论上，调角信号的边频分量是无限多的，但实际上已调信号的能量大部分集中在载频附近的有限边频上。图 8-18 示出了几个对应不同 M 的调角信号频谱图，此频谱图中仅保留了系数 $J_n(M)$ 大于 0.01 的那些边频。

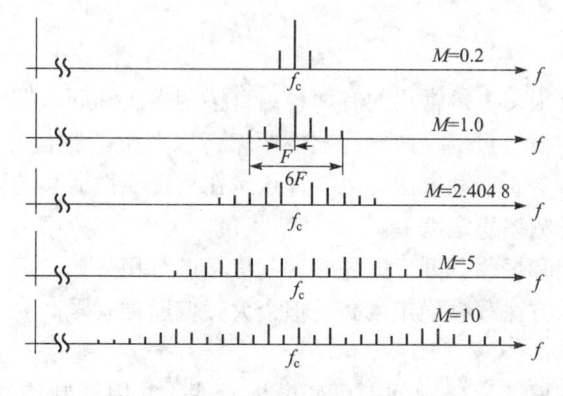

图 8-18 不同 M 的调角信号频谱图

从图 8-18 可以看出，幅度大于零的边频数目随 M 的增加而增加；载频分量并不总是最大，有时为零。

由于调角信号的能量绝大部分集中在载频附近的一些边频分量上，因此，工程上习惯把凡是振幅小于未调制载波振幅的 10% 的边频分量忽略不计，仅考虑系数 $J_n(M)$ 大于 0.1 的那些边频分量，这时调角信号的有效带宽可以由下式估算

$$BW \approx 2(M+1)F = 2(\Delta f_m + F) \tag{8.20}$$

这与调制信号频率相同的调幅波相比，调角波的频带要宽 $2\Delta f_m$。通常 $\Delta f_m > F$，所以调角波的频带要比调幅波的频带宽得多。

在 $M \ll 1$ 时，带宽 $BW \approx 2F$，与调幅波相同，属于窄带调制；

在 $M \gg 1$ 时，带宽 $BW \approx 2\Delta f_m$，属于宽带调制。

根据式（8.20），调频和调相的有效频带估算方法一样，但由前面分析可知：调频信号的调频系数 M_f 与调制频率成反比，最大频偏与调制频率无关，而调相信号的最大频偏与调制频率成正比，调相系数 M_p 与调制频率无关。因此，当调制信号幅度不变，只改变调制频率 F 时，调频信号的带宽变化不大，而调相信号频带宽度随调制信号频率成比例的变化。故从所占频带的利用率来讲，调相波不如调频波好。由于这个原因，调相不如调频应用得广，一般只作为产生调频波的一种间接手段来应用。

3. 调角信号的功率

因为调角信号的振幅保持恒定，所以其平均功率为

$$P_{av} = \frac{1}{2} \frac{U_{cm}^2}{R_L} = P_c \tag{8.21}$$

式中，R_L 为负载电阻，P_c 为未调制时的载波功率。

从功率看，角度调制可以认为是功率分配器，它将载波功率分配给各频率分量，每个频率分量所分给的功率由 $J_n(M)$ 决定，但各分量功率之和仍为未调制时载波功率。

8.3.2 调频电路

实现调频的方法有很多，最常用的有两种：直接调频法和间接调频法。

直接调频是用调制信号直接控制振荡器的频率，以产生调频信号。在直接调频电路中，振荡器与调制器合二为一。这种方法的主要优点是在实现线性调频的要求下，可以获得较大的频偏，其主要缺点是频率稳定度差。

间接调频是把调制和振荡分开，即先对调制信号进行积分，然后对载波进行调相而获得调频波的。这种调频的方法载频稳定度高，但最大频偏通常有限。

1. 直接调频

直接调频是通过在振荡回路中加入可变电抗元件，并用调制信号去控制可变电抗的参数，即可产生振荡频率随调制信号变化的调频波。可变电抗元件有变容二极管、电抗管等。在此仅简要介绍应用较为广泛的变容二极管调频原理电路。

（1）变容二极管的符号及变容特性

变容二极管是利用 PN 结的结电容随外加反向电压而变化这一特性制成的一种半导体二极管，它是一种电压控制可变电抗元件。变容二极管的结电容 C_j 与外加反向偏压的关系曲线如图 8-19（a）所示。变容二极管在电路图中的符号如图 8-19（b）所示。为了保证反向偏置，往往在变容二极管的两端加上负偏压 U，在此基础上加上信号电压 $s(t)$，则外加总

电压应为 $u = U + s(t)$,变容二极管的电容的表达式为

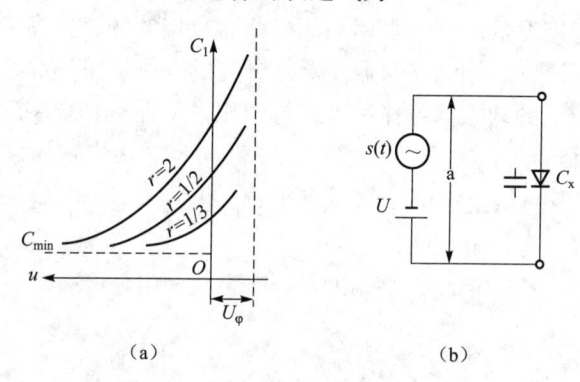

图 8-19 变容二极管的特性曲线及电路符号

$$C_j = \frac{C_0}{(1+\frac{u}{U_\varphi})^y} \quad (8.22)$$

式中,C_0 为未外加电压时的结电容,U_φ 为 PN 结势垒电位差(硅管 0.7 V、锗管 0.2~0.3 V),r 为结电容变化指数,由结的类型和掺杂浓度决定。

(2) 变容二极管直接调频电路

图 8-20 是变容二极管直接调频电路。图 8-20 中去掉变容二极管 C_j,就是一个变压器反馈式 LC 振荡器,振荡频率决定于 LC 调谐回路的参数。现在调谐回路电容由两部分组成:回路电容 C 和变容二极管 C_j。调制信号 $s(t)$ 通过 R_c 加在变容管上,用以控制它的容量 C_j,也就控制该调谐回路的谐振频率,从而实现调频。C 对 $s(t)$ 呈现一高阻抗。但是,$C \gg C_j$,回路的瞬时谐振频率主要由 C_j 决定,因此

$$\omega \approx \frac{1}{\sqrt{LC_j}}$$

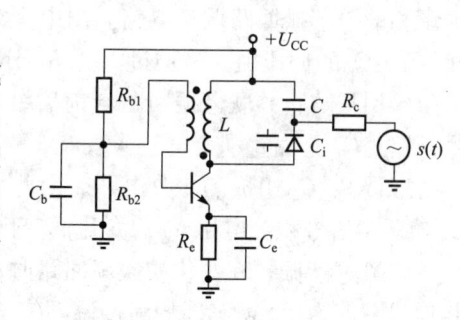

图 8-20 变容二极管直接调频电路

变容二极管调频是在 LC 振荡器上直接进行的,所以中心频率稳定度低。为了提高调频器的频率稳定度,可对晶体振荡器进行调频,比如对第 6 章图 6-15 所示并联型石英晶体振荡器,将石英晶体与变容二极管相串联,那么调制信号控制容量变化时,振荡频率同样可以发生微小的变化,但频率的变化只能限制在晶体的并联谐振频率与串联谐振频率之间,频偏很小。

2. 间接调频

直接调频的频率稳定度低，即使采用晶体振荡器直接调频，提高了频率稳定度，但最大频偏较窄。间接调频电路中，调制器与振荡器是分开的，可以采用高稳定度的晶体振荡器作主振，然后再对这个稳定的载频信号在后级进行调相，从而得到频率稳定度很高的调频波。

（1）间接调频原理

当低频调制信号 $u_\Omega = U_{\Omega m}\cos\Omega t$，高频载波信号 $u_c = U_{cm}\cos\omega_c t$，则调频信号为

$$u_{FM}(t) = U_{cm}\cos(\omega_c t + M_f\sin\Omega t)$$

调相信号为

$$u_{PM}(t) = U_{cm}\cos(\omega_c t + M_p\cos\Omega t)$$

可见，在进行调频之前先对调制信号 $u_\Omega = U_{\Omega m}\cos\Omega t$ 进行积分处理，得到

$$u'_\Omega = \int u_\Omega dt = \frac{U_{\Omega m}}{\Omega}\sin\Omega t$$

用 u'_Ω 对载波信号 $u_c = U_{cm}\cos\omega_c t$ 进行调相，得到的调相波即为用 $U_{\Omega m}\cos\Omega t$ 进行调频得到的调频波。图 8 – 21 为间接调频原理框图。

（2）间接调频电路

间接调频电路由积分电路及调相电路组成。如图 8 – 21 所示。图 8 – 22 为变容二极管实现调相的单谐振回路调相电路。图中，C_j、C_3 和 L 构成并联谐振回路（$C_j \ll C_3$，C_j 起主要作用），C_j 的偏压由 9 V 通过 R_3、R_4 分压提供；R_1、R_2 是谐振回路输入和输出端上的隔离电阻，用来防止并联谐振回路与前后级之间的相互影响；C_1、C_2 对高频短路，而对调制信号开路；C_3 是隔直耦合电容。载波 u_c 经 R_1C_1 后作为电流源输入；调制信号 u_Ω 经耦合电容 C_3 加到 R_4、C_4 组成的积分电路，因此加到变容二极管的信号为 u'_Ω，使变容二极管的电容 C_j 随调制信号积分电压 u'_Ω 的变化而变化，导致谐振频率变化。从而使固定频率的高频载波电流在流过谐振频率变化的振荡回路时，由于失谐而产生相移，输出为用 u'_Ω 实现的高频调相信号，即为用 u_Ω 实现的间接调频信号。

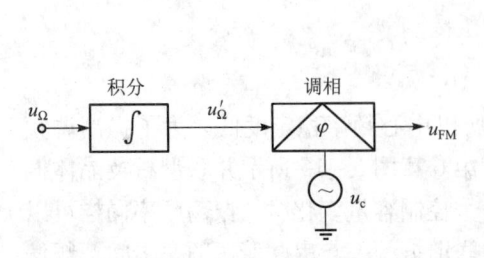

图 8 – 21　间接调频原理框图

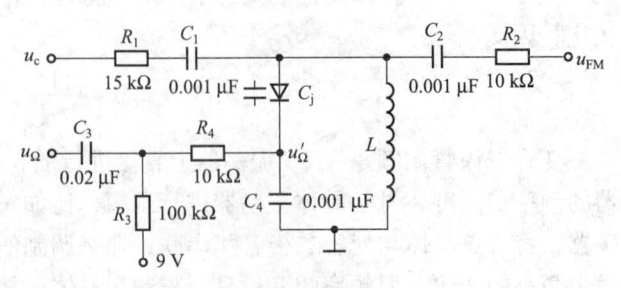

图 8 – 22　单谐振回路变容管调相电路

8.3.3 鉴频电路

1. 鉴频电路的主要性能指标

表征鉴频器主要特性的是鉴频特性曲线，即输出低频解调电压与输入调频信号瞬时频率之间的关系曲线。图 8-23 为典型的鉴频特性，由于它像英文字母"S"形，故称 S 曲线。图中，f_c 为调频信号的中心频率，对应的输出电压为 0，当信号频率向左右偏离时，分别得到正负输出电压。对鉴频电路的主要要求有以下几个方面。

（1）线性范围

要求鉴频特性在 f_c 附近为一条直线，且这段频率范围大。在图中两弯曲点 f_{min} 与 f_{max} 之间的范围为线性范围，此范围应大于调频信号的最大频偏 Δf_m 的 2 倍。

（2）灵敏度

在鉴频线性范围内，单位频偏产生的解调信号电压的大小称为鉴频灵敏度。灵敏度高意味着鉴频特性曲线陡直。

（3）非线性失真

实际上，在线性范围内鉴频特性只是近似线性，存在着非线性失真。实际电路的非线性失真应该尽量减小。

2. 鉴频方法

鉴频是调频信号的解调过程，也就是将输入信号的频率变化转换为电压变化的过程。从调频信号表达式来看，由于随调制信号 u_Ω 成线性变化的瞬时角频率与相位是微分关系，而相位与电压又是三角函数关系，所以要从调频信号中直接提取与 u_Ω 成正比的电压信号很困难。

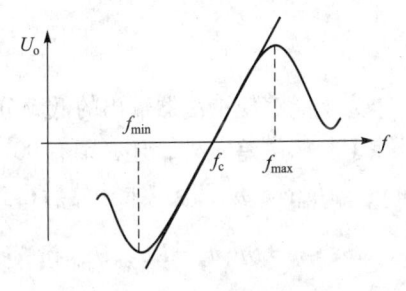

图 8-23 鉴频特性曲线

通常采用两种鉴频方法。一种方法是先将调频信号通过频幅转换网络变成调频—调幅信号，然后利用包络检波的方式取出调制信号，这种方法称为斜率鉴频。另一种方法是相位鉴频，即先将调频信号通过频相转换网络变成调频—调相信号，然后利用鉴相方式取出调制信号。图 8-24 给出了相应的原理图。常用的是图 8-24（b）相位鉴频这种方法。

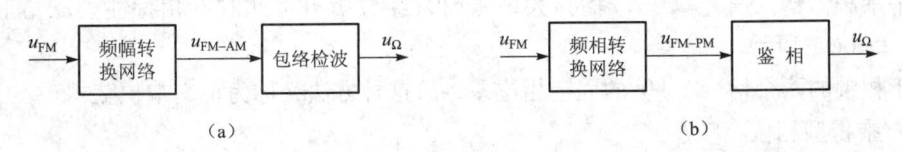

图 8-24 鉴频原理图

在这两种鉴频方法中,频幅转换网络和频相转换网络是首先需要考虑的问题。显然,转换网络的线性特性是保证线性鉴频的重要基础。LC 并联回路具有的幅频特性和相频特性使之成为简单而实用的频幅转换和频相转换网络,应用非常广泛。

3. 相位鉴频器

(1) 鉴相原理

鉴相是将两个信号的相位差变换成电压的过程。如图 8-25(a)所示为实现乘积型鉴相的方框图,图中,两个相位不同的高频信号电压 u_x 和 u_y 分别加到乘法器的两个输入端,低通滤波器用来取出反映两输入信号相位变化的低频电压。

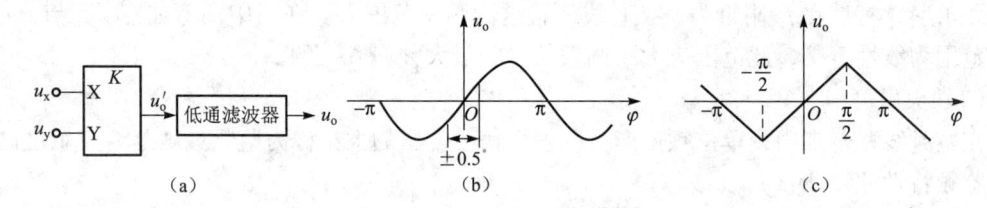

图 8-25 乘积型鉴相器的鉴相功能

为了能够使乘法器输出的低频分量与两信号相位差的正弦函数呈线性关系,两个输入信号除了有相位差 φ 外,还必须有 90°的固定相位差,即输入信号分别为 $u_x = U_{xm}\sin(\omega t + \varphi)$ 和 $u_y = U_{ym}\cos \omega t$,经过乘法器后得到

$$u'_o = Ku_x u_y = KU_{xm}U_{ym}\sin(\omega t + \varphi)\cos \omega t = \frac{1}{2}KU_{xm}U_{ym}[\sin(2\omega t + \varphi) + \sin \varphi]$$

经低通滤波器滤除高频分量后,则可得

$$u_o = \frac{1}{2}Kk_\varphi U_{xm}U_{ym}\sin \varphi \tag{8.23}$$

上式中,K 为乘法器增益系数,k_φ 低通滤波器的电压传输系数。可以看出,鉴相器输出电压与两个高频信号电压的相位差的正弦成比例,即鉴相特性为正弦特性曲线,如图 8-25(b)所示。当 $|\varphi| \leqslant \pi/6$ 时,$\sin \varphi \approx \varphi$,鉴相特性接近于直线,即其线性鉴相范围为 $\pm \pi/6$,可见乘积型鉴相的线性鉴相范围较小。一般要求鉴相电路的线性鉴相范围越宽越好。

如果乘法器输入信号 u_x、u_y 均为大信号时,经分析可得此时鉴相特性呈三角形特性,如图 8-25(c)所示。

由于相乘的两个信号有 90°的固定相位差,故这种方法又称为正交乘积鉴相。

(2) 乘积型相位鉴频器

乘积型相位鉴频是一种常用的鉴频方法,它是通过频相转换网络把调频信号的瞬时频率变化转化为瞬时相位变化,然后进行乘积型鉴相的过程。其原理框图如图 8-26 所示。

图中的频率—相位变换网络,往往是由 LC 并联谐振回路组成,它将调频信号的瞬时频率变化转换成瞬时相位变化,所以调频信号经过频率—相位变换网络以后,就成为每一个频率成分都附加一个相移的信号。这样鉴相器两输入信号成为具有同一调频规律而在不同频率上具有不同相位差的信号。经由模拟乘法器与低通滤波器所组成的鉴相器后,其输出电压就成为原低频调制信号。

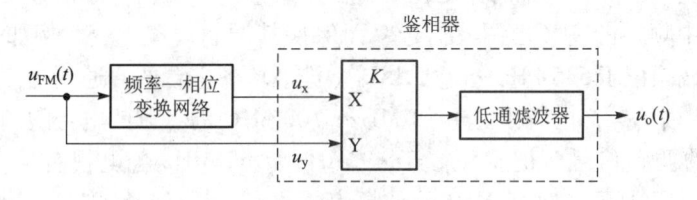

图 8-26 乘积型相位鉴频器实现模型

(3) 实际应用电路

图 8-27 所示是利用集成模拟乘法器 MC1596 构成的乘积型相位鉴频器。调频信号一路经 0.047 μF 的耦合电容后从 Y 通道 1、4 脚输入,一路经射极跟随器 T 及 C_1、L、C_2、C_3 组成 90°固定相移的频率—相位变换网络后变成 90°固定相移的调频—调相信号,从 X 通道 8、10 脚输入。接在乘法器 8 脚和 10 脚之间的电阻 R_5、R_6 可看作是并在谐振回路上的阻尼电阻,它的大小将直接影响回路的品质因数,从而影响回路相频特性的斜率,因此,改变 R_5 可影响鉴频性能。在乘法器输出端,用运算放大器构成平衡输入低频放大器,一方面对模拟乘法器进行输出失调调零,另一方面将乘法器的 6、12 脚双端输出转换成单端输出。运算放大器单端输出后经 $R_o C_o$ 低通滤波器取出调制信号 u_Ω。

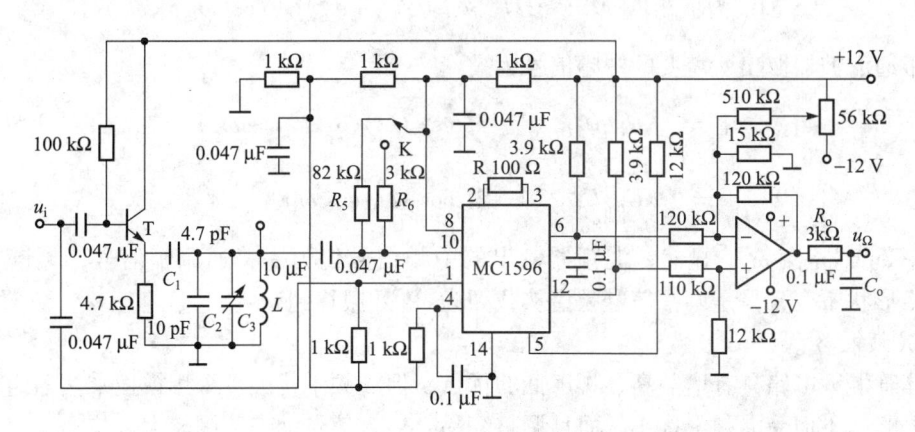

图 8-27 用 MC1596 构成乘积型相位鉴频器

8.4 混频电路与锁相环路

8.4.1 混频电路

在通信接收机中,混频电路的作用在于将不同载频的高频已调波信号变换为同一个固定载频(一般称为中频)的高频已调波信号,而保持其调制规律不变。例如,在超外差式广播接收机中,把载频位于 535 kHz~1 605 kHz 中波波段各电台的普通调幅信号变换为中频为 465 kHz 的普通调幅信号,把载频位于 88 MHz~108 MHz 的各调频电台的调频信号变换为中频 10.7 MHz 的调频信号,把载频位于 49 MHz~960 MHz 各电视台信号变换为中频为 38 MHz 的视频信号及中频为 31.5 MHz 的音频信号。

1. 混频原理

用非线性器件和模拟乘法器均能实现混频。分立元件超外差式收音机中的混频电路就是由晶体三极管及 LC 谐振回路组成的。在此仅介绍由模拟乘法器实现混频的原理,其原理框图如图 8-28 所示。

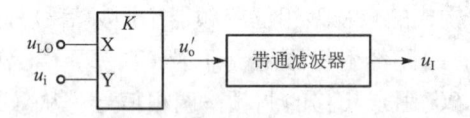

图 8-28 由模拟乘法器实现混频的原理框图

设输入到混频器的已调信号以普通调幅信号为例,即 $u_i = U_{cm}(1 + M_a\cos\Omega t)\cos\omega_c t$,本振信号 $u_{LO} = U_{LOm}\cos\omega_{LO}t$,由此可得乘法器输出电压 u'_o 为

$$u'_o = Ku_{LO}u_i$$
$$= KU_{cm}U_{LOm}\cos\omega_{LO}t[1 + M_a\cos\Omega t]\cos\omega_c t$$
$$= \frac{1}{2}KU_{cm}U_{LOm}[1 + M_a\cos\Omega t][\cos(\omega_{LO}+\omega_c)t + \cos(\omega_{LO}-\omega_c)t]$$

由中频带通滤波器取出所需要的中频信号为

$$u_I = \frac{1}{2}KU_{cm}U_{LOm}(1 + M_a\cos\Omega t)\cos(\omega_{LO}-\omega_c)t$$
$$= \frac{1}{2}KU_{cm}U_{LOm}(1 + M_a\cos\Omega t)\cos\omega_I t \tag{8.24}$$

其中 $\omega_I = \omega_{LO} - \omega_c$。显然,混频器输出的中频信号仍为一普通调幅信号,频谱宽度不变,包络形状不变,只是调幅信号频谱从载频为 ω_c 处搬移到 ω_I 处。

2. 混频电路

晶体管混频电路具有增益高、噪声低的优点,但混频干扰大。采用模拟乘法器组成的集成混频电路,不但受混频干扰小,而且调整容易,输入信号动态范围较大。

图 8-29 给出了一个典型分立元件收音机变频器电路。

在图 8-29 中,晶体管 T 既完成混频作用,又作为本地振荡。输入信号 u_i 和本振信号

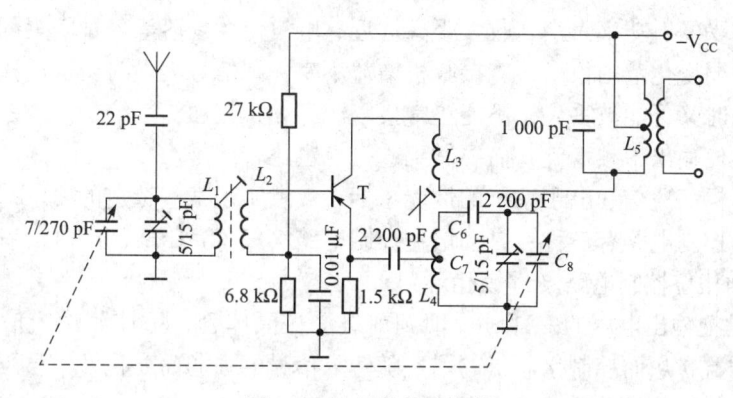

图 8-29 晶体管变频器

u_{LO} 分别加在晶体管的基极和发射极上,输出中频信号 u_I 由连接集电极的谐振回路取出。本振电路是由晶体管、振荡回路（L_4、C_6、C_7、C_8）和反馈电感 L_3 组成的变压器耦合反馈振荡器。双联可变电容作为输入回路和本振回路的统一调谐电容，使得在整个中波波段内，本振频率 f_{LO} 均与输入载频 f_c 同步变化,二者之差恒等于中频 f_I。

图 8-30 所示电路为由模拟乘法器 MC1596 组成的混频电路。本振信号经 0.001 μF 的耦合电容后从 X 通道 8、10 脚输入。已调信号经耦合电容从 Y 通道 1、4 脚输入,调节 50 kΩ 电位器,使 1、4 脚直流电位差为零。中频信号（9 MHz）由 6 脚单端输出后的 π 型带通滤波器中取出。

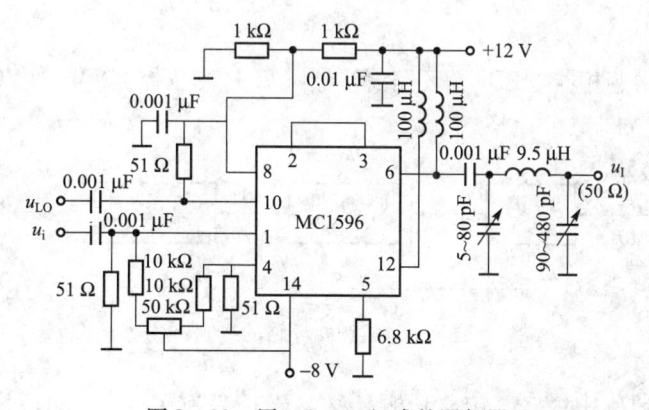

图 8-30 用 MC1596 组成的混频器

8.4.2 锁相环路

通过前面几节的分析可知,由放大电路、混频电路、振荡电路、调制电路及解调电路这些功能电路可以组成一个完整的通信系统,但这样组成的系统其性能不一定完善。例如,在调幅接收机中，受发射功率大小、收发距离远近、电波传播衰落等各种因素的影响，接收机所接收的信号强弱变化范围很大，若接收机增益不变，则信号太强时会造成接收机饱和或阻塞，而信号太弱时又可能被丢失，不能正常接收。又如，在通信系统中，收发两地的载频应保持严格同步，使输出中频稳定，而要做到这一点也比较困难。

因此，为了提高通信和电子系统的性能指标，或者实现某些特定的要求，必须采用反馈控制电路。反馈控制电路有三种：自动增益控制电路（简称 AGC）、自动频率控制电路（简称 AFC）和自动相位控制电路（即锁相环路）。

AGC 电路是把输出电压的一部分反馈到前级受控晶体管，可按照输入信号的强弱自动改变晶体管的增益，从而控制接收机的增益随输入信号的强弱而变化，信号强时增益低，信号弱时增益高，使接收机的输出电平保持一定。

AFC 电路的作用是当本振频率变动或输入载波频率有微小漂移时，自动调整本地振荡器的频率，使中频频率保持稳定，以消除频率误差为目的。它是利用频率误差电压去消除频率误差，所以当电路达到平衡状态后，必然有剩余频率误差存在，即频差不可能为零。

锁相环路 PLL（Phase Lock Loop）是一个能够自动跟踪输入信号相位的闭环相位控制电路。锁相环路也以消除频率误差为目的。但锁相环路是利用相位误差电压去消除频率误差，所以当电路达到平衡状态之后，虽然有剩余相位误差存在，但频率误差可以降低到零，从而实现无频差的频率跟踪和相位跟踪。而且，锁相环还具有可以不用电感线圈、易于集成化、性能优越等许多优点，因此广泛应用于通信、雷达、导航、仪表等无线电技术的许多领域。本小节仅介绍锁相环路。

1. 基本原理

锁相环路主要由鉴相器（PD）、环路滤波器（LF）和压控振荡器（VCO）三部分组成，如图 8 - 31 所示。

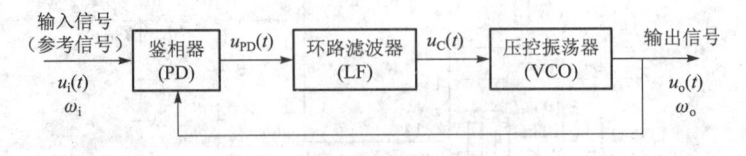

图 8 - 31 锁相环路的组成

鉴相器是一个相位比较器，用来检测输入参考信号电压 $u_i(t)$ 和压控振荡器输出电压 $u_o(t)$ 之间的相位差，并产生相应的误差电压 $u_{PD}(t)$，可由模拟乘法器实现。环路滤波器具有低通特性，它的作用是把鉴相器输出电压 $u_{PD}(t)$ 中的高频分量和噪声滤除，而让 $u_{PD}(t)$ 中的低频分量或直流分量通过。环路滤波器对锁相环路参数调整起着决定性的作用，因而可以通过调整环路滤波器的参数来获得锁相环路所需要的性能。常见的环路滤波器为 RC 低通滤波器、RC 比例积分滤波器和 RC 有源比例积分滤波器等。

压控振荡器是指振荡角频率 $\omega_o(t)$ 受环路滤波器输出的控制电压 $u_c(t)$ 控制的一种振荡器，起着电压与频率变换的作用。常用的压控振荡器有 LC 压控振荡器、晶振压控振荡器、负阻压控振荡器和 RC 压控振荡器等（前两种振荡器的频率控制都是用变容二极管实现的）。

若锁相环路中，压控振荡器的输出信号角频率 ω_o 或输入信号角频率 ω_i 发生变化，则输入到鉴相器的电压 $u_i(t)$ 和 $u_o(t)$ 必定会产生相应的相位变化，经鉴相器以后输出一个与相位误差成比例的误差电压 $u_{PD}(t)$，经过环路滤波器取出其中缓慢变化的直流电压 $u_c(t)$，去控制压控振荡器输出信号的频率和相位，使得 $u_o(t)$ 和 $u_i(t)$ 之间的频率和相位差减小，直到压控振荡器输出信号的频率和输入信号频率相等为止，两信号之间的相位差等于常数，此时称锁相环路处在锁定状态。假如环路的输出信号和输入信号频率不等，则称锁相环路处在失锁状态。

当锁相环路刚工作时，由起始的失锁状态进入锁定状态的过程称为捕捉过程。而当环路锁定后，由于某种原因引起输入信号角频率 ω_i 或 VCO 的振荡角频率 ω_o 发生变化时，可使 VCO 的振荡角频率 ω_o 跟踪 ω_i 而变化，直到锁定，这个过程称为跟踪过程。捕捉与跟踪是锁相环路两种不同的自动调节过程。但要注意的是，捕捉、跟踪与锁定是有条件的，即输入信号的频率必须与压控振荡器的固有频率相近，否则是不能锁定的。

锁相环路在正常工作状态（锁定）时，具有以下基本特性：

① 锁定后没有频差。在没有干扰和输入信号频率不变的情况下，环路一旦锁定，环路的输出信号频率与输入信号频率相等，没有剩余频差，只有不大的固定相差。

② 有自动跟踪特性。锁相环路在锁定时，输出信号频率能在一定范围内跟踪输入信号频率。

③ 有良好的窄带特性。锁相环路相当于一高频窄带滤波器，它不但能滤除噪声和干扰，而且能跟踪输入信号的载频变化。

2. 锁相环路的应用

（1）锁相接收机

地面接收机接收从人造卫星、宇宙飞船上发送来的无线电信号时，由于卫星离地面距离远，再加上卫星发射机发射功率小、天线增益低，使得发射机向地面发回的信号很微弱；还由于存在多普勒频移（即当发射机与接收机相对于媒质运动时，接收机所接收到的频率将发生漂移的现象）使信号频率漂移严重。例如：频率为 108 MHz 时，多普勒频移可能在 ±3 kHz，若用普通接收机则带宽至少应为 6 kHz，而飞船发射的信号本身只占非常窄的频谱，信号带宽只有几 Hz 或几十 Hz，这样接收机的带宽比信号带宽大近千倍，使微弱信号的接收十分困难。这时，就必须使用锁相环路组成的窄带跟踪接收机即锁相接收机进行接收信号。

（2）锁相调频与鉴频

用锁相环路调频，能够得到中心频率高度稳定的调频信号，图 8-32（a）为其方框图。

锁相环使压控振荡器的中心频率稳定在晶振频率上,同时调制信号也加到压控振荡器,对中心频率进行频率调制。调制信号频谱应处于环路滤波器的通带之外,并且调频系数不能太大。调制信号不能通过环路滤波器,因此不形成调制信号的环路,这时的锁相环仅仅是载波跟踪环,调制频率对锁相环路无影响。锁相环路只对压控振荡器的平均中心频率的不稳定因素起作用,此不稳定因素引起的波动可以通过环路滤波器。这样,当锁定后,压控振荡器的中心频率锁定在晶振频率上,输出的调频波中心频率稳定度很高。用锁相环路的调频器能克服直接调频中心频率稳定度不高的缺点。

根据锁相环路的频率跟踪特性,在系统处于跟踪状态时,可用于解调调频信号,如图8-32(b)所示。当锁相环路输入信号的频率变化时,环路滤波器能输出一个控制电压,迫使压控振荡器的频率与输入信号同步。如果输入信号为调频波,频率随调制信号 u_Ω 变化,则经鉴相器和环路滤波器的处理后,得到的控制电压必然和输入信号的频率变化规律相对应。若从环路滤波器引出控制电压,即可得到调频波的解调信号。

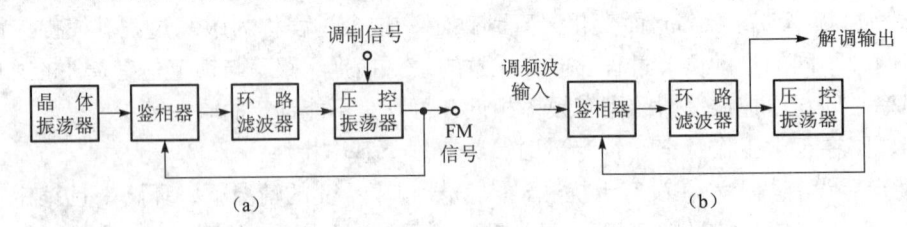

图 8-32 锁相环调频器与鉴频器

在基本锁相环路的反馈通道中插入混频器和中频放大器,还可以组成锁相混频电路。

(3) 锁相倍频和分频

在基本锁相环路的反馈通道中插入分频器,就组成了锁相倍频器,如图8-33所示。

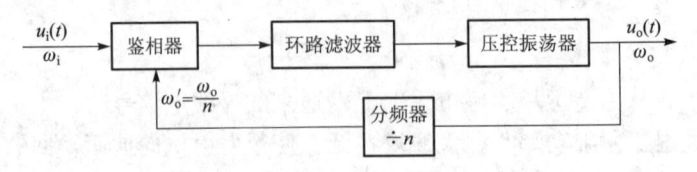

图 8-33 锁相倍频电路的组成

VCO 的输出频率 ω_o 可以调整到等于所需的倍频角频率上。当环路锁定时,鉴相器输入信号角频率与反馈信号角频率相等,即 $\omega_i = \omega'_o$;而 ω'_o 是 VCO 输出信号经 n 次分频后的角频率,因此 VCO 输出角频率 ω_o 是输入信号角频率的 n 倍,即 $\omega_o = n\omega_i$。若输入信号由高稳定度的晶振产生,分频器的分频比是可变的,则可以得到一系列稳定的间隔为 ω_i 的频率信号输出。

如果将图 8-33 中的分频器改为倍频器,则可以组成锁相分频电路,即 $\omega_o = \omega_i/n$。

(4) 锁相频率合成器

利用一块或少量晶体，采用综合或合成的手段，可以获得大量的不同的工作频率，这些工作频率的稳定度和准确度等于或接近于石英晶体振荡器的稳定度和准确度，这种技术称为频率合成技术。

利用锁相环路还可以构成性能良好的频率合成器，图 8-34 为其方框图。用一个高稳定度的石英晶体振荡器所产生的信号作为标准信号（基准频率），为减小相邻两个输出频率的间隔，增加输出频率的数目，可在晶体振荡器和鉴相器之间插入一个前置分频器（÷m）。在基本锁相环路的反馈通道中（即 VCO 和鉴相器之间）插入一个可编程控制的可变分频器（÷n），这样通过编程设置分频比 n，便可以得到一系列稳定度和准确度都很高，频率间隔很小的离散频率，其输出频率为 $\omega_o = \omega_i n/m$。改变分频比 n 即可以改变输出频率，从而实现频率合成的任务。

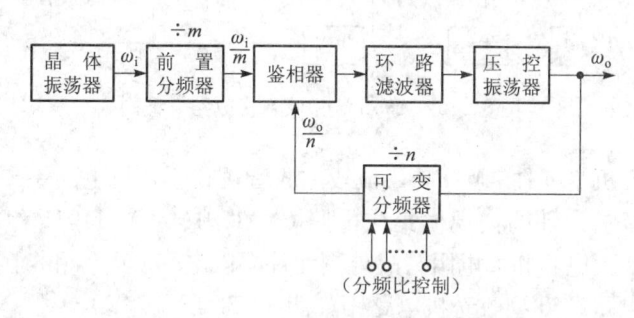

图 8-34 锁相环频率合成器框图

锁相环频率合成器是在通信方面，特别是在移动通信中广泛使用的一种集成电路。

8.5　实训 50 型 AM/FM 收音机的安装与调试

1. 实训目的
① 熟悉超外差式收音机的工作原理。
② 学习收音机的调试与装配。
③ 提高读整机电路图及电路板图的能力。
④ 掌握收音机生产工艺流程，提高焊接工艺水平。

2. 实训内容
① 收音机电路原理分析。
② 掌握印制电路板的组装及焊接工艺。
③ 进行 AM、FM 统调调试及整机测试。
④ 故障判断及排除。

3. 收音机的基本工作原理

收音机的电路结构种类有很多，早期的多为分立元件电路，目前基本上都采用了大规模集成电路为核心的电路。集成电路收音机的特点是结构比较简单，性能指标优越，体积小等。AM/FM 型的收音机电路可用如图 8-35 所示的方框图来表示。收音机通过调谐回路选出所需的电台，送到变频器与本振电路送出的本振信号进行混频，产生中频输出（我国规定的 AM 中频为 465 kHz，FM 中频为 10.7 MHz），中频信号将检波器检波后输出调制信号，调制信号经低放、功放放大电压和功率，推动喇叭发出声音。

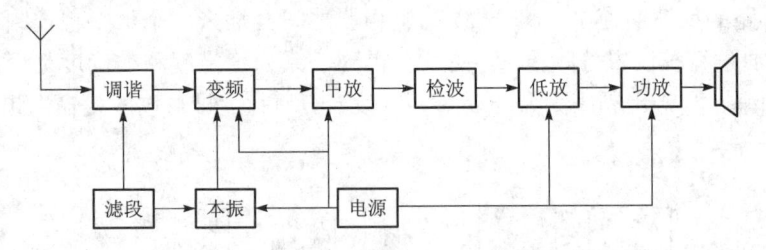

图 8-35 AM/FM 型收音机电路方框图

本实训中的收音机是一种 AM/FM 二波段的收音机，收音机电路主要由索尼公司生产的专为调频、调幅收音机设计的大规模集成电路 CXA1191M/CXC1191P 组成。由于集成电路内部无法制作电感、大电容和大电阻，故外围元件多以电感、电容和电阻为主，组成各种控制、供电、滤波等电路。50 型收音机电路图如图 8-36 所示。

CXA1191M/CXC1191P 的内部方框图如图 8-37 所示。CXA1191M/CXC1191P 包含了从高频放大、本振到中频放大、低频（音频）放大的所有功能。

下面介绍收音机电路图的功能块电路的作用。

（1）调谐（即选台）与变频

由于同一时间内广播电台很多，收音机天线接收到的不仅仅是一个电台的信号。各电台发射的载波频率均不相同，收音机的选频回路通过调谐，改变自身的振荡频率，当振荡频率与某电台的载波频率相同时，即可选中该电台的无线信号，从而完成选台。

选出的信号并不是立即送到检波级，而是要进行频率的变换。利用本机振荡产生的频率与外接收到的信号进行混频，输出固定的中频信号（AM 的中频为 465 kHz，FM 的中频为 10.7 MHz）。

图 8-36 所示收音机的电路中，这部分电路有四个 LC 调谐回路，带箭头用虚线连在一起的四联可变电容器 C_{1-1a}、C_{1-2a}、C_{1-3a}、C_{1-4a}，其中 C_{1-1a}、C_{1-2a} 分别属于调幅和调频波段的输入回路（选台回路），C_{1-3a}、C_{1-4a} 属于其本机振荡回路。C_{1-1b}、C_{1-2b}、C_{1-3b}、C_{1-4b} 是与它们分别适配的微调电容，用作统调。与 C_{1-1a} 并联的电感 L_1 为 AM（调幅）波段的线圈（绕在中波无线磁棒上），C_{1-2a}、L_2 组成调频末级高放的负载选台回路。与 C_{1-3a}、

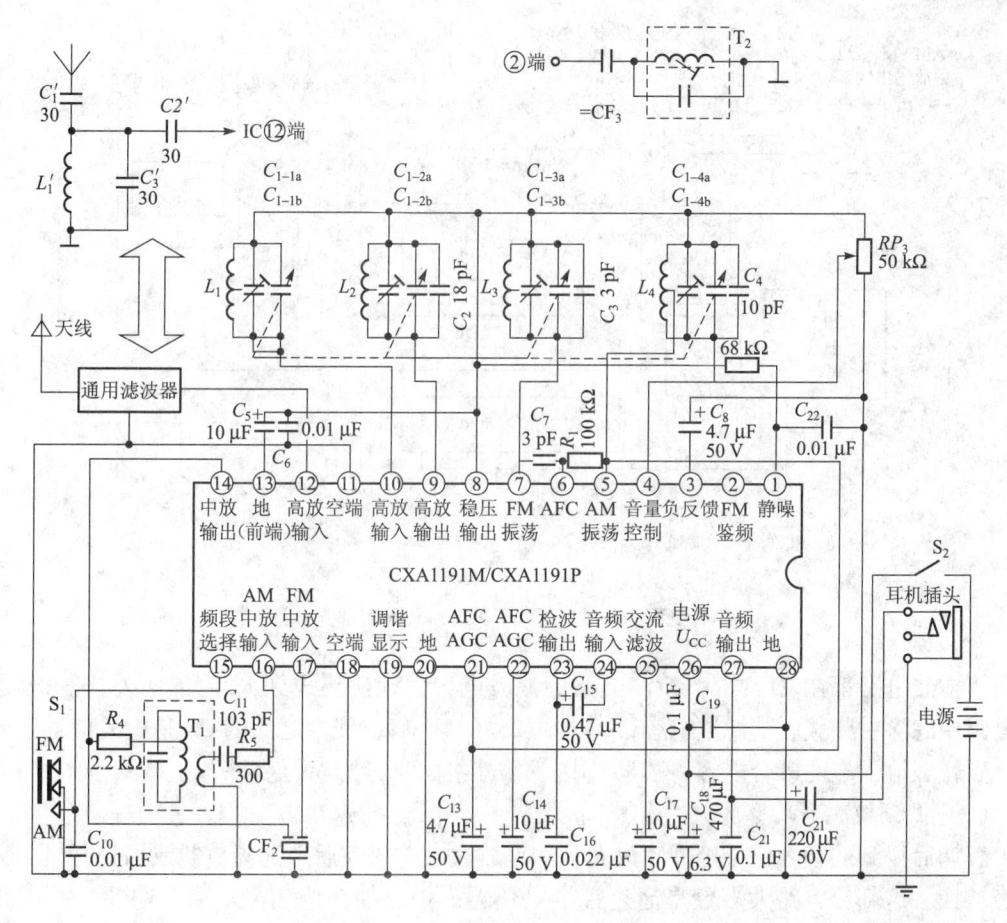

图 8-36　50 型收音机电路图

C_{1-4a} 并联的 L_3、L_4 为振荡电感，与 L_4 并联的电容 C_4 为垫整电容，以改善低频端的跟踪。S_1 是波段开关，与集成电路内部的电子开关配合完成波段转换。以上元件与集成电路（IC）内部有关电路一起构成调谐和本机振荡电路，变频功能由 IC 内部完成。

（2）中频放大与检波

选台、变频后的中频调制信号送入中频放大电路进行中频放大，然后再进行检波，取出调制信号。

在图 8-36 电路中，中频放大电路的特征是具有"中周（中频变压器）"调谐电路和中频陶瓷滤波器。IC 内部变频电路送出的中频信号从"14"脚接线端输出，10.7 MHz 的调频中频信号经三端陶瓷滤波器 CF_2 选出送 IC 的"17"脚接线端，465 kHz 的调幅中频经 T_1 中周选出送 IC 的"16"脚接线端。中频信号进入 IC 内部进行放大并检波。鉴频（调频检波）

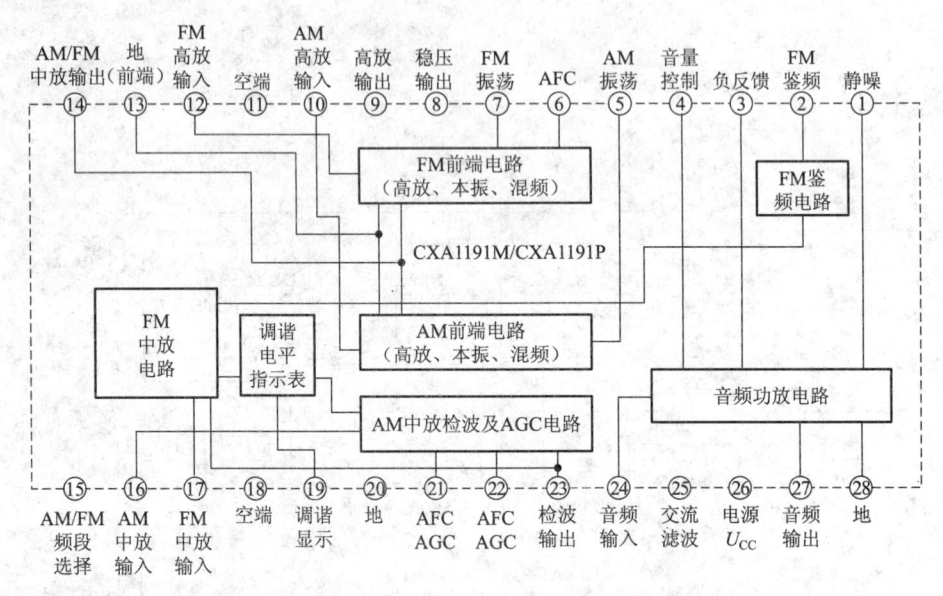

图 8-37　CXA1191M/CXC1191P 的内部方框图

和调幅检波电路都在 IC 内部，检波电路的滤波电容因无法集成到 IC 内部而外接。C_{16} 是检波电路中滤除中频载波的滤波电容，IC 的 "23-24" 脚接线端之间的 C_{15} 是检波信号经滤波耦合到音频输入端的耦合电容，"2" 脚接线端外接的 T_2 是 FM 鉴频中周。

(3) 低频放大与功率放大

解调后得到的音频信号经低频放大和功率放大电路放大后送到扬声器或加到耳机，完成电声转换。这部分电路大多数是通过音量电位器的中心抽头为信号输入。图 8-36 电路中 IC 的 "3"、"4"、"24~28" 脚接线端内部都是低频放大电路。"1" 脚接线端为静噪滤波，接有电容 C_{22}，"3" 脚接线端所接 C_8 为功率放大电路的负反馈电容，"4" 脚接线端为音量控制端，外接音量控制电位器。IC 的 "25" 脚接线端接的 C_{17} 是功率放大电路的自举电容，以提高 OTL 功放电路的输出动态范围。音频信号经 "24" 脚接线端输入到 IC 中进行电压和功率放大，放大后的音频信号从 "27" 脚接线端输出，经 C_{21} 耦合送到扬声器或耳机发声。

(4) 电源及其他电路

本机的电源部分包括有电池、去耦滤波电容 C_{18}、C_{19} 及由音量电位器连动的电源开关 S_2。"21" 脚接线端的 C_{13}、"22" 脚接线端的 C_{14} 是自动增益控制（AGC）电路滤波电容。此外，为了防止各部分电路的相互干扰，IC 内部各部分的电路都单独接地，并通过多个接线端与外电路的地相接。

CXA1191M/CXA1191P 内部还设有调谐高放电路，目的是提高灵敏度。拉杆天线收到的调频电磁波经由 C_1、C_2、C_3、L_1 组成的选通滤波器进入高放，再进行混频。调幅部分则由天线磁棒接收电磁波,经 L_1 的次级线圈进入变频电路。

本 章 小 结

1. 频率变换电路的输出能够产生输入信号中没有的频率分量。频率变换功能必须由非线性元器件实现。模拟乘法器是对两个模拟信号实现相乘功能的非线性器件,是频率变换电路中广泛应用的一种集成电路,它除了能够产生和频与差频信号之外,还具有其他一些功能。

2. 通信系统直接完成信息的传输任务。调制、解调与混频电路是通信系统中的重要组成部分。从频域的角度来看,它们都被称为频率变换电路。

调制是实现电信号传输的重要手段,用欲传输的基带信号(称为调制信号)去控制高频载波信号的振幅、频率和相位,分别称为调幅、调频和调相。

解调是把低频调制信号从高频已调信号中还原出来的过程。调幅波的解调过程称为检波;调频波的解调过程称为鉴频;调相波的解调过程称为鉴相。

混频是将已调高频信号的载波从高频变为中频,同时保持其调制规律不变。

利用模拟乘法器可以实现调幅、检波、混频及鉴相与鉴频,其广泛应用于电子、通信设备中。

3. 根据调幅信号频谱结构的不同,调幅可分为以下四种调幅方式:普通调幅(AM)、双边带调制(DSB)、单边带调制(SSB)和残留单边带调制(VSB)。这四种调幅信号调制与解调的实现方式与难度不一样,适用的通信系统也不一样。

二极管包络检波器由于电路简单而被广泛采用。但要注意,它只适用于普通调幅信号的检波,而且要正确选择元器件的参数,以免产生惰性失真与底部切割失真。

同步检波(乘积检波)需要一个与发射端载频同频同相(或固定相位差)的同步信号。它适用于以上四种调幅信号的检波。

4. 频率调制和相位调制合称为角度调制(简称调角)。角度调制与解调属于非线性频率变换,比属于线性频率变换的振幅调制与解调在原理和电路实现上都要困难一些。常用的调频方法有两种:直接调频和间接调频。斜率鉴频和相位鉴频是两种主要鉴频方式。

5. 锁相环路 PLL 是一个能够自动跟踪输入信号相位的闭环相位控制电路。锁相环路主要由鉴相器(PD)、环路滤波器(LF)和压控振荡器(VCO)三部分组成。由于锁相环路能将输出频率准确地牵制在输入参考信号的频率上,以及它的窄带滤波与宽带跟踪等良好而突出的性能,因而广泛应用于通信、雷达、导航、仪表等无线电技术的许多领域。在通信范围内,它主要用于调制与解调、混频、倍频与分频、频率合成与频率变换等方面。

习 题 8

8.1 通信系统由哪些部分组成？各组成部分的作用是什么？

8.2 画出无线通信系统的组成框图，并说出各组成部分的作用。

8.3 为什么无线电通信中要进行调制？什么叫调幅？

8.4 若调幅波 $u(t) = 2(2 + \sin 6\,280t)\cos 3.14 \times 10^6 t\,(\text{V})$，求（1）调幅系数；（2）通频带；（3）若把该电压加到 $R_L = 100\,\Omega$ 电阻上，则总的输出功率 $P_{av} = ?$

8.5 有一调幅波表达式为：

$u(t) = 25(1 + 0.8\cos 2\pi \times 7\,000t + 0.2\cos 2\pi \times 1\,000t)\cos 2\pi \times 10^6 t$。要求：

（1）画出调幅信号的频谱图，标出各频率分量及幅度；

（2）求频带宽度。

8.6 已知载波电压 $u_c(t) = 5\cos 2\pi \times 10^6 t$，调制信号电压 $u_\Omega(t) = 2\cos 2\pi \times 10^3 t$，令常数 $k_a = 1$。

（1）写出调幅表达式；

（2）求调幅系数及频带宽度；

（3）画出调幅波的波形和频谱图。

8.7 某调幅原理电路如图 8-38 所示，求调幅系数 M_a 的表达式。

$u_c(t)=U_{cm}\cos\omega_c t$ → $A=A_0+A_1 u_\Omega(t)$ → $u_o(t)=Au_c(t)$

$u_\Omega(t)=U_{\Omega m}\cos\Omega t$

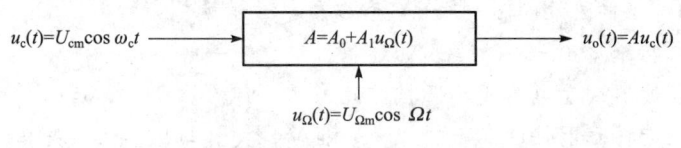

图 8-38 习题 8.7 图

8.8 若调角波 $u(t) = 10\cos(2\pi \times 10^6 t + 10\cos 2\,000\pi t)\,(\text{V})$，试确定：

（1）最大频偏；

（2）最大相偏；

（3）信号带宽；

（4）此信号在单位电阻上的功率；

（5）能否确定这是 FM 波还是 PM 波？

8.9 载波 $u_c = 5\cos 2\pi \times 10^8 t\,(\text{V})$，调制信号 $u_\Omega(t) = \cos 2\pi \times 10^3 t\,(\text{V})$，最大频偏 $\Delta f_m = 20\,\text{kHz}$。求：

（1）调频波表达式；

（2）调频系数 M_f 和有效带宽 BW；

（3）若调制信号 $u_\Omega(t) = 3\cos 2\pi \times 10^3 t (\text{V})$，则 $M_f' = ?$ $BW' = ?$

8.10 已知载波 $u_c = 10\cos 2\pi \times 50 \times 10^6 t (\text{V})$，调制信号 $u_\Omega(t) = 5\sin 2\pi \times 10^3 t (\text{V})$，调频灵敏度 $k_f = 10 \text{ kHz/V}$，求：(1) 调频波表达式；(2) 最大频偏 Δf_m；(3) 调频系数 M_f 和有效带宽 BW。

8.11 分别画出利用模拟乘法器实现调幅、同步检波、混频、鉴相及鉴频的原理框图。并说明使用 MC1596 集成模拟乘法器如何获得普通调幅波信号输出？使用 MC1596 构成同步检波电路，对同步信号有什么要求？

8.12 画出锁相环路的基本组成框图，说明它的工作原理。并根据图 8-39 说明：
(1) 此框图的作用；
(2) 采用锁相环路的目的。（图中 u_Ω 为低频信号）

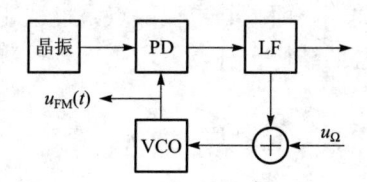

图 8-39 习题 8.12 图

第9章 晶闸管及其应用

晶闸管是最基本的电力电子器件，它的全称是晶体闸流管，又称可控硅，简称SCR，是一种"以小控大"的功率（电流）型器件，它像闸门一样，能够大电流的流通。其特点是体积小、重量轻、耐压高、容量大、效率高、控制灵敏、使用寿命长等优点。主要用于可控整流、逆变、调压、无触点开关等方面。其主要缺点是过载能力和抗干扰能力较差，控制电路比较复杂等。本章将从晶闸管的结构、分类、应用以及检测等方面对晶闸管进行介绍。

9.1 晶闸管

9.1.1 晶闸管的结构和工作原理

1. 普通晶闸管结构

晶闸管内部结构示意图、符号和外形如图9-1所示。从晶闸管内部结构示意图可以看出，它由PNPN四层半导体交替叠合而成，中间形成三个PN结。阳极A从上端P区引出，阴极K从下端N区引出，又在中间P区上引出控制极（或称门极）G。晶闸管中通过阳极的电流比控制极中的电流大得多，所以一般晶闸管控制极的导线比阳极和阴极的导线要细。在通过大电流时，都要带上散热片。

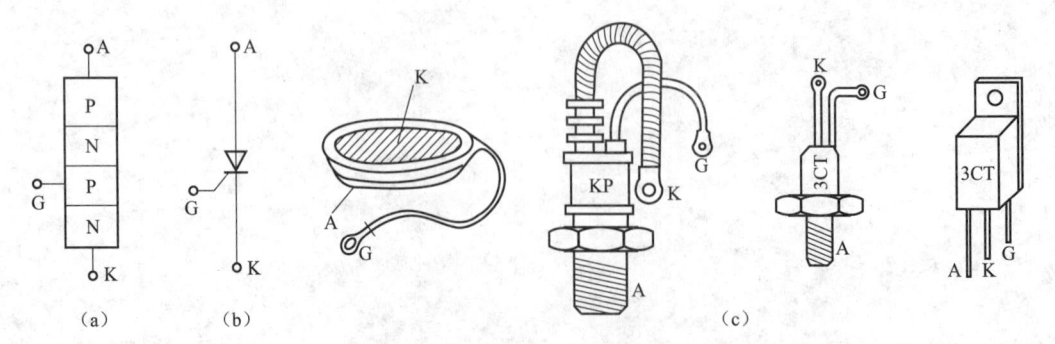

图9-1 晶闸管结构、符号和外形图
(a) 结构示意图；(b) 符号；(c) 外形

2. 晶闸管导通和关断原理

在图 9-2 晶闸管的导通试验中，可以反映出晶闸管的导通条件及关断方法。图 9-2 (a) 中，晶闸管阳极经灯泡接电源正极，阴极接电源负极。当控制极不加电压时，灯泡不亮，说明晶闸管没有导通。如果在控制极上加正电压，即图 9-2 (b) 中合上开关 S，则灯亮，说明晶闸管导通。然后将开关 S 断开，如图 9-2 (c) 所示，去掉控制极上的电压，灯继续亮。若要熄灭灯，可以减小阳极电流，或阳极加负电压，如图 9-2 (d) 所示。通过这些试验可得出以下结论：

① 晶闸管导通的条件是在阳极和阴极之间加正向电压，同时控制极和阴极之间加适当的正向电压（实际工作中，控制极加正触发脉冲信号）。

② 导通以后的晶闸管，控制极就失去作用。要使其关断必须在阳极上加反向电压或将阳极电流减小到足够小的程度（维持电流 I_H 以下）。

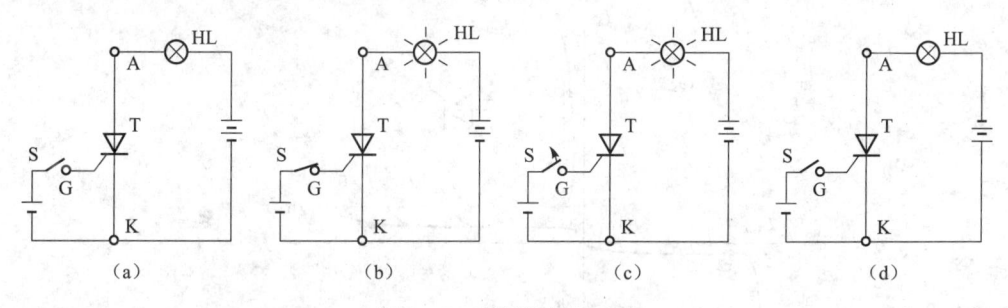

图 9-2 晶闸管导通试验

晶闸管的这种特性可以用图 9-3 来解释。因为晶闸管具有三个 PN 结，所以可以把晶闸管看成由一只 NPN 三极管与一只 PNP 三极管组成，在阳极 A 和阴极 K 之间加上正向电压以后，T_1、T_2 两只三极管因为没有基极电流，所以三极管中均无电流通过，此时若在 T_1 管的基极 G（即晶闸管的控制极）加上正向电压，使基极产生电流 I_G，此电流经晶体管 T_2 放大以后，在 T_1 的集电极上就产生 $\beta_1 I_G$ 电流，又因为 T_1 的集电极就是 T_2 的基极，所以经过 T_2 再次放大，在 T_2 集电极上的电流达到 $\beta_2\beta_1 I_G$。而此电流重新反馈到 T_1 基极，又一次被 T_1 放大，如此反复下去，T_1 与 T_2 之间因为强烈的正反馈，使两只三极管迅速饱和导通。此时，它的压降约 1 V 左右。以后由于 T_1 基极上已经有正反馈电流，所以即使取掉 T_1 基极 G 上的正向电压，T_1 与 T_2 仍能继续保持饱和导通状态。

9.1.2 晶闸管的伏安特性和主要参数

1. 晶闸管的伏安特性

晶闸管的伏安特性即阳极和阴极之间电压 U_{AK} 与阳极电流 I_A 的关系曲线，如图 9-4 所示。

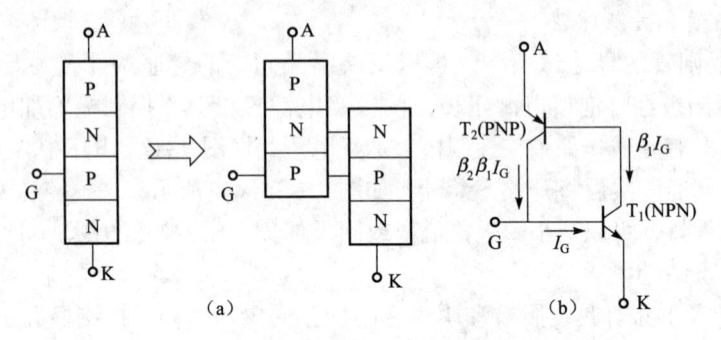

图 9-3 晶闸管的结构分解图和等效电路
(a) 结构的分解示意图；(b) 等效电路

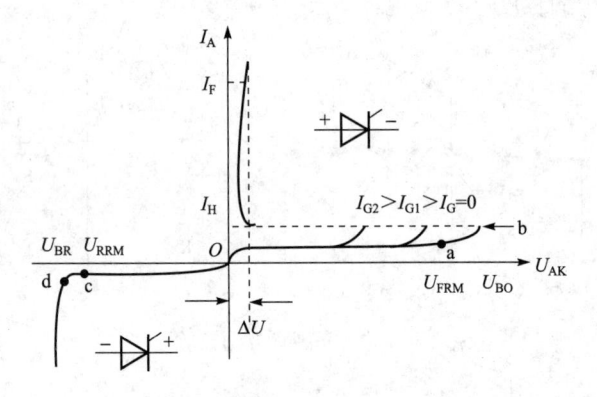

图 9-4 晶闸管的伏安特性曲线

控制极上的电压称为晶闸管的触发电压，触发电压可以是直流、交流或脉冲信号。在无触发信号时，如果在阳极和阴极之间加上额定的正向电压 U_{AK}，则在晶闸管内只有很小的正向漏电流通过，它对应特性曲线的 oa 段，以后逐渐增大阳极电压到 b 点，此时晶闸管会从阻断状态突然转向导通状态。b 点所对应的阳极电压称为无触发信号时的正向转折电压（或称"硬开通"电压），用 U_{BO} 表示。晶闸管导通后，阳极电流 I_A 的大小就由电路中的阳极电压和负载电阻来决定。如果晶闸管上实际承受的阳极电压大于"硬开通"电压，就会使晶闸管的性能变坏，甚至损坏晶闸管。在工作时，这种导通是不允许的。

晶闸管导通后，减小阳极电流 I_A，并使 $I_A < I_H$，晶闸管会突然从导通状态转向阻断状态。在正常导通时，阳极电流必须大于维持电流 I_H。

当晶闸管的控制极上加上适当大小的触发电压 U_G（触发电流 I_G）时，晶闸管的正向转折电压会大大降低，如图 9-4 中 I_{G1}、I_{G2} 所示。触发信号电流越大，晶闸管导通的正向转折电压就降的越低。例如某晶闸管在 $I_G = 0$ 时，正向转折电压为 800 V，但是当 $I_G = 5$ mA

时，导通需要的正向转折电压就下降到 200 V；在 $I_G = 15$ mA 时，导通需要的正向转折电压就只有 5 V。

晶闸管的反向特性与二极管十分相似。当晶闸管的阳极和阴极两端加上不太大的反向电压时，管中只有很小的反向漏电流通过，如图中 oc 段所示，这说明管子处在反向阻断状态。如果把反向电压增加到 d 点时，反向漏电流将会突然急剧增加，这个反向电压称为反向击穿电压 U_{BR}（或称为反向转折电压）。

2. 晶闸管的主要参数

① 额定正向平均电流 I_F。在环境温度小于 40℃ 和标准散热条件下，允许连续通过晶闸管的工频正弦半波电流的平均值，简称正向电流。通常所说多少安的晶闸管，就是指这一电流。当散热条件较差、环境温度较高和元件导通角较小时，所允许通过的电流要降低。由于晶闸管的过载能力比一般电磁元件差，因而在选择晶闸管时，其通态平均电流 I_F 应为安装处实际通过的最大平均电流的 1.5~2 倍，使其有一定的安全余量。

② 维持电流 I_H。在控制极开路和规定环境温度下，维持晶闸管导通的最小阳极电流。当晶闸管正向电流小于维持 I_H 时，会自行关断。

③ 触发电压 U_G 和触发电流 I_G。在室温时，晶闸管上加 6 V 直流电压的条件下，使晶闸管从关断到完全导通所需的最小控制极直流电压和电流。一般 U_G 为 1~5 V，I_G 为几十到几百 mA。

④ 正向转折电压 U_{BO}。在额定结温和控制极开路条件下，晶闸管从关断转为导通的正弦波半波正向电压峰值。

⑤ 正向重复峰值电压 U_{FRM}。在控制极断路和晶闸管正向阻断的条件下，可以重复加在晶闸管两端的正向峰值电压，称为正向重复峰值电压。一般取 U_{FRM} 为正向转折电压 U_{BO} 的 80%。

⑥ 反向电压峰峰值 U_{RRM}。在额定结温和控制极断开时，可以重复加在晶闸管两端的反向峰值电压，用 U_{RRM} 表示。按规定此电压为反向转折电压 U_{BR} 的 80%。

除以上几个主要参数外。晶闸管还有一些其他参数，如：正向平均电压 U_F，控制极反向电压 U_{GRM} 和浪涌电流 I_{FSM} 等。

3. 型号命名

国产晶闸管有两种表示方法，即 3CT 系列和 KP 系列。

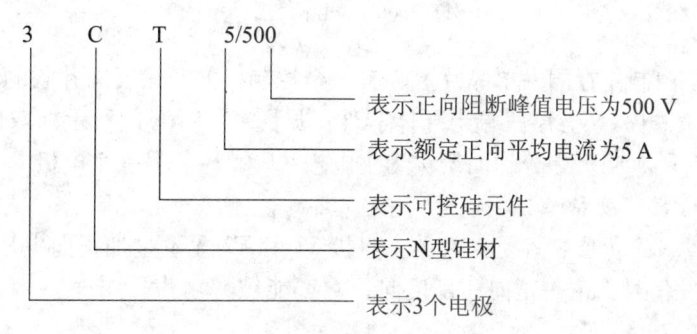

```
3  C  T  5/500
               └─ 表示正向阻断峰值电压为 500 V
            └──── 表示额定正向平均电流为 5 A
         └─────── 表示可控硅元件
      └────────── 表示N型硅材
   └───────────── 表示3个电极
```

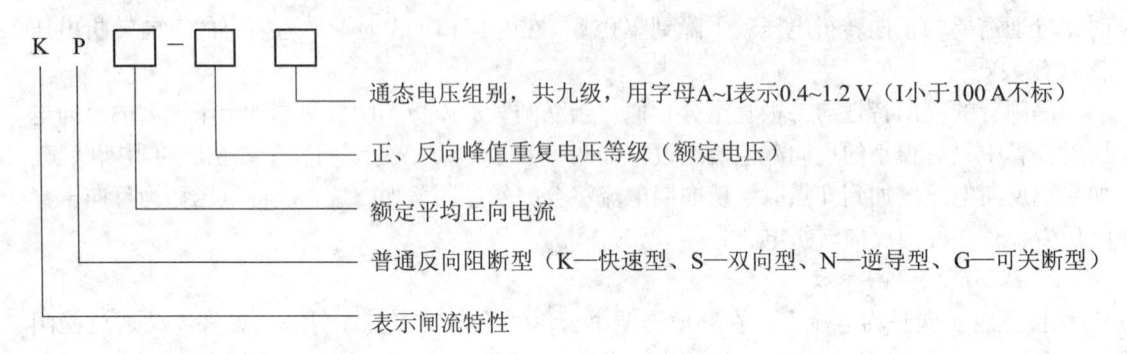

```
K P □-□ □
    │ │  │ └── 通态电压组别，共九级，用字母A~I表示0.4~1.2 V（I小于100 A不标）
    │ │  └──── 正、反向峰值重复电压等级（额定电压）
    │ └─────── 额定平均正向电流
    └───────── 普通反向阻断型（K—快速型、S—双向型、N—逆导型、G—可关断型）
              表示闸流特性
```

9.1.3 双向晶闸管简介

普通晶闸管是单向导通器件，在作交流电路控制时，需两个元件反并联，才能实现两个方向控制导通，这使装置变得复杂。双向晶闸管相当于两个普通晶闸管反并联，且具有触发电路简单、工作性能可靠的优点。

1. 双向晶闸管的结构与特性

双向晶闸管的外形以及图形符号，分别见图 9-5（a）、9-5（b）所示，它的文字符号常采用 TCL、SCR、CT 及 KG、KS 等表示。

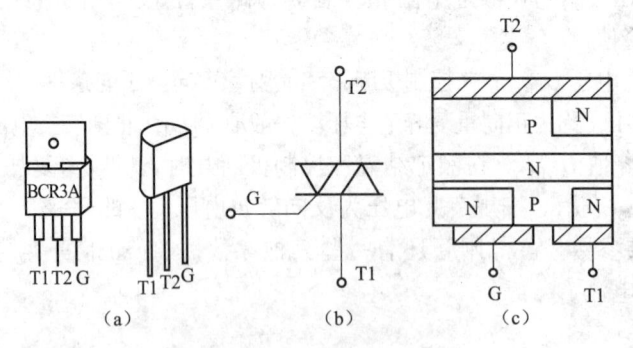

图 9-5 双向晶闸管
(a) 外形；(b) 符号；(c) 结构

双向晶闸管是由制作在同一单晶片上、有一个控制极的两只反向并联的单向晶闸管所构成。它是 N-P-N-P-N 五层三端半导体器件，见图 9-5（c）所示。双向晶闸管也有三个电极，但它没有阴、阳极之分，而统称为主电极 T1 和 T2，另一个电极 G 也称为控制极。

2. 双向晶闸管的伏安特性

双向晶闸管的一个重要特性是：它的主电极 T1 和 T2 无论是加正向电压还是反向电压，其控制极 G 的触发信号无论是正向还是反向，它都能被"触发"导通。由于双向晶闸管具有正、反两个方向都能控制导通的特性，所以它的输出电压不像单向晶闸管那样是直流，而是交流形式。因此双向晶闸管具有正反向对称的伏安特性曲线。正向部分位于第 1 象限，反向部分位于第 2 象限，如图 9-6 所示。

9.2 单相可控整流电路

可控整流电路是利用晶闸管的单向导电可控特性，把交流电变成大小能控制的直流电的电路，通常称为主电路。在单相可控整流电路中，最简单的是单相半波可控整流电路，应用最广泛的是单相桥式半控整流电路。

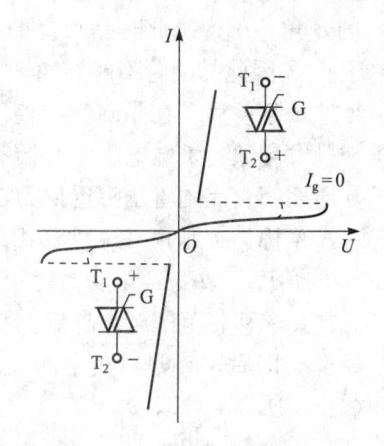

图 9-6 双向晶闸管的伏安特性曲线

9.2.1 单相半波可控整流电路

1. 电路组成

单相半波可控整流电路如图 9-7（a）所示。它与单相半波整流电路相比较，所不同的只是用晶闸管代替了整流二极管。

（a）

（b）

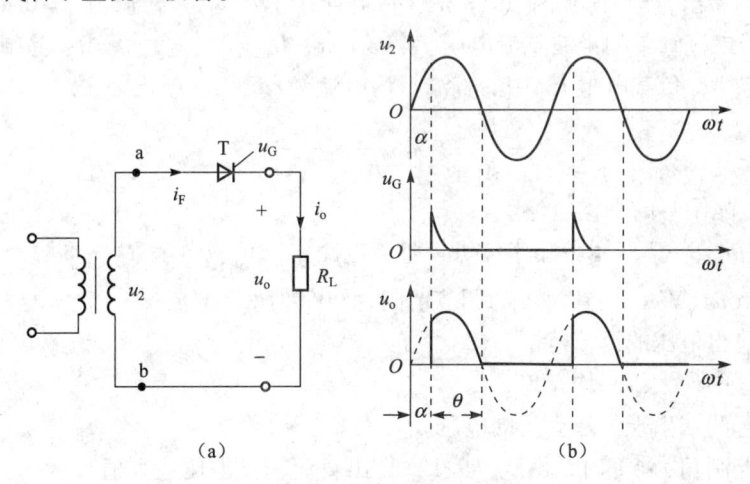

图 9-7 单相半波可控整流电路与波形
（a）电路图；（b）波形图

2. 工作原理

接上电源，在电压 u_2 正半周开始时，如果电路中 a 点为正，b 点为负，对应在图 9-7

（b）的 α 角范围内。此时晶闸管 T 两端具有正向电压，但是由于晶闸管的控制极上没有触发电压 u_G，因此晶闸管不能导通。

经过 α 角度后，在晶闸管的控制极上，加上触发电压 u_G，如图 9-7（b）所示。晶闸管 T 被触发导通，负载电阻中开始有电流通过，在负载两端出现电压 u_o，见图 9-7（b）。在 T 导通期间，晶闸管压降近似为零。

这 α 角称为控制角（又称移相角），是晶闸管阳极从开始承受正向电压到出现触发电压 u_G 之间的角度。改变 α 角度，就能调节输出平均电压的大小。α 角的变化范围称为移相范围，通常要求移相范围越大越好。

经过 π 以后，u_2 进入负半周，此时电路 a 端为负，b 端为正，晶闸管 T 两端承受反向电压而截止，所以 $i_o = 0$，$u_o = 0$。

在第二个周期出现时，重复以上过程。晶闸管导通的角度称为导通角，用 θ 表示。由 9-7（b）可知 $\theta = \pi \sim \alpha$。

3. 输出平均电压

当变压器次级电压为 $u_2 = \sqrt{2} U_2 \sin \omega t$ 时，负载电阻 R_L 上的直流平均电压可以用控制角 α 表示，即

$$U_o = \frac{1}{2\pi} \int_\alpha^\pi \sqrt{2} U_2 \sin \omega t \, d(\omega t) = \frac{\sqrt{2} U_2}{2\pi} (1 + \cos \alpha) = 0.45 U_2 \frac{1 + \cos \alpha}{2} \quad (9.1)$$

从（9-1）看出，当 $\alpha = 0$ 时（$\theta = \pi$）晶闸管在正半周全导通，$U_o = 0.45 U_2$，输出电压最高，相当于二极管单相半波整流电压。若 $\alpha = \pi$，$U_o = 0$，这时 $\theta = 0$，晶闸管全关断。

根据欧姆定律，负载电阻 R_L 中的直流平均电流为

$$I_o = \frac{U_o}{R_L} = 0.45 \frac{U_2}{R_L} \cdot \frac{1 + \cos \alpha}{2} \quad (9.2)$$

此电流即为通过晶闸管的平均电流。

例 9-1 在图 9-7 所示单相半波可控整流电路中，负载电阻 R_L 为 8 Ω，变压器副边电压 $u_2 = 220 \sqrt{2} \sin \omega t (V)$，控制角 α 的调节范围为 60°~180°，求：

（1）直流输出电压的调节范围；

（2）晶闸管中最大的平均电流；

（3）晶闸管两端出现的最大反向电压。

解：（1）控制角为 60° 时，由式（9.1）得出直流输出电压最大值

$$U_o = 0.45 U_2 \cdot \frac{1 + \cos \alpha}{2}$$

$$= 0.45 \times 220 \times \frac{1 + \cos 60°}{2} = 74.25 \text{ V}$$

控制角为 180° 时的直流输出电压为零。

所以控制角 α 在 60°~180° 范围变化时，相对应的直流输出电压在 0~74.25 V 之间调节。

（2）晶闸管最大的平均电流与负载电阻中最大的平均电流相等，由式（9.2）得

$$I_F = I_o = \frac{U_o}{R_L} = \frac{74.25}{10} = 7.425 \text{ A}$$

（3）晶闸管两端出现的最大反向电压为变压器次级电压的最大值

$$U_{FM} = U_{RM} = \sqrt{2} U_2 = \sqrt{2} \times 220 = 311 \text{ V}$$

再考虑到安全系数 2~3 倍，所以选择额定电压为 600 V 以上的晶闸管。

4. 电感性负载与续流二极管

当单相半波可控整流电路接电感性负载时，电感性负载可用电感元件 L 和电阻元件 R 串联表示，如图 9-8 所示。晶闸管触发导通时，电感元件中存储了磁场能量，当 u_2 过零变负时，电感中产生感应电势，晶闸管不能及时关断，造成晶闸管的失控，为了防止这种现象的发生，必须采取相应措施。

通常是在负载两端并联二极管 D（图 9-8 中虚线）来解决。当交流电压 u_2 过零值变负时，感应电动势 e_L 产生的电流可以通过这个二极管形成回路。因此这个二极管称为续流二极管。这时 D 的两端电压近似为零，晶闸管因承受反向电压而关断。有了续流二极管以后，输出电压 D 的波形就和电阻性负载时一样。

值得注意的是，续流二极管的方向不能接反，否则将引起短路事故。

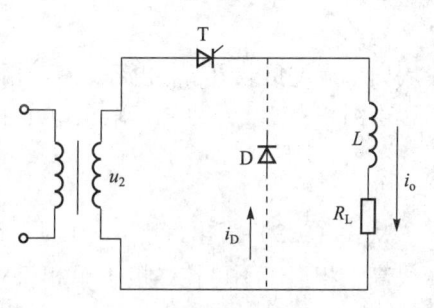

图 9-8 具有电感性负载的单相半波可控整流电路

9.2.2 单相桥式半控整流电路

1. 电路组成

单相桥式半控整流电路如图 9-9（a）所示。其主电路与单相桥式整流电路相比，只是其中两个桥臂中的二极管被晶闸管 T_1、T_2 所取代。

2. 工作原理

接上交流电源后，在变压器副边电压 u_2 正半周时（a 端为正，b 端为负），T_1、D_1 处于正向电压作用下，当 $\omega_t = \alpha$ 时，控制极引入的触发脉冲 u_G 使 T_1 导通，电流的通路为：a→T_1→R_L→D_1→b，这时 T_2 和 D_2 均承受反向电压而阻断。在电源电压 u_2 过零时，T_1 阻断，电流为零。同理在 u_2 的负半周（a 端为负，b 端为正），T_2、D_2 处于正向电压作用下，当 $\omega_t = \pi + \alpha$ 时，控制极引入的触发脉冲 u_G 使 T_2 导通，电流的通路为：b→T_2→R_L→D_2→a，这时 T_1、D_1 承受反向电压而阻断。当 u_2 由负值过零时，T_2 阻断。可见，无论 u_2 在正或负

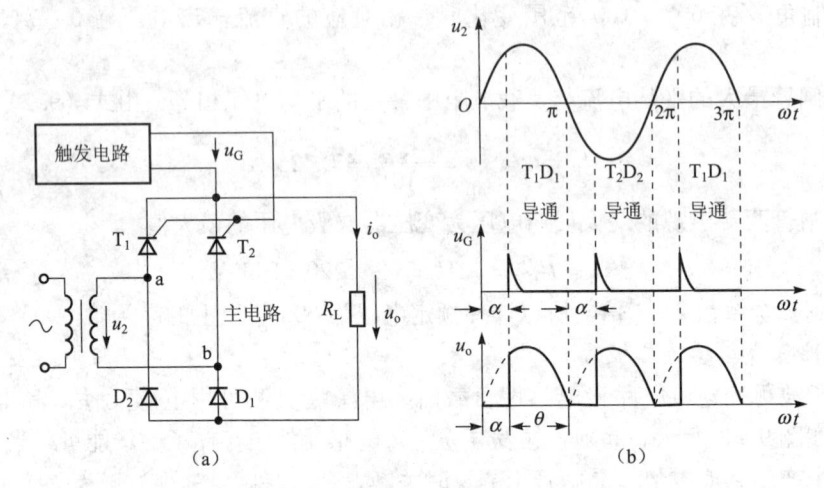

半周内，流过负载 R_L 的电流方向是相同的，其负载两端的电压波形如图 9-9（b）所示。

由图 9-9（b）可知，输出电压平均值比单相半波可控整流大一倍。即

$$U_o = 0.9 U_2 \cdot \frac{1 + \cos \alpha}{2} \tag{9.3}$$

从式（9.3）看出，当 $\alpha = 0$ 时（$\theta = \pi$）晶闸管在半周内全导通，$U_o = 0.9 U_2$，输出电压最高，相当于不可控二极管单相桥式整流电压。若 $\alpha = \pi$，$U_o = 0$，这时 $\theta = 0$，晶闸管全关断。

根据欧姆定律，负载电阻 R_L 中的直流平均电流为

$$I_o = \frac{U_o}{R_L} = 0.9 \frac{U_2}{R_L} \cdot \frac{1 + \cos \alpha}{2} \tag{9.4}$$

流经晶闸管和二极管的平均电流为

$$I_T = I_D = \frac{1}{2} I_o \tag{9.5}$$

晶闸管和二极管承受的最高反向电压均为 $\sqrt{2} U_2$。

综上所述，可控整流电路是通过改变控制角的大小来实现调节输出电压大小的目的，因此，也称为相控制整流电路。

例 9-2 有一纯电阻负载，需要电压 $U_o = 0 \sim 180$ V，电流 $I_o = 0 \sim 6$ A。现采用如图 9-9 所示单相半控桥式整流电路，设晶闸管导通角 θ 为 180°（控制角 $\alpha = 0$）时，$U_o = 180$ V，$I_o = 6$ A。试求：交流电压 u_2 的有效值，并选择整流元件。

解：交流电压有效值

$$U_2 = \frac{U_o}{0.9} = \frac{180}{0.9} \text{ V} = 200 \text{ V}$$

实际上还要考虑电网电压波动、管压降以及导通角常常到不了 180°（一般只有 160°~170°左右）等因素，交流电压要比上述计算而得到的值适当加大 10% 左右，即大约为 220 V。因此，在本例中可以不用整流变压器，直接接到 220 V 的交流电源上。

晶闸管所承受的最高正向电压 U_{FM}、最高反向电压 U_{RM} 和二极管所承受的最高反向电压 U_{DRM} 都等于

$$U_{FM} = U_{RM} = U_{DRM} = \sqrt{2}U = 1.41 \times 220 \text{ V} = 310 \text{ V}$$

流过晶闸管和二极管的平均电流是

$$I_T = I_D = \frac{1}{2}I_o = \frac{6}{2} \text{ A} = 3 \text{ A}$$

为了保证晶闸管在出现瞬时过压时不致损坏，通常根据下式选取晶闸管的 U_{FRM} 和 U_{RRM}

$$U_{FRM} \geq (2 \sim 3)U_{FM} = (2 \sim 3) \times 310 \text{ V} = (620 \sim 930) \text{ V}$$
$$U_{RRM} \geq (2 \sim 3)U_{RM} = (2 \sim 3) \times 310 \text{ V} = (620 \sim 930) \text{ V}$$

根据上面计算，晶闸管可选用 KP5-7 型，二极管可选用 2CZ5/300 型。因为二极管的反向工作峰值电压一般是取反向击穿电压的一半，已有较大余量，所以选 300 V 已足够。

9.3 单结晶体管触发电路

晶闸管由阻断转入导通，除了在阳极与阴极之间加上正向电压外，还必须在控制极与阴极之间加上适当的正向触发电压；改变触发脉冲出现的时间，就可以改变控制角 α（或导通角 θ）的大小，达到改变输出电压大小的目的。提供正向触发电压的电路称为触发电路。为了保证晶闸管可靠地工作，对触发电路有以下几点要求：

① 触发脉冲的电压和电流值应大于晶闸管 U_G 和 I_G 参数的要求，一般触发电压为 4~10 V。

② 为了使触发时间准确，触发脉冲要有足够陡的上升沿，一般要求上升前沿要小于 10 μs。

③ 触发脉冲要有足够的宽度。因为晶闸管的开通时间为 6 μs 左右，故触发脉冲的宽度不能小于 6 μs，对于电感性负载，其脉冲宽度要大于 20~50 μs。

④ 不触发时，触发电路的输出电压应小于 0.15~0.2 V，以避免误触发。

⑤ 由触发脉冲所产生的控制角 α 要能平稳移动并有足够宽的移动范围。对于单相可控整流电路，控制角的范围要求接近或大于 150°。

⑥ 触发电路必须与主电路同步，否则输出电压的波形为非周期性，造成输出电压平均

值不稳定。

触发电路的种类很多,其中单结晶体管组成的触发电路送出的是尖脉冲,它具有前沿陡、抗干扰强和温度补偿性能好的优点,并且电路较为简单,因此在单相可控整流电路中得到广泛应用。

9.3.1 单结晶体管

1. 结构与符号

单结晶体管又称双基极管,其结构如图 9 – 10(a)所示。它有三个电极,但在结构上只有 PN 结。有发射极 E,第一基极 B_1 和第二基极 B_2,其符号见图 9 – 10(b)。

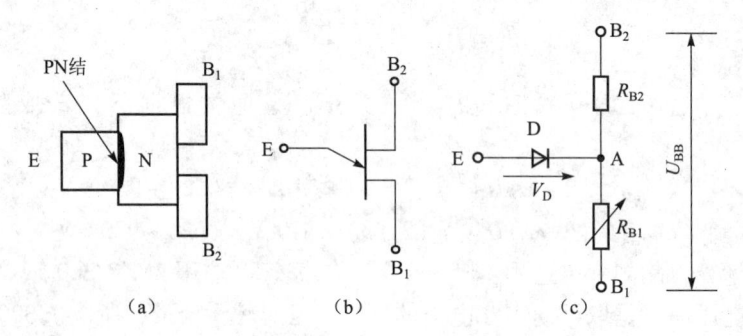

图 9 – 10 单结晶体管
(a)结构示意图;(b)符号;(c)结构等效电路

2. 伏安特性

单结晶体管的等效电路如图 9 – 10(c)所示,两基极间的电阻为 $R_{BB} = R_{B1} + R_{B2}$,用 D 表示 PN 结。R_{BB} 的阻值范围为 2 ~ 15 kΩ 之间。如果在 B_1、B_2 两个基极间加上电压 U_{BB},则 A 与 B_1 之间即 R_{B1} 两端得到的电压为

$$U_A = \frac{R_{B1}}{R_{B1} + R_{B2}} U_{BB} = \eta U_{BB} \tag{9.6}$$

式中 η 称为分压比,它与管子的结构有关,一般在 0.5 ~ 0.9 之间,η 是单结晶体管的主要参数之一。

单结晶体管的伏安特性是指它的发射极特性 $U_E = f(I_E)$。图 9 – 11(a)是测量伏安特性的实验电路,在 B_2、B_1 间加上固定电源 E_B,获得正向电压 U_{BB},并将可调直流电源 E_E 通过限流电阻 R_E 接在 E 和 B_1 之间。

当外加电压 $U_E < \eta U_{BB} + U_D$ 时(U_D 为 PN 结正向压降),PN 结承受反向电压而截止,故发射极回路只有微安级的反向电流,单结晶体管子处于截止区,如图 9 – 11(b)的 aP 段所示。

(a)

(b)

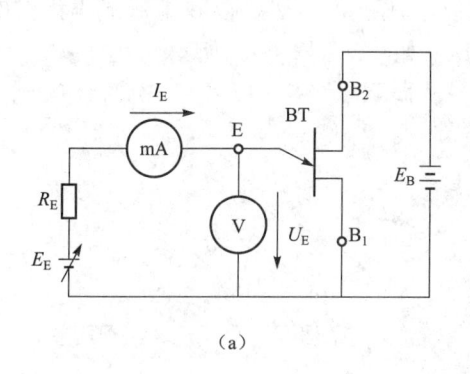

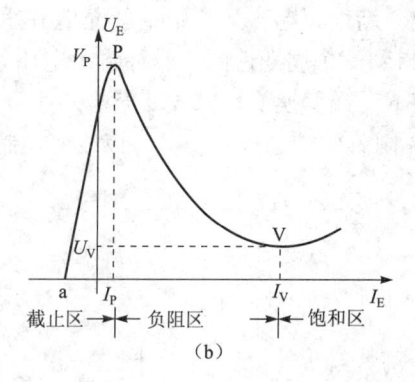

图 9-11 单结晶体管伏安特性
(a) 测试电路；(b) 伏安特性

在 $U_E = \eta V_{BB} + V_D$ 时，对应于图 9-11（b）中的 P 点，该点的电压和电流分别称为峰点电压 U_P 和峰点电流 I_P。由于 PN 结承受了正向电压而导通，此后 R_{B1} 急剧减小，U_E 随之下降，I_E 迅速增大，单结晶体管呈现负阻特性，负阻区如图 9-11（b）中的 PV 段所示。

V 点的电压和电流分别称为谷点电压 U_V 和谷点电流 U_V。过了谷点以后，I_E 继续增大，U_E 略有上升，但变化不大，此时单结晶体管进入饱和状态，图中对应于谷点 V 以右的特性，称为饱和区。当发射极电压减小到 $U_E < U_V$ 时，单结晶体管由导通恢复到截止状态。

综上所述，峰点电压 U_P 是单结晶体管由截止转向导通的临界点。

$$U_P = U_D + U_A \approx U_A = \eta U_{BB} \tag{9.7}$$

所以，U_P 由分压比 η 和电源电压决定 U_{BB}。

谷点电压 U_V 是单结晶体管由导通转向截止的临界点。一般 $U_V = 2 \sim 5 \text{ V}$（$U_{BB} = 20 \text{ V}$）。

国产单结晶体管的型号有 BT31、BT32、BT33 等。BT 表示半导体特种管，3 表示三个电极，第四个数字表示耗散功率分别为 100mW、200mW、300 mW。

9.3.2 单结晶体管振荡电路

利用单结晶体管的负阻特性和 RC 电路的充放电特性，可组成单结晶体管振荡电路，其基本电路如图 9-12 所示。

当合上开关 S 接通电源后，将通过电阻 R 向电容 C 充电（设 C 上的起始电压为零），电容两端电压 u_C 按 $\tau = RC$ 的指数曲线逐渐增加。当 u_C 升高至单结晶体管的峰点电压 V_P 时，单结晶体管由截止变为导通，电容向电阻 R_1 放电，由于单结晶体管的负阻特性和 R_1 又是一个 50~100 Ω 的小电阻，电容 C 的放电时间常数很小，放电速度很快，于是在 R_1 上输出一个尖脉冲电压 u_G。在电容的放电过程中，u_E 急剧下降，当 $u_E \leq U_V$（谷点电压）时，单结晶体管便跳变到截止区，输出电压 u_G 降到零，即完成一次振荡。

放电一结束，电容又开始重新充电并重复上述过程，结果在 C 上形成锯齿波电压，而在 R_1 上得到一个周期性的尖脉冲输出电压 u_G，如图 9-12（b）所示。

调节 R（或变换 C）以改变充电的速度，从而调节图 9-12（b）中的 t_1 时刻，如果把 u_G 接到晶闸管的控制极上，就可以改变控制角 α 的大小。

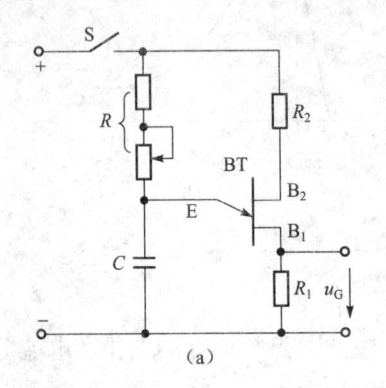

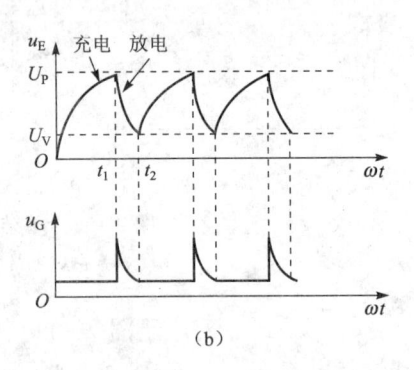

图 9-12 单结晶体管振荡电路
(a) 电路图；(b) 波形图

图 9-12 的触发脉冲电路与可控整流主电路之间有电的直接联系，这在有些电路中是不允许的，因此在很多电路中，常用脉冲变压器来代替电阻 R_1，使触发电路与可控整流主电路之间隔离，如图 9-13 所示。当单结晶体管突然导通时，脉冲电流流过脉冲变压器的初级线圈，使次级线圈产生的感应电压触发晶闸管。为了防止单结晶体管截止时，脉冲变压器初级线圈上的自感电动势损坏单结晶体管，通常在脉冲变压器初级并联放电二极管 D_1。另外在脉冲变压器次级电路中接二极管 D_2、D_3，它们的作用

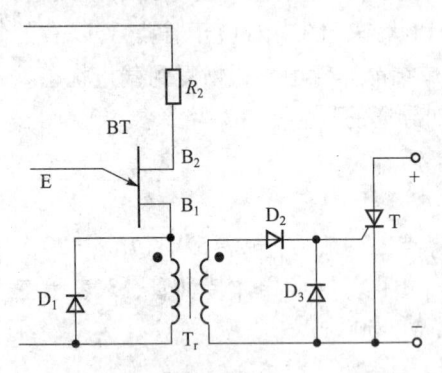

图 9-13 用脉冲变压器输出触发脉冲

是不让负脉冲进入晶闸管的控制极。因为当反向脉冲电压出现时，D_2 截止，而 D_3 导通，故反向脉冲电压只能加在 D_2 上。但出现正向脉冲电压时，D_2 导通而 D_3 截止，故不影响可控硅接受正向脉冲触发。

9.3.3　单结晶体管的同步触发电路

图 9-14 是由单结晶体管触发的桥式半控整流电路。上部为主电路，下部为触发电路。

晶闸管 T_1、T_2 只有在承受正向电压的半周内才能触发导通。为了使 T_1 和 T_2 每次开始导通的控制角都相同，触发脉冲与主回路电源电压的相位配合需要同步；图 9-14 中是利用

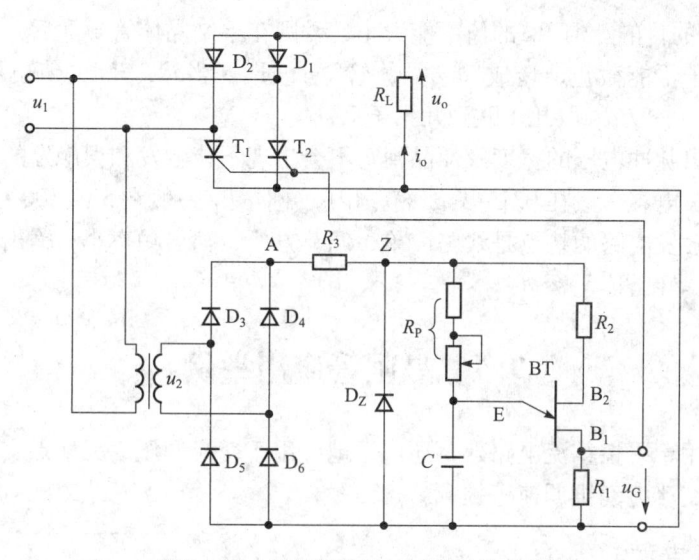

图 9 - 14 单结晶体管的同步触发电路

同步变压器来实现的，触发电路的电压 u_Z 是电源电压 u_1 经同步变压器变压、桥式整流、稳压管稳压而得到的梯形波电压（削去顶上一块，所谓削波），如图 9 - 15（a）所示。当 u_1 过零时，u_2 也过零，使单结晶体管的 V_{BB} 电压过零，此时管子的 E 与 B_1 等效成一个 PN 结，电容 C 就通过它很快放电完毕，而在下一半波又重新开始充电（图 9 - 15（b））。这样就使每个半周第一个触发脉冲 u_{B1} 出现的时间都相同，从而达到同步的目的（图 9 - 15（c））。要注意每次发出的第一个脉冲同时触发两个晶闸管，但只是其中承受正向电压的那个晶闸管导通。

还需指出，在半个电源周期内，单结晶体管振荡电路可能产生多个触发脉冲（图 9 - 15（c）），但晶闸管一旦触发导通，控制极便失去控制作用，所以真正起作用的只是第一个触发脉冲。主电路整流输出电压 u_o 的波形如图 9 - 15（d）所示。

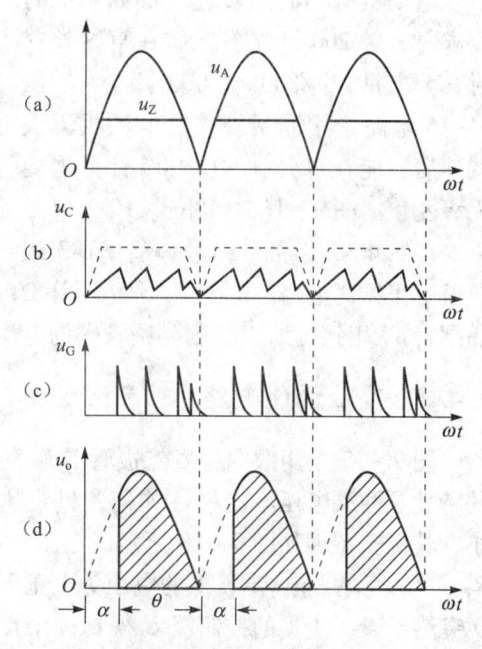

图 9 - 15 图 9 - 14 电路的波形

电位器 R_P 的作用是"移相"，调节 R_P 可以改变电容器 C 的充电的快慢，从而改变发出第一个脉冲的时间，以实现改变控制角 α，达到

控制输出电压 u_o 的目的。但 R_P 的值不能太小，否则在单结晶体管导通后，电流不能降到谷点电流之下，管子不能截止，造成单结晶体管"直通"。当然，R_P 的值也不能太大，太大会减小移相范围。一般 R_P 取几千欧到几十千欧。

为了确保输出脉冲电压的宽度及使晶闸管不会出现不能触发和误触发的现象，在单结晶体管触发电路中，电容一般在 0.1～1 μF 范围内，电阻 R_1 一般在 50～100 Ω 之间。

单结晶体管触发电路的特点是线路简单、调节方便、输出功率小，输出脉冲窄，适用于触发 50 A 以下的晶闸管。

9.4 晶闸管应用举例

晶闸管除了用于可控整流电路外，还广泛地应用于交流调压、无触点交流开关、温度控制、灯光调节及交流电动机调速等领域。

9.4.1 电子调速器

家用电缝纫机根据不同的缝纫内容，要求电动机有不同的转速。例如刺绣时要求每分钟 200 针左右，而在直缝长料时，要求每分钟 800～1 000 针左右。图 9-16 电路中用晶闸管控制电动机无级调速后，能在每分钟 90～900 针范围内无级变化。图 9-16 中电位器 R_P、电阻 R_1、R_2，电容 C 和单结晶体管 BT33 组成了弛张振荡电路。电阻 R_3 和稳压管 D_Z 组成了稳压限幅环节。交流电动机 M 与直流侧的晶闸管 T_1 串接，所以控制晶闸管中的电流就能达到电动机调速的目的。

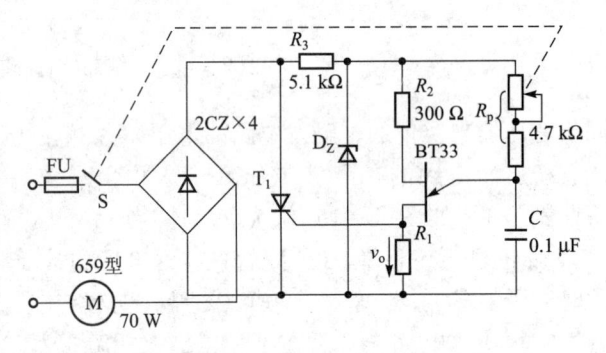

图 9-16 电子调速原理图

9.4.2 交流调压电路

图 9-17 是用双向触发二极管 D 触发双向晶闸管 T 的交流调压电路。双向触发二极管的特性是两端电压不论极性如何，只要达到一定数值时就迅速导通，并且导通后的压降变小，其伏安特性如图 9-18 所示。在图 9-17 中，当电源电压处于正半周时，电源通过 R_P、R_3 向 C_2 充电，电容 C_2 上的电压为上正下负，当电压达到双向触发二极管 D 的导通电压时，D 突然导通，使 T 的控制极 G 得到一个正向触发信号，晶闸管导通；当电源电压处于负半周时，电源对电容 C_2 反向充电，C_2 上的电压为下正上负，当此电压值达到双向触发二极管 D 的导通电压时，D 突然导通，亦使 T 得到触发信号而导通。调节 R_P 可改变 T 的导通角，接入 R_1、R_2 和 C_1 作为导通角的辅助调节支路以扩大调节范围。

图 9 – 17 中 D 可选用 2CTS 型双向触发二极管；双向晶闸管可选用 KS 型，其耐压在 400 V 以，且额定电流要大于最大负载电流，使用时还应外装散热片；C_1、C_2 的耐压应不少于 160 V，各电阻的功率为 0.5 W。

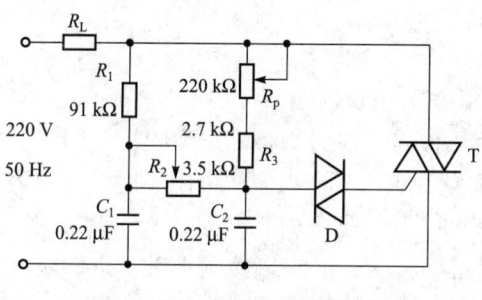

图 9 – 17 交流调压电路实例

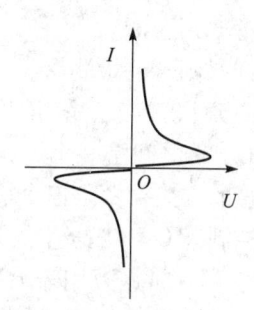

图 9 – 18 触发二极管的伏安特性

9.4.3 光控电子开关

图 9 – 19 为一光控电子开关的原理图。光控电子开关的"开"和"关"是靠晶闸管的导通和阻断来实现的，而晶闸管的导通和阻断又是受自然光的亮度（或人为亮度）的大小所控制的。该装置适合作为街道、宿舍走廊或其他公共场所照明灯，起到日熄夜亮的控制作用，以节约用电。其工作原理如下：

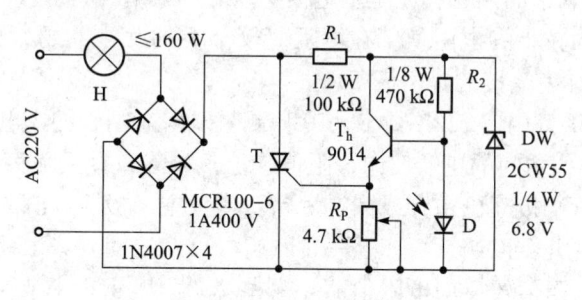

图 9 – 19 光控电子开关

220 V 交流电通过灯泡 H 及整流桥后，变成直流脉动电压，作为正向偏压，加在晶闸管 T 及其支路上。白天，亮度大于一定程度时，光敏二极管 D 呈现低阻状态≤1 kΩ，使三极管 T_n 截止，其发射极无电流输出，晶闸管 T 因无触发电流而阻断。此时流过灯泡 H 的电流≤2.2 mA，灯泡 H 不能发光。电阻 R_1 和稳压二极管 D_W 使三极管 T_n 偏压不超过 6.8 V，对三极管起保护作用。夜晚，亮度小于一定程度时，光敏二极管 D 呈现高阻状态≥100 kΩ，使三极管 T_n 正向导通，发射极约有 0.8 V 的电压，使晶闸管 T 触发导通，灯泡 H 发光。R_P 是清晨或傍晚实现开关转换的亮度选择元件。

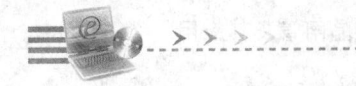

9.5 实训 晶闸管应用电路测试

1. 晶闸管识别与测试

(1) 单向晶闸管的检测

① 判别各电极：普通晶闸管的三个电极可以用万用表欧姆挡 R×10 挡位来测。大家知道，晶闸管 G、K 之间是一个 PN 结，相当于一个二极管，G 为阳极、K 为阴极，所以，按照测试二极管的方法，找出三个极中的两个极，测它的正、反向电阻，电阻小时，万用表黑表笔接的是控制极 G，红表笔接的是阴极 K，剩下的一个就是阳极 A 了。

② 判别其好坏：用万用表 R×10 档，黑表笔接阳极 A，红表笔接阴极 K，指针应接近 ∞。然后用镊子将阳极 A 与门极 G 短路，给 G 极加上极性触发信号，若此时测得的电阻值由无穷大变为十几欧姆（Ω），表明晶闸管能触发导通。若在晶闸管被触发导通后断开 G 极，A、K 极间不能维持低阻导通状态而阻值变为无穷大，则说明该晶闸管性能不良或已经损坏。

(2) 双向晶闸管的检测

① 判别各电极：用万用表 R×1 或 R×10 挡分别测量双向晶闸管三个引脚间的正、反向电阻值，若测得某一管脚与其他两管脚均不通，则此管脚便是主电极 T_2。

找出 T_2 极之后，剩下的两管脚便是主电极 T_1 和门极 G。测量这两管脚之间的正、反向电阻值，会测得两个均较小的电阻值。在电阻值较小（约几十欧姆）的一次测量中，黑表笔接的是主电极 T_1，红表笔接的是门极 G。

② 判别其好坏：用万用表 R×1 或 R×10 挡测量双向晶闸管的主电极 T_1 与主电极 T_2 之间、主电极 T_2 与门极 G 之间的正、反向电阻值，正常时均应接近无穷大。若测得电阻值均很小，则说明该晶闸管电极间已击穿或漏电短路。测量主电极 T_1 与门极 G 之间的正、反向电阻值，正常时均应在几十欧姆（Ω）至一百欧姆（Ω）之间（黑表笔接 T_1 极，红表笔接 G 极时，测得的正向电阻值较反向电阻值略小一些）。若测得 T_1 极与 G 极之间的正、反向电阻值均为无穷大，则说明该晶闸管已开路损坏。

③ 触发能力检测：对于工作电流为 8A 以下的小功率双向晶闸管，可用万用表 R×1 挡直接测量。测量时先将黑表笔接主电极 T_2，红表笔接主电极 T_1，然后用镊子将 T_2 极与门极 G 短路，给 G 极加上正极性触发信号，若此时测得的电阻值由无穷大变为十几欧姆（Ω），则说明该晶闸管已被触发导通，导通方向为 $T_2 \rightarrow T_1$。

再将黑表笔接主电极 T_1，红表笔接主电极 T_2，用镊子将 T_2 极与门极 G 之间短路，给 G 极加上负极性触发信号时，测得的电阻值应由无穷大变为十几欧姆，则说明该晶闸管已被触发导通，导通方向为 $T_1 \rightarrow T_2$。

若在晶闸管被触发导通后断开 G 极，T_2、T_1 极间不能维持低阻导通状态而阻值变为无穷大，则说明该双向晶闸管性能不良或已经损坏。若给 G 极加上正（或负）极性触发信号后，晶闸管仍不导通（T_1 与 T_2 间的正、反向电阻值仍为无穷大），则说明该晶闸管已损坏，无触发导通能力。

对于工作电流在 8 A 以上的中、大功率双向晶闸管，在测量其触发能力时，可先在万用表的某支表笔上串接 1~3 节 1.5 V 干电池，然后再用 R×1 挡按上述方法测量。

（3）晶闸管在电路中的主要用途

普通晶闸管最基本的用途就是可控整流。大家熟悉的二极管整流电路属于不可控整流电路，如果把二极管换成晶闸管，就可以构成可控整流电路。

2. 晶闸管应用电路 Multisim 仿真测试

（1）晶闸管的触发导通性能测试

① 创建电路。在 EWB 的电路工作区按图 9-20 连接电路并存盘。

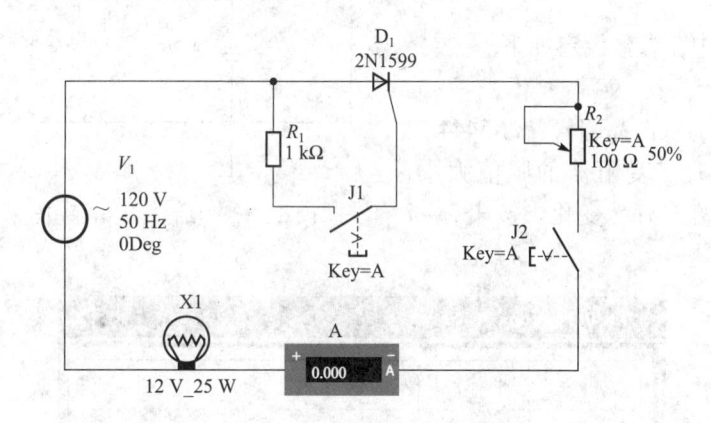

图 9-20　晶闸管触发电路图

② 晶闸管的触发导通性能测试。

接通 S2，观察灯泡是否发光。

接通 S1，加上触发电流，观察灯泡是否发光。

断开 S1，晶闸管导通后撤去触发电压，灯泡是否继续发光。

把 S2 断开阳极电压后再接通，观察灯泡是否还会发光。

晶闸管触发后维持电流的测量。接通 S1、S2 使晶闸管导通，慢慢调节变阻器，使阻值逐渐增大，电流逐渐减小。当电流降到某一值时，再增加阻值灯泡会断电，此电流值即为维持电流。再反向调节电位器使阻值逐步减小，观察灯泡是否还会重新发光。

（2）晶闸管交流供电工作原理线路

① 创建电路。在 Multisim 的电路工作区按图 9-21 连接电路并存盘。

② 晶闸管交流供电电路测试。

开关与电池接通，利用直流触发，观察灯泡是否发光。

开关与 1 kΩ 电阻接通，利用交流电源正半波进行触发，观察灯泡是否发光。打开示波器，可以观察到触发时晶闸管阳极上的交流电在正半周导通，如图 9-22 所示。

(3) 双向晶闸管调光灯应用线路的测试

① 创建电路。在 Multisim 的工作区按图 9-23 连接电路并存盘。

② 双向晶闸管调光灯应用线路的测试。

在图 9-23 中，参数设定如下。

电压表、电流表：交流（AC）；双向二极管：1N5758；双向晶闸管：2N5444。

接通电源，改变变阻器的阻值大小，观察电压表、电流表有无变化。按表 9-1 测量并填写数据。

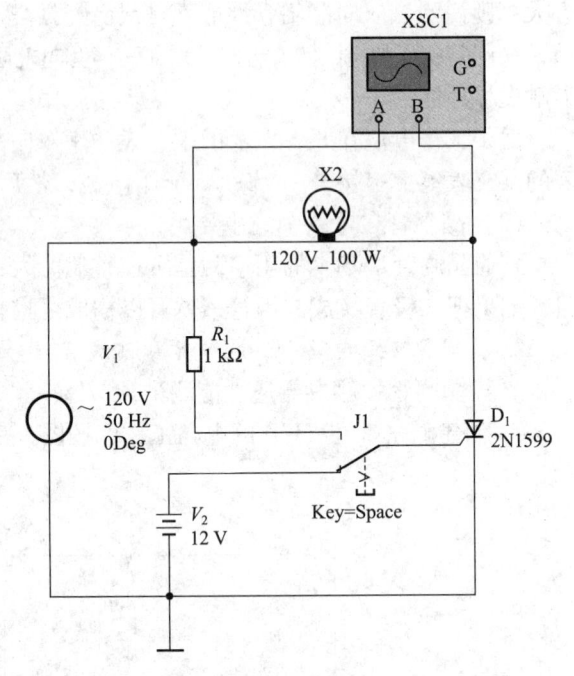

图 9-21 晶闸管交流供电工作原理线路

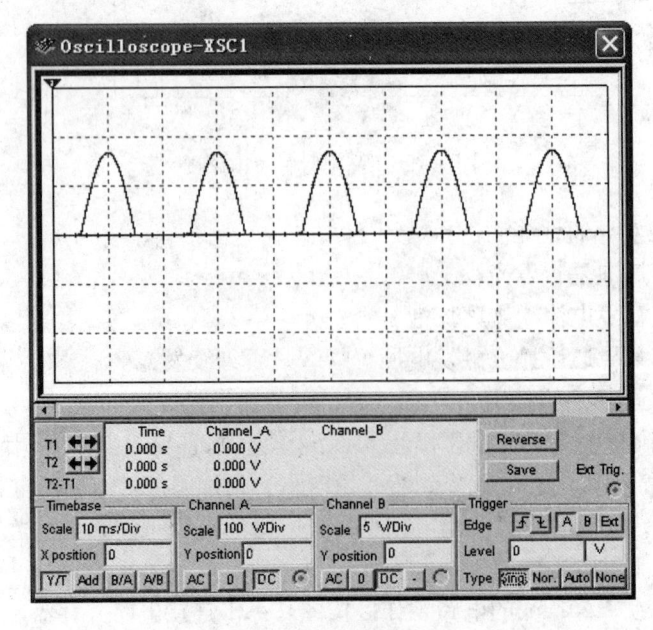

图 9-22 波形图

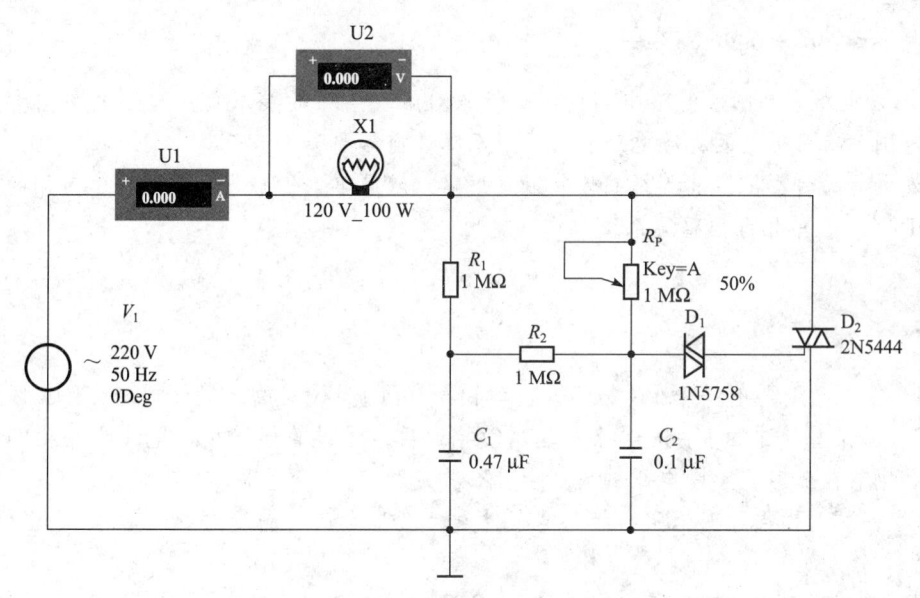

图 9-23 双向晶闸管调光灯应用线路

表 9-1 测量数据记录

电位器阻值	负载电压（V）	负载电流（A）
200 kΩ		
500 kΩ		
800 kΩ		

本 章 小 结

1. 晶闸管是一种新颖的半导体器件，晶闸管的导通条件是阳极与阴极之间加正向电压，控制极与阴极之间加正向触发电压，其导通方向是阳极到阴极。晶闸管导通后，控制极失去控制作用。要使导通的晶闸管阻断，必须使阳极电流下降到小于维持电流。晶闸管的伏安特性和主要参数是正确使用晶闸管的重要依据。

2. 双向晶闸管可以看作是两只反向并联的单向晶闸管。它没有阳极和阴极之分，具有正反两个方向都能控制导通的特性，故可用在交流开关电路上。

3. 用晶闸管可以构成输出直流电压大小可调的可控整流电路，通过改变晶闸管控制角的大小来调节直流输出电压。直流输出电压是控制角 α 的函数，其平均值为

单相半波：$U_o = 0.45 U_2 \cdot \dfrac{1+\cos\alpha}{2}$

单相桥式：$U_o = 0.9U_2 \cdot \dfrac{1+\cos\alpha}{2}$

4. 触发电路是晶闸管电路中的控制环节。对触发电路的要求是：与主电路同步，有一定移相范围，有足够大的脉冲电压和功率以及脉冲前沿要陡等。

触发电路的种类很多。单结晶体管触发电路比较简单，但触发功率较小，可用的移相范围大于 150°，在单相可控整流系统中广泛使用。

习题 9

9.1 晶闸管与具有一个 PN 结的二极管和具有两个 PN 结的三极管相比有什么区别？

9.2 晶闸管导通的条件是什么？晶闸管导通后，通过管子阳极的电流大小由哪些因素决定？晶闸管阻断时，承受电压的大小由什么决定？

9.3 晶闸管由导通变为阻断状态的条件是什么？为什么晶闸管导通后控制极就失去控制作用？

9.4 有一电阻性负载，需要直流电压 60 V，电流 30 A。采用单相可控半波整流电路，由电网 220 V 电压供电，试计算晶闸管的导通角、电流的有效值以及管子承受的最大正、反向电压。

9.5 如图 9-24 所示为一直接由 220 V 交流电源供电的单相半波可控整流电路，电阻性负载 $R_L = 10\ \Omega$。当额定输出时，控制角 $\alpha = 60°$，求输出电压和而负载电流的平均值，并且估选晶闸管。

9.6 一单相半控桥式整流电路，其输入交流电压有效值为 220 V，负载为 1 kΩ 电阻，试求控制角 $\alpha = 0°$ 及 $\alpha = 90°$ 时负载上电压和电流的平均值，并画出相应的波形。

9.7 在电阻性负载单相半控桥式整流电路中，要求输出直流电压 U_o 在 0～60 V 的范围内连续可调。若采用变压器供电，试计算变压器副边电压有效值 U_2（考虑电源电压的 10% 波动）和晶闸管控制角 α 的调节范围。

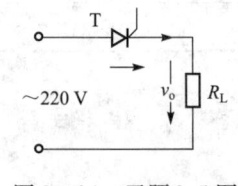

图 9-24 习题 9.5 图

9.8 有一电阻性负载，需要可调的直流电压 U_o 为 0～60 V，直流电流 I_o 为 0～10 A，采用单相半控桥式整流电路，试计算变压器副边电压有效值 U_2，并选择整流元件。

第 10 章　模拟电子电路读图

10.1　读图的一般方法

实际工作中，要对电子设备和系统进行分析研究、维护使用或修理改进，首先需要看懂它的电路图，剖析电路组成，了解它的工作原理和主要功能，有时还要对其性能指标作出粗略的估算。因此，读电子电路图是从事电子技术的工程技术人员最基本的而又非常重要的工作。

熟练地读懂电子电路图，需要综合运用已经学过的电路知识，有时还需要一定的实际工作经验。由于实用的电子设备或系统都是在原理电路图的基础上，根据性能要求和实现的条件作了相应的改进，增加或减少一些元器件，改变或调整元件的参数或布局。所以，初学者看实际的电路图往往感到错综复杂，不知如何入手。

但是无论多么复杂的电路都是由简单电路组合而成。只要具有一定的电路知识，掌握读图的基本方法，按照一般的读图步骤，是能逐步熟悉读图规律的。经过反复的练习和实际经验的积累，必然会迅速提高电路图的识图能力。下面是读图的基本步骤。

1. 了解电路的用途

在具体分析一个电路之前，要了解电路或系统的主要用途。弄清楚电路的功能和作用，具有什么特点，能达到的技术指标，以便从总体上掌握电路的设计思想，了解各部分电路的安排以及可能的电路改进措施。

2. 将电路划分为若干个功能块

任何复杂的电路或电子设备都是由若干简单的基本单元或功能电路组合而成。因此，读图时要善于把总电路图化整为零，分成若干基本单元。每个单元可能是单元电路、集成器件，也可能是功能块。最好用方块图表示它们各自的作用和相互联系。

3. 分析基本单元的功能

利用学过的电路知识和分析方法定性分析每个基本单元的功能。由于实际电路比原理电路复杂，需要进行电路简化；找出信号通路和影响电路功能的主要元器件；查清所用集成器件的功能和主要引出端的作用；掌握该基本单元的工作原理。

4. 分析各基本单元之间的联系

将各个基本的功能进行综合找出它们之间的分工和联系,画出总体方块图;分析输入信号经过各功能块的变化,对总体电路的功能形成完整认识。

5. 进行工程计算

有时为了做出定量的分析,需要对主要单元电路进行工程估算。运用学过的定量估算方法,着重计算影响电路性能的主要环节,定量求出相应的技术指标,了解电路的性能和质量。

当然,不同的电路设备看图分析的方法也有所不同,因此分析步骤应根据具体电路的不同灵活运用。另外,不同的识图水平和分析要求,所采用的读图步骤也不一样,千万不要生搬硬套,拘泥于上述方法。

10.2 读图举例

10.2.1 低频功率放大电路

1. 了解用途

图 10-1 所示为实用低频功率放大电路。图 10-1 中,运算放大器 A 的型号为 LM356N,T_1 和 T_3 的型号为 2SCl815,T_4 的型号为 2SD525,T_2 和 T_5 的型号为 2SAl015,T_6 的型号为 2SB595。T_4 和 T_6 需安装散热器。负载电阻 R_L 的阻值为 10 Ω。

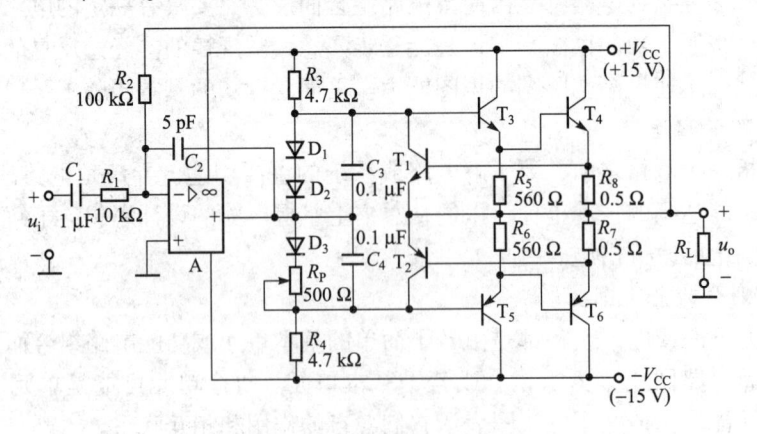

图 10-1 低频功率放大电路

2. 找出通路

输入电压 u_i 经电容 C_1,电阻 R_1 耦合送到运放 A 的反相输入端,经运放 A 放大后输出至 T_3 和 T_5 管的基极,因此,集成运放 A 构成前置放大电路。

第 10 章 模拟电子电路读图

从图 10-1 中可以看出 T_3 和 T_4、T_5 和 T_6 分别组成复合管,前者等效为 NPN 型管,后者等效为 PNP 型管,故 T_3、T_4、T_5、T_6 和电阻 R_5、R_6、R_7、R_8 构成了互补功率放大电路,而且两个复合管的发射极作为输出端,故第二级为功率放大电路;因此可以判断出电路是两级放大电路,先进行电压放大,然后进行功率放大。因为信号不可能作用于 T_1、T_2 的基极和发射极,因而它们不是放大管,由于它们的基极和发射极分别接 R_8 和 R_7 的两端,而 R_8 和 R_7 上的电流等于输出电流 I_O,故可推测,当 I_O 增大到一定数值时,T_1、T_2 才导通,可以为功放管分流,所以 T_1、T_2、R_7 和 R_8 构成过流保护电路。R_2 将电路的输出端与 A 的反相输入端连接起来,因而电路引入了反馈。

3. 沿着通路,画出框图

根据信号的传递方向,画出电路框图,如图 10-2 所示。

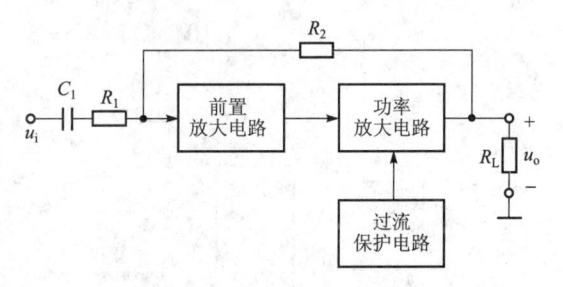

图 10-2 图 10-1 所示电路的方框图

4. 分析功能,估算指标

① 对于功率放大电路,一般应分析其最大输出功率和效率。在图 10-1 所示电路中,由于电流取样电阻 R_7 和 R_8 的存在,负载上能获得的最大输出电压幅值为

$$U_{\text{omax}} = \frac{R_L}{R_8 + R_L}(V_{\text{CC}} - U_{\text{CES}})$$

式中,U_{CES} 为 T_4 管的饱和压降。最大输出功率为

$$P_{\text{om}} = \frac{\left(\dfrac{U_{\text{omax}}}{\sqrt{2}}\right)^2}{R_L} = \frac{U_{\text{omax}}^2}{2R_L}$$

在忽略静态损耗的情况下,效率为

$$\eta = \frac{\pi}{4} \frac{U_{\text{omax}}}{V_{\text{CC}}}$$

可见电流取样电阻使得负载上的最大不失真电压减小,从而使最大输出功率减小,效率降低。设功放管饱和压降为 0.3 V,负载为 10 Ω,则最大不失真输出电压幅值为

$$U_{\text{omax}} = \frac{R_L}{R_8 + R_L}(V_{\text{CC}} - U_{\text{CES}}) = \left[\frac{10}{10 + 0.5}(15 - 3)\right] \approx 11.43(\text{V})$$

最大输出功率为

$$P_{om} = \frac{\left(\frac{U_{omax}}{\sqrt{2}}\right)^2}{R_L} = \frac{U_{omax}^2}{2R_L} \approx \frac{(11.43)^2}{2 \times 10} = 6.53(\text{W})$$

效率

$$\eta = \frac{\pi}{4} \frac{U_{omax}}{V_{CC}} \approx \frac{\pi}{4} \frac{11.43}{15} \approx 59.8\%$$

② 根据瞬时极性法可判断出该电路中引入了电压并联负反馈。为了研究反馈,可将电路简化为图 10 - 3 所示电路。

根据简化电路,可以求得深度负反馈条件下电路的电压放大倍数为

$$A_{uf} = -\frac{R_2}{R_1} \approx -10$$

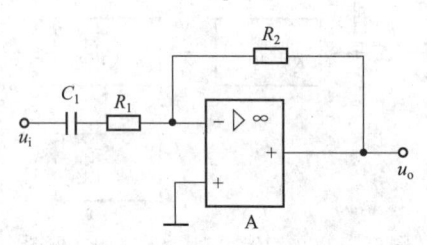

图 10 - 3 图 10 - 1 所示电路的简化电路

从而获得在输出功率最大时所需要的输入电压有效值为

$$U_i = \left|\frac{R_{omax}}{\sqrt{2}A_{uf}}\right| = 0.8(\text{V})$$

③ 其他器件作用如下。

C_2 为相位补偿电容,它改变了频率响应,可以消除自激振荡。

R_3、D_1、D_2、D_3、R_P 和 R_4 构成了偏置电路,使输出级消除交越失真。

C_3 和 C_4 为旁路电容,使 T_3 和 T_5 的基极动态电位相等,以减少有用信号的损失。

R_5 和 R_6 为泄漏电阻,用以减小 T_4 和 T_6 的穿透电流。其值不可过小,否则将使有用信号损失过大。

10.2.2 函数发生器

函数发生器电路如图 10 - 4 所示。

1. 了解用途

该电路是一个方波—三角波—正弦波函数发生器,频率范围有 1 Hz ~ 10 Hz 和 10 Hz ~ 100 Hz 两挡;输出电压:方波 $U_{pp} \leq 24$ V,三角波 $U_{pp} \leq 8$ V,正弦波 $U_{pp} \leq 1$ V。电路的构成

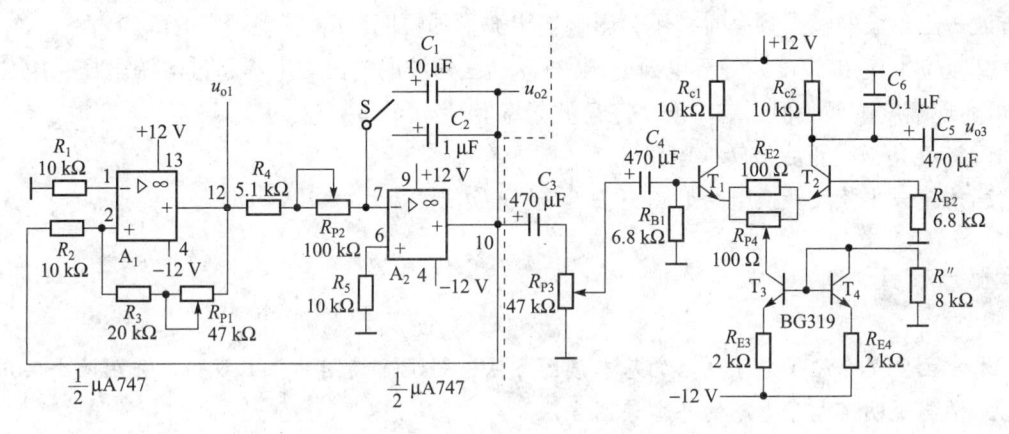

图10-4 方波—三角波—正弦波函数发生器电路

思路是由方波转换成三角波,由三角波再转换成正弦波。

2. 找出通路

以有源器件为核心,沿着通路可知:

① A_1、R_1、R_2、R_3 和 R_{P1} 组成具有正反馈的过零电压比较器,A_2、R_4、R_{P1}、C_1、C_2 和 R_5 组成积分器,两者构成方波—三角波发生电路。

② 由 T_1、T_2、T_3、T_4 为中心构成差动放大电路,将三角波转化为正弦波。

3. 沿着通路,画出框图

图10-4所示电路的方框图,如图10-5所示。

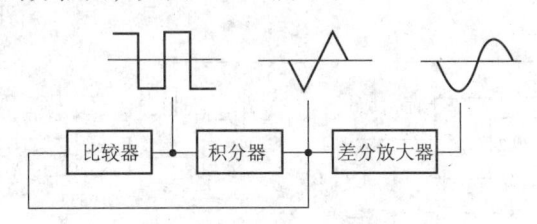

图10-5 函数发生器组成框图

4. 分析功能,估算指标

(1) 方波—三角波产生电路

① 振荡频率 $f = \dfrac{R_3 + R_{P1}}{4R_2(R_4 + R_{P2})C}$

当S接入 C_1 时,$C = C_1 = 10\ \mu F$,$R_2 = 10\ k\Omega$,$R_3 = 20\ k\Omega$,$R_4 = 5.1\ k\Omega$,$R_{P2} = 100\ k\Omega$,$R_{P1} = 47\ k\Omega$,$f = 10\ Hz$。改变 R_{P2} 可实现 1 Hz ~10 Hz 频率波段的调节。

当S接入 C_2 时,$C = C_2 = 1\ \mu F$,实现 10 Hz ~100 Hz 的频率波段调节,电位器 R_{P2} 在调

整方波—三角波的输出频率时,不会影响输出波形的幅度,R_{P1}实现频率的微调。

② 方波的输出幅度约等于电源电压 $+V_{CC}$,三角波的输出幅度不超过电源电压,电位器 R_{P1}可实现幅度微调,但影响方波—三角波频率。

(2) 三角波—正弦波转换电路

三角波—正弦波转换电路如图10-4虚线右边所示。

本章小结

本章主要是介绍了电子电路的基本读图方法,强调了读图的基本步骤。并用两个实用的电路来举例说明了电子电路的基本读图方法。

习题 10

有源音箱功率放大电路原理图和方框图如图10-6和10-7所示,试分析该有源音箱功率放大电路的工作原理。

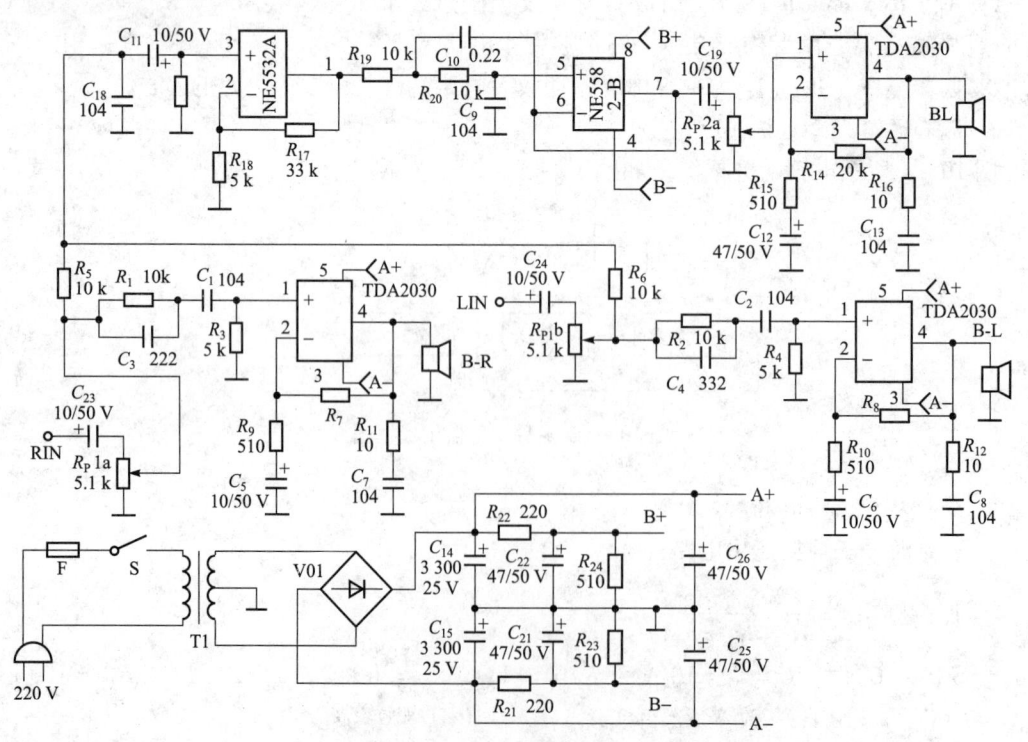

图10-6 有源音箱功率放大电路

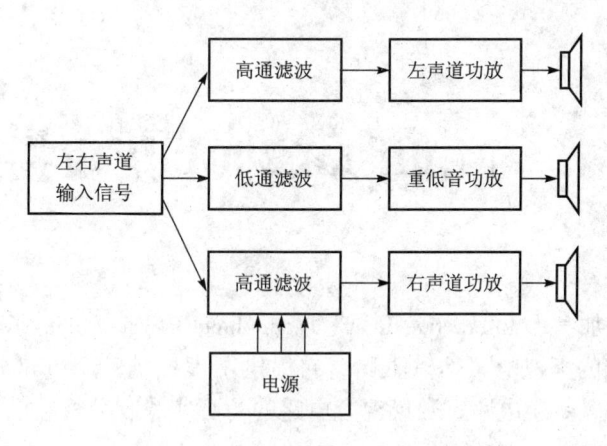

图 10-7 有源音箱功率放大电路方框图

附录　Multisim 2001 使用指南

　　Multisim 2001 是加拿大 Interactive Image Technologies（Electronics Workbench）公司推出的以 Windows 为基础的虚拟电子仿真工具，它提供了虚拟实验和电路分析两种仿真分析手段，可用于模拟电路、数字电路、数模混合电路的仿真实验、分析和设计。

Multisim 2001 的特点

1. 系统高度集成、界面直观、操作方便

　　Multisim 2001 将原理图的创建，电路的测试分析和结果的图表显示等全部集成到同一个电路窗口中。整个操作界面就像一个实验工作台，有存放仿真元件的库，有存放测试仪表的仪器库，还有进行仿真分析的各种操作命令。测试仪表和一些仿真件的外形与实物非常接近，操作方法也基本相同，因而该软件易于使用。

2. 电路分析手段完备

　　Multisim 2001 还提供了电路的直流工作点分析、瞬态分析、傅立叶分析、噪声和失真分析等 15 种常用的电路仿真分析方法。这些分析方法基本能满足一般电子电路的分析设计要求。

3. 提供射频电路仿真功能

　　Multisim 2001 具有射频电路仿真功能，这是目前众多通用电路仿真软件所不具备的。

4. 仿真元件丰富

　　仿真库提供近 16 000 个仿真元件，有实际元件和虚拟元件，其中实际元件的基本参数完全和实际产品一致，虚拟元件的参数可以方便的更改。

　　下面简要地介绍该软件使用方法。

Multisim 2001 基本界面

1. Multisim 2001 主窗口

　　安装好 Multisim 2001 软件后，双击桌面 Multisim 2001 快捷图标或单击任务栏上"开始"按钮，移动鼠标至程序项，然后从弹出的子菜单中选择 Multisim 2001 选项，进入附图 1－1

所示的主窗口界面。

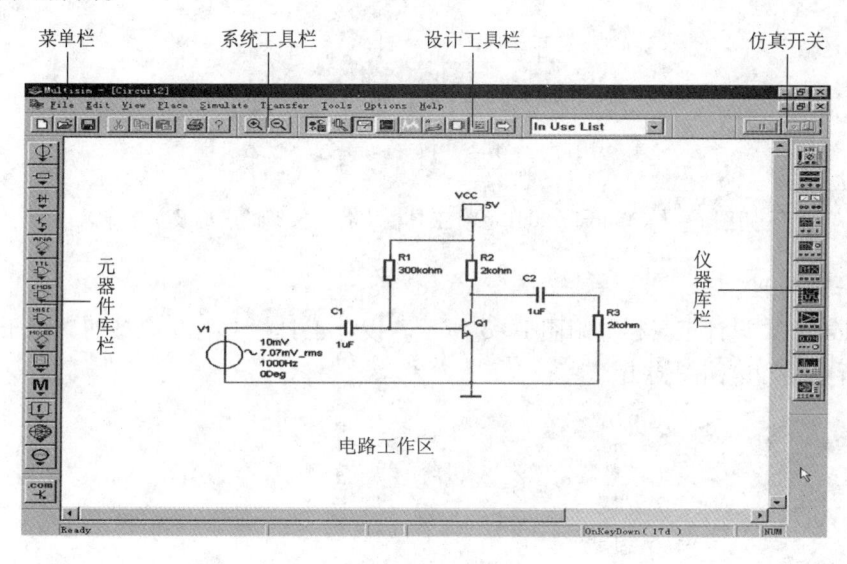

图 1-1　Multisim 2001 主窗口界面

各部分的功能简要说明如下：

① 电路工作区。电路工作区用于仿真电路的连接与测试。

② 菜单栏。菜单栏包括电路仿真所需的各种菜单命令。

③ 工具栏。工具栏提供电路仿真常用的操作按钮，共有 5 组工具栏，分别是 System（系统工具栏）、Designs（设计工具栏）、Instrument（仪器库栏）、Zoom（缩放工具栏）和 In Use List（正在使用的元件清单）栏。执行"View"→"Toolbars"可打开或关闭各个工具栏。

④ 状态栏。状态栏用于显示当前的状态信息。执行"View"→"Status Bar"可打开或关闭状态栏。

⑤ 仿真开关。仿真开关用于控制仿真实验的操作进程。执行"View"→"Show Simulation Switch"可打开或关闭仿真开关，默认为打开状态。其中 ▯▮ 为"暂停/恢复"按钮，▯ 为"启动/停止"按钮。

⑥ 元器件库栏。元器件库栏提供电路仿真所需的各种元器件。执行"View"→"Component Bars"可打开或关闭元器件库栏，默认为打开状态。

⑦ 下载元件图标位于元器件库栏最下方的图标 ▯，用于与 EWB EDA part.com 网址链接，可从网上下载元器件。

2. 系统工具栏

Multisim 2001 系统工具栏如附图 1-2 所示。

263

附图 1-2 Multisim 2001 系统工具栏中各个按钮的名称及其功能

3. 设计工具栏

Multisim 2001 设计工具栏如附图 1-3 所示。设计工具栏共有 9 个按钮，用于完成创建电路、分析电路和电路图输出。

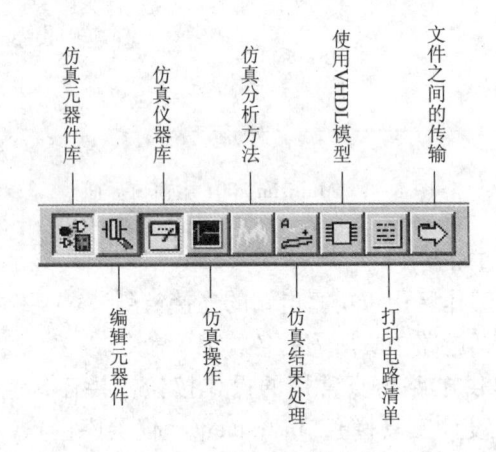

附图 1-3 Multisim 2001 设计工具栏

执行"Option"→"Simplified Version"可显示或隐藏设计栏。

4. 元器件库栏

Multisim 2001 元器件库栏有两种工业标准：ANSI（美国标准）和 DIN（欧洲标准）图形符号，每种标准采用不同的图形符号表示，附图 1-4 所示为元器件库栏，单击元器件库栏的某个图标即可打开该元器件库。

Multisim 2001 提供有实际元器件和理想元器件，实际元器件是具有实际标称值或型号的元器件，理想元器件是用户可随意定义其数值或型号的元器件；理想元器件包括所有电源、电阻器、电容器、电感器和运放电路，在打开的部件箱中以不同的颜色显示，默认为绿色。另外，理想元器件没有定义元器件封装形式，因此只能用于创建原理图，如果要输出到 PCB 软件进行制板，必须修改网络表文件中的元器件封装。

5. 仪器库栏

Multisim 2001 仪器库栏提供了仿真电路所需的 8 种测试仪器，分别是数字万用表、函数

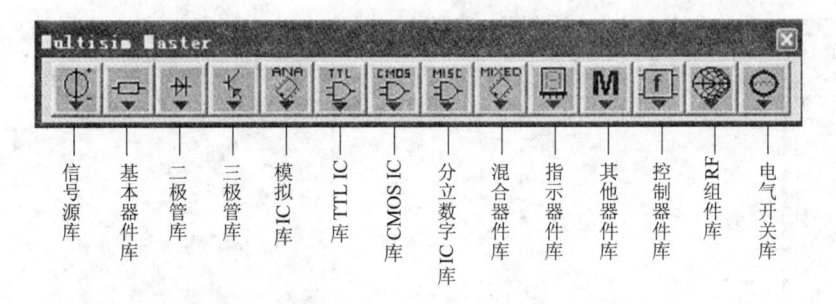

附图1-4 Multisim 2001 元器件库栏

信号发生器、功率表、示波器、扫频仪、字信号发生器、逻辑分析仪和逻辑转换器，见附图1-5。

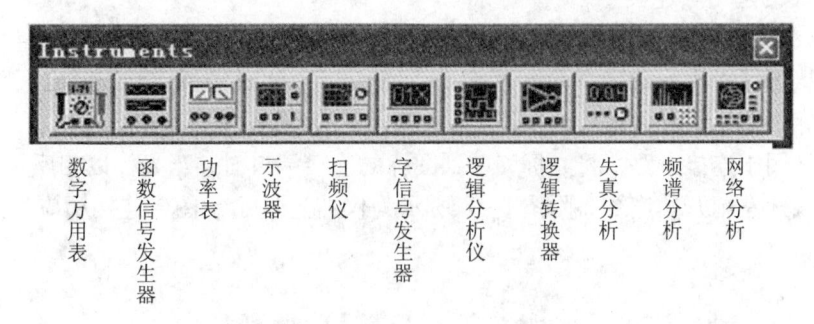

附图1-5 Multisim 2001 仿真仪器

虚拟仪器及其使用

在电路仿真中需要使用各种仪器来分析电路，Multisim 2001 提供有多种仪器和两个仪表。这里主要介绍仪器、仪表的功能、使用方法和基本电路设计。

1. 仪器、仪表的基本操作

（1）仪表的使用

仪表存放在指示器件库中（Indicators），调用的方式与元器件操作相同。Multisim 2001 提供有电压表（Voltmeter）和电流表（Ammeter），如附图1-6所示，电压表和电流表分别测量电路中交、直流电压和电流，其数值可直接从表头上读取，仪表有两个端子与电路连接，并且有"+"、"-"标志。

双击电压表或电流表，屏幕弹出仪表特性对话框，单击 Value 项，设置表头参数，如附图1-7所示，Resistance 项用于设置内阻，Mode 项用于交流（AC）、直流（DC）方式选择。

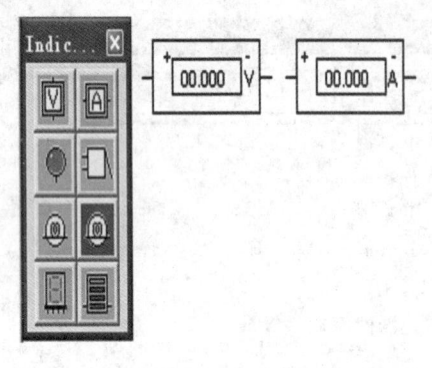

附图1-6　电压表和电流表图　　　　　附图1-7　设置电压表参数

（2）仪器的选用与连接

仪器存放在仪器库栏，执行"View"→"Toolbars"→"Instrument"设置仪器库栏为显示状态，从仪器库栏中选择并单击相应的仪器图标，此时光标上带有一个悬浮的仪器图标，移动光标到适当位置单击放置仪器。

仪器图标用于连接电路，将光标移动到图标的连接端口时，当光标以相反颜色的亮点显示时，按下鼠标左键开始连线。附图1-8所示为仪器连接示意图，连接中应注意仪器各端子不能连错。

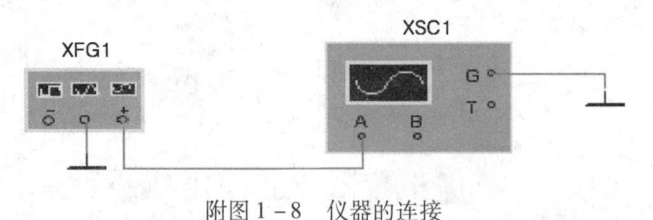

附图1-8　仪器的连接

（3）仪器面板操作

双击仪器图标可打开仪器的面板，附图1-9为函数信号发生器仪器面板。打开面板可看到显示屏、控制端和连接端口，显示屏用来观察测试数据与波形，控制端用来设置和选择仪器参数，设置时可直接在面板上输入或选择，连接端口与图标中连接端口功能一样。

附图1-9　仪器面板

仪器、仪表在电路中使用数量是没有限制的，单击仪器、仪表图标执行菜单命令或按鼠标右键执行快捷菜单命令，可进行删除、复制、旋转、翻转和设置颜色等操作，仪器图标旋转后，其面板图不变。

2. 仪器的使用

Multisim 2001 中常用的仪器有 8 种，其名称和图标参见附图 1-5。下面介绍主要仪器的功能和使用方法。

（1）数字万用表的使用

数字万用表可在电路两节点之间测量交、直流电压、电流、电阻和分贝值，万用表的量程不必设置，能自动调整。附图 1-10 所示为数字万用表的图标和面板图。

附图 1-10 数字万用表的图标和面板图

单击面板上的参数设置按钮（Set...），屏幕弹出附图 1-11 所示的对话框，根据实际要求设置电压挡、电流挡的内阻、电阻挡的电流值等参数。

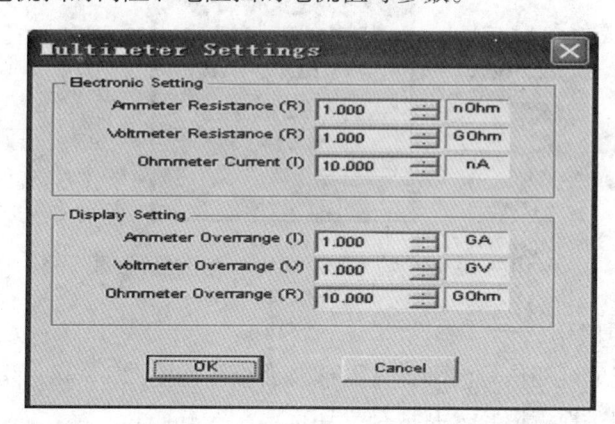

附图 1-11 数字万用表参数设置

（2）函数信号发生器的使用

函数信号发生器能产生正弦波、三角波和方波三种不同的波形，其频率、占空比、幅度和直流偏置电压可以调节，修改时可直接在面板上输入，附图 1-12 为函数信号发生器的图标和面板图。其中幅度参数是指信号波形的峰值，占空比参数主要用于三角波和方波波形的调整，上升沿/下降沿时间参数主要用于方波波形的调整。

使用该仪器时，信号可以从"+"或"-"端与"COM"端子之间输出（必须把 COM

端子与公共地 GND 连接），输出的两个信号极性相反，幅度相等。

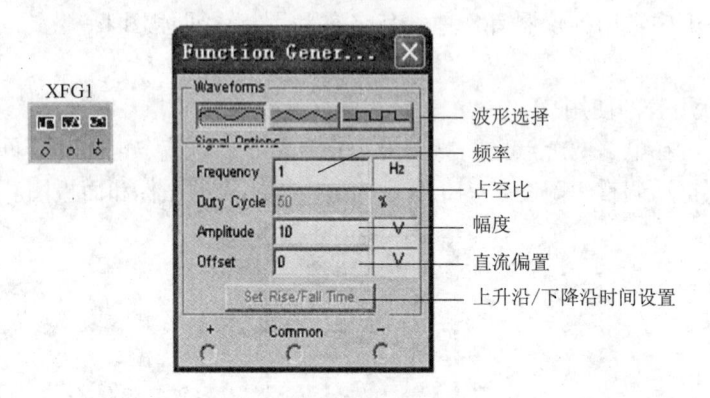

附图 1-12 函数信号发生器

（3）功率表的使用

功率表用于测量电路中的平均功率和功率因数，附图 1-13 所示为功率表的图标及面板示意图。在进行电路连接时，电压端与电路并联，电流端与电路串联。

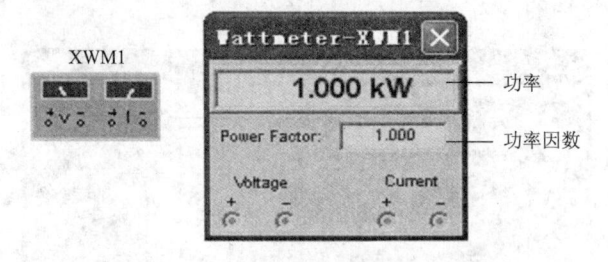

附图 1-13 功率表面板及测试连线示意图

（4）示波器的使用

示波器可以直观地观测信号波形，其图标及面板图如附图 1-14 所示。在进行电路连接时，示波器图标中的接地端应与公共地符号连接。

① 时基调节。

如附图 1-14 所示，其中扫描时间表示 X 轴方向每一刻度代表的时间。X 位移表示 X 轴方向时基的起始位置。Y/T 表示按扫描时间显示 A、B 通道信号波形。B/A 表示将 A 通道信号作为 X 轴扫描信号，将 B 通道信号施加在 Y 轴上显示，A/B 则相反。Add 表示按扫描时间显示 A、B 通道信号叠加波形。

② 输入通道设置。

示波器有两个完全相同的输入通道 A 和 B，输入耦合方式有三种，"AC"表示交流耦合；"0"表示接地，便于确定输入零电平时光迹在屏幕上的基准位置；"DC"表示直流耦合。

③ 触发方式设置。

示波器的触发方式有六种选择，选择"Auto"表示触发信号不依赖外部信号，自动触发方式；选择"Nor."为常态触发方式；选择"A"或"B"表示将 A 通道或 B 通道的输入信号作为时基扫描的触发信号；选择"Ext"为外触发，是指用示波器图标上触发端子连接的信号作为触发信号；选择"Sing."为单次触发方式。一般情况下使用"Auto"方式。

④ 读数。

为了测量和读数方便准确，执行宏指令 F6 键暂停仿真操作冻结波形后，再测量和凑数。附图 1 – 14 中的指针 1 处读数中的 T1 表示当前位置的时刻，VAl 表示当前位置 A 通道的电压值，VB1 表示当前位置 B 通道的电压值；指针 1、2 处的读数差中的 T2-Tl 表示两读数轴间的时间差，它可用于测量信号周期等；VA2-VA1（VB2-VBl）表示两读数轴处 A(B) 通道波形的电压差，可用于测量信号的幅度、峰值等。

⑤ 其他操作。

单击 Reverse 按钮，可改变示波器屏幕的背景颜色，再单击一次，屏幕背景恢复为原色；单击 Save 按钮，可以实现用 ASCII 码格式存储波形读数。

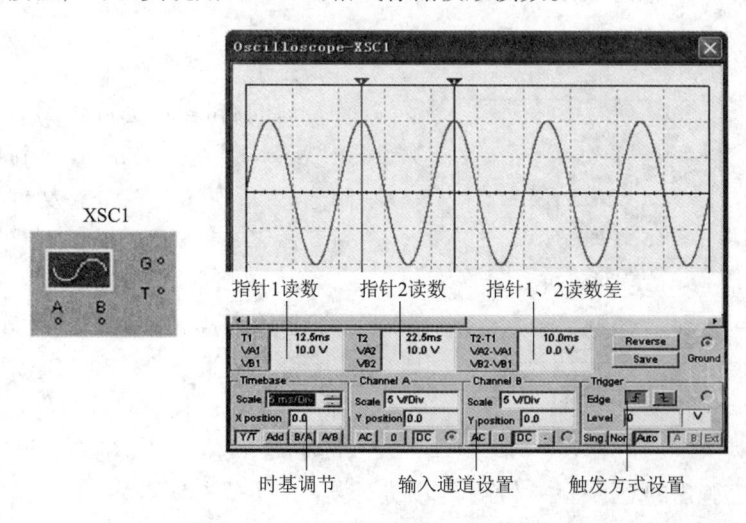

附图 1 – 14　示波器图标及面板示意图

（5）扫频仪的使用

扫频仪用来分析电路频率响应，包括幅频特性和相频特性，图标和面板如附图 1 – 15 所示。

① 与电路的连接。

扫频仪有 in 和 out 两个端口，其中 in 端口（相当于实际扫频仪的扫频输出端）连接电路的输入端，out 端口（相当于实际扫频仪的 Y 输入端）连接电路的输出端。

② 面板参数设置。

扫频仪测量幅频特性和相频特性曲线时，水平坐标和垂直坐标可以选择的坐标类型有 Log（对数）和 Lin（线性），I 和 F 分别是用来设置其初始值和终值。其中水平坐标表示测量信号的频率，垂直坐标表示测量信号的幅度或相位。单击 Set 按钮可以设置坐标的采样点数。

③ 读数。

读数时可以拖动读数指针或单击读数轴光标箭头，读数栏内显示指针处的读数。单击 Save 按钮实现数据的存储。

附图 1-15　扫频仪面板图示意图

电路仿真基本操作

下面以附图 1-16 单管放大电路仿真操作为例，简单介绍 Multisim 2001 进行电子电路仿真的方法。

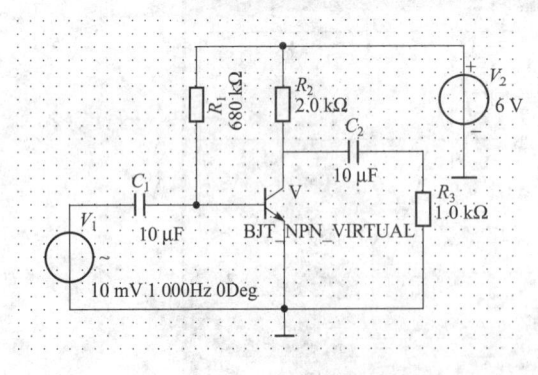

附图 1-16　单管放大电路

1. 建立电路文件

启动 Multisim 2001，软件就自动创建一个默认标题为"Circuit1"新电路文件，如附图 1-17 所示，该电路文件可以在保存时重新命名。

2. 规划电路界面

初次打开 Multisim 时，Multisim 仅提供一个基本界面，新文件的电路窗口是一片空白。需要我们根据具体电路的组成来规划电路界面，这可通过执行命令 Option\Preferences…，在弹出的对话框中对若干选项进行设置来实现。具体操作为：

（1）打开 Component Bin 标签

执行命令 Option\Preferences…，弹出 Preferences 对话框，打开 Component Bin 标签，如附图 1-18 所示。

在 Symbol standard 区内，Multisim 提供了两种电气元器件符号标准，一种是 ANSI 为美国标准，另一种 DIN 是欧洲标准。DIN 与我国现行的标准非常接近，所以应选择 DIN。

（2）打开 Workspace 标签

打开 Workspace 标签，出现如附图 1-19 所示画面。

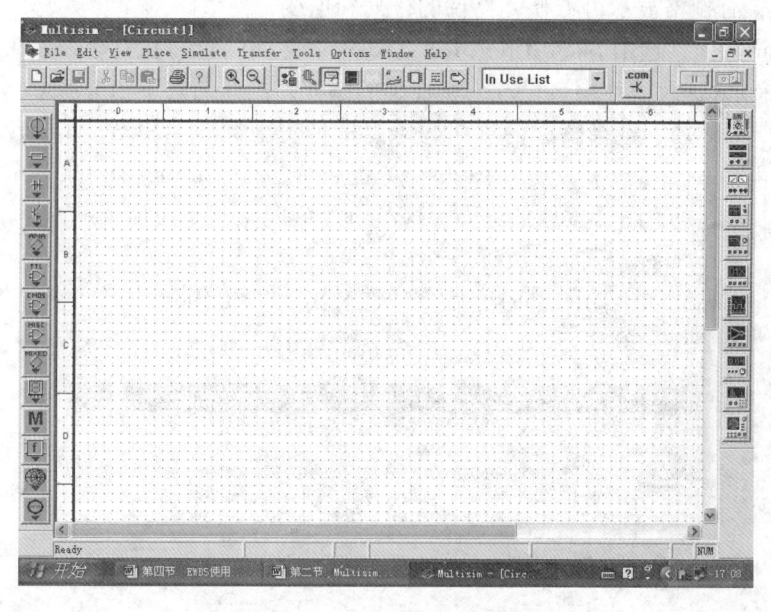

附图 1-17　无标题新电路文件窗口

附图 1-18　Preferences 对话框

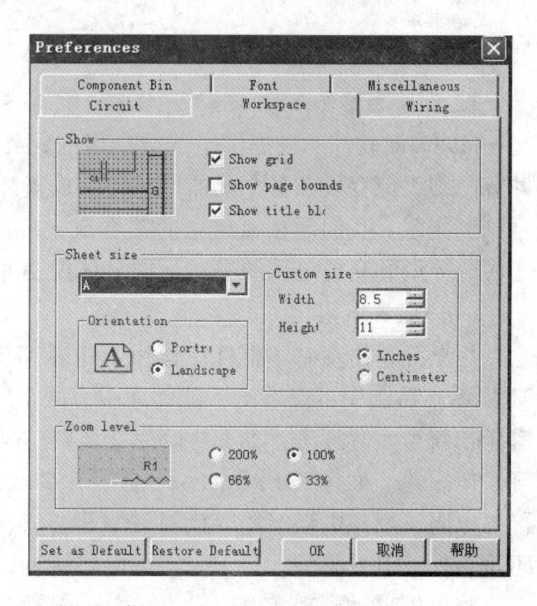

附图 1-19　Workspace 标签页

① 在 Show 区内，选中 Show Grid 项（也可执行 View\Show Grid 命令），在电路窗口中将会出现栅格，有栅格显示可方便元器件的排列和连线，使电路图整齐美观。

② 在 Show 区内，选中 Show Title Block and Border 项（也可执行 View\Show Title Block and Border 命令），这时设计窗口出现一张标准的图样，图样的右下角有一个标题栏。

③ 在 Sheet size 区，选择图样的规格，可以选择美国标准图样 A、B、C、D、E，也可以选择国际标准 A4、A3、A2、A1、A0，或者自定义（Custom size）图样的大小。在 Orientation 栏中可以设置图样摆放的方向：Portrait（纵向）或 Landscape（横向）。我们选择 A4 标准图样，Landscape（横向）放置。

④ 执行 Option\Modify Title Block…命令，在弹出的 Title Block 对话框中，可对标题栏内容进行编辑，如附图 1-20 所示。

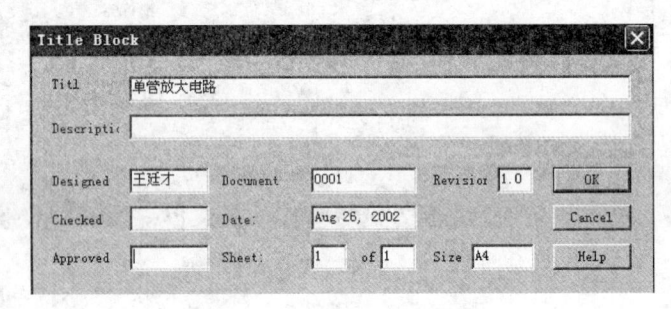

附图 1-20 Title Block 对话框

3. 放置元器件

Multisim 软件不仅提供了数量众多的元器件符号图形，而且精心设计了元器件的模型，并分门别类地存放在各个元器件库中。放置元器件就是将电路中所用的元器件从器件库中放置到工作区。我们现在要建立的单管放大电路中有电阻器、电容器、NPN 晶体管和直流电压源、接地和交流电压源等。下面具体说明元器件放置的方法步骤：

（1）放置电阻

用鼠标单击 基本器件库按钮，即可打开该器件库，显现出内含的器件箱，如附图 1-21 所示。从图中可以看出，器件库中有两个电阻箱，左边一个存放着现实存在的电阻元件，其阻值符合实际标准，如 1.0 kΩ、2.2 kΩ 及 5.1 kΩ 等。这些元件在市面上可以买到，称为现实电阻箱。而像 1.4 kΩ、3.5 kΩ 及 5.2 kΩ 等非标准化电阻，在现实中不存在，我们称为虚拟电阻，虚拟电阻箱用绿色衬底表示，虚拟电阻调出来默认值均为 1 kΩ，可以对虚拟电阻重新任意设置阻值。为了与实际电路接近，应该尽量选用现实电阻元件。

将鼠标移动到现实电阻箱上，单击鼠标左键，弹出一个元器件浏览对话框，如附图 1-22 所示。在对话框中拉动滚动条，找出 680 kΩ，单击 OK 按钮，即将 680 kΩ 电阻选中。选中的电阻紧随着鼠标指针在电路窗口内移动，移到合适位置后，单击即可将这个 680 kΩ 电阻放置在当前位置。以同样的操作可将 2 kΩ、1 kΩ 两电阻放置到电路窗口适当的位置上。为了使电阻垂直放置，可让鼠标指向某元件，单击鼠标右键可弹出一个快捷菜单，如附图 1-23 所示。在快捷菜单中选取 90 Clockwise 或 90 CounterCW 命令使其旋转 90°。

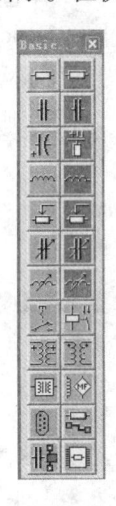

附图 1-21　打开的基本器件库

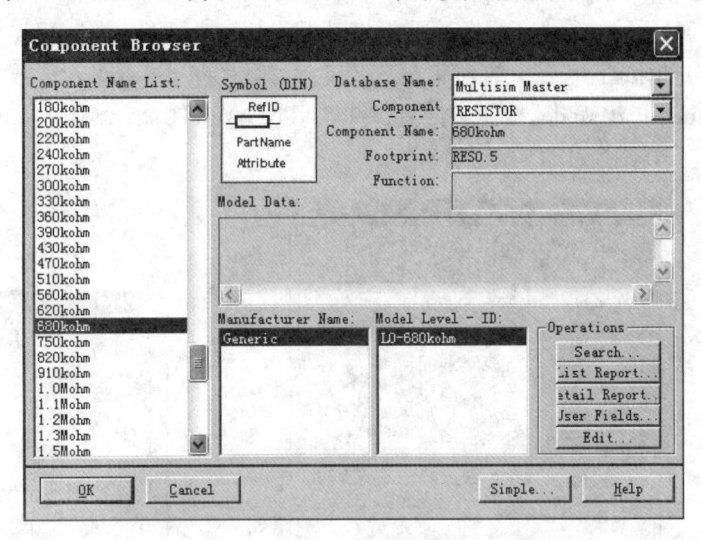

附图 1-22　在元件浏览对话框中选择合适元件

（2）放置电容

与前述放置电阻相似，在现实无极性电容器件箱中选择两个 10 μF 电容，并将其放置到电路窗口的合适位置。注意，如附图 1-24 所示元件浏览对话框中的"μF"就表示"μF"。

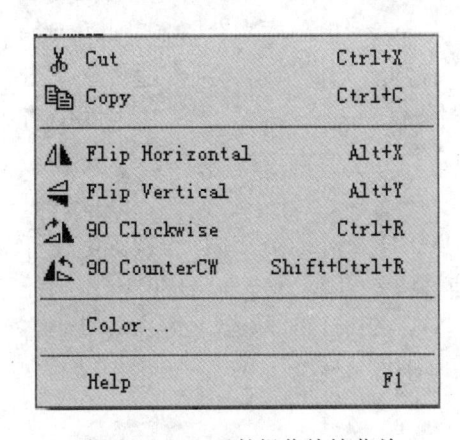

附图 1-23　元件操作快捷菜单

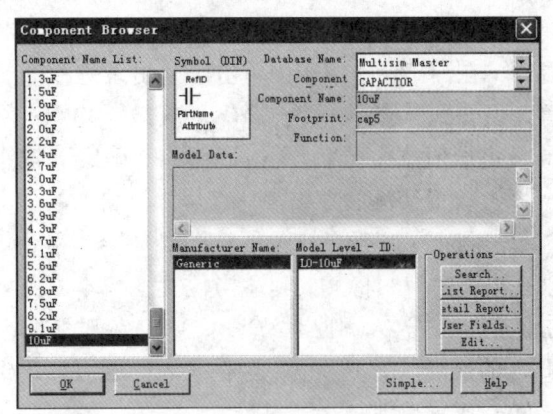

附图 1-24　元件浏览对话框

（3）放置 NPN 晶体管

用鼠标单击 晶体管库按钮，即可打开该器件库，显现出内含的所有器件箱。因电路中所用的晶体管为 3DG6（$\beta=60$）为我国产品型号，现实器件箱中没有，因此单击 BJT_ NPN 虚拟器件箱，立即会出现一个 BJT_ NPN_ VIRTUAL 晶体管跟随光标移动，到合适位置单击鼠标左键将其放置，然后双击该元件，弹出 BJT_ NPN_ VIRTUAL 对话框如附图 1-25 所示。在 Label 标签页中将其标号修改为 V1；单击 Value 标签页中的 Edit Model 按钮，弹出如附图 1-26 的对话框，在对话框中将 BF（即 β）数值 100 修改为 60，然后单击 Change Part Model 按钮，回到 BJT_ NPN_ VIRTUAL 对话框，单击"确定"按钮，则完成对 BJT_ NPN_ VIRTUAL 的修改。

附图 1-25　BJT_ NPN_ VIRTUAL 对话框 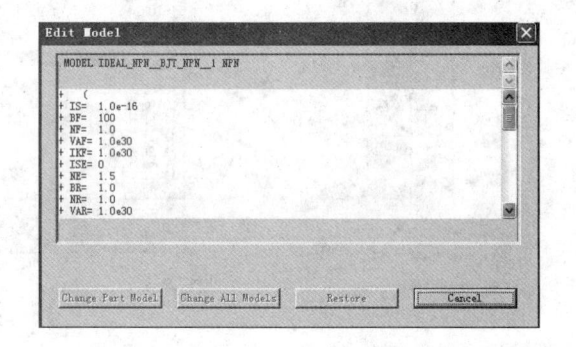　　　附图 1-26　Edit Model 对话框

（4）放置 6 V 直流电源

直流电源为放大电路提供电能，这个直流电压源可从 Source 电源库来选取。单击 Source 电源库，在弹出的电源箱中单击，出现一个直流电源跟随着光标移动，到合适位置单击放置，但看到其默认值为 12 V，双击该电源，出现附图 1-27 对话框，在对话框中将 Voltage 电压值改为 6 V，单击下部的"确定"按钮即可。

（5）放置交流信号源

单击 Source 电源库中的图标，一个参数为 1 V 1 000 Hz 0Deg 的交流信号源跟随光标出现在电路窗口，将其放到适当位置上。本电路要求信号源是 10 mV 1 000 Hz 0Deg，因此双击该信号源符号，弹出一个 AC Voltage 对话框，如附图 1-28 所示。在 Value 标签页中将 Voltage 的值修改为 10 mV，这是最大电压值，其相应的电压有效值为 7.07 mV。

（6）放置接地端

接地端是电路的公共参考点，参考点的电位为 0 V。一个电路考虑连线方便，可以有多个接地端，但它们的电位都是 0 V，实际上属于同一点。如果一个电路中没有接地端，通常不能有效地进行仿真分析。

附图 1-27　Battery 对话框 　　　　　　附图 1-28　AC Voltage 对话框

放置接地端非常方便，只需单击 Source 器件库中的接地按钮后再将其拖到电路窗口的合适位置即可。

删除元器件的方法是：单击元器件将其选中，然后按下 Del 键，或执行 Edit \ Delete 命令。

单管放大电路所有元器件放置完毕后的电路窗口如附图 1-29 所示。

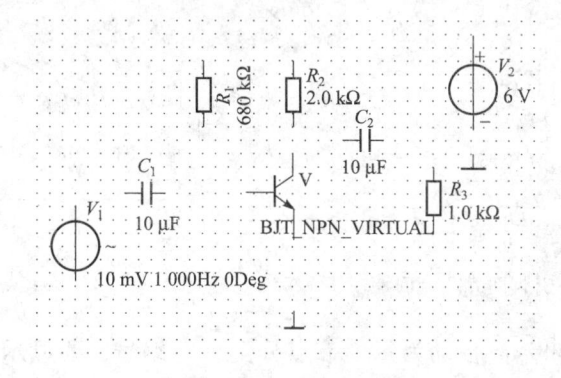

附图 1-29　元器件放置完毕后的电路窗口

4. 连接线路和放置节点

（1）连接线路

Multisim 软件具有非常方便的连线功能，只要将光标移动到元器件的管脚附近，就会自动形成一个带"+"字的圆黑点，如附图 1-30（a）所示，单击鼠标左键拖动光标，又会自动拖出一条虚线，到达连线的拐点处单击一下鼠标左键如附图 1-30（b）所示；继续移

动光标到下个拐点处再单击一下鼠标左键如附图 1-30（c）所示；接着移动光标到要连接的元器件管脚处再单击一下鼠标左键，一条连线就完成了，如附图 1-30（d）所示。

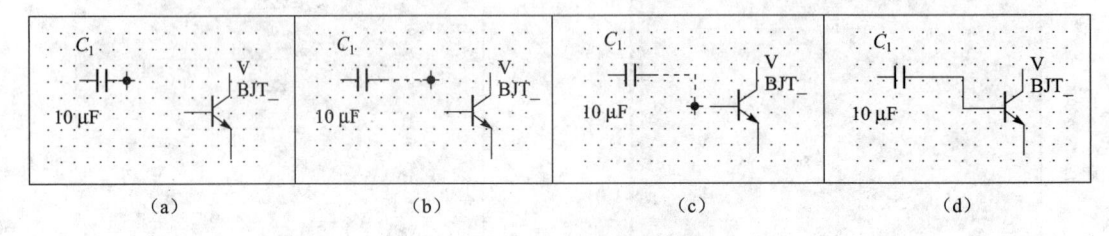

附图 1-30　连接线路操作过程

照此方法操作，连完电路中的所有连线。

（2）放置节点

节点，即导线与导线的连接点，在图中表示为一个小圆点。一个节点最多可以连接 4 个方向的导线，即上下左右每个方向只能连接一条导线，且节点可以直接放置在连线中。放置节点的方法是：执行菜单命令 Place\Place junction，会出现一个节点跟随光标移动，即可将节点放置到导线上合适位置。使用节点时应注意：只有在节点显示为一个实心的小黑点时才表示正确连接；两条线交叉连接处必须打上节点；两条线交叉处的节点可以从元器件引脚向导线方向连接自然形成，如附图 1-31 所示。也可以在导线上先放置节点，然后从节点再向元器件引脚连线，如附图 1-32 所示。

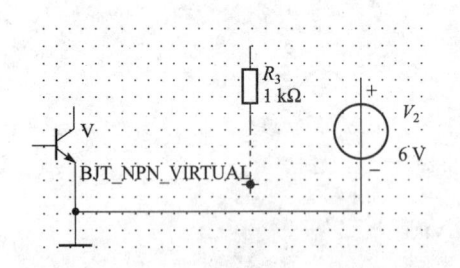

附图 1-31　从元器件引脚向导线方向连线 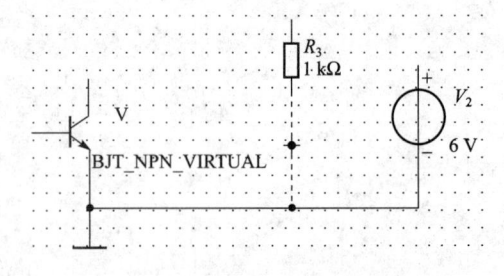　　附图 1-32　从节点向元器件引脚连线

在连接电路时，Multisim 自动为每个节点分配一个编号，要显示节点编号可执行命令 Options\Preferences…，弹出 Preferences 对话框，如附图 1-33 所示。打开 Circuit 标签，将 Show 区的 Show node names 项选中，单击对话框下部的 OK 按钮即可。

删除连线或节点的方法是：

① 让光标箭头端部指向连线或节点，单击将其选中，然后按下 Del 键，或执行 Edit\Delete 命令。

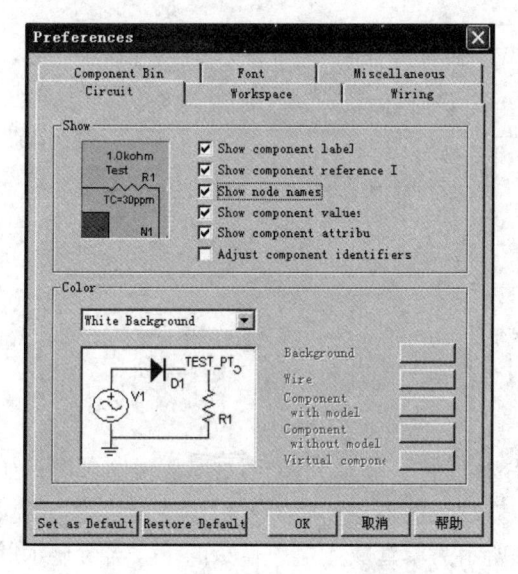

附图1-33 Preferences对话框 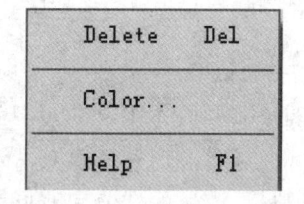　　　　附图1-34 连线或节点快捷菜单

② 让光标箭头端部指向连线或节点，单击右键，出现一个如附图1-34所示快捷菜单，执行Delete命令。

5. 连接仪器仪表

电路图连接好后就可以将仪器仪表接入，以供实验分析使用。本例是接入一台示波器，单击仪器库栏中的示波器图标，示波器图标就跟随光标出现在电路窗口，移动光标在合适位置放置好示波器，然后将其与单管放大电路连接，示波器的A通道端接在输入信号源端，示波器的B通道端接在电路的输出端，示波器的接地端直接接地。因电路中已有接地，示波器的接地端也可不接地。为了便于对电路图和仪器的波形识别和读数，通常将某些特殊的连线及仪器的输入、输出线设置为不同的颜色。要设置某导线的颜色，可用鼠标右键单击该导线，在弹出菜单中执行Color命令，即出现"颜色"对话框，如附图1-35所示。根据需要用鼠标单击所需色块，并按下"确定"按钮，即可设置连线的不同颜色。

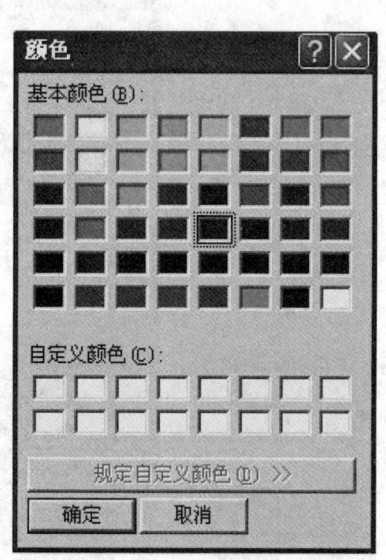

连接好后的单管放大电路如附图1-36所示。

附图1-35 设置"颜色"对话框

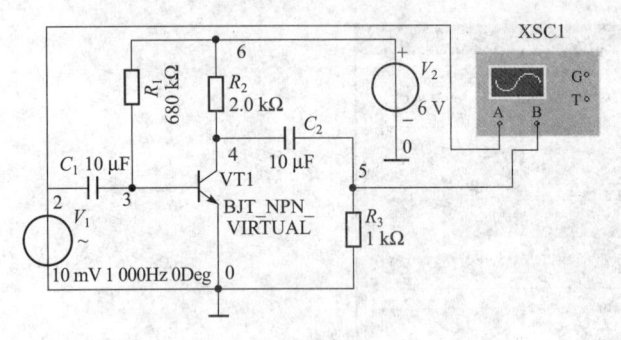

附图1-36　连接好后的单管放大电路

6. 运行仿真

电路图绘制好后，用鼠标左键单击主窗口右上角的仿真开关图标，软件自动开始运行仿真，要观察波形还需要双击示波器图标，展现示波器的面板，并对示波器作适当的设置，就可以显示测试的数值和波形，附图1-37所示为单管放大电路连接的示波器所显示的输入输出波形，从波形上可以看出信号的周期为 1 ms，输入信号幅值为 10 mV，输出信号幅值为 216.2 mV，输出信号与输入信号呈反相关系。

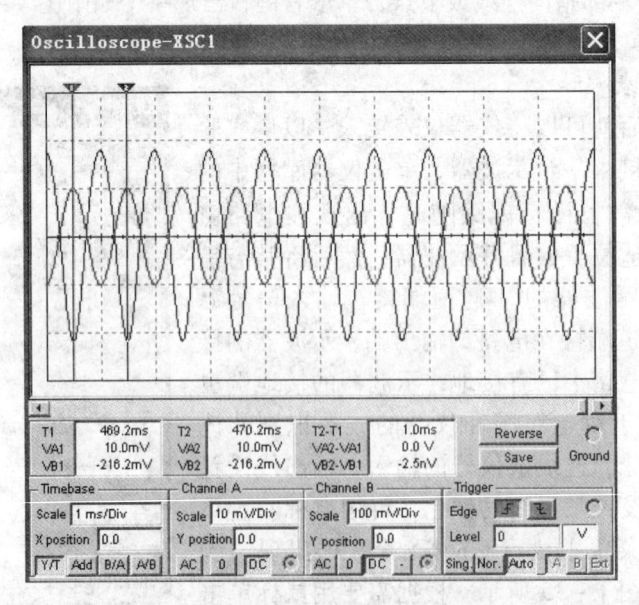

附图1-37　示波器显示的单管放大电路输入输出波形

如果要暂停仿真操作，用鼠标左键单击主窗口右上角的暂停图标，软件将停止运行仿真。也可以选择 Simulate\Pause 命令停止仿真。再次按下，或选择执行 Simulate\Run

命令,将激活电路,重新进入仿真过程。

7. 保存电路文件

要保存电路文件,可以执行 File\Save 命令。如果是第一次文件存盘,屏幕将弹出一个对话框,此时可以选择输入电路图的文件名"单管放大电路"、驱动器及文件夹路径,用鼠标单击"确定"按钮即可将文件存盘。

如果不是首次存盘,执行 File\Save 命令后,将弹出一个对话框询问"单管放大电路.msm"文件已经存在,要不要替换?可根据需要按下"是"或"否"按钮。

如果要将当前电路改名存盘,选择 File\Save As 命令,将弹出对话框,在对话框中键入电路图的新文件名,当然还可以选择新的路径,再单击"确定"按钮即可。当想设计一个电路又不想改变原来的电路图时,用 File\Save As 命令是很理想的。

仿真分析的基本操作

Multisim 2001 软件对电路有直流静态工作点分析、交流频率分析、瞬态分析、傅立叶分析、噪声分析和失真分析等基本分析方法,另有参数扫描分析、温度扫描分析、零—极点分析、传递函数分析、直流和交流灵敏度分析、蒙特卡罗分析、最差情况分析等高级分析功能。本章只简单为大家介绍直流静态工作点分析、交流频率分析、瞬态分析等分析方法。

1. 仿真分析的基本操作

进行仿真分析,可以按下面的基本操作进行:

① 选择 Simulate 菜单下的 Analyses 选项。Analyses 选项中有很多子选项:直流静态工作点分析(DC Operating Point Analysis)、交流频率分析(AC Analysis)、瞬态分析(Transient Analysis)、傅立叶分析(Fourier Analysis)、噪声分析(Noise Analysis)、失真分析(Distortion Analysis)、灵敏度分析(Sensitivity Analysis)、参数扫描分析(Parameter Sweep)、温度扫描分析(Temperature Sweep)、极零点分析(Pole Zero Analysis)、转移函数分析(Transfer Function Analysis)、最坏情况分析(Worst Case Analysis)和蒙特卡罗分析(Monte Carlo Analysis)等等。选择当前需要进行的分析。

② 弹出该分析的对话框,进行必要的参数设置,单击 Simulate 按钮进行仿真。

③ 弹出仿真分析图形窗口(Analysis Graphs)进行分析。仿真分析图形窗口是一多用途的显示工具,它可用来检测、调整及存储曲线和资料对照图表。一般的分析图形窗口大致功能有:显示 Multisim 2001 产生的所有结果,以曲线或资料对照图表表示;示波器轨迹及波特图;可显示错误记录表,以用来检测模拟过程中出现的错误或警告信息;模拟统计图等等。可以充分利用仿真分析图形窗口来帮助进行电路的仿真分析。

2. 常用分析方法应用

(1) 直流(静态)工作点分析(DC Operating Point Analysis)

在进行直流（静态）工作点分析时，电路中的交流源将被置为零，电感短路，电容开路，电路中的数字元器件将被视为高阻接地。这种分析方法对模拟电路非常适用。下面以一道例题来做讲解。

例：附图1-38所示为一单管共射放大电路，求各个节点直流电压。

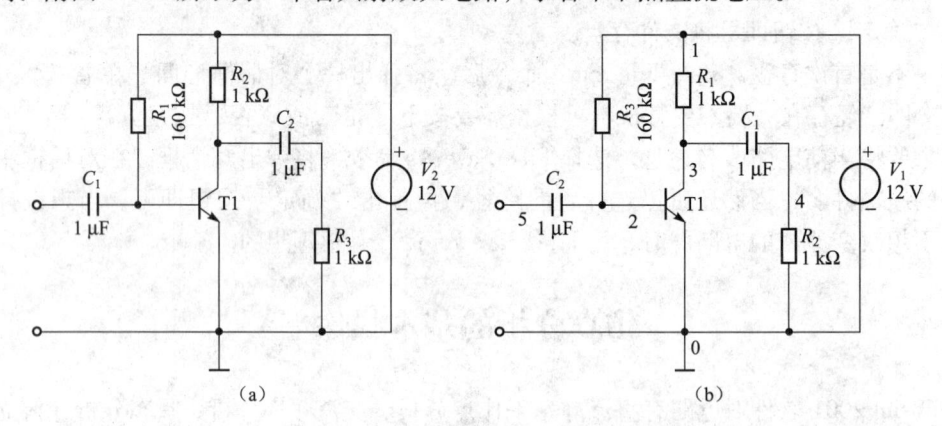

附图1-38 直流静态工作点分析

分析步骤：

① 打开一个新文件，在电子工作区上创建如附图1-38（a）所示电路。在菜单栏Options（选项）的Preferences（参考选项）中，选择circuit（电路）选项卡，选定show选项框中的Show Node选项为选中状态，则电路中的节点标志显示在电路中，如附图1-38（b）所示。

② 在菜单栏Simulate（仿真）的Analyses（分析）选项中，选择DC Operating Point Analysis（直流工作点分析）选项，则软件会自动把电路中所有的节点电压数值和电源支路的电流数值显示在Analysis Graph（分析显示图）中。

③ 选择菜单栏View（显示）中的Show Graphs（显示分析图），或单击工具栏图标中的分析图快捷按钮，可看到分析结果，如附图1-39所示。在进行直流工作点分析时，电路中的数字元器件将被视为高阻接地。

由附图1-39可知各节点电压值：

$V_1 = 12$ V，$V_2 = 783.70206$ mV，$V_3 = 4.98981$ V，$V_4 = 0$ V

电源支路的电流数值：I = -7.08029 mA。

（2）频率特性分析（AC Analysis）

交流频率分析，即分析电路中某一节点的频率特性。分析时，电路中的直流源将自动置零，交流信号源、电容、电感等均处于交流模式，输入信号也设定为正弦波形式。无论输入是何交流信号，在进行交流频率分析时，会自动把它作为正弦信号输入。因此，输出响应也

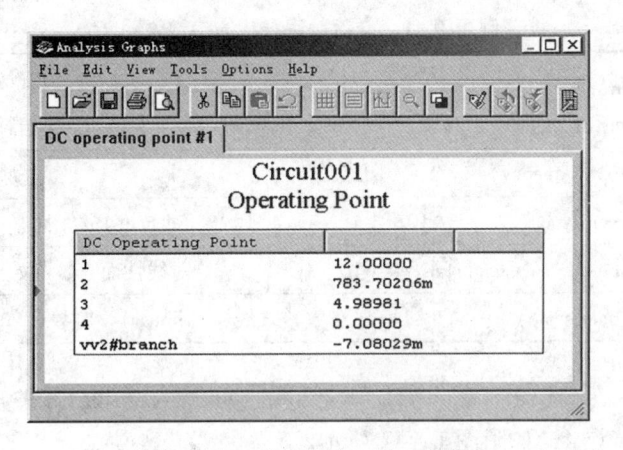

附图1-39 直流静态工作点分析表

是该电路的交流频率的函数。

例：如附图1-40所示，同样为一单管共射放大电路，求节点4的交流频率特性，即节点4的幅频特性和相频特性。

分析步骤：

① 创建如附图1-40所示电路，确定输入信号的幅度为10mV、相位为0。在菜单栏Simulate（仿真）的Analyses（分析）选项中，选择AC Analysis（交流分析）选项，则弹出附图1-41所示对话框，选择Frequency Parameters（频率参数）选项卡。确定分析的起始频率（Start frequency）、终点频率（End frequency）、扫描方式（Sweep type）、显示点数（Number of points）、垂直尺度（Vertical scale）。各参数说明如附表1-1所示。

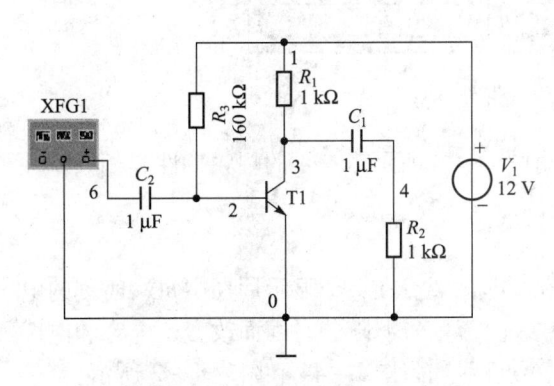

附图1-40 单管共射放大电路

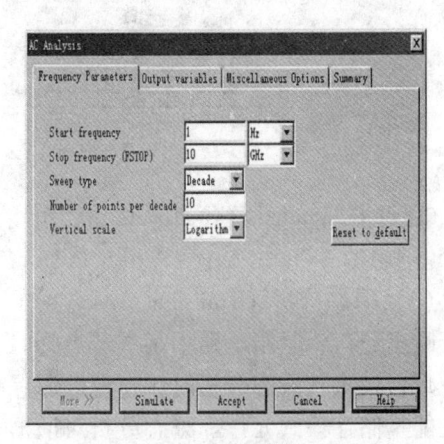

附图1-41 交流分析对话框

附表 1-1 交流频率分析的参数说明

交流频率分析	缺省设置	含义和设置要求
扫描起始频率（start frequency）	1 Hz	起始频率
扫描终止频率（stop frequency）	10 GHz	终止频率
扫描形式（sweep type）	10 倍（decade）	10 倍（decade）/线性（linear）/8 倍（octave）
显示点数（Number of points per decade）	10	对线性而言，起始至终止间的点数
垂直刻度（Vertical scale）	Log（对数）	线性（linear）/对数（Log）/十进制（decibel）

② 在 AC Analysis（交流频率分析）对话框的 Output variables（输出变量）选项卡中，选择需分析的电路节点 4，如附图 1-42 所示。

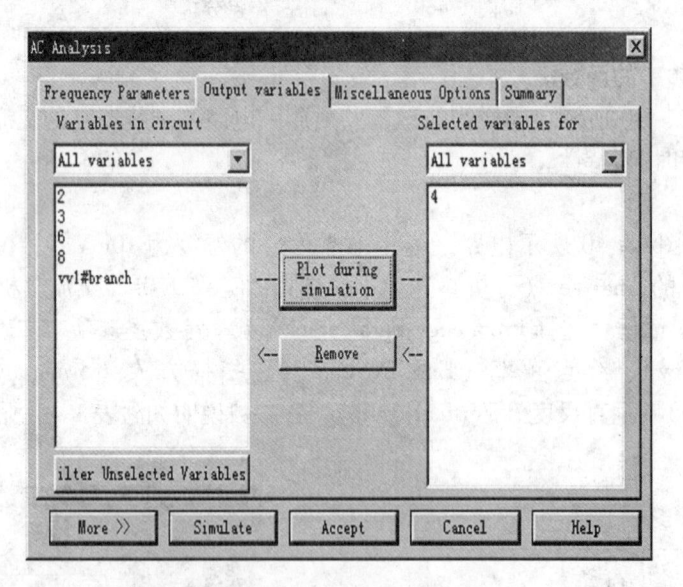

附图 1-42 交流分析对话框

③ 点击 Simulate（仿真）按钮，可得到如附图 1-43 所示节点 4 的幅频特性和相频特性波形。

(3) 瞬态分析（Transient Analysis）

瞬态分析，是指电路中某一节点的时域响应，即该节点在整个显示周期中每一时刻的电压波形。在进行瞬态分析时，直流电源保持常数，交流信号源随着时间而改变，电容和电感都是能量储存模式元件。瞬态分析对话框和各参数说明如附图 1-44 和附表 1-2 所示。

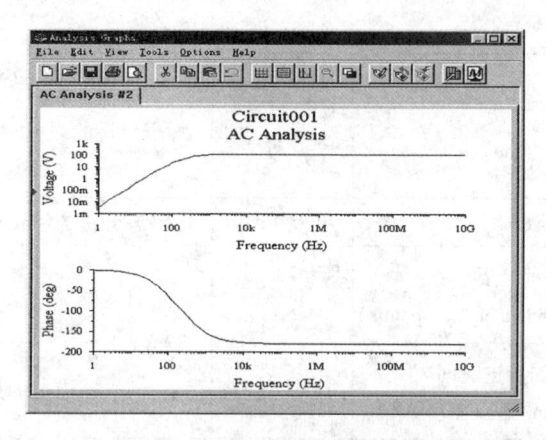

附录　Multisim 2001 使用指南

附图 1-43　交流频率分析结果

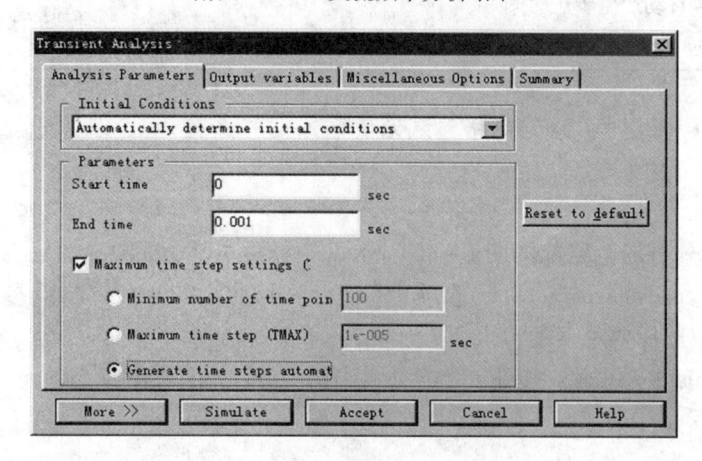

附图 1-44　瞬态分析对话框

附表 1-2　瞬态分析的参数说明

参数		缺省设置	含义和设置要求
初始条件 (initial conditions)	自动决定初始条件 (Automatically determine initial conditions)	选中	由电路自动决定初始条件
	设为零（Set to zero）	未选	如果从零初始状态起始则选择此项
	用户定义（User-defined）	未选	用户定义的初始状态进行分析
	计算静态工作点 (Calculate DC operating point)	未选	如果从静态工作点起始分析，则选择此项

283

续表

参数		缺省设置	含义和设置要求
起始时间（Star time）		0 秒	瞬态分析的终止时间，必须大于起始时间，而小于终止时间
终止时间（End time）		0.001 秒	瞬态分析的终止时间必须大于起始时间
最大步进时间设置（Maximum time Step setting）	最小点数（Minimum number of time points）	100 点	自起始至终止之间模拟输出的点数
	最大的步进时间 Maximum time Step（TMAX）	(1e-05) 秒	模拟的最大步进时间
	自动产生步进时间（Generate time steps automatic）	选中	自动选择一个较合理的或最大的步进时间

例：如附图 1-45 所示微分电路，试分析输入信号选择矩形波时该电路输出端的瞬态波形。

分析步骤：

① 创建进行分析的电路如附图 1-45 所示，选择菜单栏 Analyses（分析）中的 Transient（瞬态分析）。在 analysis parameters 选项卡中根据对话框的要求，设置参数；再从 output variables 选项卡中选择要观察的节点。

② 点击 Simulate（仿真）按钮，得到如附图 1-46 所示输出瞬态波形（矩形波为输入波形）。

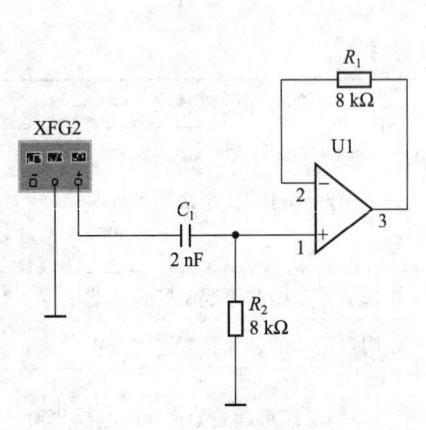

附图 1-45 微分电路

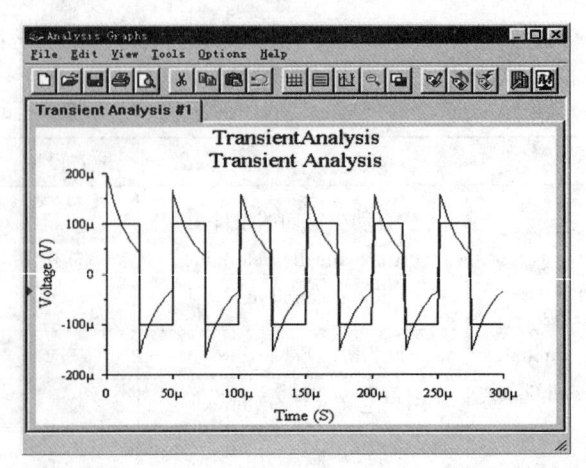

附图 1-46 输出端的瞬态波形

注意：在对选定的节点做瞬态分析时，可以以直流分析的结果作为瞬态分析的初始条件。瞬态分析也可以通过连接示波器来实现。瞬态分析的优点是通过设置，可以更好、更仔细地观察起始波形的变化情况。

部分习题参考答案

习题 1

1.1 (1) A； (2) A； (3) C； (4) B； (5) C； (6) D

1.2 1.3V； 0V； −1.3V； 2.0V； 1.3V； −2V

1.5 4种：6.7 V； 8.7 V； 14 V； 1.4 V

1.6 开关闭合二极管才能发光；0.23 kΩ≤R≤0.7 kΩ

1.7 (a) 放大；(b) 截止；(c) 饱和

1.9 (1) 截止；(2) 饱和；(3) 放大

习题 2

2.1 (a) 能；(b) 不能；(c) 能；(d) 不能；(e) 不能；(f) 不能

2.3 (1) $I_{BQ}=200\ \mu A$ $I_{CQ}=10\ mA$ $U_{CEQ}=14\ V$ 放大区

(2) $I_{BQ}=33.3\ \mu A$ $I_{CQ}=2\ mA$ $U_{CEQ}=2\ V$ 放大区

(3) $I_{BQ}=50\ \mu A$ $I_{CQ}=5\ mA$ $U_{CEQ}=9\ V$ 放大区

(4) $I_{BQ}=30\ \mu A$ $I_{CQ}=3\ mA$ $I_{CS}\approx 0.86\ mA$ $I_{BS}\approx 8.6\ \mu A$

$I_{BQ}>I_{BS}$ 饱和区

2.4 (b) 图为饱和失真，原因是静态工作点偏高，将 R_b 调小消除失真；(c) 图为截止失真，原因是静态工作点偏低，将 R_b 调大消除失真

2.5 $I_{BQ}=30\ \mu A$ $I_{CQ}=1.2\ mA$ $U_{CEQ}=5.88\ V$

(1) 360 kΩ   (2) 270 kΩ

2.6 (1) $I_{BQ}=40\ \mu A$， $I_{CQ}=1.6\ mA$， $U_{CEQ}=3.84\ V$

(3) $A_u\approx -210$， $r_i\approx 966\ \Omega$， $r_o=5.1\ k\Omega$

2.7 (1) $I_{BQ}=33\ \mu A$， $I_{CQ}=1.65\ mA$， $U_{CEQ}\approx 5.4\ V$

(3) $A'_u\approx -95$， $r_i\approx 1.1\ k\Omega$， $r_o=2\ k\Omega$

(4) $A_u\approx -46$

2.8 (1) $I_{BQ}=27\ \mu A$， $I_{CQ}=1.35\ mA$， $U_{CEQ}=3.9\ V$

(3) $A_u=-10$， $r_i=4.5\ k\Omega$， $r_o=4.3\ k\Omega$

2.9 (1) $I_{BQ}\approx 40\ \mu A$， $I_{CQ}=2\ mA$， $U_{CEQ}=8\ V$

(3) $A_u\approx 0.98$， $A_{us}\approx 0.96$， $r_i\approx 41.4\ k\Omega$， $r_o\approx 43\ \Omega$

2.10 (1) $I_{BQ1}=4.63\ \mu A$, $I_{CQ1}=0.463\ mA$, $U_{CEQ1}=3.147\ V$;

$I_{BQ2}=8.6\ \mu A$, $I_{CQ2}=0.86\ mA$, $U_{CEQ2}=2.42\ V$;

(3) $A_u=1\ 904.9$; (4) $r_i=5.915\ k\Omega$, $r_o=3\ k\Omega$

2.11 $A_u=0.83$, $r_i=1.4\ M\Omega$, $r_o\approx 0.9\ k\Omega$

习题3

3.1 (1) × (2) × (3) × (4) √ (5) × (6) √ (7) × (8) ×

3.2 (1) B (2) D (3) C (4) C (5) ① A ② B ③ B ④ A ⑤ B

3.3 (1) A (2) B (3) C (4) D (5) B (6) A

3.4 (a) R_4：电压串联交直流负反馈；R_3：电压串联交流负反馈；

(b) R_5：电压串联交直流负反馈；R_4：电压串联交直流负反馈；

(c) R_1：电压并联交直流负反馈；

(d) R_1：电压并联交直流负反馈；

(e) R_4：电压串联交直流负反馈

3.5 (1) 电压型负反馈；(2) 串联型负反馈；(3) 电流型负反馈；(4) 串联型负反馈；(5) 电压串联负反馈；(6) 电流串联负反馈

习题4

4.7 (1) $u_o=-u_i$; (2) $u_o=u_i$

4.8 (a) $-0.4\ V$; (b) $0.8\ V$; (c) $0.8\ V$; (d) $6\ V$; (e) $1.5\ V$

4.9 $I_L=U_s/R_F$

4.10 $u_o=\dfrac{2R_2+R_1}{2R_2}\cdot u_i$

4.11 (a) R_L 对 u_o 无影响，$u_o=(0\sim -6)\ V$；(b) R_L 对 u_o 无影响，$u_o=(6\sim 12)\ V$

4.12 (a) $u_o=-4(u_{i1}+u_{i2})$; (b) $u_o=\dfrac{u_{i1}+u_{i2}}{2}$; (c) $u_o=4u_{i2}-4u_{i1}$

4.13 $u_o=4u_{i3}-6u_{i1}-3u_{i2}$

4.14 (1) $R_1=50\ k\Omega$; (2) $R_1=100\ k\Omega$; (3) $R_1=50\ k\Omega$, $R_2=20\ k\Omega$, $R_3=100\ k\Omega$;

(4) $R_1=50\ k\Omega$, $R_2=20\ k\Omega$

习题5

5.1 (1) 甲类，乙类，甲乙类；(2) 交越失真，甲乙类；(3) 截止，微导通，180°～360°；(4) b；(5) b；(6) a

5.2 BP_2 滑动触头上调，BP_1 滑动触头上调

5.3 (1) OCL 电路；(2) 4.5 W，2W；(3) $I_{CM}>1.5\ A$，$P_{CM}>0.9\ W$，$U_{(BR)CEO}>12\ V$；(4) 4 W

5.4 (1) -50；(2) 6.25 W；(3) 2.5 W

习题 6

6.1 (a) 不能；(b) 能；(c) 不能；(d) 不能

6.2 $R = 10\ \text{k}\Omega$

6.3 (1) 上"－"下"＋"；(2) $f_0 = 1.94\ \text{kHz}$；(3) 二极管 D_1、D_2 用以改善输出电压的波形，稳定输出幅度；(4) R_P 用来调节输出电压的波形和幅度，必须调节 R_P 使得 R_2 满足 $2R_3 > R_2 > (2R_3 - R_1)$

6.5 (a) 能；(b) 不能；(c) 能；(d) 能；(e) 不能；(f) 能

6.6 (a) 能；(b) 不能

6.7 $1.55\ \text{MHz} \sim 6.58\ \text{MHz}$

6.8 (a) 并联型石英晶体振荡器；(b) 串联型石英晶体振荡器

习题 7

7.3 122 V

7.5 (1) C；(2) B；(3) A；(4) B；(5) D；(6) A，A；(7) A，A

7.6 (1) 反相输入端，同相输入端；(2) 限流；(3) 6～21V；(4) 过载保护

习题 8

8.4 (1) 0.5；(2) 2 kHz；(3) 90 mW

8.5 (2) 14 kHz

8.6 (1) $u_{\text{AM}}(t) = 5(1 + 0.4\cos 2\pi \times 10^3 t)\cos 2\pi \times 10^6 t$；(2) 0.4，2 kHz

8.7 $\dfrac{A_1}{A_0} U_{\Omega\text{m}}$

8.8 (1) 10 kHz；(2) 10 rad；(3) 22 kHz；(4) 50 W；(5) 不能

8.9 (1) $u_{\text{FM}}(t) = 5\cos(2\pi \times 10^8 t + 20\sin 2\pi \times 10^3 t)$；(2) 20 rad，42 kHz；(3) 60 rad，122 kHz

8.10 (1) $u_{\text{FM}}(t) = 10\cos(2\pi \times 50 \times 10^6 t - 50\sin 2\pi \times 10^3 t)$；(2) 50 kHz；(3) 50 rad，102 kHz

习题 9

9.4 78°;30 A;311 V

9.5 74.85 V;7.425 A

9.6 99 V,0.099 A;49.5 V,0.049 5 A

9.7 66.7～73.4 V;0～180°

参 考 文 献

[1] 康华光. 电子技术基础（第四版）[M]. 北京：高等教育出版社，1999.
[2] 周雪. 模拟电子技术（修订版）[M]. 西安：西安电子科技大学出版社，2005.
[3] 杨素行. 模拟电子技术基础简明教程（第三版）[M]. 北京：高等教育出版社，2006.
[4] 华成英. 模拟电子技术基本教程 [M]. 北京：清华大学出版社，2006.
[5] Multisim 2001 及其在电子设计中的应用 [M]. 西安：西安电子科技大学出版社，2003.
[6] 童诗白. 模拟电子技术基础（第二版）[M]. 北京：高等教育出版社，1988.
[7] 周斌. 电子技术 [M]. 济南：山东科学技术出版社，2005.
[8] 郭培源，沈明山. 电子技术基础及应用简明教程 [M]. 北京：电子工业出版社，2003.
[9] 李中发. 电子技术 [M]. 北京：中国水利水电出版社，2005.
[10] 胡宴如. 模拟电子技术（第 2 版）[M]. 北京：高等教育出版社，2004.
[11] 毕满清. 电子工艺实习教程 [M]. 北京：国防工业出版社，2004.
[12] 孙建设. 模拟电子技术 [M]. 北京：化学工业出版社，2002.
[13] 陈小虎. 电工电子技术 [M]. 北京：高等教育出版社，2004.
[14] 郑应光. 模拟电子线路（一）[M]. 南京：东南大学出版社，2000.